Die chemische Untersuchung und Beurtheilung des Weines.

Unter Zugrundelegung der amtlichen,

vom Bundesrathe erlassenen

„Anweisung zur chemischen Untersuchung des Weines"

bearbeitet

von

Dr. Karl Windisch,
Ständigem Hülfsarbeiter im Kaiserlichen Gesundheitsamte,
Privatdozenten an der Universität Berlin.

Mit 33 in den Text gedruckten Figuren.

Berlin.
Verlag von Julius Springer.
1896.

ISBN-13: 978-3-642-89483-1   e-ISBN-13: 978-3-642-91339-6
DOI: 10.1007/978-3-642-91339-6
Softcover reprint of the hardcover 1st edition 1896

Vorwort.

Nur wenige Kapitel der Nahrungsmittel-Chemie haben sich bis in die Neuzeit einer so umfangreichen und eingehenden Bearbeitung zu erfreuen gehabt wie die Chemie des Weines; überaus zahlreich sind die Abhandlungen, die sich mit der Bestimmung oder dem Nachweise einzelner Weinbestandtheile und mit der Beurtheilung der Untersuchungsergebnisse befassen. Verhältnissmässig früh brach sich die Ueberzeugung Bahn, dass es nothwendig sei, bezüglich der bei der Untersuchung des Weines anzuwendenden Verfahren gewisse Vereinbarungen zu treffen. Es ergab sich nämlich, dass zahlreiche bei der Weinuntersuchung übliche Verfahren nicht zu absolut genauen Ergebnissen führten, dass man aber zu relativ, gewissermassen konventionell richtigen Ergebnissen gelangte, wenn man diese Verfahren stets peinlich genau in gleicher Weise ausführte. Als bekanntestes Beispiel hierfür kann die Bestimmung des Extraktes in ausgegohrenen Weinen angeführt werden. Aehnlich liegen die Verhältnisse auch bei anderen Verfahren der Untersuchung, nicht allein des Weines, sondern fast aller übrigen Nahrungsmitteln; in den Fällen, wo wirklich exakte Verfahren fehlen, muss man sich mit solchen behelfen, die konventionell brauchbare Ergebnisse liefern. Da gesetzliche Vorschriften, die für die Untersuchung der Nahrungsmittel u. s. w. massgebend wären, bis vor Kurzem nur für einzelne Gegenstände (Untersuchung des Petroleums und Bestimmung des Arsens in Farben) bestanden, konnten die Nahrungsmittel-Chemiker die ihnen entgegenstehenden Schwierigkeiten nur auf dem Wege der freien Vereinbarung überwinden.

Dieser Weg wurde auch bei der Untersuchung des Weines eingeschlagen. Hier sind die Vereinbarungen der bayerischen

Chemiker vom Jahre 1885 zu nennen, die sich eingehend mit der Weinuntersuchung befassten. Im folgenden Jahre (1886) stellte eine gelegentlich des III. österreichischen Weinbaukongresses in Bozen stattgehabte Versammlung österreichischer Oenochemiker und im Jahre 1887 der Verein schweizerischer analytischer Chemiker Grundsätze für die Untersuchung des Weines auf. Das gleiche Ziel hatten die im Jahre 1890 beim internationalen land- und forstwirthschaftlichen Kongresse in Wien gefassten Beschlüsse. In einigen Ländern wurden durch Ministerialerlasse wenigstens für einzelne Untersuchungsverfahren amtliche Vorschriften erlassen, so z. B. in Italien, Frankreich und Ungarn.

Für die deutschen Verhältnisse am wichtigsten und allein massgebend wurden die Beschlüsse, die eine im Jahre 1884 von dem Kaiserlichen Gesundheitsamte einberufene Kommission hervorragender deutscher Weinchemiker in Betreff der Untersuchung und Beurtheilung des Weines fasste. Die übrigen vorher erwähnten Vereinbarungen und amtlichen Vorschriften stimmen mit den Beschlüssen der Kommission des Gesundheitsamtes vom Jahre 1884 fast vollkommen überein. Die „Reichsvereinbarungen" bedeuten den ersten wichtigen Abschnitt in der Weinchemie. Die vor dem Jahre 1884 ausgeführten Weinuntersuchungen sind für die Erkenntniss dieses Kapitels der Nahrungsmittel-Chemie theilweise nur von geringer Bedeutung, da die damals üblichen Vorfahren von den heute angewandten vielfach wesentlich verschieden waren; jeden Werth verlieren diese älteren Untersuchungen, wenn die dabei angewandten Verfahren nicht angegeben sind. Seit dem Jahre 1884 bedienten sich alle deutschen Chemiker der von der Kommission des Gesundheitsamtes festgesetzten Verfahren und auch die ausländischen Chemiker richteten sich im Wesentlichen nach ihnen. Eine gesetzlich bindende Kraft kam diesen Vereinbarungen indessen nicht zu.

Von einschneidender Bedeutung für die Weinchemie wurde das Gesetz vom 20. April 1892, betreffend den Verkehr mit Wein, weinhaltigen und weinähnlichen Getränken: es bildet den zweiten bedeutsamen Abschnitt in der Weinchemie. Durch das Weingesetz wurde die Beurtheilung der Weine, die vorher in manchen Punkten auf einem schwankenden, unsicheren Boden stand, in bindender, massgebender Weise geregelt. Durch das Gesetz wird klar und deutlich festgestellt, was als erlaubte Behandlung des Weines und was als Verfälschung desselben anzusehen ist. Diese Wirkung des Gesetzes ist allseits mit Genugthuung anerkannt worden.

Aber auch für die Untersuchung des Weines ist das Weingesetz vom 20. April 1892 von nicht zu unterschätzender Bedeutung. Durch § 12 dieses Gesetzes ist der Bundesrath ermächtigt worden, Grundsätze aufzustellen, nach welchen die zur Ausführung dieses Gesetzes, sowie des Gesetzes vom 14. Mai 1879, betreffend den Verkehr mit Nahrungsmitteln, Genussmitteln und Gebrauchsgegenständen, in Bezug auf Wein, weinhaltige und weinännliche Getränke erforderlichen Untersuchungen vorzunehmen sind. Im Verfolg dieser Ermächtigung berief der Direktor des Kaiserlichen Gesundheitsamtes eine Kommission von Vertretern der Weinchemie, des Weinbaues und des Weinhandels, die bereits im Juni 1892 zusammentrat, um die Verfahren der Weinuntersuchung festzustellen. Das Ergebniss dieser Berathung, das im Gesundheitsamte weiter verarbeitet wurde, bildet die Grundlage der am 11. Juni 1896 vom Bundesrathe festgestellten und unter dem 25. Juni 1896 vom Reichskanzler veröffentlichten amtlichen „Anweisung zur chemischen Untersuchung des Weines".

Die amtliche „Anweisung" unterscheidet sich von der „Reichsvereinbarung" vom Jahre 1884 wesentlich dadurch, dass die Untersuchungsverfahren genau bis in die kleinsten Einzelheiten beschrieben worden sind. Dies muss als ein Vorzug der neuen Vorschriften bezeichnet werden. Die Vereinbarungen vom Jahre 1884, auf die im Einzelnen hier nicht eingegangen werden soll, waren vielfach nur skizzenhaft, oft auch nicht ganz korrekt und vollständig, und liessen den Nahrungsmittel-Chemikern in vielen Punkten mehr freien Spielraum, als im Interesse der überall gleichmässigen Untersuchung des Weines als wünschenswerth erscheinen muss. Die neuen Verschriften zeigen diesen Mangel nicht; alle Verfahren sind so genau beschrieben, dass ein Zweifel über die Ausführungsweise nicht auftreten kann. Da die amtliche „Anweisung zur chemischen Untersuchung des Weines" bindende Kraft hat und die Nahrungsmittel-Chemiker jetzt verpflichtet sind, die Weinuntersuchungen nach den vorgeschriebenen Verfahren auszuführen, bedarf die exakte Fassung der Vorschriften kaum der Begründung.

Dass bei der Feststellung der einzelnen Untersuchungsverfahren die Fortschritte der analytischen Weinchemie bis in die neueste Zeit in sorgfältigster Weise Berücksichtigung gefunden haben, bedarf kaum der Erwähnung; die in die „Anweisung" aufgenommenen Verfahren zur Bestimmung der Gesammtsäure, der Gesammtweinsteinsäure u. s. w., ferner der gesammten schwefligen Säure und der aldehydschwefligen Säure lehren, dass auch die neuesten Errungenschaften der Weinchemie für die amtlichen Vorschriften nutzbar gemacht worden sind. Es darf mit Recht behauptet werden, dass nicht eines der neueren Verfahren der Weinanalyse bei der Ausarbeitung der amtlichen „Anweisung" ausser Acht gelassen worden ist; wenn trotzdem, wie z. B. bei der Glycerinbestimmung, von den neueren Verfahren Abstand genommen wurde, so waren dafür besondere Erwägungen massgebend. Bei der Aufnahme neuer Verfahren in amtliche Untersuchungsvorschriften muss selbstverständlich mit grösster Vorsicht vorgegangen werden; nur solche Verfahren können dabei ernstlich in Frage kommen, die wenigstens eine gewisse Wahrscheinlichkeit für sich haben, dass sie sich bewähren werden. Wo aber noch eine so geringe Uebereinstimmung unter den Fachgenossen herrscht und so geringe Erfahrungen vorliegen, wie z. B. bei den neueren Verfahren der Glycerinbestimmung, ist es besser und für eine amtliche Anweisung sogar durchaus nothwendig, an dem bisher üblichen Verfahren festzuhalten, bis sich die Ansichten über die neueren Verfahren geklärt haben.

Hier ist der Ort, einen Einwand zu entkräften, welcher der Feststellung amtlicher Untersuchungsvorschriften überhaupt gemacht werden könnte. Mancher Fachgenosse könnte die Befürchtung hegen, dass dadurch der Fortschritt der Wissenschaft, soweit er sich auf die Weinchemie bezieht, gehemmt werde, dass gewissermassen eine Erstarrung der vorgeschriebenen Verfahren eintreten werde. Diese Befürchtung kann als gegenstandslos und unbegründet bezeichnet werden. Durch die Festsetzung amtlicher Untersuchungsverfahren wird der weiteren Entwickelung der Weinchemie keineswegs Stillstand geboten. Im Gegentheil, gerade hierdurch werden die zahlreichen Lücken, die sich in dem Gebäude der Weinanalyse in unliebsamer Weise fühlbar machen, in ein besonders helles Licht gerückt. Für zahlreiche Bestimmungen, die für die Beurtheilung der Weine mitunter von Bedeutung sind, konnten amtliche Vorschriften nicht gegeben werden, weil es zur Zeit an geeigneten, bewährten Verfahren mangelt. Es ist zu hoffen, dass gerade die Lücken, die in der „Anweisung" an vielen Stellen zu Tage treten, die Fachgenossen dazu anspornen werden, den Versuch zu machen, sie durch Auffinden geeigneter Untersuchungsverfahren auszufüllen. Man wird daher in der Annahme nicht fehlgehen, dass die Festsetzung amtlicher Vorschriften der Weiterentwickelung der Weinchemie nur förderlich sein wird.

Es braucht kaum besonders hervorgehoben zu werden, dass auch die in die „Anweisung" aufgenommenen Untersuchungsverfahren keineswegs als einer Verbesserung nicht mehr fähig anzusehen sind. Wohl muss für sie der Anspruch erhoben werden, dass sie dem derzeitigen Stande der chemischen Wissenschaft vollauf entsprechen, sie sollen aber durchaus nicht über jede Kritik erhaben sein. Die Fachgenossen sollen und werden sich nicht abhalten lassen, auch diese Verfahren zu prüfen, weiter zu entwickeln oder auch an ihrer Stelle neue, bessere auszuarbeiten. Die amtlichen Verfahren stehen nicht für ewige Zeiten fest; sie werden vielmehr von Zeit zu Zeit einer Revision unterzogen werden, so dass sie voraussichtlich stets auf der Höhe der Wissenschaft stehen werden. Auch hier ist die weitere Forschung nicht nur zulässig, sondern sogar in hohem Maasse erwünscht.

Das vorliegende Büchlein schliesst sich eng an die amtliche „Anweisung zur chemischen Untersuchung des Weines", wie sie durch Bekanntmachung des Reichskanzlers vom 25. Juni 1896 vorgeschrieben wurde, an. Den Untersuchungs- und Beurtheilungsverfahren wurde eine kurze Besprechung der Darstellung, der Behandlung, der Krankheiten, der Zusammensetzung u. s. w. des Weines vorangeschickt. Diese Verhältnisse müssen Demjenigen, der einen Wein mit Verstand untersuchen und namentlich beurtheilen will, vollständig bekannt und vertraut sein. Bei den zahlreichen Verfahrungsweisen, die man unter dem Namen der „Kellerbehandlung" des Weines zusammenfasst, wurden vornehmlich diejenigen besprochen, die eine Aenderung in der Zusammensetzung des Weines zur Folge haben oder wenigstens haben können. Dieser Gesichtspunkt ist bei der Bearbeitung dieses ganzen Theiles massgebend gewesen. Der Verfasser ist sich bewusst, dass er hier nichts Neues bringt und auch nicht bringen konnte; er glaubt aber das, was für den Nahrungsmittel-Chemiker am wissenswerthesten ist, kurz zusammengefasst zu haben. Wer das Bedürfniss hat, sich über einzelne Fragen eingehender zu belehren, findet alles

Wissenswerthe in den ausgezeichneten umfassenden Handbüchern der Weinbereitung, an denen die Literatur keinen Mangel hat. Die meisten Werke dieser Art hat der Verfasser bei der Bearbeitung des ersten Theiles benutzt und wiederholt in den Fussnoten angeführt.

Der zweite Theil des vorliegenden Büchleins beschäftigt sich mit den Verfahren zur Untersuchung des Weines und zwar zunächst mit den amtlichen, vom Bundesrathe vorgeschriebenen Verfahren. Die offizielle „Anweisung zur chemischen Untersuchung des Weines" ist hier wörtlich abgedruckt und von dem Verfasser mit ausführlichen Bemerkungen, die in kleiner Schrift gedruckt sind, versehen worden. Manchem Fachgenossen werden vielleicht die Erläuterungen zu umfangreich und zu sehr in die Einzelheiten eingehend erscheinen. Der Verfasser kann diese Ansicht nicht theilen. Kaum in einem Zweige der Nahrungsmittel-Chemie giebt es so viele Spezial-Sachverständige als auf dem Gebiete der Weinchemie. Es ist dem Verfasser nicht zweifelhaft, dass diesen Spezial-Sachverständigen alles, was in den Bemerkungen erläutert wird, bekannt ist; für diese ist aber das vorliegende Büchlein nicht geschrieben, sie werden überhaupt nicht viel Neues darin finden. Erfahrungsgemäss werden aber auch zahlreiche Weinanalysen von solchen Chemikern ausgeführt, die, auf allen Gebieten der Nahrungsmittel-Chemie berufsmässig thätig, mit der Weinchemie nicht so vollständig vertraut sind, dass sie einer Anleitung entbehren könnten. Ferner ist jetzt, nachdem die Prüfung der Nahrungsmittel-Chemiker in allen Bundesstaaten des Reiches geregelt ist, auch auf die Chemiker Rücksicht zu nehmen, die sich als Nahrungsmittel-Chemiker ausbilden und für die Prüfung vorbereiten wollen. Für diese soll das vorliegende Büchlein ein Leitfaden sein, der sie in die Untersuchung des Weines einführt und ihnen später in ihrer praktischen Thätigkeit als Rathgeber zur Seite steht. Es liegt im Charakter der amtlichen Anweisungen, dass den vorgeschriebenen Verfahren eine Begründung nicht beigegeben ist; es wird nur angegeben, wie die Bestimmungen auszuführen sind, nicht aber, warum sie so und nicht anders ausgeführt werden, und welchen Zweck die einzelnen Operationen verfolgen. Der didaktische Werth der amtlichen Anweisung kann hiernach nur gering sein. Um ihnen einen solchen zu geben, war es nothwendig, ihnen für den Anfänger und den weniger Erfahrenen eine ausführliche Begründung und Erläuterung beizugeben. Einzelne Vorschriften, wie namentlich die Verfahren zur Bestimmung der Gesammtweinsteinsäure u. s. w., sind ohne Erläuterung gar nicht verständlich. Auch die ziemlich umfangreichen Bemerkungen über das optische Verhalten der Weine und die eingehende Beschreibung der Polarisationsapparate dürften als gerechtfertigt anerkannt werden.

Die letzte Hälfte des zweiten Theiles enthält die Untersuchungsverfahren, für welche der Bundesrath Vorschriften nicht erlassen hat. Darunter befinden sich einzelne Stoffe, deren Nachweis bezw. Bestimmung nach der Bundesrathsverordnung entweder in der Regel oder unter besonderen Umständen auszuführen ist, für die aber entweder Verfahren überhaupt nicht angegeben (Nachweis fremder Farbstoffe in Rothweinen und Bestimmung des Gerbstoffes) oder nur angedeutet sind (Bestimmung des Kupfers). Die übrigen Weinbestandtheile, auf welche sich die hier mitgetheilten Verfahren des Nachweises und der Bestimmung beziehen, sind in der amtlichen „Anweisung" nicht erwähnt. Damit ist indessen nicht ausgedrückt, dass der Nachweis oder die Bestimmung dieser Stoffe ohne Bedeutung für die Beurtheilung des Weines sei. Im Gegentheil, unter den in diesem Theile aufgeführten Verfahren sind nicht wenige, welche von grösstem Werthe für die Beurtheilung des Weines sein können. Sie sind aber zum Theil noch so wenig ausgebildet, dass es nicht angängig erschien, sie in eine amtliche Anweisung aufzunehmen; die Bestimmung der wichtigeren Mineralbestandtheile konnte man dagegen auch bei dem Anfänger in der Nahrungsmittel-Chemie voraussetzen.

Die Wahl der Untersuchungsverfahren, für welche der Bundesrath Vorschriften nicht erlassen hat, ist in das freie Ermessen des Chemikers gestellt: er ist aber nach Nr. 5 der Vorbemerkungen verpflichtet, das von ihm angewandte Verfahren anzugeben. Der Verfasser glaubt die Verfahren aufgenommen zu haben, die sich bisher am besten bewährt haben; wo mehrere Verfahren zur Bestimmung desselben Weinbestandtheiles vorlagen, die entweder sämmtlich thatsächliche Anwendung finden oder die ungefähr gleichwerthig erschienen, wurden sie neben einander aufgeführt. Die Form der Darstellung schliesst sich der der offiziellen Verfahren an; wenn es nothwendig erschien, wurden die Berechnungen durch Beispiele erläutert. Als sehr zweckmässig dürfen die Verfahren zur Bestimmung der einzelnen Mineralbestandtheile empfohlen werden, die sich im Kaiserlichen Gesundheitsamte gut bewährt haben.

Der dritte Theil des vorliegenden Büchleins beschäftigt sich mit der Beurtheilung des Weines, ohne Zweifel dem schwierigsten Theile der Weinanalyse. Die Grundlagen für die Beurtheilung des Weines bilden das Weingesetz vom 20. April 1892 und das Nahrungsmittelgesetz vom 17. Mai 1879. Durch das Weingesetz ist genau festgestellt, was als Verfälschung des Weines anzusehen ist. Eine Anzahl von Stoffen (alle im § 1 des Weingesetzes aufgeführten) dürfen Wein, weinhaltigen und weinähnlichen Getränken überhaupt nicht zugesetzt werden; andere Stoffe und Mischungen, die im § 4 aufgeführt werden, dürfen dem Weine zwar zugesetzt werden, das damit versetzte Getränk darf aber nicht als „Wein" schlechthin verkauft werden, sondern es muss eine Bezeichnung tragen, aus der hervorgeht, dass man es mit einem versetzten Weine zu thun hat.

Die Schwierigkeit der Beurtheilung des Weines liegt nun darin, zu erkennen, ob der Wein einen der in den §§ 1 und 4 des Weingesetzes aufgezählten Zusätze erhalten hat oder nicht. Viele von diesen Zusätzen lassen sich leicht und sicher nachweisen, andere aber nur schwierig und oft nicht mit Bestimmtheit. Der Verfasser war bestrebt, alle Gesichtspunkte nach Möglichkeit darzustellen, die für die Erkennung der schwierig nachweisbaren Zusätze massgebend sind oder dabei nützlich sein können. Andererseits legte er aber auch grossen Werth darauf, in jedem Falle zu prüfen, ob die Verfahren zum Nachweise solcher Zusätze immer zuverlässig sind und ob nicht doch Fälle vorkommen können, wo sie versagen. Wie auf anderen Gebieten der angewandten Chemie ist man auch bei der Beurtheilung des Weines vielfach auf Grenzzahlen angewiesen. In dem vorliegenden Büchlein wurde als oberster Leitsatz für die Beurtheilung aufgestellt, dass die Grenzzahlen nur ein Nothbehelf sind, dass sie nicht schablonenhaft angewandt werden dürfen, da man sonst vielfach zu ganz falschen Schlussfolgerungen kommen kann. Leider sind wiederholt Fälle vorgekommen, in denen auf Grund des Gutachtens von Chemikern, welche die Ergebnisse ihrer Untersuchungen unrichtig auslegten, Unschuldige der Nahrungsmittelfälschung bezichtigt wurden. Der Verfasser hielt sich aus diesem Grunde für verpflichtet, die Schwierigkeiten der Beurtheilung des Weines immer wieder hervorzuheben und die Punkte, welche zu irrthümlichen Beanstandungen führen können, ganz besonders zu betonen. In den Fällen, wo der Chemiker zwar den Verdacht aussprechen kann, dass eine Verfälschung des Weines stattgefunden habe, wo er aber nicht in der Lage ist, die Verfälschung durch die chemische Untersuchung zweifellos festzustellen, wird der Richter noch oft im Stande sein, durch den Indizienbeweis die Schuld des Fälschers zu erweisen und gebührend zu ahnden. Immerhin ist es besser, dass ein Fälscher und Betrüger einmal straffrei ausgeht, als dass ein ehrlicher Mann durch ein unrichtiges Sachverständigen-Urtheil um Ehre und guten Ruf gebracht wird.

Möge das Büchlein sich bei den Fachgenossen Freunde erwerben!

Berlin, im Juli 1896.

Der Verfasser.

Inhalt.

I. Die Darstellung des Weines.

		Seite
1.	Die Bereitung des Mostes	1
2.	Die Zusammensetzung des Mostes	2
	a) Die qualitative Zusammensetzung des Mostes	2
	b) Die quantitative Zusammensetzung des Mostes	4
3.	Die Hauptgährung des Mostes bezw. der Rothweinmaische	5
4.	Die Nachgährung des Jungweines	8
5.	Das Lagern und Reifen des Weines	9
6.	Das Schönen des Weines	10
	a) Die leim- und eiweissartigen Schönungsmittel	11
	b) Die erdigen Schönungsmittel	14
7.	Das Schwefeln des Weines	16
8.	Das Gypsen des Weines	19
9.	Künstliche Zusätze zu dem Moste und Weine	22
	a) Das Zuckern des Mostes	23
	b) Zusatz von wässeriger Zuckerlösung zu dem Moste (das Gallisiren)	25
	c) Zusatz von Alkohol zu dem Moste oder Weine (Alkoholisiren)	26
	d) Das Entsäuern des Weines	26
	α) Entsäuern des Weines durch Erkalten	26
	β) Entsäuern des Weines durch kohlensaures Kali (gereinigte Potasche)	27
	γ) Entsäuern des Weines mit neutralem weinsteinsaurem Kali	27
	δ) Entsäuern des Weines mit kohlensaurem Kalk	27
	e) Zusatz von Glycerin zu dem Weine (Scheelisiren)	28
	f) Andere Zusätze zum Weine	28
	α) Zusätze zur Erhöhung des Extraktgehaltes	28
	β) Zusatz von Farbstoffen	28
	γ) Zusatz von Konservirungsmitteln	29
	δ) Zusatz von Bouquetstoffen	29
	ε) Zusatz von künstlichen Süssstoffen	29
10.	Die Herstellung der Trester- und Hefenweine	30
	a) Die Herstellung von Tresterwein (das Pétiotisiren)	30
	b) Die Herstellung des Hefenweines	31
11.	Die Herstellung von Rosinenwein	31

	Seite
12. Die Süssweine und Dessertweine	32
a) Herstellung von Süssweinen aus Trockenbeeren (Rosinen)	32
b) Herstellung von Süssweinen aus künstlich konzentrirtem Moste	33
c) Herstellung von Dessertweinen durch Zusatz von Alkohol zum Moste	34
13. Die Krankheiten und Fehler des Weines	34
A. Weinkrankheiten	35
a) Das Kahmigwerden des Weines	35
b) Der Essigstich	35
c) Der Milchsäurestich und das Zickendwerden des Weines	36
d) Das Umschlagen oder Brechen des Weines	36
e) Das Zähe-, Weich- oder Langwerden des Weines	36
f) Das Bitterwerden des Weines	37
B. Weinfehler	37
a) Das Schwarzwerden des Weines	37
b) Das Braunwerden des Weines	38
c) Der Böckser des Weines	38
d) Die übrigen Weinfehler	39
14. Die Bestandtheile des Weines	39
A. Bestandtheile des Weines, die aus dem Moste stammen	39
B. Bestandtheile des Weines, die bei der Gährung und bei dem Lagern entstehen	40
C. Bestandtheile des Weines, die durch Krankheiten und Fehler in den Wein gelangen können	43
D. Bestandtheile des Weines, die durch künstliche Zusätze in den Wein gelangen	43

II. Die chemische Untersuchung des Weines.

A. Vorschriften für das Entnehmen, Bezeichnen, Aufbewahren und Einsenden von Wein zum Zwecke der chemischen Untersuchung, sowie Bemerkungen allgemeinen Inhaltes	45
B. Ausführung der Untersuchungen	48
a) Die vom Bundesrathe vorgeschriebenen Untersuchungsverfahren	48
1. Bestimmung des spezifischen Gewichtes	48
2. Bestimmung des Alkohols	52
3. Bestimmung des Extraktes (Gehaltes an Extraktstoffen)	56
4. Bestimmung der Mineralbestandtheile	63
5. Bestimmung der Schwefelsäure in Rothweinen	66
6. Bestimmung der freien Säuren (Gesammtsäure)	68
7. Bestimmung der flüchtigen Säuren	70
8. Bestimmung der nichtflüchtigen Säuren	72
9. Bestimmung des Glycerins	73
a) In Weinen mit weniger als 2 g Zucker in 100 ccm	73
b) In Weinen mit 2 g oder mehr Zucker in 100 ccm	74
10. Bestimmung des Zuckers	82
Herstellung der erforderlichen Lösungen	82
Vorbereitung des Weines zur Zuckerbestimmung	82
Ausführung der Bestimmung des Zuckers im Weine	83
a) Bestimmung des Invertzuckers	83
b) Bestimmung des Rohrzuckers	84

Inhalt.

		Seite
11.	Polarisation	98
12.	Nachweis des unreinen Stärkezuckers durch Polarisation	100
	Allgemeines über das optische Drehungsvermögen der Weine	101
	Beschreibung der Polarisationsapparate	105
13.	Nachweis fremder Farbstoffe in Rothweinen	120
14.	Bestimmung der Gesammtweinsteinsäure, der freien Weinsteinsäure, des Weinsteines und der an alkalische Erden gebundenen Weinsteinsäure	120
	a) Bestimmung der Gesammtweinsteinsäure	120
	b) Bestimmung der freien Weinsteinsäure	121
	c) Bestimmung des Weinsteines	122
	d) Bestimmung der an alkalische Erden gebundenen Weinsteinsäure	123
15.	Bestimmung der Schwefelsäure in Weissweinen	133
16.	Bestimmung der schwefligen Säure	133
	Bestimmung der gesammten schwefligen Säure nach dem Destillationsverfahren	133
	Bestimmung der gesammten und der freien schwefligen Säure durch Titriren mit Jodlösung	133
17.	Bestimmung des Saccharins	138
18.	Nachweis der Salicylsäure	143
19.	Nachweis von arabischem Gummi und Dextrin	144
20.	Bestimmung des Gerbstoffes	147
	a) Schätzung des Gerbstoffgehaltes	147
	b) Bestimmung des Gerbstoffgehaltes	147
21.	Bestimmung des Chlors	148
22.	Bestimmung der Phosphorsäure	149
23.	Nachweis der Salpetersäure	152
	1. In Weissweinen	152
	2. In Rothweinen	152
24 u. 25.	Nachweis von Baryum und Strontium	153
26.	Bestimmung des Kupfers	154

b) Untersuchungsverfahren, für welche der Bundesrath keine Vorschriften erlassen hat 155

27.	Nachweis fremder Farbstoffe in Rothweinen	155
	a) Nachweis von Theerfarbstoffen in Rothweinen	155
	b) Nachweis von fremden Pflanzenfarbstoffen in Rothweinen	159
	Nachweis des Kermesbeerfarbstoffes	159
28.	Nachweis fremder Farbstoffe in Weissweinen	162
	a) Nachweis des Karamels mit Eiweisslösung nach P. Carles	162
	b) Nachweis des Karamels nach C. Amthor	162
	c) Nachweis von Theerfarbstoffen in Weissweinen	164
29.	Bestimmung des Gerbstoffes	165
	1. Bestimmung des Gerbstoffes und Farbstoffes nach dem Oxydationsverfahren von Neubauer-Löwenthal	165
	2. Annähernde Bestimmung des Gerbstoffes nach J. Nessler und M. Barth	170
	3. Bestimmung des Gerbstoffes nach L. Roos, Cusson und Giraud	172
30.	Quantitative Bestimmung der Salpetersäure	173
31.	Bestimmung des Kupfers	180

Inhalt.

		Seite
32—34.	Bestimmung der Aepfelsäure, der Bernsteinsäure und der Citronensäure.	181
32.	Bestimmung der Aepfelsäure	182
	a) Berechnung der Aepfelsäure im Moste	182
	b) Bestimmung der Aepfelsäure nach R. Kayser	184
	c) Bestimmung der Gesammtweinsteinsäure, der Bernsteinsäure und der Aepfelsäure nach C. Schmitt und C. Hiepe.	185
	d) Bestimmung der Aepfelsäure nach M. Schneider	187
	e) Bestimmung der Aepfelsäure nach C. Micko	189
33.	Bestimmung der Bernsteinsäure	191
	a) Bestimmung der Bernsteinsäure nach L. Pasteur	191
	b) Bestimmung der Bernsteinsäure nach J. Macagno	192
	c) Bestimmung der Bernsteinsäure nach R. Kayser	192
	d) Bestimmung der Bernsteinsäure nach C. Schmitt und C. Hiepe.	193
	e) Bestimmung der Bernsteinsäure nach A. Rau	193
34.	Bestimmung der Citronensäure.	195
	a) Bestimmung der Citronensäure nach J. Nessler und M. Barth	195
	b) Bestimmung der Citronensäure nach A. Klinger und A. Bujard	196
35.	Bestimmung der Gesammtester des Weines	197
36.	Bestimmung der flüchtigen Ester des Weines	200
37.	Bestimmung der nichtflüchtigen Ester des Weines	203
38—40.	Bestimmung der Ameisensäure, der Essigsäure, der Buttersäure, der höheren Fettsäuren, der Ester dieser Säuren und des Fuselöles	204
38.	Bestimmung der Ameisensäure und der Ameisensäureester	204
	α) Bestimmung der freien Ameisensäure	205
	β) Bestimmung der Ameisensäureester	206
39.	Bestimmung der Essigsäure, der Buttersäure, der höheren Fettsäuren und der Ester dieser Säuren	206
	α) Bestimmung der freien Essigsäure, der freien Buttersäure und der freien höheren Fettsäuren	207
	1. Bestimmung der höheren, in Wasser schwerlöslichen Fettsäuren	207
	2. Bestimmung der freien Essigsäure und Buttersäure	208
	β) Bestimmung der Ester der Essigsäure, der Buttersäure und der höheren Fettsäuren	211
40.	Bestimmung des Fuselöles (der höheren Alkohole)	213
41.	Nachweis des Aldehydes (Acetaldehydes)	214
42.	Bestimmung der Milchsäure.	215
43.	Bestimmung der Dextrose und der Lävulose in Mosten und Süssweinen	216
	a) Es ist kein Rohrzucker vorhanden	216
	1. Berechnung der Dextrose und der Lävulose aus den Ergebnissen der Polarisation und der Zuckerbestimmung	216
	2. Bestimmung der Dextrose und Lävulose durch maassanalytische Bestimmung des gesammten reduzierten Zuckers mit Fehling'scher und mit Sachsse'scher Lösung	219
	b) Es ist Rohrzucker vorhanden	221

	Seite
44. Nachweis und Bestimmung des Mannites	222
a) Nachweis des Mannites	222
b) Bestimmung des Mannites	222
45. Nachweis des Inosites	223
46. Nachweis des Dulcins	224
47. Nachweis des Abrastols (Asaprols, β-naphtolsulfosauren Calciums)	225
48. Bestimmung des Stickstoffes	226
a) Allgemeines	226
b) Grundzüge des Kjeldahl'schen Verfahrens	227
c) Ausführung des Verfahrens	227
α) In gewöhnlichen ausgegohrenen Weinen	227
β) In Süssweinen	230
Bemerkungen zu der Stickstoffbestimmung nach Kjeldahl	231
49. Nachweis und Bestimmung der Borsäure	235
a) Nachweis der Borsäure	235
b) Bestimmung der Borsäure	236
α) Bestimmung der Borsäure durch Destillation derselben mit Methylalkohol	236
β) Bestimmung der Borsäure als Borfluorkalium	238
50. Nachweis und Bestimmung des Schwefelwasserstoffes	239
a) Nachweis des Schwefelwasserstoffes	239
b) Bestimmung des Schwefelwasserstoffes	240
51. Bestimmung des Kalkes und der Magnesia	241
α) Bestimmung des Kalkes	241
β) Bestimmung der Magnesia	242
52. Bestimmung der Alkalien	243
53. Bestimmung der Kieselsäure, des Eisenoxydes und der Thonerde	246
α) Bestimmung der Kieselsäure	246
β) Bestimmung des Eisenoxydes	247
γ) Bestimmung der Thonerde	248
54. Bestimmung des Mangans	249
55. Bestimmung der Schwermetalle (ausser Kupfer) und des Arsens	250

III. Die Beurtheilung des Weines auf Grund der chemischen Untersuchung.

A. Allgemeines	252
B. Beurtheilung der Weine unter Zugrundelegung des Weingesetzes vom 20. April 1892	257
1. Lösliche Aluminiumsalze (Alaun und dergl.)	257
2. Baryum- und Strontiumverbindungen	258
3. Borsäure	258
4. Glycerin	259
5. Kermesbeeren	262
6. Magnesiumverbindungen	263
7. Salicylsäure	263
8. Unreiner (freien Amylalkohol enthaltender) Sprit	264
9. Unreiner (nicht technisch reiner) Stärkezucker	265
10. Theerfarbstoffe	267
11. Schwefelsäure in Rothweinen	267

		Seite
12.	Zusatz von Alkohol zum Weine	268
13.	Gallisirter Wein	271
14.	Erkennung gallisirter Weine	277
	a) Der zugesetzte Zucker ist noch nicht vergohren, sondern noch ganz oder zum Theil vorhanden	277
	b) Der zugesetzte Zucker ist ganz oder bis auf Spuren vergohren	279
15.	Tresterwein (pétiotisirter Wein)	280
16.	Hefenwein	282
17.	Rosinenwein	282
18.	Zusatz von Saccharin und anderen künstlichen Süssstoffen zum Weine	282
19.	Zusatz von Säuren oder säurehaltigen Körpern zum Weine	283
	a) Gesammtsäure	283
	b) Weinsteinsäure	284
	c) Weinstein	285
	d) Aepfelsäure	287
	e) Bernsteinsäure	287
	f) Citronensäure	287
	g) Nachweis eines Zusatzes von Obstwein	288
20.	Zusatz von Bouquetstoffen zum Weine	289
21.	Zusatz von Gummi, Dextrin und anderen, den Extraktgehalt der Weine erhöhenden Körpern zum Weine	290

C. Beurtheilung des Weines ausserhalb des Rahmens des Weingesetzes vom 20. April 1892 290

22.	Spezifisches Gewicht	291
23.	Flüchtige Säuren	291
24.	Fremde Pflanzenfarbstoffe (ausser dem Kermesbeerfarbstoffe)	293
25.	Schweflige Säure	294
26.	Gerbstoff	296
27.	Chlor bezw. Kochsalz	296
28.	Phosphorsäure	297
29.	Kupfer	298
30.	Die Riechstoffe des Weines	298
31.	Milchsäure	300
32.	Mannit	300
33.	Inosit	301
34.	Abrastol	301
35.	Stickstoff	302
36.	Schwefelwasserstoff	303
37.	Kalk	303
38.	Kali	303
39.	Natron	303
40.	Kieselsäure	304
41.	Eisenoxyd	304
42.	Mangan	304
43.	Schwermetalle und Arsen	305

D. Beurtheilung der Süssweine 305

Grundsätze, nach welchen bei den Erhebungen über die Beschaffenheit deutscher Weine zu verfahren ist 318

	Seite
Gesetz, betreffend den Verkehr mit Wein, weinhaltigen und weinähnlichen Getränken. Vom 20. April 1892	321
Bekanntmachung, betreffend die Ausführung des Gesetzes über den Verkehr mit Wein, weinhaltigen und weinähnlichen Getränken. Vom 29. April 1892	325
Gesetz, betreffend den Verkehr mit Nahrungsmitteln, Genussmitteln und Gebrauchsgegenständen Vom 14. Mai 1879	326
Alkoholtafel nach K. Windisch	333
Extrakttafel	338
Tafel zur Zuckerbestimmung	344
Sachregister	347

Berichtigung.

In Folge eines Versehens sind in den Verweisungen im Texte einige Fehler stehen geblieben, die man zu berichtigen bittet.

Seite 182 Zeilen 15, 4 und 2 v. u., Seite 183 Zeilen 4 und 2 v. u., Seite 188 Zeile 2 v. u., Seite 285 Zeile 8 v. u., Seite 286 Zeile 16 v. o. lies Nr. 14 (S. 120) statt Nr. 9 (S. 73).

Seite 217 Zeilen 5 und 9 v. o., Seite 218 Zeilen 19 und 4 v. u., Seite 221 Zeile 21 v. o., Seite 274 Zeilen 11 v. o. und 17 v. u. lies Nr. 10 (S. 82) statt Nr. 11 (S. 94).

Seite 217 Zeile 7 v. o. lies Nr. 11 (S. 98) statt Nr. 12 (S. 110).

Seite 265 Zeilen 18, 10 und 1 v. u. lies Nr. 12 (S. 100) statt Nr. 13 (S. 112).

Seite 298 Zeile 11 v. o. lies Nr. 22 statt Nr. 12.

Bekanntmachung,
betreffend
Vorschriften für die chemische Untersuchung des Weines.[1]
Vom 25. Juni 1896.

Auf Grund des § 12 des Gesetzes, betreffend den Verkehr mit Wein, weinhaltigen und weinähnlichen Getränken, vom 20. April 1892 (Reichs-Gesetzbl. S. 597) hat der Bundesrath in seiner Sitzung vom 11. d. M. die nachstehend[2]) abgedruckte Anweisung zur chemischen Untersuchung des Weines festgestellt.

Berlin, den 25. Juni 1896.

Der Reichskanzler.
In Vertretung:
von Boetticher.

---

[1]) Centralblatt für das Deutsche Reich 1896 S. 197.
[2]) Siehe Seite 45 u. f.

I. Die Darstellung des Weines.

1. Die Bereitung des Mostes.

Mit dem Namen „Wein" bezeichnet man das durch die alkoholische Gährung des Saftes der Weintrauben bezw. der zerquetschten Weintrauben selbst erhaltene, nach bestimmten Regeln der sogenannten Kellerbehandlung unterworfene geistige Getränk. Zur Darstellung des Weissweines werden die ganzen Weintrauben oder die von den Kämmen abgelösten Beeren zerquetscht; aus der so erhaltenen Traubenmaische wird dann meist sehr bald der Traubensaft abgepresst. Der ablaufende trübe, sehr süss schmeckende Saft ist der Traubenmost. Um die in den Häuten der Beeren enthaltenen Bouquetstoffe auszuziehen, lässt man bisweilen die zerquetschten Weinbeeren (die süsse Maische) mehrere Tage stehen, bevor man sie abpresst. Aus 100 Gewichtstheilen Beeren gewinnt man, je nach den Verhältnissen, 60 bis 80 Gewichtstheile Most.

Bei der Bereitung von Rothwein lässt man die ganze Traubenmaische, also den Traubensaft mit den Beerenhülsen und Kernen und gegebenenfalls auch mit den Traubenkämmen, vergähren. Der Saft der rothen oder blauen Trauben ist nicht roth, sondern farblos; nur die Färbertraube macht hiervon eine Ausnahme: bei ihr ist auch der Saft gefärbt. Der von blauen Trauben abgepresste Most ist nur ganz schwach hellroth gefärbt und liefert nach der Gährung einen weissen Wein. Der Farbstoff der blauen Trauben, der sich nur in den Beerenhülsen findet, löst sich zwar schon in den Säuren des Mostes auf, besonders leicht aber erst dann, wenn Alkohol vorhanden ist. Man lässt daher die Rothweinmaischen mit den Hülsen vergähren, um den Farbstoff in möglichst grosser Menge auszuziehen. Der in einigen Gegenden hergestellte Schillerwein wird aus einer Mischung von weissen und blauen Trauben gewonnen.

2. Die Zusammensetzung des Mostes.

a) Die qualitative Zusammensetzung des Mostes.

Der Most stellt eine grünlichgelbe, mehr oder weniger trübe Flüssigkeit von sehr süssem Geschmacke und meist nur schwachem Geruche dar; nur der Most einzelner Traubensorten, wie der Traminer-, Riesling- und Muskatellertrauben, zeichnet sich durch ein charakteristisches Bouquet aus. Der durch Filtriren von den ungelösten, ihn trübenden Bestandtheilen befreite Most ist eine wässrige Lösung einer sehr grossen Zahl von Stoffen, deren Natur man zum Theil noch gar nicht kennt. Bisher hat man im Moste ausser Wasser folgende Stoffe[1]) nachgewiesen:

1. **Zuckerarten:** Invertzucker (ein Gemisch von Dextrose und Lävulose), Inosit.
2. **Organische Säuren:** Weinsteinsäure, Traubensäure, Aepfelsäure, Bernsteinsäure, Glykolsäure, Gerbstoff (Gerbsäure). Citronensäure scheint im Moste noch nicht mit Sicherheit nachgewiesen worden zu sein; jedenfalls ist sie darin nur in sehr geringer Menge enthalten.
3. **Salze:** Weinstein (saures weinsteinsaures Kali, Kaliumbitartrat), weinsteinsauren Kalk, äpfelsaures Kali; ferner Kali, Natron, Kalk, Magnesia, Thonerde, Eisen, Mangan gebunden an Phosphorsäure, Schwefelsäure, Kieselsäure, Chlor und Borsäure; Salze des Ammoniaks und organischer Basen.
4. **Andere Stoffe:** Gummi, Pflanzenschleim, Pektinkörper, Eiweisskörper und andere Stickstoffverbindungen, Fett, Quercitrin, Quercetin, ätherische Oele, Vanillin, Bouquetstoffe, Chlorophyll (in Weissweinmosten) und in Rothweinmaischen den Rothweinfarbstoff (Oenocyanin); ausserdem erhebliche Mengen neutrale Extraktstoffe unbekannter Art.

Ueber diese Stoffe ist folgendes zu bemerken. Von den Zuckerarten sind nur die Dextrose und Lävulose für die Weinbereitung von Bedeutung, da sie durch die Hefe vergohren werden. Der Inosit kommt nur in sehr kleinen Mengen im Moste vor; er ist durch Hefe nicht vergährbar, optisch inaktiv und reduzirt alkalische Kupferlösungen nicht.

Von den **organischen Säuren** des Mostes sind die

---

[1]) J. Bersch, Die Praxis der Weinbereitung. Berlin 1889 bei Paul Parey. S. 155.

Weinsteinsäure und die Aepfelsäure die wichtigsten. Während sich die Aepfelsäure in fast allen sauren Früchten findet, ist die Weinsteinsäure für die Trauben charakteristisch: sie kommt nur in diesen (und den übrigen Theilen der Weinrebe) vor, fehlt aber den anderen Obstarten. Von den verschiedenen Weinsteinsäuren, die man kennt, kommt hier hauptsächlich die sogenannte Rechtsweinsteinsäure, welche die Ebene des polarisirten Lichtes nach rechts dreht, in Betracht. Auch die Aepfelsäure des Mostes ist optisch aktiv und zwar linksdrehend. Von den Salzen der Weinsteinsäure ist in erster Linie der Weinstein, das saure Kaliumsalz der Weinsteinsäure, für den Most von Bedeutung; daneben kommen auch kleine Mengen des schwer löslichen weinsteinsauren Kalkes im Moste vor. Auch das Kaliumsalz der Aepfelsäure kann sich im Moste vorfinden.

Ueber das Vorkommen und das gegenseitige Verhalten der Aepfelsäure und Weinsteinsäure und ihrer Kaliumsalze sind folgende bemerkenswerthe Beobachtungen gemacht worden. Der Aepfelsäuregehalt der Weintrauben nimmt in den Anfangsstadien des Wachsthums zu, bis die Trauben eine gewisse Entwickelung (Beginn des Weichwerdens) erlangt haben; von da an nimmt der Aepfelsäuregehalt der Trauben fortwährend ab. Auch der Gehalt der Trauben an Weinsteinsäure und deren Salzen nimmt bis zum Beginne des Weichwerdens der Trauben zu; von diesem Zeitpunkte ab bleibt er konstant, es verschwindet also keine Weinsteinsäure. Dagegen wird die freie Weinsteinsäure durch das der Beere fortwährend zuwandernde Kali allmählich immer mehr und mehr in Weinstein übergeführt, so dass im Safte vollständig reifer Trauben die freie Weinsteinsäure ganz verschwunden ist. Wenn dann die gesammte Weinsteinsäure in Weinstein übergeführt worden ist, tritt das der Beere zuwandernde Kali an die Aepfelsäure und bildet eine gewisse Menge äpfelsaures Kali.

Hiernach wird man in dem Moste aus ganz reifen Trauben nur wenig oder gar keine freie Weinsteinsäure, dagegen viel Weinstein und daneben weinsteinsauren Kalk finden; neben freier Aepfelsäure kann ein solcher Most auch äpfelsaures Kali enthalten. Der Most aus unreifen Trauben enthält freie Weinsteinsäure, keine äpfelsauren Salze und mehr freie Aepfelsäure als der Most aus völlig reifen Trauben; daher ist auch die Gesammtsäure des Mostes aus unreifen Trauben, wie man sie bei der Titration des Mostes mit Alkalilösung findet, grösser als bei dem Moste aus völlig reifen Trauben.

Neutrales weinsteinsaures Kali kann im Moste nicht vorkommen, weil es in Gegenwart der freien Aepfelsäure nicht bestehen kann; es würde durch diese Säure in Weinstein übergeführt.

Bernsteinsäure und Glykolsäure sind nur in dem Moste aus unreifen Trauben gefunden worden. Gerbstoff fehlt in dem reinen Safte reifer Trauben gänzlich; sie ist aber in den Hülsen, Kernen und Kämmen reichlich vorhanden. Wenn der Most bald nach dem Zerquetschen abgepresst wird, enthält er nur kleine Menge Gerbstoff; lässt man aber, wie es mitunter geschieht, die Traubenmaische längere Zeit stehen, so enthält der dann abgepresste Most mehr Gerbstoff. Rothweine, die immer mit den Hülsen und Kernen vergähren, sind reich an Gerbstoff.

Von den Mineralbestandtheilen des Mostes überwiegt das Kali alle übrigen ganz erheblich; die grösste Menge desselben ist häufig an Weinsteinsäure in der Form von Weinstein gebunden. Von den anorganischen Säuren des Mostes ist die Phosphorsäure die wichtigste; sie kommt in erheblich grösserer Menge vor als die anderen Mineralsäuren.

Die übrigen Bestandtheile des Mostes sind bisher nur wenig studirt worden. Die Eiweisskörper und sonstigen sickstoffhaltigen Verbindungen dienen zum Theil der Hefe als Nährstoff; grösstentheils werden sie aber bei der Gährung in unlöslichem Zustande abgeschieden. Das Fett des Mostes rührt wohl hauptsächlich aus den Traubenkernen her; diese enthalten etwa 10 bis 18 Prozent Oel (Traubenkernöl). Die Natur der Bouquettstoffe des Mostes ist noch völlig unbekannt; man nimmt an, dass sie zu den ätherischen Oelen gehören. Die meisten Weintrauben haben nur ein sehr schwaches Aroma; doch giebt es gewisse Traubensorten, welche ein ausgeprägtes Bouquet besitzen, z. B. die Muskateller-, Riesling- und Traminertrauben und manche andere. Dieses Bouquet bleibt auch in dem aus diesen Trauben hergestellten Weine erhalten. Die Menge der Bouquetstoffe ist aber auch in diesen Traubensorten überaus gering. Die Zusammensetzung des Rothweinfarbstoffes ist schon vielfach Gegenstand der Untersuchung gewesen, sie ist aber noch nicht völlig aufgeklärt.

b) Die quantitative Zusammensetzung des Mostes.

Die Mengenverhältnisse der Mostbestandtheile schwanken innerhalb sehr weiter Grenzen; je nach der Rebensorte, dem Boden, auf dem die Reben wachsen, der Erziehungsart und dem Standorte der Reben, dem Reifegrade der Trauben, den klimatischen und meteorologischen Verhältnissen und zahlreichen anderen Umständen (z. B. Krankheiten der Rebe, Auftreten von Rebenschädlingen u. s. w.) ist die quantitative Zusammensetzung des Mostes eine sehr verschiedene. Dies gilt auch von den für die Weinbereitung wichtigsten Bestandtheilen der Trauben, dem Zucker und den Säuren. Der Zuckergehalt der Moste kann von 10 bis 30 g in 100 ccm, der Gesammtsäuregehalt (auf Weinsteinsäure berechnet) von 0,5 bis 1,4 g in 10 ccm schwanken; aber selbst diese Grenzzahlen gelten noch nicht allgemein, sie können vielmehr noch in einzelnen Fällen überschritten bezw. unterschritten werden. Moste gut gereifter Trauben enthalten im Mittel 17 bis 21 g Zucker, 0,3 bis 0,4 g Aepfelsäure in 100 ccm und gar keine oder nur verhältnissmässig wenig freie Weinsteinsäure. Besonders schwankend ist der Weinsteingehalt des Mostes; da dieses saure Salz in Wasser schwer löslich ist und seine Löslichkeit in hohem Maasse von der Temperatur abhängt, ist der Weinsteingehalt des Mostes unter sonst gleichen Umständen um so höher, bei je höherer Temperatur der Most gewonnen wurde. Der Gerbstoffgehalt der Weissweinmoste ist sehr gering.

Ueber die Mengen der Mineralbestandtheile in dem Moste mögen folgende Angaben genügen.[1]) Der Aschengehalt der Moste beträgt meist 0,3 bis 0,5 g in 100 ccm. Die Reinasche enthält gewöhnlich 60 bis 72 Prozent Kali (K_2O), 0,4 bis 5,7 Prozent Natron (Na_2O), 0,4 bis 6,0 Prozent Kalk (CaO), 0,06 bis 4,8 Prozent Magnesia (MgO), 0,09 bis 5,5 Prozent Eisenoxyd, sehr kleine Mengen Thonerde und Mangan, 8 bis 26 Prozent Phosphorsäure (P_2O_5), 3,6 bis 11,0 Prozent Schwefelsäure (SO_3), 0,8 bis 4,7 Prozent Kieselsäure (SiO_2) und 0,33 bis 1,0 Prozent Chlor (Cl). Diese Zahlen sind bei der eingehenden Untersuchung von Mosten verschiedener Abstammung beobachtet worden. Es kommen aber auch Moste vor, welche mehr oder weniger von den genannten Bestandtheilen enthalten, als die vorstehenden Zahlen angeben; diese sollen daher keineswegs als Grenzzahlen gelten.

3. Die Hauptgährung des Mostes bezw. der Rothweinmaische.

Den abgepressten Traubenmost bezw. die Rothweinmaische überlässt man der alkoholischen Gährung. Ein Zusatz von

---

[1]) A. von Babo und E. Mach, Handbuch des Weinbaues und der Kellerwirthschaft. Zweiter Band: Kellerwirthschaft. 2. Aufl. Berlin 1885 bei Paul Parey. S. 28.

Hefe findet dabei gewöhnlich nicht statt; die Gährung erfolgt vielmehr durch die Hefekeime, welche auf den Traubenhäuten sitzen und beim Abpressen des Mostes in diesen gelangen. Erst neuerdings hat man hier und da angefangen, reingezüchtete Weinhefen zu verwenden. Die Hauptgährung verläuft um so rascher, je höher die Temperatur ist; meist dauert sie 3 bis 14 Tage, in sehr kalten Räumen noch länger.

Durch die alkoholische Gährung erleidet die Zusammensetzung des Mostes eine tiefgreifende Veränderung. Die bedeutendste Umwandlung erleidet dabei der Zucker des Mostes. Der Zucker des Mostes ist Invertzucker, ein Gemisch von rechtsdrehender Dextrose und linksdrehender Lävulose. Beide Zuckerarten werden durch die Hefe ohne Weiteres vergohren. Die Hauptprodukte, welche bei der Gährung entstehen, sind Alkohol (Aethylalkohol), der in der gährenden Flüssigkeit gelöst bleibt, und Kohlensäure, welche, nachdem die Flüssigkeit mit ihr gesättigt ist, entweicht. Neben diesen Hauptprodukten werden noch Glycerin, Isobutylenglykol, Bernsteinsäure und zahlreiche flüchtige Stoffe von meist starkem Geruche gebildet. Die flüchtigen Nebenprodukte der Gährung pflegt man meist als „Fuselöl" zu bezeichnen. Das „Weinfuselöl" besteht grösstentheils aus höheren Alkoholen, Aldehyden, Fettsäuren und deren Estern, basischen Stoffen u. s. w. (Näheres siehe S. 40).

Mit der alkoholischen Gährung sind noch andere Veränderungen des Mostes verbunden. Zunächst wird eine Anzahl von Stoffen bei der Gährung ausgefällt; dazu gehören die Pektinstoffe, ein Theil des Eiweisses und ein Theil des Weinsteines. Der Weinstein ist in wasserfreiem Alkohol fast ganz unlöslich und in verdünntem Alkohol weniger löslich als in Wasser, wie folgendes Täfelchen zeigt:

Alkoholgehalt des Weingeistes Maassprozent	1000 ccm Weingeist lösen bei 15° C. Weinstein Gramm
0	4,11
1	3,80
3	3,54
5	3,13
7,5	2,82
10	2,49
15	1,75
20	1,45
30	0,94
50	0,34
80	0,27

Je mehr Alkohol daher im Verlaufe der Gährung entsteht, desto mehr Weinstein wird unlöslich abgeschieden. Ausser von dem Alkoholgehalte des gährenden Mostes hängt die Menge des abgeschiedenen Weinsteines auch noch von der Temperatur ab; je niedriger die Temperatur der gährenden Flüssigkeit ist, um so mehr Weinstein wird ausgefällt. Die in dem Täfelchen aufgeführten Zahlenverhältnisse haben für die bei dem Moste vorliegenden Verhältnisse keine volle Gültigkeit, weil unter dem Einflusse der in dem Moste stets reichlich enthaltenen Aepfelsäure mehr Weinstein gelöst bleibt, als nach dem für reinen Weingeist geltenden Täfelchen anzunehmen wäre. Der in Folge der Gährung aus dem Moste entstehende Jungwein ist bei der Gährtemperatur stets mit Weinstein vollkommen gesättigt. Das von dem Weinsteine Gesagte gilt in noch höherem Maasse von dem viel weniger löslichen weinsteinsauren Kalk, der ebenfalls bei der Gährung zum grossen Theile unlöslich abgeschieden wird.

Ob bei der Gährung des Mostes die Aepfelsäure zum Theil zersetzt wird, scheint noch nicht sicher festgestellt worden zu sein; bei Obstweinen ist aber nachgewiesen worden, dass ein sehr erheblicher Theil der im Obstmoste enthaltenen Aepfelsäure bei der Gährung verschwindet.

Weiter wird dem Moste durch die Vermehrung der Hefe eine Anzahl Bestandtheile entzogen. Die Hefe bedarf zu ihrer Vermehrung lösliche Stickstoffbestandtheile, gewisse Mengen Zucker und von Mineralbestandtheilen hauptsächlich Phosphorsäure und Kali; da sich die Hefe am Boden der Gährgefässe absetzt, gehen die genannten Stoffe für den aus dem Moste entstehenden Wein verloren. Andererseits können, wenn der Jungwein zu lange auf der Hefe belassen wird, stickstoffhaltige Bestandtheile und Zersetzungsprodukte der Hefe (organische Amide und Alkaloide) in den Wein übergehen.

Bei der Gährung der Rothweinmaischen finden noch weitere Veränderungen des Traubensaftes statt. Der in den Beerenhülsen und Kernen enthaltene Gerbstoff löst sich in nicht unbeträchtlicher Menge in der gährenden Flüssigkeit. Gleichzeitig wird ein grosser Theil des in den Beerenhülsen enthaltenen rothen Farbstoffes ausgezogen. Bei der Auflösung des Farbstoffes ist nicht nur der bei der Gährung entstehende Alkohol betheiligt, sondern auch die Säuren des gährenden Mostes tragen dazu sehr wesentlich bei. Die bei der Gährung in unlöslichem Zustande sich abscheidenden Stoffe, auch die Hefe, ziehen durch sogenannte Flächenanziehung eine gewisse Menge Rothweinfarbstoff an sich und reissen ihn mit zu Boden.

4. Die Nachgährung des Jungweines.

Nach Beendigung der stürmischen und mit Temperaturerhöhung verbundenen Hauptgährung des Mostes wird die gegohrene Flüssigkeit von dem Gährlager, d. h. von den bei der Hauptgährung abgeschiedenen Stoffen (Hefe, Eiweiss, Pektinstoffen, Weinstein, weinsteinsaurem Kalk u. s. w.) abgezogen. Die hierbei gewonnene Flüssigkeit ist noch keineswegs ein fertiger Wein; sie ist noch nicht ganz klar (sie enthält noch Hefe) und verändert sich sehr leicht an der Luft und bei Temperaturänderungen. Die Jungweine enthalten noch sämmtlich mehr oder weniger unvergohrenen Zucker, der bei der Hauptgährung nicht zerlegt worden ist. Verschiedene Umstände können dazu beitragen, dass die Hauptgährung des Mostes nicht bis zur Zerlegung des gesammten Zuckergehaltes geht. Die Gährung kann gehemmt bezw. ganz aufgehoben werden durch Mangel an Hefenährstoffen (namentlich Stickstoffbestandtheilen), durch zu niedrige Temperatur, durch die Gegenwart erheblicher Mengen Essigsäure, die bei ungeeigneter Behandlung des Mostes entstehen können, ferner durch die schweflige Säure, welche durch das Schwefeln der Fässer in den Most gelangen kann, und durch andere Umstände. Auch der Alkohol wirkt in grösserer Menge als Hefegift; je mehr Alkohol bei der Gährung entstanden ist, um so träger verläuft sie, und bei einem bestimmten Alkoholgehalte, dessen Höhe von den besonderen Umständen der Gährung abhängt, hört die Gährung ganz auf. Unter normalen, also günstigen Verhältnissen hebt ein Alkoholgehalt von etwa 18 Maassprozent die Gährung vollständig auf.

Sobald die Verhältnisse, welche die Vollendung der Gährung des Mostes hintangehalten haben, beseitigt werden oder von selbst in Wegfall kommen, beginnt der Jungwein von Neuem zu gähren. Auch hierbei scheidet sich wieder Hefe und ein Theil der früher genannten Stoffe ab; nach Beendigung der Nachgährung wird der Jungwein wiederum von dem Gährlager in ein anderes Fass abgezogen. Das Abziehen der Weine (der Abstich) ist in Folge der immer wieder auftretenden Ablagerungen von unlöslich abgeschiedenen Weinbestandtheilen noch wiederholt nothwendig.

5. Das Lagern und Reifen des Weines.

Auch die nach vollendeter Nachgährung von dem Gährlager abgezogene Flüssigkeit ist noch kein fertiger Wein; derselbe muss erst noch reifen oder „sich ausbauen". Dies geschieht durch längeres Lagern des Jungweines in hölzernen Fässern. Die beim Lagern des Weines auftretenden Veränderungen, die sehr eingreifender Natur sind, werden durch den Sauerstoffgehalt der Luft hervorgerufen, sie charakterisiren sich als Oxydationserscheinungen. Jungwein, der in vollkommen gefüllten luftdichten Glasröhren eingeschlossen wird, ändert seinen Charakter gar nicht; sobald er aber dann mit der Luft in Berührung gebracht wird, beginnt alsbald der Vorgang des Reifens des Weines.

Der Sauerstoff der Luft kommt durch die Poren der Fässer mit dem Weine in Berührung; zwischen der Kohlensäure des Jungweines, der mit diesem Gase gesättigt ist, und der Luft tritt ferner, wenn auch nur in geringem Maasse, ein endosmotischer Austausch ein. In den Fässern verdunstet allmählich ein Theil der flüchtigen Bestandtheile des Weines (hauptsächlich Wasser und Alkohol), und an deren Stelle tritt Luft ein, deren Sauerstoffgehalt auf den Wein oxydirend einwirkt; meist trägt man allerdings, um Krankheiten des Weines zu verhüten, durch Nachfüllen von anderem Wein dafür Sorge, dass die Fässer stets ganz gefüllt sind. Ganz besonders wird die Einwirkung des Sauerstoffes der Luft durch öfteres Abziehen der Jungweine unterstützt. Dass der Sauerstoff der Luft wirklich die Veränderungen, die beim Lagern des Weines auftreten, bewirkt, ist dadurch bewiesen, dass unter den von dem Weine absorbirten Gasen niemals freier Sauerstoff gefunden wird; der Sauerstoff wird fortwährend zu chemischen Vorgängen verbraucht.

Welcher Art die durch den Sauerstoff hervorgerufenen Aenderungen der Weine beim Lagern sind, ist meist noch ganz unbekannt. Die Trübungen, die dabei entstehen, enthalten neben Mikroorganismen Eiweiss, Weinstein und wohl auch andere Extraktbestandtheile. Die Farbe des Weissweines entwickelt sich ebenfalls im Wesentlichen erst beim Lagern.

Von besonderer Bedeutung ist der Einfluss des Lagerns auf die Geruch- und Geschmackstoffe des Weines. Ueber die dabei stattfindenden Vorgänge ist nur wenig bekannt. Man kann annehmen, dass durch Oxydation der Alkohole, in erster Linie natürlich des Aethylalkohols, Aldehyde entstehen; wenigstens enthalten wohl alle jüngeren Weine Acetaldehyd und nimmt der Essigsäuregehalt beim Lagern stets zu. Die im Weine enthaltenen freien Säuren verbinden sich mit den Alkoholen, insbesondere dem Aethylalkohol, zu Estern, sie werden esterificirt; die Ester der flüchtigen Säuren (und der Bernsteinsäure) tragen zu dem Bouquet des Weines, die Ester der nichtflüchtigen Säuren zu dem Geschmacke des Weines bei. Ausserdem entstehen ohne Zweifel beim Lagern des Weines noch andere, die einzelnen Weinsorten charakterisirende Geruchs- und Geschmacksstoffe, die man nicht näher kennt.

Beim Lagern des Weines hat man eine Verminderung des Extrakt- und Säuregehaltes beobachtet. Zum grossen Theile erklärt sich dies wohl durch die Abscheidung von Extraktstoffen (Eiweiss u. s. w.) und von Weinstein; daneben ist es aber nicht unmöglich, dass ein Theil der Extraktstoffe durch die fortdauernde Einwirkung des Sauerstoffes zu Kohlensäure oxydirt wird. Die grösste Veränderung in den Mengenverhältnissen der Weinbestandtheile wird durch die beim Lagern des Weines eintretende Verdunstung von Alkohol und Wasser, den sogenannten Schwund, verursacht. Die Grösse des Schwundes hängt ab von der Temperatur und dem Feuchtigkeitsgehalte des Lagerkellers, von der Grösse des Lagerfasses (je kleiner dieses ist, desto mehr Flüssigkeit verdunstet), sowie von der Dicke und der Durchlässigkeit des Fassholzes. Durch Nachfüllen von Wein wird das Fass stets vollgefüllt erhalten. Da der Schwund nur durch das Verdunsten von flüchtigen Bestandtheilen (namentlich Alkohol und Wasser) verursacht wird, ist das Lagern der Weine mit einer Erhöhung der prozentischen Menge der nichtflüchtigen Extraktbestandtheile verbunden. Bei alten Weinen, die lange Zeit im Fasse lagerten, hat man denn auch einerseits einen sehr niedrigen Alkoholgehalt, andererseits einen hohen Extraktgehalt, namentlich auch viel Glycerin, gefunden.

6. Das Schönen des Weines.

Von den bei der sogenannten Kellerbehandlung der Weine üblichen Verfahren sollen hier nur diejenigen besprochen werden, bei denen eine solche Aenderung in der Zusammensetzung der Weine stattfindet oder stattfinden kann, die durch die chemische Analyse nachweisbar ist. Hierzu gehört das Schönen des Weines. Das Schönen hat den Zweck, trübe Weine von den in feinvertheiltem Zustande suspendirten Theilchen, die sich allein nur langsam und unvollständig absetzen würden, zu befreien; gleichzeitig werden dadurch solche gelöste Stoffe abgeschieden, die sich beim weiteren Lagern des Weines von selbst abscheiden und daher den Wein von Neuem trüben würden. Das Schönen geschieht in der Weise, dass man durch Zusatz gewisser Stoffe in dem Weine, sei es chemisch, sei es mechanisch, einen Niederschlag erzeugt, der specifisch schwerer ist als der Wein, deshalb zu Boden sinkt und dabei die trüben Theilchen mit sich reisst.

Man kann zwei Hauptgruppen von Schönungsmitteln unterscheiden: a) leim- und eiweissartige Schönungsmittel, welche beim Einbringen in den Wein mit gewissen Bestandtheilen desselben, namentlich dem Gerbstoff und den in Weissweinen stets vorhandenen humusartigen Farbstoffen, unlösliche Verbindungen eingehen, die sich abscheiden; b) erdige Schönungsmittel, die ebenfalls chemisch, vorwiegend aber mechanisch wirken, indem sie in dem Weine zu Boden sinken und die Trübungen mitreissen.

a) Die leim- und eiweissartigen Schönungsmittel.

Die stickstoffhaltigen leim- und eiweissartigen Schönungsmittel wirken in der Weise, dass sie mit dem im Weine enthaltenen bezw. ihm zugesetzten Gerbstoffe unlösliche Niederschläge bilden. Ist ein Wein arm an Gerbstoff, wie dies bei den deutschen Weissweinen fast stets der Fall ist, so muss ihm vor dem Schönen Gerbstoff zugesetzt werden; man verwendet entweder reines Tannin aus Galläpfeln oder einen Traubenkernauszug, der reichliche Mengen Weingerbstoff enthält. Die durch den Zusatz von eiweiss- oder leimartigen Stoffen zu Gerbstofflösungen erzeugten Niederschläge sind anfangs sehr voluminös; sie ziehen sich dann zusammen, hüllen dabei die trübenden Bestandtheile des Weines ein und reissen sie mit zu Boden. Eiweiss bezw. Leim und Tannin geben im Weine nur dann einen Niederschlag, wenn dieser eine genügende Menge Weinstein enthält; da der Weinsteingehalt der Weine ein sehr verschiedener und mitunter sehr gering ist, wird es manchmal nothwendig, den Weinsteingehalt des Weines vor dem Schönen in irgend einer Weise zu erhöhen. Auch den Zusatz von Alaun beim Schönen hat man empfohlen und alaunhaltige Schönungsmittel in den Handel gebracht; die Verwendung solcher Mittel ist aber nicht zulässig.

Die wichtigsten leim- und eiweissartigen Schönungsmittel sind folgende.

a) Hausenblase, die innere Haut der Schwimmblase

des Hausens (Accipenser Huso) und verwandter Fische; auch die Schwimmblasen anderer Fische werden verwendet. Meist genügt ein Zusatz von 1,5 bis 2 g Hausenblase zum Hektoliter Wein. Die Hausenblase muss vor dem Gebrauche erst in Lösung gebracht werden. Von J. Nessler[1]) wird folgendes Verfahren zur Herstellung der Hausenblasenschöne empfohlen: 10 g zerschnittene Hausenblase werden 24 Stunden in Wasser eingeweicht, dann mit einer Lösung von 10 g Weinsteinsäure in 850 ccm Wasser und 150 ccm reinem Weingeiste in Lösung gebracht. Die so erhaltene Schöne genügt durchschnittlich für 5 hl Wein. Durch diese Schöne gelangen somit etwa 0,002 g Weinsteinsäure und 0,03 ccm Weingeist in 100 ccm Wein.

b) Leim oder Gelatine. Man verwendet je nach dem Grade der Trübung des Weines 2 bis 4 g[2]), nach Anderen[3]) 5 bis 15 g Gelatine auf das Hektoliter Wein; bei Weissweinen setzt man nach J. Nessler[2]) gleichzeitig die doppelte Menge Tannin zu. Die im Handel vorkommende „Krystallschöne" enthält neben Gelatine 3 Prozent Alaun.

c) Eiweiss. Auf das Hektoliter Wein setzt man meist das Weisse von 2 bis 4 Eiern zu; auch trockenes Eiweiss (Eieralbumin) wird benutzt. Bisweilen setzt man dem zum Schönen bestimmten Eiweisse gewisse Mengen Kochsalz zu, die in dem Weine verbleiben; ein solcher Zusatz findet auch mitunter bei Verwendung der Gelatineschöne statt.

d) Milch. Die Milch wirkt in Folge ihres Gehaltes an Kaseïn und Albumin klärend auf den Wein; man verwendet frische oder abgerahmte Milch, die noch nicht begonnen hat, sauer zu werden. Auf das Hektoliter Wein werden 1 bis 1,5 Liter Magermilch zugesetzt. Durch den Milchzusatz gelangen kleine Mengen von Milchbestandtheilen in den Wein, u. a. Milchzucker und Mineralbestandtheile. Unter den oben angeführten Verhältnissen (Zusatz von 1 bis 1,5 Liter Milch auf 1 Hektoliter Wein) werden dem Weine auf 100 ccm durchschnittlich 0,049 bis 0,074 g Milchzucker und 0,007 bis 0,011 g Mineralbestandtheile, die reich an Phosphorsäure sind, zugeführt. Mitunter genügen auch schon kleinere Mengen Milch zum Schönen. Die Milch wirkt gleichzeitig auf Weissweine und Rothweine ziemlich stark entfärbend.

---

[1]) J. Nessler, Die Bereitung, Pflege und Untersuchung des Weines. 6. Aufl. Stuttgart 1894 bei Eugen Ulmer. S. 239.
[2]) Ebd. S. 242.
[3]) J. Bersch, Die Praxis der Weinbereitung. Berlin 1889 bei Paul Parey. S. 359.

e) **Blut.** Das Blut wirkt durch seinen Eiweiss- und Fibringehalt schönend auf den Wein. Durch den Zusatz von Blut gelangen zahlreiche dem Weine fremde Bestandtheile in den Wein, auch bestehen sanitäre Bedenken dagegen. Dieses Schönungsmittel wird nur noch selten angewendet.

Die Veränderungen, die bei dem Schönen mit den leim- und eiweissartigen Mitteln in der Zusammensetzung des Weines eintreten können, sind folgende:

1. **Ein Theil der Schönungsmittel (Hausenblase, Gelatine, Leim) kann gelöst bleiben.** Setzt man mehr Schönungsmittel zu, als durch den vorhandenen Gerbstoff gefällt wird, so bleibt nicht nur der überschiessende Theil des Schönungsmittels in Lösung, sondern dieses verhindert auch noch die Abscheidung der entstandenen Verbindung von Tannin und Leim, so dass mitunter die ganze Menge des Schönungsmittels in dem Weine gelöst bleibt. Enthält andererseits der Wein viel Gerbstoff, so fallen **kleine Mengen Hausenblase nicht in der Form der unlöslichen Verbindung aus, sondern bleiben gelöst.**

2. **Es wird mehr Tannin zugesetzt, als durch das Schönungsmittel herausgefällt wird.** Dann bleibt das überschüssige Tannin im Weine gelöst. Dieser Fall wird namentlich dann eintreten, wenn ein an Gerbstoff reicher Wein sich durch kleine Mengen Hausenblase nicht schönen lässt (s. unter Nr. 1). Wenn man nicht weiss, dass der Wein viel Gerbstoff enthält, kann man leicht zu der irrigen Annahme kommen, dass die Schönung in Folge eines Mangels an Gerbstoff nicht gelinge; wird in diesem Falle dem Weine noch mehr Gerbstoff zugesetzt, so bleibt dieser vollständig gelöst.

3. **Durch die eiweiss- und leimartigen Schönungsmittel wird der Gerbstoffgehalt der Weine vermindert.**

4. **Durch einige Schönungsmittel (Milch, Blut) gelangen gelöste, dem Weine fremde Bestandtheile in den Wein.**

5. **Manche Schönungsmittel enthalten Zusätze (Weinsteinsäure, Kochsalz, Alaun), die sich im Weine auflösen.**

6. **Die Weine, namentlich die Rothweine, werden mehr oder weniger entfärbt.**

Ausserdem unterliegt es keinem Zweifel, dass der Extraktgehalt der Weine durch das Schönen auch ganz mechanisch ein wenig vermindert werden wird. Der bei dem Schönen entstehende Niederschlag wird stets eine gewisse Menge der gelösten Extraktbestandtheile an sich ziehen und mit niederreissen. Wie man sieht, sind die Änderungen in der Zusammensetzung der Weine, die durch rationelles und geschicktes Schönen mit leim- und eiweissartigen Verbindungen hervorgerufen werden, im Allgemeinen nicht gross. Da aber viele Weine mehrmals geschönt werden, kann die Änderung ihrer Zusammensetzung doch eine nicht unerhebliche werden. Noch mehr wird dies bei sinnlosem und ungeschicktem Schönen der Fall sein.

b) Die erdigen Schönungsmittel.

Von den erdigen Schönungsmitteln oder Klärerden werden hauptsächlich zwei Arten verwendet: das Kaolin oder die Porzellanerde, ein weisses, gleichmässiges Pulver, und die spanische Erde, eine röthlichgraue, knollenförmige Masse. Diese Mineralien sind Verwitterungsprodukte von Feldspathgesteinen, die durch Wasser fortgeführt wurden und einen natürlichen Schlämmungsprozess durchgemacht haben. Mit Flüssigkeiten, z. B. Wein, zerrieben, bilden sie einen sehr fein zertheilten Schlamm, der sich allmählich zu Boden setzt und die Trübungen mit sich reisst, so dass eine rein mechanische Klärung des Weines erzielt wird.

Daneben haben die Klärerden, insbesondere die spanische Erde, aber auch eine chemisch-klärende Wirkung auf den Wein. Kaolin und spanische Erde bestehen grösstentheils aus Kieselsäure und Thonerde mit kleinen Mengen Magnesia, Kalk und Eisenoxyd. Die Silikate dieser Mineralien werden zum Theil durch die Säuren des Weines zerlegt, wobei die freigemachte Kieselsäure in der Form von voluminösen Flocken abgeschieden wird; die Flocken nehmen beim Niedersinken die trüben Bestandtheile der Weine mit zu Boden. Ausser den ungelösten Trübungen entziehen die Klärerden dem Weine auch einige gelöste Bestandtheile, namentlich einen Theil des humusartigen Farbstoffes der Weissweine und der gelösten, bei höherer Temperatur gerinnbaren Eiweissstoffe.

Durch das Schönen mit den Klärerden kann die Zusammensetzung der Weine unter Umständen recht erheblich verändert werden. Die Klärerden bestehen aus Silikaten der Thonerde, des Kalkes, der Magnesia und des Eisenoxyds. Schon vorher wurde erwähnt, dass ein Theil der Silikate durch die Säuren des Weines unter Abscheidung von flockig-voluminöser Kieselsäure zersetzt wird; dabei sättigt sich ein Theil der Säuren des Weines mit den Basen der Silikate. Das Ergebniss wird also eine Verminderung der Gesammtsäure und eine Erhöhung der Menge der Mineralbestandtheile sein.

Dies wurde durch Versuche bestätigt gefunden. Die Menge der von dem Weine aus den Klärerden aufgenommenen Bestandtheile ist abhängig von der Zusammensetzung der Erden, von der Menge der zum Klären angewandten Erden, von dem Säuregehalt des Weines, von der Zeitdauer der Berührung des Weines mit den Erden und von der Häufigkeit des Umrührens. Meist wird $1/_2$ bis 1 kg Erde, mitunter auch weniger, zum Schönen des Weines verwendet. L. Weigert[1]) fand, dass beim Schönen des Weines mit Kaolin die Säure des Weines im höchsten Falle um 0,026 g in 100 ccm vermindert und die Mineralbestandtheile um 0,006 g in 100 ccm vermehrt wurden; beim Schönen mit spanischer Erde wurde der Säuregehalt des Weines um 0,03 bis 0,04 g in 100 ccm herabgesetzt und der Gehalt an Mineralbestandtheilen um 0,024 bis 0,03 g in 100 ccm erhöht.

Aehnliche Ergebnisse hatten die Untersuchungen von J. Nessler.[2]) Nessler liess spanische Erde mit einer wässerigen Lösung, die 0,5 g Aepfelsäure und 9,5 ccm Alkohol in 100 ccm enthielt, längere Zeit in Berührung. Durch Umrechnung fand er, dass beim Schönen von 1 hl Wein mit 1 kg spanischer Erde folgende Veränderungen in der Zusammensetzung des Weines eingetreten wären, wenn hierbei genau die Verhältnisse des im Kleinen mit dem künstlichen Gemische angestellten Versuches vorgelegen hätten: 100 ccm Wein nehmen 0,00315 g Thonerde und Eisenoxyd, 0,00675 g Kalk und 0,0034 g Magnesia, im Ganzen 0,0133 g Mineralbestandtheile auf. Gleichzeitig wird die Menge der Aepfelsäure um 0,015 g in 100 ccm herabgesetzt; auf Weinsteinsäure berechnet, würde dem eine Verminderung derselben um 0,017 g in 100 ccm entsprechen. Bei einem Versuche im Grossen, bei dem 1 hl Wein mit 1 kg spanischer Erde geschönt wurde, wurde die Säure des Weines von 0,55 auf 0,52, also um 0,03 g in 100 ccm, herabgesetzt.

Die im Vorstehenden angeführten Veränderungen in der Zusammensetzung der Weine in Folge des Schönens mit Kaolin und insbesondere mit spanischer Erde sind nicht ganz unbedeutend, namentlich wenn diese Art der Schönung mit

---

[1]) Mittheil. d. chem. physiol. Versuchsstation für Wein- u. Obstbau in Klosterneuburg bei Wien 1878. Heft 2.
[2]) J. Nessler, Die Bereitung, Pflege und Untersuchung des Weines. Stuttgart 1894 bei Eugen Ulmer. S. 248.

einem Weine wiederholt vorgenommen wurde. Es gibt spanische Erden, welche den Wein noch bedeutend mehr verändern, namentlich solche, die reich an Kalk und Magnesia sind. J. Nessler[1]) hatte eine spanische Erde, welche bei Anwendung von 1 kg auf 1 hl Wein den Säuregehalt des letzteren von 0,6 g auf 0,06 g in 100 ccm, also auf den zehnten Theil, verminderte; die aufgelösten basischen Stoffe bestanden vorzugsweise aus Kalk.

7. Das Schwefeln des Weines.

Das Schwefeln der Fässer ist ein ausserordentlich häufig ausgeübtes Verfahren der Kellerwirthschaft. Gewöhnlich werden nur Weissweine geschwefelt, da der Farbstoff der Rothweine durch die schweflige Säure zerstört wird; doch wird bei gewissen Krankheiten auch der Rothwein schwach geschwefelt. Meist beschränkt sich die Schwefelung auf die Fässer, die zur Aufnahme der Weine bestimmt sind; sie hat den Zweck, die in den leeren Fässern etwa vorhandenen Pilze in ihrer Entwickelung zu hemmen. Das Schwefeln der Fässer wird in der Weise ausgeführt, dass sogenannte Schwefelschnitte (in geschmolzenen Schwefel getauchte Streifen von Papier, Leinewand oder Asbest) in dem Fasse verbrannt werden; die dabei entstehende schweflige Säure wirkt entwickelungshemmend auf die Pilze. Werden bald nach dem Schwefeln die Fässer mit Wein gefüllt, so gelangt ein Theil der schwefligen Säure in den Wein; von deutschen Weissweinen dürfte nur selten einer frei von schwefliger Säure befunden werden.

Ausser den Fässern wird mitunter auch der Wein selbst geschwefelt, d. h. mit schwefliger Säure behandelt. Die schweflige Säure hat eine starke gährungswidrige Kraft und wirkt als Gift auf die niederen Organismen; sie ist daher ein gutes Konservirungsmittel. Man schwefelt aus diesem Grunde den Wein, der in angebrochenen Fässern liegt, da er anderenfalls sehr bald der Zersetzung in Folge der Lebensthätigkeit von Mikroorganismen anheimfiele. Ferner wird die schweflige Säure mitunter benutzt, um die Gährung von noch nicht vollständig vergohrenen Weinen, denen man einen Theil ihres Zuckergehaltes erhalten will, zu unterdrücken (sog. Still- oder Stummmachen des Mostes). Auch als Mittel gegen viele Weinkrankheiten und Weinfehler, namentlich solche, die durch Mikro-

---

[1]) J. Nessler, Die Bereitung, Pflege und Untersuchung des Weines. Stuttgart 1894 bei Eugen Ulmer. S. 249.

organismen hervorgerufen werden, findet die schweflige Säure häufig Anwendung. Aus allem dem ist ersichtlich, dass die schweflige Säure das meist gebrauchte Konservirungsmittel für den Wein ist und in der Kellerwirthschaft die ausgedehnteste Anwendung findet.

Die schweflige Säure ist im Stande, die Zusammensetzung des Weines in nicht unerheblicher Weise zu beeinflussen. Der frisch geschwefelte Wein hat einen eigenthümlichen, unangenehmen Geschmack; beim Lagern nimmt derselbe allmählich ab und verschwindet schliesslich ganz. Diese Thatsache findet ihre Erklärung darin, dass die schweflige Säure beim Lagern des geschwefelten Weines gewisse Veränderungen erleidet.

1. Von den Oxydationsvorgängen, die sich beim Lagern des Weines in Holzfässern abspielen, wird auch die schweflige Säure betroffen; sie geht allmählich zum Theil unter Sauerstoffaufnahme in freie Schwefelsäure über. Diese wirkt wiederum auf den Weinstein, aus dem sie Weinsteinsäure freimacht.

2. Bis vor kurzer Zeit glaubte man, die Oxydation der schwefligen Säure sei der einzige Vorgang, der das Verschwinden des eigenartigen Geschmackes der frisch geschwefelten Weine verursacht. Neuere Untersuchungen von M. Ripper[1]) und C. Schmitt[2]), die inzwischen von verschiedenen Seiten[3]) bestätigt wurden, erleidet die freie schweflige Säure noch eine andere Umwandlung: sie verbindet sich nämlich mit dem in allen Weinen in kleinen Mengen enthaltenen Aldehyd (Acetaldehyd) zu aldehydschwefliger Säure, die ganz andere Eigenschaften hat als die freie schweflige Säure. Die aldehydschweflige Säure ist eine angenehm aromatisch riechende Flüssigkeit, die gegen verdünnte Säuren beständig ist. Durch Behandlung mit Kali und beim Erhitzen zerfällt sie in ihre Bestandtheile; destillirt man sie, so enthält das Destillat

---

[1]) Weinbau u. Weinhandel 1890. 8. 168; Journ. prakt. Chemie [2]. 1892. 46. 427.

[2]) C. Schmitt, Die Weine des Herzoglich Nassauischen Kabinetskellers. Wiesbaden 1892. S. 57.

[3]) Vergl. W. Seifert (Zeitschr. Nahrungsm.-Unters., Hyg. u. Waarenkunde 1893. 7. 125); M. Barth (Forschungsber. Lebensm., Hyg., forense Chemie u. Pharmakologie 1894. 1. 162); A. Chuard und M. Jaccard (Chem.-Ztg. 1894. 18. 702); F. Schaffer und A. Bertschinger (Schweiz. Wochenschr. Chem. Pharm. 1894. 32. 397 und 409); E. Rieter, Ebd. 1894. 32. 477; auch im Kaiserl. Gesundheitsamte fand man die Angaben von Schmitt und Ripper bestätigt.

nur Aldehyd und freie schweflige Säure. Die Bildung der aldehydschwefligen Säure aus ihren Bestandtheilen erfolgt anfänglich ziemlich rasch; schon nach kurzem Stehen einer Aldehyd und schweflige Säure enthaltenden Flüssigkeit hat sich ein Theil dieser Stoffe verbunden. Bei längerem Stehen schreitet die Bildung dieser Verbindung allmählich immer langsamer vorwärts, so dass in jüngeren Weinen immer noch kleine Mengen freier schwefliger Säure enthalten sind. Aber auch diese geht allmählich in aldehydschweflige Säure über, so dass ältere Weine, die mehrere Jahre gelagert haben, keine Spur freie schweflige Säure mehr enthalten. Die Bildung der aldehydschwefligen Säure setzt auch der Oxydation der schwefligen Säure zu Schwefelsäure gewisse Schranken. Während nämlich die freie schweflige Säure sehr wenig beständig ist und sehr leicht in Schwefelsäure übergeführt wird, ist die aldehydschweflige Säure im Weine gegen die Oxydation viel beständiger; die Aenderung der schwefligen Säure durch Oxydation tritt daher gegen die Bildung der aldehydschwefligen Säure zurück. Wäre die schweflige Säure in freiem Zustande im Weine enthalten, so würde dieser, wenn er nach dem letzten Schwefeln längere Zeit lagerte, völlig frei von schwefliger Säure sein, da diese bald vollständig in Schwefelsäure übergeführt sein würde. In Wirklichkeit enthalten jedoch die geschwefelten Weine auch nach sehr langem Lagern noch beträchtliche Mengen schwefliger Säure, allerdings keine Spur in freiem Zustande, wohl aber in Verbindung mit Aldehyd.

Die Wirkung des Schwefelns bezw. der schwefligen Säure auf die Zusammensetzung des Weines ist eine mehrfache:

1. Die schweflige Säure und die daraus durch Oxydation entstandene Schwefelsäure erhöhen den Gehalt der Weine an Gesammtsäure. Da die Gesammtsäure auf Weinsteinsäure berechnet wird, entspricht 1 Gewichtstheil schweflige Säure bei der Titration mit Alkalilauge nahezu $2^1/_2$ Gewichtstheilen Weinsteinsäure; z. B. werden 0,015 g schweflige Säure als 0,035 g Weinsteinsäure berechnet.

2. Die schweflige Säure erhöht den Gehalt des Weines an flüchtigen Säuren. Bei der Berechnung der flüchtigen Säuren auf Essigsäure entspricht 1 Gewichtstheil schweflige Säure etwa 2 Gewichtstheilen Essigsäure; 0,015 g schweflige Säure kommen z. B. als 0,03 g flüchtige Säure in Anrechnung.

3. Die aus der schwefligen Säure durch Oxydation entstehende Schwefelsäure kann den Gehalt des Weines an Schwefelsäure beträchtlich erhöhen.

4. In der aldehydschwefligen Säure entsteht in dem geschwefelten Weine nach C. Schmitt[1]) eine Verbindung, die zu dem Bouquet der Weine erheblich beiträgt.

Diese Veränderungen in der Zusammensetzung der Weine in Folge des Gehaltes an schwefliger Säure sind um so beachtenswerther, als viele Weissweine wiederholt geschwefelt werden. Dabei wird noch meist zuviel des Guten gethan, insofern der Wein gewöhnlich viel stärker geschwefelt wird, als es nothwendig wäre.

Beim Einbrennen (Schwefeln) der Fässer gelangt gewöhnlich elementarer Schwefel in die Fässer; einerseits kann sehr leicht flüssiger Schwefel von der brennenden Schwefelschnitte abtropfen, andererseits verdampft eine gewisse Menge Schwefel unverbrannt und setzt sich an den Wänden der Fässer in der Form eines feinen Beschlages ab. Bringt man in das geschwefelte Fass gährenden Most, so wird der Schwefel zu Schwefelwasserstoff reducirt, welcher dem Weine den sogenannten Böckssergeruch verleiht; die Reduktion des Schwefels erfolgt auch durch den Kahmpilz (Mycoderma vini). Wird Schwefelwasserstoff enthaltender Wein geschwefelt oder in ein geschwefeltes Fass abgezogen, so wirkt die schweflige Säure auf den Schwefelwasserstoff unter Abscheidung von Schwefel ein: $2 H_2S + SO_2 = 3S + 2H_2O$.

Der Wein wird in Folge der Schwefelabscheidung trübe.

8. Das Gypsen des Weines.

Das Gypsen des Weines ist ein Verfahren, das in Deutschland nicht ausgeführt wird. In einigen südlichen Ländern, Südfrankreich, Spanien und einigen Theilen Italiens pflegt man die blauen Trauben vor dem Zerquetschen oder auch die Rothweinmaischen selbst mit beträchtlichen Mengen Gyps, 2 bis 4 kg auf das Hektoliter Maische, zu bestreuen. Man bezweckt damit die Verhütung der Essigsäurebildung und die Erzielung einer lebhafteren, feurigen Farbe und grösserer Haltbarkeit des Rothweines. In welcher Weise man sich diese Wirkung des Gypses vorzustellen hat, darüber fehlt bis jetzt noch jede annehmbare Erklärung.

Der Gyps (schwefelsaure Kalk) wirkt in der Rothweinmaische hauptsächlich auf den Weinstein ein. Der schwefelsaure Kalk setzt sich mit dem Weinstein oder sauren weinstein-

---

[1]) C. Schmitt, Die Weine des Herzoglich Nassauischen Kabinetskellers. Wiesbaden 1892. S. 58.

sauren Kali um, wobei weinsteinsaurer Kalk und schwefelsaures Kali entstehen. Der in Wasser sehr schwer lösliche weinsteinsaure Kalk scheidet sich grösstentheils ab, während das Kaliumsulfat in Lösung bleibt; wird eine genügende Menge Gyps zugesetzt, so kann der gesammte Weinstein zerlegt werden, so dass nur kleine Mengen weinsteinsauren Kalks in Lösung bleiben. Auf freie Weinsteinsäure vermag der schwefelsaure Kalk nicht einzuwirken. Dagegen wirkt der Gyps auch auf das im Weine enthaltene phosphorsaure Kali, wobei wiederum Kaliumsulfat und andererseits Calciumphosphat entsteht. Die Wirkung des Gypsens wird also hauptsächlich die sein, dass der Gehalt des Weines an Schwefelsäure erhöht und an Phosphorsäure vermindert wird.

Weiter aber wird der Gehalt des Weines an Mineralbestandtheilen durch das Gypsen ganz beträchtlich erhöht. Der ungegypste Most enthält reichliche Mengen Weinstein, die während der Gährung und später grösstentheils unlöslich abgeschieden werden; aus diesem Grunde enthält der Wein erheblich weniger Mineralbestandtheile als der weinsteinreiche Most. In dem gegypsten Moste ist der Weinstein zum grossen Theile zerlegt; das Kali ist in solchem Moste an Schwefelsäure gebunden, und das schwefelsaure Kalium fällt bei der Gährung des Mostes nicht aus, es bleibt vielmehr in Lösung, geht auch in den Wein über und vermehrt dessen Gehalt an Mineralbestandtheilen.

Ausserdem treten durch den Gypszusatz noch andere Aenderungen in der Zusammensetzung der Weine ein, deren Verlauf man nicht näher verfolgen kann. So viel ist aber sicher, dass der Wein durch das Gypsen der Maischen eine sehr wesentliche und tiefgreifende Aenderung erleidet. Dies ergiebt sich auch aus den Ergebnissen der nachstehenden Untersuchung eines Weines, der zur Hälfte sehr mässig gegypst (1 kg Gyps auf das Hektoliter Wein) und zur Hälfte nicht gegypst worden war.

	Wein	
	gegypst g in 100 ccm	nicht gegypst g in 100 ccm
Alkohol	8,72	9,37
Extrakt	2,76	2,50
Gesammtsäure	0,66	0,60
Flüchtige Säuren	0,071	0,069
Weinstein	0,15	0,15
Glycerin	0,82	0,82
Gerb- und Farbstoff	0,157	0,168
Schwefelsäure (SO_3)	0,152	0,033
Der Schwefelsäure entsprechendes neutrales Kaliumsulfat	0,331	0,072
Mineralbestandtheile	0,438	0,260

Die Asche bestand aus:

	Prozent	Prozent
Schwefelsäure (SO_3)	35,0	15,0
Phosphorsäure (P_2O_5)	8,9	15,1
Eisenoxyd und Thonerde	0,9	1,8
Kalk (CaO)	6,9	1,4
Magnesia (MgO)	4,1	10,0
Kali (K_2O)	43,8	57,0

Das spezifische Gewicht des gegypsten Weines war gleich 0,9960, das des nicht gegypsten Weines gleich 0,9955.

Die wichtigste Veränderung, welche das Gypsen in dem Weine hervorruft, ist die starke Erhöhung des Schwefelsäuregehaltes. Da die grosse Menge Kaliumsulfat in den gegypsten Rothweinen gesundheitliche Bedenken erregte und daher in verschiedenen Ländern ein bestimmter Höchstgehalt der Weine an Schwefelsäure vorgeschrieben wurde, suchte man in Frankreich nach Ersatzmitteln für den Gyps. Als solches wurde von C. Calmettes[1]) das Calciumtartrat empfohlen, statt dessen auch zweckmässiger ein äquivalentes Gemisch von Weinsteinsäure und Calciumkarbonat angewandt wurde; diese „Tartrage" genannte Behandlung der Moste scheint sich nicht eingebürgert zu haben. Hugounenq und Audoynaud[2]) schlugen als Ersatz für den Gyps sauren phosphorsauren Kalk ($CaHPO_4$) vor. Dieses Salz hat eine ähnliche Wirkung auf den Wein wie der Gyps, nur entsteht Kaliumphosphat an Stelle von Kaliumsulfat.

Die Veränderungen, welche das Gypsen und das Phosphatiren (Phosphatage) in der Zusammensetzung der Weine hervorrufen, ergeben sich aus dem folgenden vergleichenden Versuche. Ein Most wurde zum Theil ohne Zusatz vergohren; ein zweiter Theil erhielt einen Zusatz von 525 g Gyps, ein dritter Theil von 350 g saurem Calciumphosphat auf 1 Hektoliter. Nach der Vergährung zeigten die aus den drei verschieden behandelten Mosten entstandenen Weine folgende Zusammensetzung:

	Wein aus dem		
	Moste ohne Zusatz	gegypsten Moste	phosphatirten Moste
	g in 100 ccm		
Alkohol	8,00	8,30	8,30
Extrakt	1,79	1,88	1,82
Gesammtsäure	0,636	0,820	0,698
Mineralbestandtheile	0,302	0,422	0,295
Kaliumsulfat	0,054	0,404	0,048
Phosphorsäure (P_2O_5)	0,012	0,006	0,026

---

[1]) Monit. vinicole 1887. **32.** Nr. 32, 36 und 46.
[2]) Ebd. 1888. **33.** Nr. 64, 65 und 66.

Dass ein Wein gegypst worden ist, erkennt man am sichersten an seinem hohen Schwefelsäuregehalte. Um dieses Erkennungszeichen zu vernichten, wurde in Frankreich vorgeschlagen, den Wein zu **entgypsen**. Das „Entgypsen" (Déplatrage) des Weines besteht in dem Zusatze von Salzen des Baryums[1]) oder Strontiums[2]) (Chlorid, Tartrat oder Karbonat). Durch diesen Zusatz wird indessen nur die Schwefelsäure ausgefällt, die übrigen durch das Gypsen hervorgerufenen Veränderungen werden dadurch aber nicht berührt. Da das Strontiumsulfat nicht ganz unlöslich ist, bleibt bei dem „Entgypsen" mit Strontiumsalzen stets Strontium im Weine gelöst; Ch. Girard[3]) fand in einem Liter eines solchen „entgypsten" Weines 0,036 g Strontiumoxyd. Beim „Entgypsen" des Weines mit den so überaus giftigen Baryumsalzen kann sehr leicht auch Baryum in dem Weine gelöst bleiben. Das „Entgypsen" des Weines, das seinen Namen ganz mit Unrecht trägt, muss daher als eine durchaus verwerfliche Behandlung des Weines bezeichnet werden.

9. Künstliche Zusätze zu dem Moste und Weine.

Die Zusammensetzung des Traubenmostes ist, wie schon vorher auseinandergesetzt wurde, in verschiedenen Jahren je nach den Witterungsverhältnissen eine sehr schwankende. In einem und demselben Weinberge am Rhein wurden z. B. von denselben Weinstöcken (Riesling) in den Jahren 1877 bis 1880 Moste geerntet, die folgende Mengen Gesammtsäure und Zucker enthielten:

	Gesammtsäure g in 100 ccm	Zucker g in 100 ccm
1877	1,4	14,5
1878	0,7	16,3
1879	2,1	10,5
1880	1,02	18,7

In der Regel ist ein hoher Säuregehalt des Mostes mit einem geringen Zuckergehalte verknüpft, weil beide die

---

[1]) Tony Garcin, Monit. vinicole 1888. **33.** Nr. 44; vergl. auch A. Gautier, La Sophistication des vins. 4. Aufl. 1891. S. 286; C. Charles, Annal. d'hyg. publ. **9.** 33; Quantin, Chem.-Ztg. 1892. **16.** 78.

[2]) Dreyfuss, Monit. vinicole 1890. **35.** 261; vergl. auch Gayon und Blarez, Ebd. 1890. **35.** Nr. 70; di Vestea, Della correzione dei vini ingessati mediante il tartrato di stronzio, Roma 1891; B. Balli, Chem.-Ztg. 1891. **15.** 1130; A. Riche, Annal. d'hyg. publ. 1892. **27.** 52; G. Pouchet, Ebd. 1892. **27.** 55.

[3]) Annal. d'hyg. publ. 1892. **27.** 45.

Folge der mangelhaften Reife der Weintrauben sind. Bei der Vergährung sehr saurer, zuckerarmer Moste entsteht nur wenig Alkohol; in Folge dessen wird nur verhältnissmässig wenig Weinstein unlöslich abgeschieden, so dass der resultirende Wein saurer wird, als wenn er auf Grund des höheren Zuckergehaltes alkoholreicher geworden wäre. Hierzu kommt noch, dass ein Wein mit demselben Säuregehalte um so saurer schmeckt, je weniger Alkohol er enthält, weil der Alkohol den sauren Geschmack zu mildern vermag. Hieraus ergiebt sich, dass aus saurem, zuckerarmem Moste ein so saurer Wein entsteht, dass er völlig ungeniessbar und daher unverkäuflich ist. In Deutschland sind schlechte Weinjahre, in denen die Trauben nicht völlig reifen, keine Seltenheit. Um auch in solchen Jahren aus dem sauren Moste einen trinkbaren Wein herzustellen, wird dem Moste durch künstliche Zusätze eine Zusammensetzung gegeben, welche der des Mostes in normalen Jahren nahekommt. Diese sehr häufig ausgeübten Verfahren bezwecken eine wirkliche Verbesserung des Mostes und des daraus hergestellten Weines. Auch der fertige Wein kann noch durch gewisse Zusätze wirklich verbessert werden. Daneben setzt man dem Weine aber auch mitunter solche Stoffe zu, die ihm nur den Schein einer besseren Beschaffenheit geben.

a) Das Zuckern des Mostes.

Der Most von Weintrauben, die nicht völlig reif geworden sind, enthält neben grossen Mengen Säuren (Weinsteinsäure, Weinstein und Aepfelsäure) verhältnissmässig wenig Zucker. Wird ein solcher Most mit Zucker versetzt, so entsteht bei der Gährung eine grössere Menge Alkohol. Dieser bewirkt eine theilweise Entsäuerung des Mostes, da in Folge des höheren Alkoholgehaltes, der bei der Gährung entsteht, eine grössere Menge des sauer schmeckenden Weinsteines abgeschieden wird. In Folge des höheren Alkoholgehaltes schmeckt der aus solchem verbesserten Moste gewonnene Wein auch nicht so sauer, wie er bei geringerem Alkoholgehalte schmecken würde, da der Alkohol den sauren Geschmack mildert oder deckt. Dieselbe Wirkung hat auch das bei der Gährung des zugesetzten Zuckers in kleinen Mengen entstehende Glycerin, welches gleichzeitig, wie die ebenfalls bei der Gährung des Zuckers entstehende Bernsteinsäure, den Extraktgehalt des Weines erhöht.

Der Zucker der Trauben und des Mostes besteht aus

Invertzucker, einem Gemische gleicher Theile Dextrose und Lävulose. Dieses Gemisch entsteht sehr leicht aus dem Rohr- oder Rübenzucker (Saccharose) unter dem Einflusse von Säuren oder eines in der Hefe enthaltenen, Invertin genannten ungeformten Fermentes (Enzyms). Der Invertzucker wird unter dem Namen Fruchtzucker in der Form eines dicken Syrups, der im Liter 1 kg Invertzucker enthält, in den Handel gebracht[1]); er enthält aber meist neben geringen anderen Verunreinigungen noch grössere Mengen unveränderten Rohrzucker. Obgleich der Zusatz des Invertzuckers zum Moste der naheliegendste ist (er ist mit dem Zucker des Mostes identisch), wendet man ihn doch meist nicht an, schon weil er zu theuer ist.

Früher wurde zum Zuckern des Mostes häufig Stärkezucker oder Traubenzucker verwendet. Dieser Zucker wird durch Erhitzen der Stärke mit Säuren gewonnen und ist gewöhnlich sehr unrein; man hat Stärkezuckersorten im Handel gefunden, die nicht viel mehr als 50 Prozent reinen Traubenzucker (Dextrose) enthielten. Der unreine Stärkezucker enthält grosse Mengen dextrinartiger Stoffe (Gallisin), die unvergährbar sind, bei der Gährung des Mostes unverändert bleiben, dadurch in den Wein gelangen und diesem einen schlechten Geschmack verleihen; man hat sie sogar eine Zeit lang für gesundheitsschädlich gehalten.

In neuerer Zeit ist es gelungen, ziemlich reinen Traubenzucker darzustellen. Ein von L. von Wágner[2]) untersuchter, eigens für die Verwendung bei der Weinverbesserung bestimmter Traubenzucker französischen Ursprungs, Oenoglukose genannt, enthielt 85,75 % Traubenzucker (Dextrose), 11,60 % Wasser und 2,65 % dextrinartige Stoffe. Einen fast vollständig reinen, nach dem Verfahren von Cords-Virneisel hergestellten Traubenzucker untersuchte E. O. von Lippmann[3]); dieses Präparat enthielt 99,64 % Traubenzucker (Dextrose), 0,19 % Wasser, 0,04 % Asche und nur 0,13 % organischen Nichtzucker. Der technisch reine Traubenzucker scheint indessen noch nicht in grösseren Mengen in den Handel gebracht worden zu sein.

Fast ausnahmslos wendet man zum Zuckern des Mostes den gewöhnlichen weissen Zucker des Handels (Rohr- oder Rübenzucker, Saccharose) an. Die Saccharose ist an sich nicht gährungsfähig; sie wird aber durch Invertin, das Enzym der Hefe, in Invertzucker verwandelt, also in dasselbe Zucker-

---

[1]) Fühling's Landwirthschaftl. Ztg. 1889. **38**. 547.
[2]) Dingler's polytechn. Journ. 1887. **246**. 474.
[3]) Chem.-Ztg. 1888. **12**. 787.

gemisch, das im Moste enthalten ist; der aus der Saccharose entstandene Invertzucker wird durch Hefe ebenso gut vergohren wie der in dem Moste natürlich vorkommende Invertzucker.

Neuerdings wird unter dem Namen „flüssiger raffinirter Zucker" von verschiedenen Firmen ein etwa 75 prozentiger Zuckersyrup in den Handel gebracht, in dem der Rohrzucker, um das Auskrystallisiren zu verhindern, zur Hälfte invertirt ist. Das Präparat von Gebr. Langelütje in Cölln a/Elbe ist aus reiner Raffinade hergestellt und enthält nur ganz geringe Mengen Mineralbestandtheile. Da die Verwendung dieser konzentrirten Zuckerlösungen sehr bequem ist (man umgeht die sonst erforderliche Auflösung des Zuckers), ist es nicht ausgeschlossen, dass sie bei der Weinverbesserung angewandt werden.[1])

b) Zusatz von wässeriger Zuckerlösung zu dem Moste (das Gallisiren).

Durch den einfachen Zusatz von Zucker zum Moste wird oft der Säuregehalt des resultirenden Weines nicht genügend herabgemindert. Um dies zu erreichen, setzt man nicht Zucker als solchen zu, sondern eine wässerige Zuckerlösung. Durch den Wasserzusatz wird der Wein verdünnt und die vorhandene Säure auf eine grössere Flüssigkeitsmenge vertheilt. Durch den Zuckerzusatz wird verhütet, dass der Most zu dünn wird und ein zu alkoholarmer Wein entsteht. Bei diesem Verfahren, das nach seinem hauptsächlichsten Verbreiter, Heinrich Ludwig Gall, Gallisiren genannt wird, wird die Menge des Weines mitunter recht erheblich vermehrt (bei den übrigen hier aufgeführten Zusätzen findet dies nur in sehr beschränktem Maasse statt, weil diese ohne Hinzufügung von Wasser angewandt werden). Die Vermehrung des Weines durch das Gallisiren kann indessen eine gewisse Grenze nicht überschreiten, da der entstehende Wein sonst zu extrakt- und aschenarm wird. Zwar entstehen auch bei dem Vergähren des zugesetzten Zuckers kleine Mengen Extraktstoffe, nämlich Glycerin und Bernsteinsäure, und bei der Verwendung von Brunnenwasser gelangen beim Gallisiren auch kleine Mengen Mineralbestandtheile in den Wein, allein diese können die Verminderung der natürlichen Extrakt- und Mineralbestandtheile des

---

[1]) Vergl. G. Vulpius, Pharm. Centralh. 1894. **35.** 75; Jeep, Pharm. Ztg. 1894. **39.** 238; Erwin Kayser, Apoth.-Ztg. 1894. **9.** 713; E. Utescher, Apoth.-Ztg. 1894. **9.** 875.

Weines keineswegs aufwiegen. Namentlich fehlen den übermässig gallisirten Weinen die Säuren, sie schmecken daher fad und leer. Durch mässiges Gallisiren kann dagegen ein Most wirklich verbessert werden.

c) Zusatz von Alkohol zu dem Moste oder Weine (Alkoholisiren).

Eine ähnliche Aenderung in der Zusammensetzung des Mostes, wie durch das Zuckern, erzielt man auch durch Zusatz von Alkohol zu dem Moste; auch hierdurch wird ein Theil des Weinsteines abgeschieden und der Alkoholgehalt des aus dem Moste gewonnenen Weines erhöht. Während aber durch den Zusatz von Zucker zu dem Moste in Folge der Bildung von Glycerin und Bernsteinsäure bei der Gährung des zugesetzten Zuckers eine Erhöhung des Extraktgehaltes des resultirenden Weines bewirkt wird, findet eine solche bei dem Alkoholzusatze nicht statt. Anstatt des Mostes wird häufig auch der Jungwein oder auch älterer Wein mit Alkohol versetzt; dabei scheidet sich stets eine gewisse Menge Weinstein ab. Man verwendet zum Alkoholisiren entweder rektifizierten hochprozentigen Feinsprit oder auch Weinbranntwein (Kognak), Trester- oder Hefenbranntwein. Einige Zeit nach dem Sprit- bezw. Branntweinzusatze kann man diesen noch durch den Geruch feststellen; nach längerem Lagern ist dies nicht mehr möglich.

d) Das Entsäuern des Weines.

Der Most enthält stets mehr Säure als der aus ihm gewonnene Wein, weil bei der Gährung ein Theil des Weinsteines ausgefällt wird und auch sonst noch ein Theil der übrigen Säuren verschwinden kann. Man pflegt daher für gewöhnlich den Most nicht zu entsäuern, sondern man wartet ab, ob der aus ihm entstandene Wein zu grosse Mengen Säure enthält und entsäuert gegebenenfalls diesen. Mitunter verbindet man den Zuckerzusatz zum Moste mit dem Entsäuern des Weines; dieses kombinirte Verfahren wird Chaptalisiren genannt. Das Entsäuern des Weines kann nach mehreren Verfahren geschehen.

α) Entsäuern des Weines durch Erkalten.

Dieses Verfahren beruht auf physikalischen Grundsätzen. Da der Weinstein in Wasser um so weniger löslich ist, je kälter dieses ist, so scheidet er sich beim Abkühlen des Weines auf sehr niedrige Temperatur zum Theile ab, wodurch dem Weine ein Theil seiner Gesammtsäure entzogen wird.

β) **Entsäuern des Weines durch kohlensaures Kali (gereinigte Potasche).**

Das kohlensaure Kali wirkt zunächst auf die namentlich im Weine aus unreifen Trauben enthaltene freie Weinsteinsäure und führt sie in Weinstein über; da die Weine häufig eine gesättigte Lösung von Weinstein darstellen, löst sich der neu gebildete Weinstein nicht auf, sondern fällt unlöslich aus. Wird mehr kohlensaures Kali zugesetzt, als zur Ueberführung der Weinsteinsäure in Weinstein verbraucht wird, so wirkt der Ueberschuss dieses Salzes neutralisirend auf die übrigen Säuren des Weines, namentlich die Aepfelsäure und die Essigsäure, ein; die entstehenden Kalisalze bleiben im Weine gelöst. Durch das Entsäuern des Weines mit kohlensaurem Kali wird somit die Gesammtsäure des Weines vermindert, gleichzeitig aber auch der Gehalt des Weines an Extrakt und namentlich an Mineralbestandtheilen (Kali) durch die gelöst bleibenden Kalisalze erhöht.

γ) **Entsäuern des Weines mit neutralem weinsteinsaurem Kali.**

Das neutrale weinsteinsaure Kali wirkt zunächst auf die freie Weinsteinsäure und führt diese in Weinstein über, der sich grösstentheils abscheidet. Wird mehr neutrales weinsteinsaures Kali zu dem Weine gesetzt, so wirkt es auf die freie Aepfelsäure ein; dabei entsteht Weinstein, der sich abscheidet, und saures äpfelsaures Kali, das in Lösung bleibt. Auch hier wird der Extraktgehalt und der Kaligehalt des Weines durch das Entsäuerungsmittel erhöht.

δ) **Entsäuern des Weines mit kohlensaurem Kalk.**

Der kohlensaure Kalk wirkt zunächst auf die freie Weinsteinsäure; dabei entsteht sehr schwer löslicher weinsteinsaurer Kalk, der fast vollkommen abgeschieden wird. Bei weiterem Zusatze von kohlensaurem Kalk wird der Weinstein zerlegt: es entsteht wieder weinsteinsaurer Kalk, der grösstentheils unlöslich ausfällt, während das Kali des Weinsteines sich mit der Aepfelsäure zu saurem äpfelsaurem Kali verbindet. Wird dem Weine noch mehr kohlensaurer Kalk zugesetzt, als zur Fällung der freien Weinsteinsäure und der Zerlegung des Weinsteines erforderlich ist, so wirkt der kohlensaure Kalk neutralisirend auf die übrigen Säuren des Weines; die dabei entstehenden Kalksalze, die zumeist aus äpfelsaurem Kalk bestehen, bleiben im Weine gelöst.

Durch das Entsäuern des Weines mit kohlensaurem Kalk kann somit der Wein unter Umständen recht wesentlich verändert werden, insofern als der Weinstein theilweise oder ganz zerlegt werden kann; bei Zusatz von sehr viel kohlensaurem Kalk wird gleichzeitig der Kalkgehalt des Weines erhöht. Nur in dem Falle, dass gerade so viel kohlensaurer Kalk zugesetzt wird, als zur Sättigung der freien Weinsteinsäure nothwendig ist, tritt eine weitere Veränderung der Weinbestandtheile nicht ein. Dieser Punkt dürfte aber nur selten genau getroffen werden.

Zum Entsäuern des Weines kann von den verschiedenen Formen, in denen der kohlensaure Kalk vorkommt, nur der weisse Marmor und am zweckmässigsten der reine, gefällte kohlensaure Kalk angewendet werden, da nur diese genügend rein sind.

e) Zusatz von Glycerin zu dem Weine (Scheelisiren).

Das Glycerin entsteht bei der alkoholischen Gährung und ist daher ein normaler Bestandtheil des Weines. Es hat einen süssen Geschmack und verleiht dem Weine einen vollen Geschmack und die Eigenschaft des „Oeligseins" oder „Schmalzigseins", die man gewöhnlich nur bei besseren Weinen vorfindet. Man versetzt mitunter die Weine mit Glycerin, um ihnen die genannten Eigenschaften zu verleihen und gleichzeitig ihren Extraktgehalt zu erhöhen.

f) Andere Zusätze zum Weine.

α) Zusätze zur Erhöhung des Extraktgehaltes. Bisweilen hat man Weine, um ihren Extraktgehalt zu erhöhen, mit arabischem Gummi oder mit Dextrin versetzt. Häufiger benutzt man hierzu einen Rosinenauszug. Auch durch den Zusatz von unreinem Stärkezucker und Glycerin wird der Extraktgehalt des Weines erhöht.

β) Zusatz von Farbstoffen. Weissweine, welche zu blass sind, werden zuweilen mit Karamel (gebranntem Zucker) oder auch in seltenen Fällen mit Theerfarbstoffen gefärbt. Rothweine werden aufgefärbt: durch Verschneiden mit anderen stark gefärbten, namentlich südländischen Rothweinen; mit dem Safte der Färbertrauben; mit dem aus Rothweintrestern mittelst Alkohols ausgezogenen Rothweinfarbstoffe, der unter dem Namen Oenocyanin von Carpené im Handel vorkommt; mit rothen Pflanzenfarbstoffen (Heidelbeeren, Hollunderbeeren, Ligusterbeeren, Kirschsaft, Malvenblüthen u. s. w.); hierher gehört auch der Saft der Kermesbeeren (von Phytolacca decandra), der in Frankreich, Italien, Spanien und Portugal zum Färben des Rothweines benutzt wird; ferner vielleicht noch mit Flechtenfarbstoffen (Orseille, Persio), Farbholzextrakten u. s. w. Mit Theerfarbstoffen dürfte der Rothwein gegenwärtig nur noch selten gefärbt werden.

γ) Zusatz von Konservirungsmitteln. Von diesen kommen nur Salicylsäure und Borsäure in Betracht; auch diese haben sich nicht bewährt und werden nur selten angewandt. Ueber die Verwendung von Wasserstoffsuperoxyd sind noch nicht genügend Erfahrungen gesammelt.

δ) Zusatz von Bouquetstoffen. Zur Erhöhung des Bouquets der Weine oder zur Erzielung eines gewissen Weinsorten zukommenden Wohlgeruches versetzt man bisweilen den Wein mit bestimmten Bouquetstoffen. Diese werden theils künstlich auf chemischem Wege hergestellt, zum Theile der Pflanzenwelt entnommen. Ihre Zahl ist ausserordentlich gross.[1]

ε) Zusatz von künstlichen Süssstoffen. Zur Erzeugung eines vollen und runden Geschmackes wird der Wein bisweilen mit künstlichen Süssstoffen versetzt, die mit den Zuckerarten ausser dem süssen Geschmacke nichts gemein haben. Von den künstlichen Süssstoffen kommen zur Zeit nur das Saccharin und das Dulcin in Betracht. Das reine Saccharin ist Anhydro-Orthosulfaminbenzoësäure:

$$C_6H_4<^{CO}_{SO_2}>NH;$$

es schmeckt 500 mal so süss als Rohrzucker und hat einen eigenthümlichen mandelartigen, den meisten Menschen nicht angenehmen Nachgeschmack. Man hat auch ein Homologes des Saccharins, das Methylsaccharin, dargestellt, das noch süsser als das Saccharin sein soll; ob dieses Präparat viel Anwendung findet, ist nicht bekannt geworden. Das Dulcin ist Paraphenetolkarbamid:

$$CO<^{NH-C_6H_4-O-C_2H_5}_{NH_2};$$

es ist 200 bis 250 mal so süss als Rohrzucker und schmeckt viel reiner süss als das Saccharin. Näheres über diese Süssstoffe siehe in dem Abschnitte „Untersuchung des Weines".

---

[1] A. von Babo und E. Mach, Handbuch des Weinbaues und der Kellerwirthschaft. 2. Band: Kellerwirthschaft. 2. Aufl. Berlin 1885 bei Paul Parey. S. 369.

10. Die Herstellung des Trester- und Hefenweines.

a) Die Herstellung des Tresterweines (das Pétiotisiren).

Die Weintrester enthalten, auch wenn sie ausgepresst worden sind, noch beträchtliche Mengen von Mostbestandtheilen; namentlich ist dies der Fall, wenn die Trauben sehr reif und zum Theil eingetrocknet waren. Durch Aufgiessen von Wasser auf die Trester und nochmaliges Abpressen nach längerem Stehen kann man einen dünnen Most erhalten, der einen alkoholarmen, wenig haltbaren Wein liefert. Der eigentliche Tresterwein wird durch Auslaugen der Trester mit einer wässrigen Zuckerlösung dargestellt; man nennt dieses Verfahren das Pétiotisiren des Weines (nach dem französischen Gutsbesitzer Pétiot, der es zuerst anwandte und empfahl). Man übergiesst die frischen Trester mit Zuckerlösung und lässt diese auf den Trestern möglichst rasch vergähren; dann wird der Wein abgepresst. Die Trester werden mitunter noch ein zweites und drittes Mal mit Zuckerwasser übergossen und der Gährung überlassen; Pétiot empfahl sogar vier- bis fünfmalige Anwendung des Verfahrens bei denselben Trestern. Der Tresterwein wird entweder für sich weiter kellermässig behandelt oder mit dem aus dem ersten abgepressten Moste gewonnenen Wein vermischt. Bisweilen, aber seltener, werden den ausgepressten Trestern die noch darin enthaltenen Extraktbestandtheile durch Aufgiessen von verdünntem Alkohol entzogen oder die Trester gleichzeitig mit verdünntem Weingeist und Zuckerlösung übergossen und dann der Gährung überlassen. Da die Rothweine auf den Trestern vergohren werden, wobei diese ziemlich vollständig ausgelaugt werden, und da der vergohrene Wein, der viel dünnflüssiger als der zuckerreiche Most ist, weit vollkommener abgepresst werden kann, eignen sich die Rothweintrester nur wenig zur Darstellung von Tresterwein.

Der Tresterwein enthält, da er auf den Trestern vergährt, viel Gerbstoff; ein Theil davon kann ihm indessen durch Schönen mit leimartigen Mitteln entzogen werden. Er ist arm an stickstoffhaltigen Verbindungen, sowie an Extraktbestandtheilen, weil ihre Hauptmenge mit dem ursprünglichen Moste entfernt werden; die bei der Gährung des Zuckers entstehenden Extraktbestandtheile, Glycerin und Bernsteinsäure, können diesen Verlust nicht ausgleichen. Namentlich mangelt dem Tresterweine meist die genügende Menge Säure; er wird deshalb oft mit Weinstein gesättigt oder mit Weinsteinsäure versetzt.

Dagegen ist der Tresterwein häufig reich an Mineralbestandtheilen und an Essigsäure.

b) Herstellung des Hefenweines.

Die flüssige Weinhefe enthält noch reichliche Mengen Wein, die man durch Absitzenlassen der Hefe oder durch Auspressen (in einem Sacke) gewinnen kann. Die abgepresste Hefe enthält noch Weinstein, auch andere Weinbestandtheile, namentlich grössere Mengen Weinfuselöl u. s. w., so dass man durch Zusatz von wässeriger Zuckerlösung, die bald in Gährung übergeht, ein weinähnliches Getränk erhalten kann. Diese Hefenweine enthalten zu wenig Säure und Gerbstoff; man setzt ihnen daher 200 bis 300 g Weinsteinsäure und 10 bis 15 g Tannin auf das Hektoliter zu. Der Hefenwein hat lange nicht die Bedeutung wie der Tresterwein; er ist stets reich an Stickstoffverbindungen.

11. Die Herstellung von Rosinenwein.

Die Rosinen sind eingetrocknete Weintrauben, die in südlichen Ländern in grossen Mengen gewonnen werden und zu billigen Preisen im Handel zu haben sind. Sie werden vielfach, namentlich in Frankreich, zur Weinbereitung benutzt. Man verfährt dabei in der Weise, dass man die Rosinen zerreibt, den Brei mit Wasser auslaugt und die ausgelaugte Flüssigkeit vergähren lässt. Oder man übergiesst sie mit wenig Wasser und lässt das Gemisch einige Zeit stehen. Die Rosinen nehmen dann Wasser auf, sie quellen auf, bis die Häute der Beeren wieder ganz straff gespannt sind; die gequollenen Rosinen werden genau wie die frischen Weintrauben auf Wein verarbeitet.

Der Rosinenwein hat, soweit sich durch die Analyse zur Zeit feststellen lässt, dieselbe chemische Zusammensetzung wie der aus frischen Weintrauben hergestellte Wein. Er ist aber durch einen eigenartigen Geruch und Geschmack ausgezeichnet, den der Kenner sofort herausfindet. Durch den Eintrocknungsprozess tritt doch eine wesentliche Aenderung in der Zusammensetzung der Weintraube ein, wie schon daraus zu erkennen ist, dass niemand eine aufgequollene Rosine mit einer frischen Weintraube verwechseln wird. Der Rosinenwein ist zum Essigsäure- oder Milchsäurestich geneigt, weil die diese Krankheiten verursachenden Mikroorganismen sich in grosser Menge auf den Rosinen vorfinden und auch in den Wein gelangen.

12. Die Süssweine und Dessertweine.

Süssweine sind solche Weine, welche noch eine grössere Menge unvergohrenen Zucker enthalten, der gewöhnlich mit einem hohen Alkoholgehalte verbunden ist; die Dessert- oder Likörweine zeichnen sich durch einen hohen Alkoholgehalt aus, neben dem der Extrakt- und Zuckergehalt oft mehr zurücktritt. Die Süss- und Dessertweine haben meist einen eigenartigen Geruch und ein feines Aroma; sie erhalten zum Theil gewisse Zusätze, die sie als Weinfabrikate erscheinen lassen.

Auch die gewöhnlichen Weine können eine gewisse Menge Zucker enthalten und süsslich schmecken, wenn die vollständige Vergährung des Zuckers durch irgend einen Umstand verhindert worden ist; sobald aber der die Gährung aufhebende Zustand beseitigt wird, fängt der Wein von Neuem an zu gähren, wodurch der Zucker als solcher verschwindet. Solche süssen Weine können nicht zu den Süssweinen gerechnet werden.

Die eigentlichen Süss- und Dessertweine, die hauptsächlich in Spanien, Portugal, Sicilien, Griechenland und in Oesterreich-Ungarn hergestellt werden, werden entweder unter Verwendung von Trockenbeeren (Rosinen) oder von künstlich konzentrirtem Moste oder durch Zusatz von Alkohol zum Moste gewonnen.

a) Herstellung von Süssweinen aus Trockenbeeren (Rosinen).

Die bekannten Tokayerweine werden in folgender Weise hergestellt. Man lässt die Weinbeeren am Stocke möglichst eintrocknen; meist schrumpfen sie in ganz gesundem Zustande, ohne edelfaul zu werden, zu Rosinen ein, die man im Gegensatz zu den künstlich getrockneten Rosinen als „stocksüsse" bezeichnet. Wenn nicht alle Beeren eingetrocknet sind, werden die gesunden Beeren entweder herausgelesen, oder auch mit den stocksüssen Rosinen zusammen verarbeitet. Die stocksüssen Rosinen werden mit gewöhnlichem, nicht süssem Tokayerweine ausgelaugt; das auf diese Weise gewonnene Erzeugniss ist der süsse Tokayerwein oder echte Tokayer-Ausbruch.

Der sogenannte „Strohwein" kommt seiner Darstellungsweise nach den Ausleseweinen nahe. Zur Darstellung des Strohweines werden die völlig reifen Weintrauben abgeschnitten und an der Luft allmählich bis zu einem gewissen Grade eingetrocknet. Die eingeschrumpften Beeren werden zerquetscht und der auf diese Weise gewonnene Most der Gährung überlassen.

Hierher dürften auch die rheinischen Ausleseweine zu zählen sein. In günstigen Jahren trocknet in den besten Lagen der rheinischen Weinberge eine Anzahl völlig reifer, edelfauler Beeren, während die Trauben noch am Stocke hängen, bis zu einem gewissen Grade ein. Diese in Folge der Wasserverdunstung sehr süssen, eingeschrumpften Beeren werden einzeln aus den Trauben ausgelesen und für sich auf Wein verarbeitet. Sie geben einen sehr süssen und extraktreichen Most, der bei der Gährung die köstlichen rheinischen Ausleseweine liefert, die als die feinsten und edelsten Weine der Welt angesehen werden. Sie enthalten neben mittleren Alkoholmengen häufig beträchtliche Mengen unvergohrenen Zucker und ein ganz besonders hervorragendes, überaus feines, blumiges Bouquet, das wahrscheinlich zum Theil eine Folge der Edelfäule der Trauben ist.

Bei der Darstellung der vorstehenden Süssweine werden nur Traubenbeeren oder Rosinen verwendet, die aus Weintrauben gewonnen worden sind, welche an dem Herstellungsorte der betreffenden Weine selbst gewachsen sind. Diese Süssweine werden häufig in der Weise nachgeahmt, dass man Rosinen, die in südlichen Ländern gewonnen worden sind, mit Wein auslaugt und die erhaltene Flüssigkeit vergähren lässt; man erhält auf diese Weise die unechten oder nachgemachten Ausbruchweine, bei denen Wein und Rosinen verschiedener Abstammung sind. Die unechten Ausbruchweine erhalten häufig noch Zusätze von Zucker, Alkohol und zahlreichen anderen Stoffen.

Auf gleiche Weise, mit Hülfe von gewöhnlichem Wein, Rosinen, Zucker, Alkohol und anderen Zusätzen, werden auch alle übrigen Süss- und Dessertweine nachgeahmt. An Stelle von Rosinen werden auch mitunter sehr konzentrirte Rosinenextrakte verwendet, die namentlich in Griechenland dargestellt und unter dem Namen „Sekt" in den Handel gebracht werden.

b) Herstellung von Süssweinen aus künstlich konzentrirtem Moste.

Die Konzentration des Mostes erfolgt gewöhnlich entweder durch Einkochen des Mostes über freiem Feuer oder durch Eindampfen desselben im luftleeren Raume. Beim Einkochen erleidet der Most wesentliche Veränderungen in der Zusammensetzung seiner Bestandtheile; er schmeckt brenzlich, der Zucker wird theilweise karamelisirt, so dass auch die äusseren Eigenschaften des Mostes sich ändern. Beim Eindampfen des Mostes im luftleeren Raume treten viel geringere und keineswegs so augenfällige Aenderungen der Bestandtheile ein. Zur Herstellung von Süssweinen versetzt man gewöhnlichen Wein mit dem konzentrirten Moste und verhindert den Eintritt der Gährung durch den Zusatz genügender Mengen reinen Weingeistes. Der bekannte Malagawein wird z. B. durch Zusatz von eingekochtem Moste und Weingeist zu Rothwein dargestellt. Die auf diese Weise bereiteten Süssweine sind reich an Alkohol, Extrakt und Zucker. Auch durch theilweises Gefrierenlassen kann man den Most konzentriren. Das sich abscheidende Eis enthält nur wenige Mostbestandtheile; entfernt man es, so hinterbleibt eine konzentrirte Lösung der Mostbestandtheile. Dieses Verfahren dürfte wohl kaum Anwendung finden.

c) Herstellung von Dessertweinen durch Zusatz von Alkohol zum Moste.

Versetzt man einen Most mit einer genügenden Menge Alkohol, so dass die Flüssigkeit mehr als 17 bis 18 Maassprozent Alkohol enthält, so unterliegt er nicht der Gährung. Lässt man den Most mehr oder weniger vergähren, so kann man nach diesem Verfahren Dessertweine von verschieden grossem Extrakt- und Zuckergehalte gewinnen. Zu den Dessertweinen, die auf diese Weise dargestellt werden, gehören verschiedene sehr bekannte Marken, z. B. der Portwein, Sherry, Madeira, Marsalawein u. s. w. Die genannten Weine enthalten verhältnissmässig nur wenig Zucker, sie sind aber reich an Alkohol; andere in gleicher Weise dargestellte Dessertweine haben viel mehr Zucker.

Anstatt dem Moste seinen Zucker künstlich zu erhalten und ihm Alkohol zuzusetzen, kann man den Most auch vergähren lassen, und dann solche Mengen Zucker zusetzen, dass er nach der auf den Zuckerzusatz aufs Neue eintretenden Gährung noch hinreichend Zucker behält. Dieses Verfahren wird aber nur selten angewandt.

Sehr viele Süssweine erhalten noch zahlreiche Zusätze, namentlich von Stoffen, die ihnen ein eigenartiges Aroma ertheilen. Die Zahl der süssen Spezialweine ist überaus gross; sie haben aber meist keine allgemeine Bedeutung.

13. Die Krankheiten und Fehler des Weines.

Der gewöhnliche Wein ist in Folge seiner Zusammensetzung eine verhältnissmässig wenig haltbare und gegen viele Einflüsse überaus empfindliche Flüssigkeit. Er bildet, wenn er nicht zu viel Alkohol enthält, einen guten Nährboden für viele Mikroorganismen, die sich unter geeigneten Umständen stets einfinden und die Zusammensetzung des Weines wesentlich ändern können. Im Allgemeinen unterliegen jüngere Weine, die noch reich an Eiweiss sind, leichter und stärker der zersetzenden Einwirkung der Mikroorganismen als ältere Weine: in Weinen mit sehr hohem Alkoholgehalte gedeihen die Mikroorganismen nicht, der Alkohol schützt daher die Weine vor Erkrankung. Neben den durch niedere Pilze verursachten eigentlichen Weinkrankheiten sind noch die sogenannten Weinfehler zu erwähnen, die durch die Gegenwart von fremdartigen Stoffen im Weine verursacht werden und den Geschmack und Geruch des Weines ungünstig beeinflussen. Die Krankheiten und Fehler der Weine sollen hier nur so weit besprochen werden, als sie mit nachweisbaren Aenderungen in der Zusammensetzung verbunden sind.

A. Weinkrankheiten.

a) **Das Kahmigwerden des Weines.** Die Oberfläche eines Weines, der in nicht ganz voll gefüllten Flaschen oder Fässern aufbewahrt wird, bedeckt sich bald mit einem weissen Häutchen, dem sogenannten Schleier. Die Decke wird immer stärker, gelblichweiss, mehr oder weniger faltig oder gekräuselt und kann unter Umständen mehrere Centimeter dick werden. Der Ueberzug besteht aus einem Sprosspilz, dem Kahm- oder Kuhnenpilz (Mycoderma vini); er befällt am häufigsten und stärksten jüngere Weine mit geringem Alkoholgehalte.

Die Einwirkung des Kahmpilzes auf die Weinbestandtheile ist eine sehr eingreifende. Er oxydirt zunächst den Alkohol zu Kohlensäure und Wasser; gleichzeitig oxydirt er auch Extraktbestandtheile, insbesondere die Säuren des Weines, zu Kohlensäure und Wasser. Daneben entstehen noch kleine Mengen von schlecht riechenden und schmeckenden Stoffen, wahrscheinlich von Buttersäure, Baldriansäure oder anderen Fettsäuren. Die vom Kahmpilze befallenen Weine zeigen daher eine mehr oder weniger starke Verminderung des Alkohol-, Extrakt- und Säuregehaltes. Als Mittel gegen den Kahmpilz werden Ueberschichten des Weines mit starkem Weingeiste, starkes Schwefeln des Weines, Pasteurisiren oder der Zusatz von Konservirungsmitteln (Salicylsäure) angewandt.

b) **Der Essigstich.** Der Essigstich des Weines wird durch den Essigpilz (Mycoderma aceti) verursacht. Dieser Pilz bildet auf der Oberfläche des Weines ein zartes, durchscheinendes Häutchen; er befällt am häufigsten Weine mit geringem Alkoholgehalte, vorzugsweise aber Rothweine. Der Essigpilz oxydirt den Alkohol des Weines zu Essigsäure; da diese Säure schon bei Gegenwart verhältnissmässig sehr kleiner Mengen dem Weine einen schlechten Geschmack verleiht oder ihn selbst ganz ungeniessbar macht, ist der Essigstich eine sehr gefürchtete Weinkrankheit.

c) **Der Milchsäurestich und das Zickendwerden der Weine.** Der Milchsäurestich wird durch die Milchsäurebacillen oder -stäbchen verursacht; durch diesen Spaltpilz werden die im Weine enthaltenen kleinen Zuckermengen in Milchsäure verwandelt, welche dem Weine einen eigenthümlichen, sauren Geschmack verleiht. Durch die Einwirkung des Buttersäurebacillus wird die Milchsäure zum Theil weiter in Buttersäure und andere schlecht riechende Fettsäuren verwandelt; diese machen den Wein „zickend", sie geben ihm einen widerwärtigen Geruch und Geschmack.

d) **Das Umschlagen oder Brechen des Weines.** Diese Krankheit findet sich vorwiegend bei Rothweinen. Sie beginnt mit einer Trübung des Weines, die, auch bei vollkommen vergohrenen Weinen, mit einer schwachen Kohlensäureentwickelung verbunden ist. Der Wein nimmt einen eigenthümlichen, höchst unangenehmen Geruch und Geschmack an und wird zuletzt ganz ungeniessbar; Rothweine verändern ihre Farbe, sie werden braun. An dem Umschlagen des Weines sind mehrere Mikroorganismen, sowohl Stäbchen wie Kokken, betheiligt. In umgeschlagenen Weinen findet in erster Linie eine Zersetzung des Weinsteines statt. Das frei werdende Kali verbindet sich zunächst mit der etwa vorhandenen Weinsteinsäure zu Weinstein und nach dessen Zersetzung mit der Aepfelsäure; im weiteren Verlaufe der Krankheit wird auch das äpfelsaure Kali zerstört. Schliesslich hinterbleiben nur kohlensaures Kali und die anderen Mineralbestandtheile des Weines neben kleinen Mengen braungefärbter organischer Substanz. Die Zersetzung des Weinsteines ist von der Bildung von Fettsäuren (Ameisensäure, Essigsäure, Buttersäure u. s. w.) begleitet; deren Menge bleibt indessen gering. Bei der Wiederherstellung umgeschlagener Weine wird der Verlust an zersetztem Weinsteine durch einen Zusatz von 100 bis 200 g Weinsteinsäure auf das Hektoliter Wein ersetzt. Die Ursache des Umschlagens der Weine und die dabei entstehenden Produkte sind noch nicht genügend erforscht.

e) **Das Zähe-, Weich- oder Langwerden des Weines.**

Unter dem Einflusse eines Kugelbakteriums werden namentlich jüngere Weine in eigenartiger Weise verändert. Der Wein wird zunächst dickflüssig und dann so zähe, dass er bei dem Umkehren der gefüllten Flasche entweder gar nicht oder in lange Fäden ziehenden Tropfen ausfliesst; das Bouquet des Weines bleibt unverändert. Dabei wird der im Weine enthaltene Zucker in Mannit verwandelt; gleichzeitig entstehen kleine Mengen von Essigsäure und vielleicht von Milchsäure. Zur Wiederherstellung des zähen Weines dient ein Zusatz von 20 bis 30 g Tannin auf das Hektoliter Wein. Auch diese Weinkrankheit ist noch nicht genügend erforscht.

f) **Das Bitterwerden des Weines.** Auch diese Krankheit, die bisher fast nur an älteren Rothweinen beobachtet wurde, ist durch einen Pilz verursacht; der Wein nimmt einen bitteren Geschmack an, der ihn zuletzt ungeniessbar macht. Welche Aenderungen in der Zusammensetzung des Weines dabei stattfinden, ist noch wenig bekannt. Unter schwacher Kohlensäureentwickelung werden der Weinstein und der Farbstoff zerstört; der Gerbstoff soll in Gallussäure verwandelt werden. Das Bitterwerden der Weine ist in physiologischer und chemischer Hinsicht am wenigsten von allen Weinkrankheiten erforscht worden.

B. Weinfehler.

a) **Das Schwarzwerden des Weines.** Das Schwarzwerden des Weines wird durch die Gegenwart von Eisenoxydsalzen und Gerbstoff im Weine verursacht. Diese beiden Stoffe geben einen schwarzen Niederschlag von gerbsaurem Eisenoxyd. Jeder Wein enthält von Natur kleine Mengen Eisen, welche die Rebe aus dem Boden aufnimmt. Der Eisengehalt des Weines kann durch das Bearbeiten des Mostes mit verrosteten eisernen Geräthschaften und längere Berührung mit eisernen Gegenständen (den Klammern und Schraubenköpfen der Fassthürchen, in das Innere der Fässer ragenden Nägeln u. s. w.) erhöht werden; dasselbe kann beim Schwefeln stattfinden, wenn man sich dabei eines eisernen Brenndrahtes oder eines eisernen Schälchens bedient.

Damit ein Wein schwarz werden soll, müssen zwei Bedingungen erfüllt sein:

1. Das Eisen muss in grösserer Menge und zwar in der Form eines Eisenoxydsalzes vorhanden sein; Eisenoxydulsalze geben die schwarze Gerbstoffreaktion nicht. Im jungen Weine ist das Eisen in Folge der bei der Gährung stattfindenden

reduzirenden Vorgänge in der Form von Oxydul vorhanden. Wenn der Wein mit der Luft in engere Berührung kommt, z. B. beim Abziehen, wird das Eisenoxydul in Oxyd verwandelt, und dieses kann die Gerbstoffreaktion geben. Thatsächlich beobachtet man oft das Schwarzwerden des Weines kurz nach dem Abziehen.

2. Der Wein darf nicht zu viel Säure enthalten. Die Säuren des Weines verhindern bis zu einem gewissen Grade die Entstehung des schwarzen Niederschlages von gerbsaurem Eisenoxyd. Damit im Weine die Reaktion eintritt, müssen viel grössere Mengen Gerbstoff und Eisenoxyd vorhanden sein, als in säurefreier wässeriger Lösung. Thatsächlich enthalten viele Weine soviel Gerbstoff und Eisenoxyd, dass sie ohne die Säuren des Weines die schwarze Reaktion geben würden; wenn dann solche Weine entsäuert werden, so können sie, wie man schon häufig beobachtet hat, schwarz werden.

b) **Das Braunwerden (Rahn-, Rohn-, Roth-, Rostig-, Fuchsigwerden) des Weissweines.** Manche Weissweine werden an der Luft trübe und färben sich, von der Oberfläche anfangend, braun. Man beobachtet diese Aenderung namentlich, wenn faule Weinbeeren verarbeitet wurden und der Most längere Zeit mit den Trestern in Berührung blieb. Man hält die braunen Stoffe, die den Huminkörpern nahestehen, für Oxydationsprodukte von Extraktivstoffen aus den Hülsen und Kämmen, namentlich von Chlorophyll.

c) **Der Böckser des Weines.** Der Böckser des Weines wird durch die Gegenwart von Schwefelwasserstoff verursacht. Die Entwickelung von Schwefelwasserstoff in dem Weine kann durch verschiedene Umstände veranlasst werden.

1. **Durch den Schwefelgehalt des Weinbergbodens**, z. B. der Schwefelkies enthaltenden Thonschieferböden; dabei ist auch die Düngung von Einfluss.

2. **Durch die Gegenwart von Schwefel in dem gährenden Moste.** Im gährenden Moste wird fein vertheilter Schwefel zu Schwefelwasserstoff reduzirt. Der freie Schwefel kann dadurch in den Most gelangen, dass die Trauben kurz vor der Lese zur Bekämpfung des Traubenschimmels (Oïdium Tuckerii) mit Schwefelpulver bestäubt wurden. Ferner kann Schwefel beim Schwefeln in die Fässer kommen, sei es durch Abtropfen von geschmolzenem Schwefel von der brennenden Schwefelschnitte, sei es durch Verflüchtigung von Schwefeldampf. Auch der Kahmpilz (Mycoderma vini) vermag

elementaren Schwefel zu Schwefelwasserstoff zu reduziren, so dass man auch in fertigem, von diesem Pilze befallenen Weine Schwefelwasserstoff finden kann.

3. **Durch Vorhandensein von metallischem Eisen im Fasse.** Wird ein Fass, in dem sich metallisches Eisen befindet, geschwefelt, so wirkt die schweflige Säure auf das Eisen ein, wobei schwefligsaures Eisenoxydul und Schwefeleisen entstehen. Wenn dann das Fass mit Wein gefüllt wird, so wird das Schwefeleisen durch die Säure des Weines unter Entwickelung von Schwefelwasserstoff zersetzt.

4. **Bei der Zersetzung der Hefe entsteht Schwefelwasserstoff.**

Zur Entfernung des Böcksers (Schwefelwasserstoffes) wird der Wein in ein geschwefeltes Fass abgezogen. Die schweflige Säure wirkt auf den Schwefelwasserstoff unter Abscheidung von fein vertheiltem Schwefel ein:

$$2\,H_2S + SO_2 = 2\,H_2O + 3\,S.$$

Auch bei wiederholtem Abziehen des Weines verflüchtet sich der Schwefelwasserstoff.

d) Die zahlreichen übrigen Weinfehler, die grösstentheils durch einen fremdartigen Geschmack des Weines bedingt sind, sind mit nachweisbaren Aenderungen in der Zusammensetzung des Weines nicht verknüpft.

14. Die Bestandtheile des Weines.

Die Bestandtheile des Weines stammen theilweise aus dem Moste, zum Theil werden sie bei der Gährung und Lagerung gebildet. In den fertigen Handelsweinen ist noch auf andere Bestandtheile Rücksicht zu nehmen, die entweder durch Krankheiten des Weines entstehen, oder durch künstliche Zusätze in den Wein gelangen.

A. Bestandtheile des Weines, die aus dem Moste stammen.

1. **Zuckerarten: Invertzucker, Inosit.** Die meisten ausgegohrenen Weine enthalten noch kleine Mengen reduzirenden Zucker (Invertzucker), 0,01 bis 0,10 g in 100 ccm, mitunter mehr. Da die Dextrose rascher vergährt als die Lävulose, besteht der bei der Gährung im Weine zurückbleibende Zucker vorzugsweise aus Lävulose. Der Inosit wird durch Hefe nicht vergohren und findet sich daher auch im fertigen Weine. Die Grösse des Inositgehaltes der Weine ist indessen nicht bekannt.

2. **Organische Säuren:** Aepfelsäure, vielleicht kleine

Mengen Citronensäure, Gerbstoff und mitunter Weinsteinsäure. Alle Weine enthalten reichlich Aepfelsäure. Freie Weinsteinsäure findet sich meist nur in Weinen aus unreifen Trauben, Gerbstoff vorzugsweise in Rothweinen.

3. **Salze organischer Säuren**: Weinstein (saures weinsteinsaures Kali), kleine Mengen weinsteinsaurer Kalk, äpfelsaures Kali. Aepfelsaures Kali findet man nur in Weinen, die keine freie Weinsteinsäure enthalten. Der Weinsteingehalt des Weines kann durch verschiedene Umstände (gewisse Weinkrankheiten, ungeschicktes Entsäuern mit kohlensaurem Kalk, starkes Gypsen) bedeutend verringert werden.

4. **Mineralbestandtheile**: Kali, Natron, Kalk, Magnesia, Thonerde, Eisen, Mangan, Phosphorsäure, Schwefelsäure, Chlor, Kieselsäure und in vielen Weinen kleine Mengen von Borsäure.

5. **Riechstoffe**: Vanillin, wahrscheinlich ätherische Oele und Riechstoffe unbekannter Natur.

6. **Sonstige Bestandtheile**: Eiweissstoffe, andere Stickstoff enthaltende Bestandtheile, Quercitrin, Quercetin, Farbstoffe (bei Weissweinen humusartige Zersetzungsprodukte des Chlorophylls und andere Farbstoffe, bei Rothweinen der Rothweinfarbstoff, das Oenocyanin), kleine Mengen Gummi und Pektinstoffe, Fett und Extraktstoffe unbekannter Natur.

B) Bestandtheile des Weines, die bei der Gährung und bei dem Lagern entstehen.[1])

Das Hauptprodukt der alkoholischen Gährung des Mostes ist der **Alkohol** (Aethylalkohol). Daneben entstehen, wie schon lange (durch die Untersuchungen von Pasteur) bekannt ist, **Glycerin** und **Bernsteinsäure**; dem Glycerin reiht sich nach neueren Untersuchungen[2]) das **Isobutylenglykol** $(CH_3)_2 = C(OH) - CH_2OH$ vom Siedepunkte 176—178°C. an. Auch die **Essigsäure** ist ein eigentliches Gährungsprodukt und nicht ausschliesslich ein sekundäres Oxydationsprodukt des Alkohols; dies wird dadurch bewiesen, dass sie auch bei Gährungen, die unter Luftabschluss stattfinden, entsteht.

Erst in neuerer Zeit hat man einen tieferen Einblick in die bei der Gährung entstehenden flüchtigen, riechenden Bestandtheile der Weine gewonnen. Man ging dabei in der

---

[1]) Eine vollständige Zusammenstellung der bisher bekannten flüchtigen Bestandtheile des Weines findet sich bei Karl Windisch, Arbeiten a. d. Kaiserl. Gesundheitsamte 1892. **8**. 175 bis 186.

[2]) A. Henninger, Compt. rend. 1882. **95**. 94.

Weise vor, dass man den aus dem Weine durch Destillation gewonnenen Branntwein, den Weinbranntwein oder Kognak, welcher die flüchtigen Bestandtheile des Weines in konzentrirter Form enthält (aus 5 bis 8 Liter Wein destillirt man 1 Liter Kognak), untersuchte.[1]) Diese Untersuchungen ergaben, dass der Wein zahlreiche höhere Alkohole, nämlich Normal-Propylalkohol[2]), Isobutylalkohol[2]), Gährungsamylalkohol[3]), Hexylalkohol[4]) und Heptylalkohol[5]), enthält. Weiter fand man eine ganze Anzahl Fettsäuren (Essigsäure, Buttersäure[6]) und höhere Fettsäuren[7]), wie Kapronsäure, Oenanthsäure, Kaprylsäure, Pelargonsäure, Kaprinsäure u. s. w.); viele Weine enthalten auch Ameisensäure[8]) und einzelne kranke Weine Propionsäure[9]) und Baldriansäure[6]). Ferner fand man kleine Mengen ätherischer Oele und Ammoniak, sowie flüchtige organische Basen. Von den flüchtigen Fettsäuren überwiegt die Essigsäure ganz bedeutend, von den höheren Alkoholen der Amylalkohol, von den flüchtigen Basen das Ammoniak.

Durch gegenseitige chemische Einwirkung der bei der Gährung entstehenden und zum Theil auch der aus dem Moste stammenden Weinbestandtheile werden beim Lagern neue Stoffe gebildet, die für den Geruch und Geschmack des Weines von hervorragender Bedeutung sind. Die wichtigsten Veränderungen

---

[1]) Ch. Ordonneau, Compt. rend. 1886. **102.** 217; Journ. pharm. chim. [5]. 1887. **15.** 631; E. Claudon und E. Ch. Morin, Compt. rend. 1887. **104.** 1109 und 1187; Journ. pharm. chim. [5]. 1887. **15.** 628 und 631; E. Ch. Morin, Compt. rend. 1888. **105.** 1019; Journ. pharm. chim. [5]. 1888. **17.** 20.
[2]) G. Chancel, Compt. rend. 1853. **37.** 410; Annal. Chem. Pharm. 1853. **87.** 125.
[3]) Krutzsch, Journ. prakt. Chemie 1844. **31.** 1; Annal. Chem. Pharm. 1844. **52.** 311; A. J. Balard, Annal. chim. phys. [3]. 1844. **12.** 294; Halenke und Kurtz, Annal. Chem. Pharm. 1871. **157.** 270 Anmerkung.
[4]) V. Faget, Compt. rend. 1853. **37.** 730; Annal. Chem. Pharm. 1853. **88.** 325.
[5]) V. Faget, Bull. soc. chim. 1862. **4.** 59; Annal. Chem. Pharm. 1862. **124.** 355.
[6]) E. Duclaux, Compt. rend. 1874. **78.** 1160; Annal. chim. phys. [5]. 1874. **7.** 251.
[7]) J. Pelouze und J. Liebig, Annal. Chem. Pharm. 1836. **19.** 241; Delffs, Annal. Phys. Chemie 1851. **84.** 505; H. Fehling, Dingler's polytechn. Journ. 1853. **130.** 77; A. Fischer, Annal. Chem. Pharm. 1860. **115.** 247; 1861. **118.** 307; F. Grimm. Annal. Chem. Pharm. 1871. **157.** 264.
[8]) L. Liebermann, Ber. deutsch. chem. Gesellschaft 1882. **15.** 437 und 2553; S. Kiticsán, Ebd. 1883. **16.** 1179.
[9]) F. L. Winckler, Jahrb. prakt. Pharm. 1853. **26.** 209; A. Béchamp, Compt. rend. 1863. **56.** 969 und 1184.

bestehen in der Verbindung der Alkohole, insbesondere des Aethylalkohols, mit den Säuren des Weines zu Estern, in der sogenannten Esterifizirung der Säuren. Dabei treten sowohl die flüchtigen Fettsäuren als auch die nichtflüchtigen Säuren in Wirksamkeit. Alle Weine enthalten Essigäther (Aethylacetat) und die Ester der höheren Fettsäuren (der Kapronsäure bis Kaprinsäure). Die Ester der höheren Fettsäuren bezeichnet man meist mit dem Sammelnamen „Oenanthäther"; dieses Estergemisch gibt den allen Weinen gemeinsamen spezifischen „Weingeruch", d. h. den Geruch, an welchem Jedermann eine ihm vorgesetzte Flüssigkeit als Wein erkennt. Die Rothweine zeichnen sich häufig durch einen höheren Gehalt an Essigäther aus; auch kleine Mengen Buttersäureäther (Aethylbutyrat) dürften nur selten im Weine fehlen.

Von den nichtflüchtigen Säuren des Weines sind die Weinsteinsäure, Aepfelsäure und Bernsteinsäure zweibasisch; sie bilden daher zwei Arten von Estern: die sauren Ester oder Estersäuren, die wie einbasische Säuren wirken, und die neutralen Ester. Die sauren Ester sind alle nicht flüchtig. Von den neutralen Estern ist nur der Bernsteinsäureäthylester flüchtig; er hat einen angenehmen, obstartigen Geruch. Die nichtflüchtigen Ester tragen sehr wesentlich zu dem Geschmacke des Weines bei. Nach C. Schmitt[1]) soll der hauptsächlichste Geschmack gebende Bestandtheil des Weines die Estersäure eines höheren Alkohols sein.

Weitere Aenderungen in der Zusammensetzung des Weines treten durch die Oxydationsvorgänge beim Lagern ein. Der Alkohol wird, meist allerdings nur in kleiner Menge, zu Aldehyd und Essigsäure oxydirt. Der Acetaldehyd dürfte selten in einem Weine ganz fehlen; er verbindet sich zum Theil wieder mit Alkohol zu Acetal (Aethylidendiäthyläther). Auch die übrigen Alkohole können zu Aldehyden und Säuren oxydirt werden; doch ist darüber nichts Näheres bekannt. Ueberhaupt sind die in kleiner Menge im Weine vorkommenden Bestandtheile und die beim Lagern eintretenden chemischen Umsetzungen noch wenig erforscht.

Die Geruchstoffe des Weines kann man in folgende zwei Gruppen eintheilen:

1. **Geruchstoffe, die schon in den Weintrauben enthalten sind.** Diese sogenannten Bouquetstoffe gehen bei

---

[1]) C. Schmitt, Die Weine des Herzoglich Nassauischen Kabinetskellers. Wiesbaden 1892. S. 55.

vielen Traubensorten (Riesling, Traminer, Muskateller u. s. w.) unverändert in den Wein über; bei anderen Traubensorten erleiden sie durch verschiedene Umstände eine Aenderung. Manche Traubensorten verlieren bei der Ueberreife, namentlich bei der sogenannten Edelfäule, ihr Bouquet fast vollständig, während andere gerade erst in Folge der Edelfäule einen sehr bouquetreichen Wein liefern. Welcher Art die Bouquetstoffe sind, ist noch nicht festgestellt; man zählt sie zu den ätherischen Oelen, es ist aber nicht ausgeschlossen, dass sie auch zum Theil aus Säureestern bestehen.

2. **Geruchstoffe, die bei der Gährung und dem Reifen und Lagern des Weines entstehen.** Diese Stoffe bestehen aus den bei der Gährung entstehenden und beim Lagern des Weines durch chemische Umsetzungen sich bildenden Alkoholen, Säuren, Estern, Aldehyden u. s. w. Es ist nicht unwahrscheinlich, dass ein Theil der Ester schon bei der Gährung aus den Alkoholen und Säuren im Entstehungszustande gebildet wird.

C. **Bestandtheile des Weines, die durch Krankheiten und Fehler in den Wein gelangen können.**

Bei der Besprechung der Weinkrankheiten und Weinfehler wurde bereits mitgetheilt, dass durch diese gewisse Weinbestandtheile verändert und andere neu gebildet werden. Von neu entstehenden Stoffen seien Essigsäure, Propionsäure, Buttersäure, Schwefelwasserstoff, der aber auch bei der normalen Gährung entstehen kann, Milchsäure, Schleim, Mannit, Ammoniakabkömmlinge, wie Trimethylamin, Acetamid, Leucin, Tyrosin (in Folge der Zersetzung der Hefe, wenn der Wein zu lange auf dieser liegen bleibt) und zahlreiche Geschmackstoffe, die man nicht näher kennt, hier erwähnt.

D. **Bestandtheile des Weines, die durch künstliche Zusätze in den Wein gelangen.**

Durch das Gallisiren des Weines (Zusatz von Zuckerwasser) können Rohrzucker, Invertzucker, reiner Traubenzucker oder unreiner Stärkezucker, ferner, bei Anwendung von Salpetersäure enthaltendem Brunnenwasser, Salpetersäure in den Wein gelangen. Beim Schwefeln kommt schweflige Säure in den Wein, die sich theilweise zu Schwefelsäure oxydirt, theilweise mit Aldehyd zu aldehydschwefliger Säure verbindet, welche zu dem Geruche und Geschmacke des Weines beiträgt. Zur Erhöhung des Extraktgehaltes des Weines werden mitunter arabisches Gummi oder Dextrin zugesetzt, zur Verdeckung des sauren Geschmackes künstliche Süssstoffe (Saccharin, Dulcin), zur Konservirung Borsäure, Salicylsäure, Abrastol (β-naphtolsulfosaures Calcium), Fluorverbindungen und andere Konservirungsmittel. Wenn die Weintrauben zur Bekämpfung von Rebenkrankheiten mit Kupferlösungen behandelt worden sind, gelangt Kupfer in den Most; bei der Gährung wird aber der grösste Theil des Kupfers unlöslich abgeschieden, so dass sich nur sehr kleine Mengen im Weine vorfinden. Zum „Entgypsen" des Weines werden die Weine zuweilen mit Baryum- oder Strontiumsalzen behandelt, durch die der übermässige Schwefelsäuregehalt der gegypsten Weine vermindert werden soll; dabei bleiben meist kleine Mengen Baryum- und Strontiumsalze in dem Weine gelöst zurück. Um den Wein zu entsäuern, hat man ihn bisweilen mit Bleioxyd oder Bleizucker behandelt, wobei Bleisalze in dem Weine zurückblieben. Durch Zufälle können noch alle möglichen anderen Stoffe, z. B. Arsen und Schwermetalle, in den Wein gelangen, auf die in gegebenen Fällen bei der Untersuchung Rücksicht zu nehmen ist.

II. Die chemische Untersuchung des Weines.

(Der Wortlaut der vom Bundesrathe vorgeschriebenen Untersuchungsverfahren u. s. w. ist in den einzelnen Abschnitten vorangestellt; die erläuternden Bemerkungen des Verfassers sind klein gedruckt.

A. Vorschriften für das Entnehmen, Bezeichnen, Aufbewahren und Einsenden von Wein zum Zwecke der chemischen Untersuchung, sowie Bemerkungen allgemeinen Inhaltes.

1. Von jedem Weine, welcher einer chemischen Untersuchung unterworfen werden soll, ist eine Probe von mindestens $1^1/_2$ Liter zu entnehmen. Diese Menge genügt für die in der Regel auszuführenden Bestimmungen (s. Nr. 5). Der Mehrbedarf für anderweite Untersuchungen ist von der Art der letzteren abhängig.

2. Die zu verwendenden Flaschen und Korke müssen vollkommen rein sein. Krüge oder undurchsichtige Flaschen, in welchen etwa vorhandene Unreinlichkeiten nicht erkannt werden können, dürfen nicht verwendet werden.

3. Jede Flasche ist mit einem das unbefugte Öffnen verhindernden Verschlusse und einem anzuklebenden Zettel zu versehen, auf welchem die zur Feststellung der Identität nothwendigen Vermerke angegeben sind. Ausserdem ist gesondert anzugeben: die Grösse und der Füllungsgrad der Fässer und die äussere Beschaffenheit des Weines; insbesondere ist zu bemerken, wie weit etwa Kahmbildung eingetreten ist.

Das Versiegeln der Weinflaschen mit Siegellack ist nicht zweckmässig, da der Lack bei alkoholreichen Weinen leicht durchweichen und theilweise von dem Weine aufgelöst werden kann; auch können beim Öffnen der Flaschen kleine Stückchen Siegellack in den Wein hineinfallen. Besser eignen sich zum Verschlusse der Flaschen Plomben oder mitunter auch amtliche Siegelmarken.

Die Grösse und der Füllunsgrad der Weinfässer ist häufig von Einfluss auf die Zusammensetzung und Beschaffenheit des Weines; sind sie nur theilweise gefüllt, so siedeln sich auf der Oberfläche des

Weines leicht Kulturen von Mikroorganismen an, welche die Zusammensetzung des Weines ändern. Insbesondere gilt dies von dem **Kahm-** oder **Kuhnenpilz** (Mycoderma vini) und dem **Essigpilz** (Mycoderma aceti) (s. S. 35).

Die äussere Beschaffenheit des Weines giebt Auskunft über manche Krankheiten des Weines, z. B. das Zäh- oder Langwerden des Weines (s. S. 36), das Schwarzwerden des Weissweines (s. S. 37), das Braunwerden des Weissweines (s. S. 38) u. s. w. **Trübungen** des Weines können hervorgerufen sein durch Hefezellen oder (bei kranken Weinen) durch andere Pilze, oder durch die Abscheidung gewisser Weinbestandtheile, namentlich von Eiweiss, Weinstein und in manchen Fällen von weinsteinsaurem Kalk. **Die Art der Trübung** erkennt man unter dem Mikroskop. Zur Abscheidung der Trübung bedient man sich am besten einer Centrifuge. Beim Centrifugiren des Weines setzen sich die trüben Theilchen fest an dem Boden des Gläschens ab; man giesst den über dem Bodensatze stehenden klaren Wein ab und bringt einen Theil des Bodensatzes auf einen Objektträger. Wenn keine Centrifuge zur Verfügung steht, so lässt man die Trübung in einem Spitzglase sich absetzen oder filtrirt, falls dies nicht gelingt, den Wein durch ein Filter.

4. **Die Proben sind sofort nach der Entnahme an die Untersuchungsstelle zu befördern**; ist eine alsbaldige Absendung nicht ausführbar, so sind die Flaschen an einem vor Sonnenlicht geschützten, kühlen Orte liegend aufzubewahren. Bei Jungweinen ist wegen ihrer leichten Veränderlichkeit auf besonders schnelle Beförderung Bedacht zu nehmen.

Falls der Wein nicht sofort an die Untersuchungsstellen geschickt werden kann, muss er an einem kühlen, aber nicht zu kalten Orte aufbewahrt werden, da sich sonst leicht Weinstein und andere bei höherer Temperatur gelöst gewesene Weinbestandtheile abscheiden können, die sich beim nachherigen Erwärmen nur schwierig wieder lösen. Mitunter findet man den Boden von gefüllten Weinflaschen, die längere Zeit bei Temperaturen von nahezu 0^0 C. aufbewahrt wurden, mit einer Krystallkruste von Weinstein bedeckt. Durch die Weinsteinabscheidung kann der Gehalt des Weines an Extrakt und Säure, sowie an Mineralbestandtheilen und Kali nicht unerheblich vermindert werden.

5. Zum Zwecke der Beurtheilung der Weine sind die Prüfungen und Bestimmungen in der Regel auf folgende Eigenschaften und Bestandtheile jeder Weinprobe zu erstrecken:
    1. Spezifisches Gewicht,
    2. Alkohol,
    3. Extrakt,
    4. Mineralbestandtheile,

5. Schwefelsäure bei Rothweinen,
6. Freie Säuren (Gesammtsäure),
7. Flüchtige Säuren,
8. Nichtflüchtige Säuren,
9. Glycerin,
10. Zucker,
11. Polarisation,
12. Unreinen Stärkezucker, qualitativ,
13. Fremde Farbstoffe bei Rothweinen.
    Unter besonderen Verhältnissen sind die Prüfungen und Bestimmungen noch auf nachbezeichnete Bestandtheile auszudehnen:
14. Gesammtweinsteinsäure, freie Weinsteinsäure, Weinstein und an alkalische Erden gebundene Weinsteinsäure,
15. Schwefelsäure bei Weissweinen,
16. Schweflige Säure,
17. Saccharin,
18. Salicylsäure, qualitativ,
19. Gummi und Dextrin, qualitativ,
20. Gerbstoff,
21. Chlor,
22. Phosphorsäure,
23. Salpetersäure, qualitativ,
24. Baryum,
25. Strontium,
26. Kupfer.

Die Ergebnisse der Untersuchungen sind in der angegebenen Reihenfolge aufzuführen. Bei dem Nachweis und der Bestimmung solcher Weinbestandtheile, welche hier nicht aufgeführt sind, ist stets das angewandte Untersuchungsverfahren anzugeben.

6. Als Normaltemperatur wird die Temperatur von 15^0 C. festgesetzt; mithin sind alle im Folgenden vorgeschriebenen Abmessungen des Weines bei dieser Temperatur vorzunehmen und sind die Ergebnisse hierauf zu beziehen. Trübe Weine sind vor der Untersuchung zu filtriren; liegt ihre Temperatur unter 15^0 C., so sind sie vor dem Filtriren mit den ungelösten Theilen auf 15^0 C. zu erwärmen und umzuschütteln.

Als Normaltemperatur ist die Temperatur von 15^0 C. vorgeschrieben, weil diese Normaltemperatur ganz allgemein im Deutschen Reiche amtlich angenommen worden ist; alle von der Kaiserlichen Normal-Aichungs-Kommission geaichten Aräometer, Messgeräthschaften u. s. w. sind auf eine Temperatur von 15^0 C. bezogen.

Trübe Weine, deren Temperatur unter 15º C. liegt, sind vor dem Filtriren mit den ungelösten Bestandtheilen auf 15º C. zu erwärmen und umzuschütteln. Diese Vorschrift hat den Zweck, solche Stoffe, welche, ursprünglich in dem Weine gelöst, sich bei niederer Temperatur ausgeschieden haben (namentlich Weinstein), wieder in Lösung zu bringen. Da der Weinstein sich nur langsam wieder auflöst, ist der Wein längere Zeit auf einer Temperatur von mindestens 15º C. zu halten und öfter umzuschütteln; am einfachsten stellt man den Wein, wenn die Zeit dazu vorhanden ist, 12 bis 24 Stunden in ein Zimmer von mittlerer Temperatur.

7. **Die Mengen der Weinbestandtheile werden in der Weise ausgedrückt, dass angegeben wird, wie viel Gramme des gesuchten Stoffes in 100 ccm Wein von 15º C. gefunden worden sind.**

Die Angabe der Analysenergebnisse in Grammen in 100 ccm Wein ist schon seit längerer Zeit in der Weinanalyse gebräuchlich. Da das spezifische Gewicht der Weine unter die in der Regel auszuführenden Bestimmungen aufgenommen worden ist, kann man die Gramme der gesuchten Stoffe in 100 ccm Wein leicht in Gewichtsprozente umrechnen; man hat sie nur durch das spezifische Gewicht des Weines zu dividiren. Da das spezifische Gewicht der gewöhnlichen, ausgegohrenen Weine nahe gleich 1 ist, weichen die in der Weinanalyse vorgeschriebenen Angaben bei diesen Weinen nur wenig von den Gewichtsprozenten ab; bei den extraktreichen Süssweinen ist dagegen der Unterschied sehr beträchtlich. Die Angabe der Weinbestandtheile nach Grammen in 100 ccm deckt sich weder mit den Gewichtsprozenten noch mit den Volumprozenten (Maassprozenten). Es ist daher unzulässig, die Gramme eines Stoffes in 100 ccm Wein als „Prozente" zu bezeichnen, wie dies häufig geschieht.

B. Ausführung der Untersuchungen.

a) Die vom Bundesrathe vorgeschriebenen Untersuchungsverfahren.

1. Bestimmung des spezifischen Gewichtes.

Das spezifische Gewicht des Weines wird mit Hülfe des Pyknometers bestimmt.

Als Pyknometer ist ein durch einen Glasstopfen verschliessbares oder mit becherförmigem Aufsatze für Korkverschluss versehenes Fläschchen von etwa 50 ccm Inhalt mit einem etwa 6 cm langen, ungefähr in der Mitte mit einer eingeritzten Marke versehenen Halse von nicht mehr als 6 mm lichter Weite anzuwenden.

Bestimmung des spezifischen Gewichtes.

Das Pyknometer wird in reinem und trockenem Zustande leer gewogen, nachdem es $1/4$ bis $1/2$ Stunde im Waagenkasten gestanden hat. Dann wird es, gegebenenfalls mit Hülfe eines fein ausgezogenen Glockentrichters, bis über die Marke mit destillirtem Wasser gefüllt und in ein Wasserbad von 15^0 C. gestellt. Nach halbstündigem Stehen in dem Wasserbade wird das Pyknometer herausgehoben, wobei man nur den oberen leeren Theil des Halses anfasst, und die Oberfläche des Wassers auf die Marke eingestellt. Letzteres geschieht durch Eintauchen kleiner Stäbchen oder Streifen aus Filtrirpapier, welche das über der Marke stehende Wasser aufsaugen. Die Oberfläche des Wassers bildet in dem Halse des Pyknometers eine nach unten gekrümmte Fläche; man stellt die Flüssigkeit in dem Pyknometerhalse am besten in der Weise ein, dass bei durchfallendem Lichte der schwarze Rand der gekrümmten Oberfläche die Pyknometermarke eben berührt. Nachdem man den inneren Hals des Pyknometers mit Stäbchen aus Filtrirpapier gereinigt hat, setzt man den Stopfen auf, trocknet das Pyknometer äusserlich ab, stellt es $1/2$ Stunde in den Waagenkasten und wägt. Die Bestimmung des Wasserinhaltes des Pyknometers ist dreimal auszuführen und aus den drei Wägungen das Mittel zu nehmen.

Nachdem man das Pyknometer entleert und getrocknet oder mehrmals mit dem zu untersuchenden Weine ausgespült hat, füllt man es mit dem Weine und verfährt genau in derselben Weise wie bei der Bestimmung des Wasserinhaltes des Pyknometers; besonders ist darauf zu achten, dass die Einstellung der Flüssigkeitsoberfläche stets in derselben Weise geschieht.

Die Berechnung des spezifischen Gewichtes geschieht nach folgender Formel. Bedeutet:

    a das Gewicht des leeren Pyknometers,
    b das Gewicht des bis zur Marke mit Wasser gefüllten
      Pyknometers,
    c das Gewicht des bis zur Marke mit Wein gefüllten
      Pyknometers,

so ist das spezifische Gewicht s des Weines bei 15^0 C., bezogen auf Wasser von derselben Temperatur:

$$s = \frac{c-a}{b-a}.$$

Der Nenner dieses Ausdruckes, das Gewicht des Wasserinhaltes des Pyknometers, ist bei allen Bestimmungen mit demselben Pyknometer gleich; wenn das Pyknometer indess längere Zeit in Gebrauch gewesen ist, müssen die Gewichte des leeren und des mit Wasser gefüllten Pyknometers von Neuem bestimmt werden, da sich diese Gewichte mit der Zeit nicht unerheblich ändern können.

Anmerkung: Die Berechnung wird wesentlich erleichtert, wenn man ein Pyknometer anwendet, welches bis zur Marke genau 50 g Wasser fasst. Das Auswägen des Pyknometers geschieht in folgender Weise. Man bestimmt das Gewicht des Pyknometers in leerem, reinem und trockenem Zustande, wägt dann genau 50 g Wasser ein, stellt das Pyknometer 1 Stunde in ein Wasserbad von 15^0 C. und ritzt an der Oberfläche der Flüssigkeit im Pyknometerhalse eine Marke ein. Das Auswägen des Pyknometers muss stets von dem Chemiker selbst ausgeführt werden. Bei Anwendung eines genau 50 g Wasser fassenden Pyknometers ist in der oben gegebenen Formel $b - a = 50$ und $s = 0,02\ (c - a)$.

Für die Bestimmung des spezifischen Gewichtes des Weines ist das pyknometrische Wägeverfahren vorgeschrieben; andere Verfahren, insbesondere die Anwendung von Aräometern (Densimetern) und der Westphalschen Waage, sind demnach nicht zulässig. Das vorgeschriebene Verfahren übertrifft, sorgfältig ausgeführt, alle übrigen an Sicherheit und Schärfe. Von den Weinchemikern wird aus Gründen, die bei der Besprechung von Nr. 2, Bestimmung des Alkohols, angegeben werden, vielfach das Pyknometer mit becherförmigem Aufsatze (Figur 1) benutzt, dessen Hals ziemlich weit ist. Zur Füllung desselben mit Wein bezw., beim Auswägen des Pyknometers, mit Wasser giesst man die Flüssigkeit in den becherförmigen Aufsatz, der ähnlich wie ein Trichter wirkt. Während das gefüllte Pyknometer in dem Wasserbade von 15^0 C. steht, wird es durch einen Korken verschlossen. Vor dem Wägen wird der Kork entfernt; auch das leere Pyknometer wird ohne Stopfen gewogen. Bedient man sich eines Pyknometers ohne becherförmigen Aufsatz (Figur 2), so füllt man dasselbe mit Hilfe

Figur 1.

Figur 2.

eines fein ausgezogenen Glockentrichters (Figur 3), dessen Röhre bis nahe zum Boden des Pyknometers reicht; das Pyknometer bleibt beim Wägen stets mit dem Glasstopfen verschlossen. Zum äusserlichen Abtrocknen des Pyknometers bedient man sich zweckmässig eines Lederlappens.

Bei der Einstellung der Oberfläche der Flüssigkeit auf die Marke des Pyknometers ist der wesentlichste Punkt, dass sie stets in ganz gleicher Weise geschieht. Die vorgeschriebene Art der Einstellung ist die üblichste, weil der schwarze Rand der Flüssigkeitsoberfläche, namentlich bei durchfallendem Lichte, am schärfsten zu bemerken ist. Der Unterschied im Gewichte des Meniskus bei Wasser und Wein, welcher durch die verschiedene Kapillarität des Wassers und der Weine verursacht wird, ist dabei nicht berücksichtigt, weil er ganz unbedeutend ist. Bei dem Entfernen der über der Marke des Pyknometers stehenden Flüssigkeit und dem Trocknen des Pyknometerhalses mit Filtrirpapierstäbchen ist darauf zu achten, dass nicht Fasern von Filtrirpapier im Pyknometerhalse hängen bleiben. Wenn hinreichend Wein zur Verfügung steht, ist das Ausspülen des Pyknometers mit dem Weine dem Trocknen des Pyknometers vorzuziehen, schon deshalb, weil es bequemer und rascher ausführbar ist und weil das Gewicht des Pyknometers dadurch weniger geändert wird. Die zeitweilige Nachprüfung der Gewichte des Pyknometers und seines Wasserinhaltes ist durchaus nothwendig.

Figur 3.

Alle Abmessungen des Weines haben bei 15°C. zu erfolgen. Da die Zimmertemperatur meist höher ist, muss man den Wein fast immer abkühlen. Um dies in bequemer Weise für grosse und kleine Flaschen ausführen zu können, bedient sich der Verfasser schon seit Jahren einer geräumigen viereckigen Wanne aus verzinktem Eisenbleche mit herausnehmbaren, in verschiedenen Höhen angebrachten Blecheinsätzen. Die Einhaltung der Normaltemperatur ist bei Benutzung einer geräumigen Wanne sehr erleichtert.

Bei der Berechnung des spezifischen Gewichtes ist von der Reduktion der Wägungen auf den luftleeren Raum abgesehen worden. Das Gewicht a des leeren Pyknometers ist in Wirklichkeit nicht das wahre, sondern das scheinbare Gewicht desselben in der Luft. In Wirklichkeit hat man nicht das leere Pyknometer gewogen (um dieses auszuführen, müsste man das Pyknometer luftleer machen), sondern das Pyknometer sammt der darin enthaltenen Luft. Das Gewicht a setzt sich daher zusammen aus dem wahren Gewichte a_w des Pyknometers und dem Gewichte p der darin enthaltenen Luft, es ist $a = a_w + p$. Für das nach der vorgeschriebenen Formel berechnete scheinbare spezifische Gewicht des Weines hat man daher die Gleichung:

$$s = \frac{c - a_w - p}{b - a_w - p},$$

während das **wahre** spezifische Gewicht des Weines

$$s_1 = \frac{c - a_w}{b - a_w} \text{ ist.}$$

Von anderen, weniger ins Gewicht fallenden Reduktionsfaktoren ist hier abgesehen worden. Das Gewicht p von 50 ccm Luft beträgt bei mittlerer Temperatur und mittlerem Luftdrucke etwa 0,060 g.

Eine nähere Betrachtung lehrt aber, dass die Reduktion der Wägungen unter den bei der Bestimmung des spezifischen Gewichtes der Weine vorliegenden Verhältnissen nicht nothwendig ist. Zur Berechnung des wahren spezifischen Gewichtes d_r aus dem scheinbaren spezifischen Gewichte d kann man sich unter den gewöhnlich vorliegenden Verhältnissen des Luftdruckes und der Zimmertemperatur folgender hinreichend genauen Näherungsformel bedienen:

$$d_r = d + 0{,}0012\,(1 - d)$$

Die äussersten Werthe, welche für das spezifische Gewicht der Weine in Frage kommen können, sind etwa nach unten d = 0,985 und nach oben d = 1,08; diese beiden Grenzwerthe werden nur selten, der erstere bei alkoholreichen, extraktarmen Weinen, der letztere bei sehr zuckerreichen Süssweinen, erreicht. Nach der oben mitgetheilten Formel entsprechen den scheinbaren Gewichten 0,985 bezw. 1,08 die wahren spezifischen Gewichte 0,98502 bezw. 1,079904. Die Unterschiede zwischen den wahren spezifischen Gewichten d_r und den scheinbaren spezifischen Gewichten d betragen daher bei diesen Grenzfällen nur

$$d_r - d = 0{,}00002 \text{ bezw. } d_r - d = -0{,}000096.$$

Bei den gewöhnlichen Weinen sind die Unterschiede noch viel geringer. Man hat daher in der amtlichen Anweisung mit Recht von der Reduktion der spezifischen Gewichte auf den luftleeren Raum Abstand genommen.

Die Bestimmung des spezifischen Gewichtes ist genau auszuführen, da dieses nicht nur zur Umrechnung der Angaben über die Weinbestandtheile in Gewichtsprozente, sondern auch gegebenenfalls zur Berechnung des Extraktgehaltes dient (s. Nr. 3c, S. 57).

2. Bestimmung des Alkohols.

Der zum Zwecke der Bestimmung des spezifischen Gewichtes (Nr. 1, S. 48) im Pyknometer enthaltene Wein wird in einen Destillirkolben von 150 bis 200 ccm Inhalt übergeführt und das Pyknometer dreimal mit wenig Wasser nachgespült. Man giebt zur Verhinderung etwaigen Schäumens ein wenig Tannin in den Kolben und verbindet diesen durch Gummistopfen und Kugelröhre mit einem Liebig'schen Kühler; als Vorlage benutzt man das Pyknometer, in welchem der Wein abgemessen worden ist. Nunmehr destillirt man, bis etwa

35 ccm Flüssigkeit übergegangen sind, füllt das Pyknometer mit Wasser bis nahe zum Halse auf, mischt durch quirlende Bewegung so lange, bis Schichten von verschiedener Dichtigkeit nicht mehr wahrzunehmen sind, stellt die Flüssigkeit $^1/_2$ Stunde in ein Wasserbad von 15° C. und fügt mit Hülfe eines Haarröhrchens vorsichtig Wasser von 15° C. zu, bis der untere Rand der Flüssigkeitsoberfläche gerade die Marke berührt. Dann trocknet man den leeren Theil des Pyknometerhalses mit Stäbchen aus Filtrirpapier, wägt und berechnet das spezifische Gewicht des Destillates in der unter Nr. 1 (S. 48) angegebenen Weise. Die diesem spezifischen Gewichte entsprechenden Gramme Alkohol in 100 ccm Wein werden aus der zweiten Spalte der als Anlage beigegebenen Tafel I (S. 333) entnommen.

Anmerkung. Bei der Untersuchung von Verschnittweinen ist der Alkohol in Volumprozenten nach Massgabe der dritten Spalte der Tafel I (S. 333) anzugeben.

Für die Bestimmung des Alkohols im Weine ist das Destillationsverfahren mit nachfolgender Ermittelung des spezifischen Gewichtes des Destillates mit dem Pyknometer vorgeschrieben worden. Die zahlreichen anderen Verfahren der Alkoholbestimmung sind in Folge dessen unzulässig. Dieselben sind mit vollem Rechte ausgeschlossen worden, denn die für diesen Zweck angewandten Apparate, hauptsächlich das Vaporimeter, das Ebullioskop, das Liquometer (Kapillarimeter), der Tropfenzähler (Stalagmometer) u. s. w., liefern zum Mindesten unsichere Ergebnisse.

Man benutzt bei der Alkoholbestimmung den bei der Ermittelung des spezifischen Gewichtes (nach Nr. 1) in dem Pyknometer abgemessenen Wein. Ist der Hals des Pyknometers weit genug (bei den Pyknometern mit becherförmigem Aufsatze ist dies meist der Fall), so fliesst der Wein leicht aus dem Pyknometer aus, namentlich wenn man letzteres nach dem Umdrehen schräg über die Mündung des Destillirkolbens hält. Die Pyknometer mit Glasstopfen haben meist einen ziemlich engen Hals, um die Genauigkeit der Bestimmung des spezifischen Gewichtes zu erhöhen. Aus diesen fliessen Wasser und extraktreiche Weine nur schwer oder gar nicht von selbst aus. Um sie in den Destillirkolben zu entleeren, bedient man sich eines gebogenen, dünnen, beiderseits offenen Glasröhrchens von nebengezeichneter Form (Figur 4), dessen kürzerer Schenkel an dem Ende kegelförmig erweitert ist. Man hält das Röhrchen an dem erweiterten Ende mit dem Finger zu, taucht den freien Schenkel in das Pyknometer, dreht dieses um und hält Pyknometer und Röhrchen in der durch die Figur 5 erläuterten Weise über den Hals des Destillirkolbens. Beim Entfernen des Fingers von dem kürzeren Schenkel des Röhrchens steigt durch das Röhrchen

Figur 4.

Luft in das Pyknometer und der Wein fliesst aus. In das Röhrchen selbst gelangt hierbei keine Flüssigkeit. Beim Ausspülen bringt man das erforderliche Wasser mit Hülfe des Glockentrichters in das Pyknometer und entleert es dann mit Hülfe des Röhrchens; dieses ist äusserlich mit Wasser abzuspülen.

Figur 5.

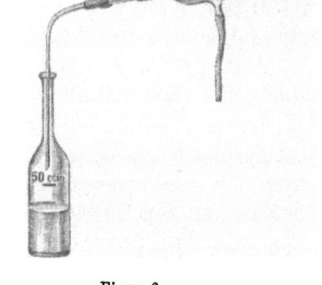
Figur 6.

Als Destillirvorlage dient das Pyknometer, in dem der Wein abgemessen wurde. Bei Anwendung des Pyknometers mit becherförmigem Aufsatze setzt man an die Kühlerröhre mittelst Gummischlauches ein stumpfwinklig gebogenes Rohr, dessen freier Schenkel senkrecht nach unten zeigt; das Destillat lässt man in den becherförmigen Aufsatz des Pyknometers tropfen. Der Hals dieser Pyknometer muss ziemlich weit sein, da sonst das Destillat, namentlich am Ende der Destillation, wo es nur noch sehr wenig oder gar keinen Alkohol mehr enthält, nicht durch den Hals des Pyknometers fliesst. Bedient man sich eines Pyknometers ohne becherförmige Erweiterung, so zieht man den freien Schenkel des an die Kühlerröhre gesetzten Rohres so fein aus, dass er bequem in den Pyknometerhals passt; man stellt das als Vorlage dienende Pyknometer so auf, dass das Ende der Ansatzröhre bis in den Bauch des Pyknometers reicht (s. Figur 6).

Der Tanninzusatz, welcher das Schäumen des Weines verhindern soll, hat den Zweck, die Eiweissstoffe des Weines zu fällen. Bei der Destillation des Alkohols gehen auch kleine Mengen flüchtiger Säuren (namentlich Essigsäure) mit über, so dass das alkoholische Destillat stets sauer reagirt; das spezifische Gewicht des Destillates wird aber durch den geringen Essigsäuregehalt nur unmerkbar verändert. Die Neutralisation des Weines vor der Destillation ist daher nicht nöthig.

Wenn etwa 35 ccm Flüssigkeit überdestillirt sind, ist man sicher, dass der gesammte Alkoholgehalt des Weines im Destillate vereinigt ist; bei sehr extraktreichen Süssweinen destillirt man, um das Anbrennen des Rückstandes zu verhindern, nur etwa 30 ccm Flüssigkeit über. Da bei dem Mischen von Weingeist mit Wasser Erwärmung und Zusammenziehung eintritt, darf man das Pyknometer nicht sofort mit Wasser bis zur Marke auffüllen, sondern muss so verfahren, wie es vorgeschrieben ist. Bei dem nachherigen Auffüllen des Pyknometers mit Wasser bis zur Marke ist die Erwärmung und Zusammenziehung, welche beim Mischen des verdünnten Weingeistes mit der kleinen Menge Wasser eintritt, sehr gering und ohne jede Bedeutung. Das Auffüllen mit Wasser von 15° C. muss sehr vorsichtig geschehen, damit nicht zu viel Wasser zugesetzt wird und die Flüssigkeit nicht über die Marke zu stehen kommt; das Herausnehmen eines etwaigen Überschusses von Wasser ist nicht angängig. Man bedient sich dazu zweckmässig einer kleinen Quetschpipette (Figur 7), die, mit Wasser beschickt, durch einen Druck auf den Gummischlauch das Wasser in kleinen Tropfen ausfliessen lässt. Die Einstellung der Flüssigkeitsoberfläche auf die Pyknometermarke hat in genau derselben Weise wie bei der Bestimmung des Wasserinhaltes des Pyknometers zu geschehen.

Auch bei der Berechnung des spezifischen Gewichtes des Weindestillates ist von der Reduktion der Wägungen auf den luftleeren Raum Abstand genommen worden. Wie gering die dadurch verursachten Fehler im Alkoholgehalte sind, ergibt sich aus folgendem Täfelchen.

Figur 7.

Scheinbares spezifisches Gewicht des Destillates	Wahres spezifisches Gewicht des Destillates	Dem scheinbaren spezifischen Gewichte entsprechen	Dem wahren spezifischen Gewichte entsprechen	Mithin Fehler bei Unterlassung der Reduktion
		Gramm Alkohol in 100 ccm Wein		
0,990	0,990012	5,70	5,693	—0,007
0,980	0,980024	12,81	12,791	—0,019
0,970	0,970036	20,66	20,635	—0,025
0,962	0,962046	26,13	26,102	—0,028

Bei den gewöhnlichen deutschen Weinen beträgt der Fehler etwa — 0,01 g Alkohol in 100 ccm Wein, bei dem höchsten in der Tafel I aufgeführten Alkoholgehalte von 26,13 g in 100 ccm beträgt er noch nicht — 0,03 g in 100 ccm. Diese Unterschiede sind sehr klein und werden durch die anderen Fehlerquellen der Bestimmung meist übertroffen.

Die Tafel I (S. 333), aus der man den dem gefundenen spezifischen Gewichte des Destillates entsprechenden Alkoholgehalt zu entnehmen hat, stimmt mit der amtlichen Tafel der Kaiserlichen Normal-Aichungs-Kommission überein. Bei den gewöhnlichen Weinanalysen ist der Alkoholgehalt nach

Grammen in 100 ccm Wein aus der zweiten Spalte der Tafel I zu entnehmen. Bei der Untersuchung von Verschnittweinen ist die Angabe des Alkohols nach Volumprozenten (Maassprozenten) vorgeschrieben; man entnimmt diese der dritten Spalte der Tafel I.

3. Bestimmung des Extraktes (Gehaltes an Extraktstoffen).

Unter Extrakt (Gesammtgehalt an Extraktstoffen) im Sinne der Bekanntmachung vom 29. April 1892 (Reichs-Gesetzblatt 1892, S. 600) sind die ursprünglich gelöst gewesenen Bestandtheile des entgeisteten und entwässerten ausgegohrenen Weines zu verstehen.

Da das für die Bestimmung des Extraktgehaltes zu wählende Verfahren sich nach der Extraktmenge richtet, so berechnet man zunächst den Werth von x aus nachfolgender Formel:

$$x = 1 + s - s_1.$$

Hierbei bedeutet
  s das spezifische Gewicht des Weines (nach Nr. 1, S. 48 bestimmt),
  s_1 das spezifische Gewicht des alkoholischen, auf das ursprüngliche Maass aufgefüllten Destillates des Weines (nach Nr. 2, S. 52 bestimmt).

Die dem Werthe von x nach Massgabe der Tafel II entsprechende Zahl E wird aus der zweiten Spalte dieser Tafel entnommen.

a) Ist E nicht grösser als 3, so wird die endgültige Bestimmung des Extraktes in folgender Weise ausgeführt. Man setzt eine gewogene Platinschale von etwa 85 mm Durchmesser, 20 mm Höhe und 75 ccm Inhalt, welche ungefähr 20 g wiegt, auf ein Wasserbad mit lebhaft kochendem Wasser und lässt aus einer Pipette 50 ccm Wein von 15^0 C. in dieselbe fliessen. Sobald der Wein bis zur dickflüssigen Beschaffenheit eingedampft ist, setzt man die Schale mit dem Rückstande $2^1/_2$ Stunden in einen Trockenkasten, zwischen dessen Doppelwandungen Wasser lebhaft siedet, lässt dann im Exsikkator erkalten und findet durch Wägung den genauen Extraktgehalt.

b) Ist E grösser als 3, aber kleiner als 4, so lässt man aus einer Bürette in die beschriebene Platinschale eine so berechnete Menge Wein fliessen, dass nicht mehr als 1,5 g Extrakt zur Wägung gelangen, und verfährt weiter wie unter Nr. 3 a) angegeben.

Berechnung zu a) und b). Wurden aus a Kubikcentimeter Wein b Gramm Extrakt erhalten, so sind enthalten:

$$x = 100 \cdot \frac{b}{a} \text{ Gramm Extrakt in 100 ccm Wein.}$$

c) Ist E gleich 4 oder grösser als 4, so giebt diese Zahl endgültig die Gramme Extrakt in 100 ccm Wein an.

Um einen Wein, der seiner Benennung nach einem inländischen Weinbaugebiete entsprechen soll, nach Massgabe der Bekanntmachung vom 29. April 1892 zu beurtheilen und demgemäss den Extraktgehalt des vergohrenen Weines (s. Nr. 3 Absatz 1) zu ermitteln, sind die bei der Zuckerbestimmung (vergl. Nr. 10) gefundenen Zahlen zu Hülfe zu nehmen. Beträgt danach der Zuckergehalt mehr als 0,1 g in 100 ccm Wein, so ist die darüber hinausgehende Menge von der nach Nr. 3a), 3b) oder 3c) gefundenen Extraktzahl abzuziehen. Die verbleibende Zahl entspricht dem Extraktgehalte des vergohrenen Weines.

Ueber den einleitenden Satz und den letzten Absatz dieses Abschnittes vergl. unter Beurtheilung des Weines. Bei der Extraktbestimmung werden die Weine mit weniger als 4 g Extrakt in 100 ccm und die mit 4 g oder mehr als 4 g Extrakt in 100 ccm grundsätzlich verschieden behandelt: bei den ersteren wird der Extraktgehalt direkt durch Eindampfen, bei den letzteren indirekt aus dem spezifischen Gewichte des entgeisteten und auf das ursprüngliche Maass wieder aufgefüllten Weines bestimmt. Man hat daher in jedem Falle zunächst festzustellen, welches Verfahren man bei einem vorliegenden Weine einzuschlagen hat. Dies geschieht durch Rechnung mit Hülfe der Formel von Tabarié. Die nach dieser Formel berechnete Zahl x, von der die Anweisung nicht sagt, was sie bedeutet, stellt das spezifische Gewicht des entgeisteten und auf das ursprüngliche Maass wieder aufgefüllten Weines dar. Die Tafel II (S. 338) ist eine Extrakttafel; die der Zahl x nach Massgabe dieser Tafel II entsprechende Zahl E giebt die zu dem spezifischen Gewichte x gehörigen Gramme Extrakt in 100 ccm Wein an. Die ganze Berechnung ist somit nichts anderes als eine durch Rechnung ausgeführte, vorläufige indirekte Extraktbestimmung.

Von dem Ergebnisse der Rechnung hängt die Art der weiteren Ausführung der endgültigen Extraktbestimmung ab.

1. Die Rechnung hat einen Extraktgehalt von weniger als 4 g in 100 ccm Wein ergeben. In diesem Falle wird die endgültige Extraktbestimmung durch unmittelbares Eindampfen des Weines ausgeführt. Dieses Verfahren ist ein rein konventionelles. Die genaue Extraktbestimmung im Weine ist in Folge des Glyceringehaltes des Extraktes überaus schwierig. Das Glycerin ist bei 100° merklich flüchtig, und zwar verdampft um so mehr Glycerin, je länger man den Abdampfrückstand des Weines erhitzt; ausserdem treten bei längerem Erhitzen des Weinrückstandes auch noch andere Zersetzungen ein. Andererseits wird der

Verdampfungsrückstand des Weines bei 100° C. nur langsam entwässert. Eine wirklich genaue Extraktbestimmung durch Eindampfen des Weines ist daher eigentlich unmöglich. Es sind zahlreiche Verfahren angegeben worden, welche diese Uebelstände bei der Bestimmung des Extraktgehaltes der Weine zu beseitigen versuchen; sie haben sich aber nicht bewährt und deshalb auch nicht eingebürgert. Die Weinchemiker sind aus diesem Grunde übereingekommen, das Eindampfen des Weines und das Trocknen des Verdampfungsrückstandes stets in genau derselben, durch Vereinbarung festgesetzten Weise vorzunehmen. Die amtliche, vom Bundesrathe erlassene Anweisung hat dieses vereinbarte, schon seit längerer Zeit übliche Verfahren übernommen.

Um stets übereinstimmende Ergebnisse bei der „direkten" Bestimmung des Extraktgehaltes der Weine zu erhalten, muss man sich ganz genau an die vorgeschriebene Ausführungsweise halten. Dazu gehört die Anwendung der in der Anweisung angegebenen Platinschale mit flachem Boden. In Folge der stets gleichen Abmessungen der Platinschale (auch die Dicke der Wandung ist durch das Vorschreiben eines bestimmten Gewichtes festgelegt) erfolgt das Eindampfen des Weines und das Trocknen des Rückstandes immer unter denselben Bedingungen; namentlich ist die Oberfläche, welche der Rückstand in der Schale der heissen Luft des Trockenschrankes bietet, stets gleich gross[1]). Die mit Wein beschickte Platinschale darf nur so lange auf dem Wasserbade mit lebhaft kochendem Wasser verbleiben, bis der Verdampfungsrückstand soeben dickflüssig geworden ist; ein längeres Verweilen der Schale auf dem Wasserbade würde einen grösseren Glycerinverlust zur Folge haben, da das Glycerin auf dem heissen Wasser an offener Luft in höherem Maasse verdampft, als in dem geschlossenen Trockenschranke. Man darf daher den Verdampfungsrückstand des Weines nicht aus dem Auge lassen und muss die Schale, sobald der Rückstand eben dickflüssig geworden ist, sofort in den Trockenschrank setzen.

Zur Extraktbestimmung im Weine sind die gewöhnlichen, geräumigen Trockenschränke, zwischen deren doppelten Wänden Wasser siedet, nicht geeignet. Noch ganz neuerdings hat Th. Omeis[2]) darauf hingewiesen, dass aus dem Verdampfungsrückstande des Weines beim Trocknen um so mehr Glycerin verdampft, je grösser der Innenraum des Trockenschrankes ist; dieser muss daher nach Möglichkeit verkleinert werden.

---

[1]) Aus Versuchen von E. Bouilhon (Compt. rend. 1886. **103.** 498) ergiebt sich, dass selbst beim Verdunsten des Weines unter der Luftpumpenglocke bei gewöhnlicher Temperatur die Menge des zur Wägung gelangenden Weinextraktes um so kleiner wird, je grösser die Oberfläche des Extraktes ist.

[2]) Chem.-Ztg. 1894. **18.** 1660.

Bestimmung des Extraktes.

Figur 8 zeigt einen für die Zwecke der Weinanalyse geeigneten Trockenkasten, der auch zum Trocknen des Glycerins (s. Nr. 9) benutzt werden kann. Der kupferne Kasten enthält 4 kleine Schränkchen, die auf fünf Seiten von kochendem Wasser oder Dampf umspült werden; in den Thürchen sind je vier kreisförmige Oeffnungen angebracht, durch welche die Luft kreist und die aus dem Weinextrakte entweichenden Wasserdämpfe weggeführt werden. Die Höhe der Schränkchen ist so bemessen, dass die Wägegläschen, in denen das Glycerin gewogen wird (s. Nr. 9), darin untergebracht werden können. Durch herausnehmbare Kupferplatten lässt sich jedes Schränkchen in zwei übereinander liegende Abtheilungen zerlegen, so dass in dem Trockenkasten gleichzeitig acht Extrakte getrocknet werden können. Der Trockenkasten kann von der Firma Paul Altmann in Berlin N. W., Louisenstrasse 52, bezogen werden.

Figur 8.

In dem Trockenschranke verbleibt der Verdampfungsrückstand $2^1/_2$ Stunden zum Trocknen; diese Zeit ist ganz genau einzuhalten, da hiervon die zur Wägung gelangende Extraktmenge abhängig ist. Sollte der Verdampfungsrückstand eines Weines aus Versehen länger auf dem Wasserbade erhitzt worden sein, als bis er dickflüssig geworden ist, oder sollte er länger als $2^1/_2$ Stunden im Trockenschranke verblieben sein, so ist die Extraktbestimmung zu verwerfen und eine neue vorzunehmen.

Um die Gleichmässigkeit aller direkten Extraktbestimmungen noch grösser zu machen, schreibt die Anweisung vor, dass nicht mehr als 1,5 g Extrakt zur Wägung gelangen sollen. Von der Menge des Extraktes, namentlich von der Dicke der Schicht, welche dieser in der Platinschale bildet, hängt der Grad der Entwässerung ab; je mehr Extrakt vorhanden ist, um so unvollkommener ist die Wasserverdampfung. Diese Erwägung veranlasste die Beschränkung des Gewichtes des zur Wägung gelangenden

Extraktes auf höchstens 1,5 g. Von Weinen, welche bei der vorläufigen Berechnung mehr als 3 g Extrakt in 100 ccm ergaben, d. h. bei welchen die Zahl E grösser als 3 gefunden wurde, muss man daher weniger als 50 ccm zur endgültigen direkten Extraktbestimmung anwenden.

Die grösste Menge Wein (x), welche bei der direkten Extraktbestimmung in Arbeit genommen werden darf, wenn die Rechnung E grösser als 3, aber kleiner als 4 ergeben hat, findet man nach der Formel $x = \frac{150}{E}$ ccm. Findet man z. B. E = 3,71, so dürfen höchstens $x = \frac{150}{3,71} =$ 40,4 ccm Wein angewandt werden, denn in diesen sind genau 1,5 ccm Extrakt enthalten; man wird in diesem Falle 40 ccm Wein von 15° C. zur direkten Extraktbestimmung nehmen. Es ist zweckmässig, möglichst viel Wein in Arbeit zu nehmen, da der Extrakt noch zur Bestimmung der Mineralbestandtheile benutzt wird, und diese genauer ausfällt, wenn sie sich auf eine grössere Weinmenge erstreckt.

Aus dem Vorstehenden ergiebt sich, dass die direkte Extraktbestimmung nur bei Einhaltung aller Vorsichtsmassregeln genaue und übereinstimmende Ergebnisse liefert. Es ist deshalb durchaus nothwendig, dass die Extraktbestimmung zweimal neben einander ausgeführt wird, zumal da diese Bestimmung für die Beurtheilung der Weine von grösster Bedeutung ist. Ergiebt sich ein Unterschied in den zwei Bestimmungen von 0,04 g Extrakt in 100 ccm oder mehr, so sind sie zu verwerfen. Bei solchen Weinen, deren Extraktgehalt nahe an der untersten noch zulässigen Grenze (1,5 g in 100 ccm Wein) liegt, muss man unter Umständen die Extraktbestimmung noch mehrmals wiederholen; es ist vorgekommen, dass ein Chemiker einen Wein auf Grund der Extraktbestimmung beanstandete, während ihn der andere normal fand. Unterschiede von 0,01 bis 0,03 g Extrakt in 100 ccm Wein können auch bei grösster Sorgfalt vorkommen.

Beispiel zu Nr. 3a). Man fand das spezifische Gewicht eines Weines nach Nr. 1 (S. 48) s = 0,9958 und das spezifische Gewicht des alkoholischen Destillates nach Nr. 2 (S. 52) s_1 = 0,9876. Dann ist x = 1 + 0,9958 — 0,9876 = 1,0082. Diesem Werthe von x entspricht nach der Tafel II der Werth E = 2,12. Man hat daher die endgültige Extraktbestimmung nach Nr. 3a) auszuführen. Aus 50 ccm Wein wurden 1,1574 g Extrakt erhalten. Daher sind in 100 ccm Wein x = 2 . 1,1574 = 2,3148 oder abgerundet 2,31 g Extrakt enthalten.

Beispiel zu Nr. 3b). Man fand das spezifische Gewicht eines Weines s = 0,9929 und das spezifische Gewicht des alkoholischen Destillates s_1 = 0,9795. Dann ist x = 1 + 0,9929 — 0,9795 = 1,0134. Diesem Werthe von x entspricht nach der Tafel II der Werth E = 3,46. Die grösste Menge dieses Weines, die zur Extraktbestimmung angewandt werden darf, ist gleich $\frac{150}{3,46} = 43,4$ ccm. Man nahm 40 ccm Wein und wog 1,4205 g Extrakt; dann sind in 100 ccm Wein $\frac{100}{40} \cdot 1,4205 = 3,5512$ oder abgerundet 3,55 g Extrakt.

2. Die Rechnung hat einen Extraktgehalt von 4 g oder mehr als 4 g in 100 ccm Wein ergeben. Bei Weinen mit 4 g oder mehr Extrakt in 100 ccm ist die indirekte Extraktbestimmung vorgeschrieben. Die sehr extraktreichen Weine enthalten noch grössere Mengen Zucker; bei den meisten Süssweinen überwiegt der Zuckergehalt die übrigen Extraktbestandtheile ganz erheblich. Zahlreiche Versuche haben dargethan, dass es nicht möglich ist, den Verdampfungsrückstand solcher Weine genügend auszutrocknen. Unter dem Einflusse der Säuren des Weines findet eine fortwährende Zersetzung des Zuckers statt, so dass man bei der direkten Extraktbestimmung in solchen Weinen keine befriedigenden Ergebnisse erzielen kann.

Bei Weinen mit 4 g oder mehr Extrakt in 100 ccm ist daher die indirekte Extraktbestimmung, und zwar durch Berechnung des spezifischen Gewichtes des entgeisteten Weines, vorgeschrieben worden. Früher führte man diese Bestimmung wirklich aus, indem man eine in einem Pyknometer bei 15° C. abgemessene Menge Wein zum Verjagen des Alkohols in einer Porzellanschale auf dem Wasserbade auf $^1/_3$ Raumtheil eindampfte, die entgeistete Flüssigkeit in das Pyknometer zurückspülte, das Pyknometer bis zur Marke mit Wasser füllte und wog; hieraus fand man dann das spezifische Gewicht des entgeisteten und auf das ursprüngliche Maass wieder aufgefüllten Weines. Da sich beim Eindampfen des Weines gewisse Extraktbestandtheile unlöslich abscheiden, sieht die Anweisung von der wirklichen Bestimmung des spezifischen Gewichtes des entgeisteten Weines ab und schreibt dafür die Berechnung desselben, wie sie zur vorläufigen Orientirung über das anzuwendende Verfahren bereits ausgeführt worden ist, vor. Zur Berechnung dient die Formel von Tabarié; da die zur Berechnung erforderlichen Grössen, das spezifische Gewicht des ursprünglichen Weines und das des alkoholischen Destillates, genau bestimmt sind, lässt sich auf diese Weise das spezifische Gewicht des entgeisteten und auf das ursprüngliche Maass wieder aufgefüllten Weines hinreichend genau berechnen.

Zur Ermittelung des Extraktgehaltes aus dem durch Rechnung gefundenen spezifischen Gewichte des entgeisteten Weines (in der Anweisung mit x bezeichnet) muss man den Zusammenhang zwischen diesen beiden Grössen kennen. Die Beziehungen zwischen denselben wären leicht festzustellen, wenn der Weinextrakt immer die gleiche Zusammensetzung hätte. Dies ist aber nicht der Fall, vielmehr ist der Gehalt der Extrakte von ausgegohrenen Weinen an den einzelnen Bestandtheilen bei verschiedenen Weinen sehr verschieden. Bei den hier allein in Frage kommenden Weinen mit 4 g und mehr Extrakt in 100 ccm liegen die Verhältnisse erheblich günstiger. Bei diesen Weinen, insbesondere den extraktreicheren, überwiegt der Zucker (im Wesentlichen Invertzucker) alle übrigen Bestandtheile. Hierauf gründet sich die Mehrzahl der Extrakttafeln, aus denen man den dem spezifischen Gewichte des entgeisteten Weines entsprechenden Extraktgehalt des Weines entnehmen kann.

Bis vor kurzer Zeit waren hauptsächlich die Extrakttafeln von Hager, Schultze-Ostermann und Balling bei der Weinanalyse in Gebrauch (die Balling'sche in Deutschland seltener). Die Extrakttafel von H. Hager[1]) gründet sich nur auf wenige mangelhafte Versuche und kann auf Genauigkeit keinen Anspruch machen. Die Würze-Extrakttafel von W. Schultze,[2]) die von L. Ostermann[3]) nach der Methode der kleinsten Quadrate neu berechnet wurde und für die Untersuchung von Würze und Bier bestimmt ist, ist mit grundsätzlichen Fehlern behaftet. Die Ballingsche Extrakttafel ist eine Rohrzuckertafel, deren Ungenauigkeit bereits seit langer Zeit erwiesen ist.

Neuerdings haben A. Halenke und W. Möslinger[4]) eine für die Temperatur von 15^0 C. geltende Extrakttafel für die Weinanalyse berechnet, welcher Trocknungsversuche mit Mosten zu Grunde liegen; dieselbe wurde von der privaten „Kommission zur Bearbeitung einer Weinstatistik für Deutschland" empfohlen[5]) und u. A. von M. Barth[6]) und E. List[7]) benutzt. Die Halenke-Möslinger'sche Extrakttafel giebt indessen nicht einmal den Extraktgehalt der Moste genau an, und noch viel weniger den der Süssweine, die eine sehr wechselnde Zusammensetzung haben;[8]) auch beginnt sie erst mit dem spezifischen Gewichte 1,050, entsprechend 13,13 g Extrakt in 100 ccm.

Eingehende Erwägungen führten zu dem Ergebnisse, dass eine Tafel, die den Extraktgehalt der Moste und Süssweine stets genau angiebt, überhaupt nicht möglich ist. Als am besten geeignet und zweckmässigsten erwies sich die neue, von der Kaiserlichen Normal-Aichungs-Kommission aufgestellte amtliche Zuckertafel für das deutsche Reich. Dieselbe wurde im Kaiserlichen Gesundheitsamte für die Zwecke der Weinanalyse um-

---

[1]) Pharm. Centralh. 1878. **19.** 161.
[2]) Zeitschr. ges. Brauwesen 1878. **1.** 19 und 248.
[3]) Ebd. 1883. **6.** 10.
[4]) Zeitschr. analyt. Chemie 1895. **34.** 270.
[5]) Ebd. 1895. **34.** 651.
[6]) Forschungsber. Lebensmittel u. s. w. 1896. **3.** 20.
[7]) Ebd. 1896. **3.** 81.
[8]) Über die Extrakttafeln für die Untersuchung von Mosten und Süssweinen sowie der übrigen zuckerhaltigen flüssigen Lebensmittel vergl. die ausführliche Abhandlung des Verfassers in den „Arbeiten a. d. Kaiserl. Gesundheitsamte" 1896. **13.** 77.

gerechnet und hat als Extrakttafel (Tafel II, S. 338) Aufnahme in die amtliche Anweisung gefunden.[1]) Die erste Spalte enthält unter x das (berechnete) spezifische Gewicht des entgeisteten und auf das ursprüngliche Maass wieder aufgefüllten Weines, die zweite Spalte unter E die entsprechenden Gramme Extrakt in 100 ccm Wein; eine Umrechnung ist hier nicht erforderlich, man entnimmt vielmehr der Tafel gleich die gesuchte Zahl. Da die Wein-Chemiker sich jetzt stets der vorgeschriebenen Extrakttafel bedienen müssen, werden die Ergebnisse der Extraktbestimmung in allen Fällen vergleichbar sein.

Beispiel zu Nr. 3c). Man fand das spezifische Gewicht eines Weines $s = 1,0392$ und das spezifische Gewicht des Destillates $s_1 = 0,9771$. Dann ist $x = 1 + 1,0392 - 0,9771 = 1,0621$. Diesem Werthe von x entspricht nach der Tafel II (S. 338) der Werth $E = 16,10$, d. h. der Wein enthält in 100 ccm 16,10 g Extrakt.

4. Bestimmung der Mineralbestandtheile.

Enthält der Wein weniger als 4 g Extrakt in 100 ccm, so wird der nach Nr. 3a) oder 3b) erhaltene Extrakt vorsichtig verkohlt, indem man eine kleine Flamme unter der Platinschale hin- und herbewegt. Die Kohle wird mit einem dicken Platindraht zerdrückt und mit heissem Wasser wiederholt ausgewaschen; den wässerigen Auszug filtrirt man durch ein kleines Filter von bekanntem geringem Aschengehalte in ein Becherglässchen. Nachdem die Kohle vollständig ausgelaugt ist, giebt man das Filterchen in die Platinschale zur Kohle, trocknet beide und verascht sie vollständig. Wenn die Asche weiss geworden ist, giesst man die filtrirte Lösung in die Platinschale zurück, verdampft dieselbe zur Trockne, benetzt den Rückstand mit einer Lösung von Ammoniumkarbonat, glüht ganz schwach, lässt im Exsikkator erkalten und wägt.

Enthält der Wein 4 g oder mehr Extrakt in 100 ccm, so verdampft man 25 ccm des Weines in einer geräumigen Platinschale und verkohlt den Rückstand sehr vorsichtig; die stark aufgeblähte Kohle wird in der vorher beschriebenen Weise weiter behandelt.

---

[1]) Die Zucker- und Extrakttafel ist in ausführlicher Form inzwischen auch gesondert erschienen: Karl Windisch, Tafel zur Ermittelung des Zuckergehaltes wässeriger Zuckerlösungen aus der Dichte bei 15° C. Zugleich Extrakttafel für die Untersuchung von Bier, Süssweinen, Likören, Fruchtsäften u. s. w. Nach der amtlichen Tafel der Kaiserlichen Normal-Aichungs-Kommission berechnet. Berlin 1896 bei Julius Springer.

Berechnung. Wurden aus a Kubikcentimeter Wein b Gramm Mineralbestandtheile erhalten, so sind enthalten:

$$x = 100 \cdot \frac{b}{a} \text{ Gramm Mineralbestandtheile in 100 ccm Wein.}$$

Die genaue Bestimmung der Mineralbestandtheile des Weines ist keine so leichte Aufgabe, wie es auf den ersten Anblick scheinen mag. Beim Erhitzen des Weinextraktes auf dem Thondreieck über freier Flamme verkohlt derselbe unter Aufblähen und Verbreitung angenehm riechender, brennbarer Dämpfe. Dabei werden die Kalisalze der organischen Säuren (namentlich der Weinstein), welche in den Weinen meist in beträchtlicher Menge enthalten sind, in Kaliumkarbonat verwandelt. Die Kohle ist gewissermassen mit Kaliumkarbonat getränkt. Beim stärkeren Erhitzen dieser innigen Mischung entsteht bekanntlich metallisches Kalium, das sich an der Luft sofort oxydirt; beim starken Erhitzen des verkohlten Weinextraktes beobachtet man, dass die Kohle an einzelnen Stellen plötzlich verglimmt, was offenbar von der Oxydation des an diesen Stellen frei gewordenen metallischen Kaliums herrührt. Dieses Verglimmen der Kohle ist, worauf noch neuerdings von M. Barth[1]) hingewiesen wurde, mit einem Verluste an Kali verknüpft. Bei manchen Weinen ist das Verbrennen der beim Erhitzen des Weinextraktes zunächst entstehenden Kohle gar nicht möglich. Solche Weine enthalten leicht schmelzbare Alkalisalze (namentlich Chlornatrium), welche beim Schmelzen Kohlentheilchen einschliessen und deren Verbrennung, da sie den Sauerstoff der Luft abhalten, verhindern.

Aus diesen Gründen ist das in die Anweisung aufgenommene Verfahren, das übrigens von den Weinchemikern schon seit längerer Zeit angewandt wird, vorgeschrieben worden. Beim Verkohlen des Weinextraktes hat man darauf zu achten, dass die beim Erhitzen entweichenden Dämpfe nicht anbrennen und die Kohle nicht verglimmt. Andererseits muss man aber auch dafür Sorge tragen, dass die gesammten organischen Stoffe zerstört werden und von diesen nur Kohle zurückbleibt; denn sonst zieht man nachher mit dem heissen Wasser auch organische Stoffe aus, die später fälschlich als Mineralbestandtheile mitgewogen werden. Zuckerreiche Weine (mit 4 g oder mehr Extrakt) geben beim Erhitzen eine besonders stark aufgeblasene Kohle; die sich aufblähende Masse quillt leicht über den Rand der Schale hinaus. Solche Weine hat man in einer grossen Platinschale mit besonderer Sorgfalt zu verkohlen.

Wenn man die aus dem Weinextrakte erhaltene Kohle mit einem dicken Platindrahte nur gröblich zerdrückt, wobei man die Platinschale zweckmässig auf einen glatten, weissen Papierbogen stellt, weil Theile der spröden Kohle leicht wegspringen, so ist mitunter, namentlich bei

---

[1]) Forschungsber. Lebensm., Hyg. forense Chemie 1894. **1.** 166.

zuckerreichen Weinen, das Verbrennen der ausgelaugten Kohle nicht ohne Schwierigkeit. Der grösste Theil derselben verbrennt zwar leicht, es bleiben aber meist noch zahlreiche Kohlentheilchen, die als schwarze Punkte in der weissen Asche sichtbar sind, unverändert zurück. Um diese zur Verbrennung zu bringen, drückt man sie mit einem dicken Platindrahte an den heissen Boden der Schale, wo sie verglimmen.

Eine vollkommen weisse Asche erhält man unter allen Umständen, wenn man die Kohle nicht bloss mit einem dicken Platindrahte zerdrückt, sondern zu einem feinen Pulver zerreibt. Zu dem Zwecke befeuchtet man die Kohle mit wenig Wasser und zerreibt sie in der Platinschale mit einem am Ende breitgedrückten Glasstabe oder einem kleinen Achatpistille zu einem möglichst feinen Brei. Der feine Kohlenbrei wird mit heissem Wasser übergossen, das Gemisch mit einem kleinen Glasstabe tüchtig durchgerührt und die wässerige Flüssigkeit in ein kleines Becherglas filtrirt, wobei man den grössten Theil der Kohle in der Schale zurücklässt; wenn die ersten Antheile des Filtrates trübe durch das Filter laufen, muss man sie in die Schale zurückgiessen. Das Auslaugen der gepulverten Kohle wiederholt man noch mehrmals in derselben Weise; die Menge des Filtrates kann 50 ccm und noch mehr betragen. Sodann wäscht man das Filter und die darauf gesammelte Kohle noch mit wenig heissem Wasser aus. Das Filter wird in die Platinschale zu der Kohle gebracht; beide werden auf dem Wasserbade getrocknet und dann verascht. Da die leicht flüchtigen Alkalisalze aus der Kohle ausgezogen worden sind, kann man die ausgelaugte Kohle jetzt ohne die Gefahr eines merkbaren Verlustes bei etwas grösserer Flamme verbrennen. Da durch das Auslaugen die leicht schmelzbaren Alkalisalze entfernt sind, verbrennt die Kohle nunmehr viel leichter; wenn man die Kohle zu einem recht feinen Pulver zerrieben hat, erhält man in kurzer Zeit ohne viele Nachhülfe stets eine vollkommen weisse Asche. Die Veraschung der Kohle ist beendet, wenn die Asche ein gleichmässiges weisses bezw. weissgraues Aussehen zeigt. Man lässt die Asche der ausgelaugten Kohle erkalten und giesst den abfiltrirten Kohlenauszug hinzu. Dieser soll klar (nicht trübe) und farblos sein.

Es giebt viele Weine, die nur so kleine Mengen leicht schmelzende Alkalisalze enthalten, dass man sie ohne Auslaugen der Kohle veraschen kann, namentlich wenn man die Erhitzung einmal unterbricht und die Kohle mit Wasser befeuchtet; früher ist dies thatsächlich meist geschehen. Die Anweisung schreibt indessen mit Recht für alle Fälle das Auslaugen der Kohle vor, weil dieses Verfahren stets und unter allen Umständen zu einem sicheren und genauen Ergebnisse führt. Das Befeuchten der Mineralbestandtheile mit einer Lösung von Ammoniumkarbonat, das den Zweck hat, beim Glühen entstandenen Aetzkalk wieder in kohlensauren Kalk überzuführen, ist in vielen Fällen nicht nöthig, weil die Weine meist nur wenig Kalk enthalten und weil bei dem vorgeschriebenen **schwachen**

Erhitzen der Weinasche die Ueberführung des kohlensauren Kalkes in Aetzkalk nicht zu befürchten ist. Nach Th. Frühauf[1]) liegt sogar die Befürchtung nahe, dass durch den Zusatz von Ammoniumkarbonat ein Theil der Schwefelsäure in Ammoniumsulfat verwandelt werde, das beim Erhitzen sich verflüchtigt.

Beispiel. Bei Anwendung von 50 ccm Wein wurden 0,0949 g Mineralbestandtheile erhalten; dann sind in 100 ccm Wein $2 \cdot 0{,}0949 = 0{,}1898$ oder abgerundet 0,19 g Mineralbestandtheile.

5. Bestimmung der Schwefelsäure in Rothweinen.

50 ccm Wein werden in einem Becherglase mit Salzsäure angesäuert und auf einem Drahtnetze bis zum beginnenden Kochen erhitzt; dann fügt man heisse Chlorbaryumlösung (1 Theil krystallisirtes Chlorbaryum in 10 Theilen destillirtem Wasser gelöst) zu, bis kein Niederschlag mehr entsteht. Man lässt den Niederschlag absitzen und prüft durch Zusatz eines Tropfens Chlorbaryumlösung zu der über dem Niederschlage stehenden klaren Flüssigkeit, ob die Schwefelsäure vollständig ausgefällt ist. Hierauf kocht man das Ganze nochmals auf, lässt dasselbe 6 Stunden in der Wärme stehen, giesst die klare Flüssigkeit durch ein Filter von bekanntem Aschengehalte, wäscht den im Becherglase zurückbleibenden Niederschlag wiederholt mit heissem Wasser aus, indem man jedesmal absetzen lässt und die klare Flüssigkeit durch das Filter giesst, bringt zuletzt den Niederschlag auf das Filter und wäscht so lange mit heissem Wasser, bis das Filtrat mit Silbernitrat keine Trübung mehr erzeugt. Filter und Niederschlag werden getrocknet, in einem gewogenen Platintiegel verascht und geglüht; hierauf befeuchtet man den Tiegelinhalt mit wenig Schwefelsäure, raucht letztere ab, glüht schwach, lässt im Exsikkator erkalten und wägt.

Berechnung. Wurden aus 50 ccm Wein a Gramm Baryumsulfat erhalten, so sind enthalten:

$x = 0{,}6869 \cdot a$ Gramm Schwefelsäure (SO_3) in 100 ccm Wein.

Diesen x Gramm Schwefelsäure (SO_3) in 100 ccm Wein entsprechen:

$y = 14{,}958 \cdot a$ Gramm Kaliumsulfat (K_2SO_4) in 1 Liter Wein.

Die Schwefelsäure wird unmittelbar im Weine mit Chlorbaryumlösung gefällt. Man versetzt den heissen, mit Salzsäure angesäuerten Wein mit heisser Chlorbaryumlösung, weil unter diesen Umständen das

---

[1]) K. Portele, Bericht über die gelegentlich des III. österr. Weinbau-Kongresses in Bozen 1886 stattgehabte Versammlung österr. Oenochemiker. Bozen 1887. S. 65.

Baryumsulfat nicht so fein vertheilt, sondern mehr körnig ausfällt. Man erhitzt die Chlorbaryumlösung in einem Probirröhrchen, saugt sie in eine Pipette auf und lässt sie daraus tropfenweise in den heissen Wein fliessen, bis kein Niederschlag mehr entsteht. Ein grosser Überschuss von Chlorbaryum ist zu vermeiden, weil sonst der Niederschlag von Baryumsulfat nur schwierig auszuwaschen ist. Das sechsstündige Stehen des Niederschlages macht denselben dichter und körniger; filtrirt man ihn sofort ab, so geht er meist zum Theil durch das Filter. Durch das wiederholte Abgiessen der Waschflüssigkeit unter Zurückhalten des Niederschlages wird der grösste Theil der gelösten Stoffe bequem und rasch entfernt; bringt man dann erst den Niederschlag auf das Filter, so ist keine Gefahr mehr vorhanden, dass ein Theil desselben durch das Filter geht.

Beim Erhitzen des auf dem Filter gesammelten Baryumsulfates entsteht aus dem Filtrirpapier Kohle, welche einen Theil des Baryumsulfates zu Baryumsulfid reduzirt:

$$BaSO_4 + 4C = BaS + 4CO.$$

Man muss daher das geglühte Salz mit Schwefelsäure befeuchten, um das entstandene Baryumsulfid wieder in Baryumsulfat überzuführen.

Durch zahlreiche Versuche ist bewiesen worden, dass das durch Fällen von Schwefelsäure mit Baryumchlorid erhaltene Baryumsulfat nicht ganz rein ist. Der Niederschlag reisst kleine Mengen Chlorbaryum mit nieder, die auch durch sorgfältiges Auswaschen nicht ganz entfernt werden können. Behandelt man den Niederschlag nach dem Glühen mit Schwefelsäure, so entsteht aus dem Chlorbaryum Baryumsulfat; man findet also zu viel Schwefelsäure. Von den Reinigungsverfahren für das gefällte und geglühte Baryumsulfat ist das von M. Ripper[1]) angegebene das genaueste; nach diesem Verfahren behandelt man das geglühte Baryumsulfat zunächst mit Bromwasser, um das etwa entstandene Baryumsulfid zu Baryumsulfat zu oxydiren, und kocht es dann mit Salzsäure aus. In der Anweisung ist die Reinigung des Baryumsulfates nicht vorgeschrieben; wenn man nur einen geringen Überschuss von Baryumchlorid anwendet und den Niederschlag tüchtig mit heissem Wasser auswäscht, kann man die mühsame und zeitraubende Reinigung des geglühten Baryumsulfatniederschlages entbehren.

Für die Berechnung der Gramme Kaliumsulfat im Liter Wein ist deshalb eine Formel angegeben, weil in dem Weingesetze vom 20. April 1892 für die Menge dieses Salzes in gewissen Weinen eine Grenzzahl (2 g im Liter) festgesetzt ist. Die Formeln für die Berechnung ergeben sich aus den Molekulargewichten der Schwefelsäure, des Baryumsulfates und des Kaliumsulfates.

---

[1]) Journ. prakt. Chemie [2]. 1892. **46**. 465.

Beispiel. Bei Anwendung von 50 ccm Wein gelangten 0,0636 g Baryumsulfat zur Wägung. Dann sind enthalten:

$x = 0,6869 \cdot 0,0636 = 0,044$ g Schwefelsäure (SO_3) in 100 ccm Wein, und
$y = 14,958 \cdot 0,0636 = 0,951$ g Kaliumsulfat (K_2SO_4) in einem Liter Wein.

6. Bestimmung der freien Säuren (Gesammtsäure).

25 ccm Wein werden bis zum beginnenden Sieden erhitzt und die heisse Flüssigkeit mit einer Alkalilauge, welche nicht schwächer als $^1/_4$-normal ist, titrirt. Wird Normallauge verwendet, so müssen Büretten von etwa 10 ccm Inhalt benutzt werden, welche die Abschätzung von $^1/_{100}$ ccm gestatten. Der Sättigungspunkt wird durch Tüpfeln auf empfindlichem violettem Lackmuspapier festgestellt; dieser Punkt ist erreicht, wenn ein auf das trockene Lackmuspapier aufgesetzter Tropfen keine Röthung mehr hervorruft. Die freien Säuren sind als Weinsteinsäure zu berechnen.

Berechnung. Wurden zur Sättigung von 25 ccm Wein a ccm $^1/_4$-Normal-Alkali verbraucht, so sind enthalten:

$x = 0,075 \cdot a$ Gramm freie Säuren (Gesammtsäure), als Weinsteinsäure berechnet, in 100 ccm Wein.

Bei Verwendung von $^1/_3$-Normal-Alkali lautet die Formel:

$x = 0,1 \cdot a$ Gramm freie Säuren (Gesammtsäure), als Weinsteinsäure berechnet, in 100 ccm Wein.

Früher bestimmte man die freien Säuren (Gesammtsäure) des Weines durch Titriren von 10 bis 20 ccm Wein bei gewöhnlicher Temperatur mit einer Alkalilauge von bekanntem Gehalte. Die Erkennung des Endpunktes der Titration war aber dadurch erschwert, dass der Wein, wenn die Säuren nahezu mit Alkali gesättigt sind, amphoter reagirt; dieses Verhalten wird durch die Anwesenheit von sauren Phosphaten, Albuminaten u. s. w. in dem Weine verursacht. Bei der Titration machte sich auch noch die Kohlensäure, die namentlich in Jungweinen sich reichlich vorfindet und durch Schütteln des Weines nur unvollständig zu entfernen ist, störend bemerkbar.

Die Anweisung schreibt das Erhitzen des Weines und Titriren der heissen Flüssigkeit vor. Dadurch wird die Kohlensäure vollständig entfernt; ausserdem wird aber nach A. Halenke und W. Möslinger[1]) durch das Erhitzen die amphotere Reaktion des nahezu neutralisirten Weines abgeschwächt.

Das Erhitzen des Weines hat (in einem Becherglase oder einer Porzellanschale) rasch und nur bis zum Beginne des Siedens zu erfolgen, da bei längerem Erhitzen flüchtige Säuren (Essigsäure) verdampfen können; bei Temperaturen unter dem Siedepunkt entweichen höchstens Spuren Essig-

---

[1]) Zeitschr. analyt. Chemie 1895. **34.** 274.

säure. Sobald der Wein aufzuwallen beginnt, bringt man ihn sofort unter die Bürette und lässt die Alkalilauge einfliessen. Schon bei Verwendung von $^1/_2$-Normal-Alkalilauge bedient man sich zweckmässig einer in Hundertstelkubikcentimeter eingetheilten Bürette, die 10 ccm fasst. Die Auslaufspitze dieser Büretten muss sehr fein ausgezogen sein, damit die abfallenden Tropfen recht klein sind.

Das Wichtigste bei der Bestimmung der Gesammtsäure des Weines ist die Erkennung des Sättigungspunktes; die Anweisung giebt genau an, wie man dabei zu verfahren hat. Das Lackmuspapier muss blauviolett und sehr empfindlich sein. An Stelle des gewöhnlichen Lackmuspapiers empfehlen Halenke und Möslinger ein mit Hülfe eines bestimmten Bestandtheiles des Lackmusfarbstoffes, der Azolithminsäure, hergestelltes Indikatorpapier. Dasselbe wird in folgender Weise hergestellt: 0,2 g fein gepulverte Azolithminsäure werden in einer flachen Porzellanschale von etwa 500 ccm Inhalt in 250 ccm kochendem destillirtem Wasser und 1,25 ccm Normal-Kalilauge gelöst. Durch die tiefblaue Lösung zieht man Streifen von Schleicher & Schüll'schem Filtrirpapier Nr. 595 (ausgesuchte, gleichmässig starke Bogen in je 6 Streifen geschnitten) und trocknet sie auf Schnüren bei gewöhnlicher Temperatur in einem möglichst dunklen Zimmer; nach zweitägigem Trocknen hat das Papier einen beständig bleibenden blauvioletten Farbenton angenommen. Von den Streifen, die man zur Erhöhung der Gleichmässigkeit zweckmässig noch satinirt, werden die durch die Schnüren missfarbig gewordenen Ränder abgeschnitten; die Streifen werden dann noch weiter zerschnitten und vor Luft und Licht geschützt in Metall- oder Pappkästen aufbewahrt. Die Azolithminsäure ist in guter Beschaffenheit von der Firma Gehe & Co. in Dresden zu beziehen. Obgleich man mit empfindlichem, aus gereinigtem Lackmusfarbstoffe hergestelltem Papier ebenfalls gute und übereinstimmende Ergebnisse erhält, dürfte sich doch im Allgemeinen die Verwendung des Azolithminpapiers empfehlen, da dasselbe immer gleich empfindlich ist.

Ein zweiter Vorschlag von Halenke und Möslinger geht dahin, die zur Bestimmung der Gesammtsäure zu verwendende Alkalilauge gegen reine, gepulverte, über Schwefelsäure getrocknete Weinsteinsäure zu stellen. Da die Gesammtsäure des Weines sich vorzugsweise aus nichtflüchtigen organischen Säuren zusammensetzt, kann diesem Vorschlage beigestimmt werden. Statt der Weinsteinsäure kann man der Einstellung der Alkalilauge auch reinen Weinstein zu Grunde legen; die sonst übliche Oxalsäure thut jedoch dieselben Dienste.

Die „freien Säuren" (Gesammtsäure) des Weines werden auf Weinsteinsäure berechnet, wie dies schon früher in der Weinanalyse ganz allgemein üblich war. In Wirklichkeit enthalten die Weine meist gar keine freie Weinsteinsäure oder nur verhältnissmässig kleine Mengen. Da die Weinsteinsäure $C_4H_6O_6 = 150$ zweibasisch ist, entspricht bei der

Titration jeder Molekel Alkalihydrat eine halbe Molekel Weinsteinsäure $= \frac{150}{2} = 75$. Jedem verbrauchten ccm $\frac{1}{4}$-Normal-Alkalilauge entsprechen daher $\frac{1}{1000} \cdot \frac{75}{4} = \frac{75}{4000}$ g Weinsteinsäure, und a ccm $\frac{1}{4}$-Normal-Alkalilauge entsprechen $\frac{75}{4000} \cdot$ a Gramm Weinsteinsäure. Diese Menge ist in 25 ccm Wein enthalten, in 100 ccm Wein sind daher $x = \frac{4 \cdot 75}{4000} \cdot a = 0{,}075 \cdot a$ Gramm freie Säuren, als Weinsteinsäure berechnet. Bei Verwendung von $^1/_3$-Normal-Alkali gestaltet sich die Formel und die Berechnung noch einfacher, da dann in der Formel an Stelle von 0,075 der Faktor 0,1 tritt.

Beispiel. Zur Sättigung der Gesammtsäure in 25 ccm Wein waren 7,85 ccm $^1/_4$-Normal-Alkali erforderlich; dann sind enthalten:

x = 0,075 . 7,85 = 0,589 oder abgerundet 0,59 g Gesammtsäure, als Weinsteinsäure berechnet, in 100 ccm Wein.

7. Bestimmung der flüchtigen Säuren.

Man bringt 50 ccm Wein in einen Rundkolben von 200 ccm Inhalt und verschliesst den Kolben durch einen Gummistopfen mit 2 Durchbohrungen; durch die erste Bohrung führt ein bis auf den Boden des Kolbens reichendes, dünnes, unten fein ausgezogenes, oben stumpfwinklig umgebogenes Glasrohr, durch die zweite ein Destillationsaufsatz mit einer Kugel, welcher zu einem Liebig'schen Kühler führt. Als Destillationsvorlage dient eine 300 ccm fassende Flasche, welche an der einem Rauminhalte von 200 ccm entsprechenden Stelle eine Marke trägt. Die flüchtigen Säuren werden mit Wasserdampf überdestillirt. Dies geschieht in der Weise, dass man das bis auf den Boden des Destillirkolbens reichende enge Glasrohr durch einen Gummischlauch mit einer ein Sicherheitsrohr tragenden Flasche in Verbindung setzt, in welcher ein lebhafter Strom von Wasserdampf entwickelt wird. Durch Erhitzen des Destillirkolbens mit einer Flamme engt man unter stetem Durchleiten von Wasserdampf den Wein auf etwa 25 ccm ein und trägt dann durch zweckmässiges Erwärmen des Kolbens dafür Sorge, dass die Menge der Flüssigkeit in demselben sich nicht mehr ändert. Man unterbricht die Destillation, wenn 200 ccm Flüssigkeit übergegangen sind. Man versetzt das Destillat mit Phenolphtaleïn und bestimmt die Säuren mit einer titrirten Alkalilösung. Die flüchtigen Säuren sind als Essigsäure $(C_2H_4O_2)$ zu berechnen.

Berechnung. Sind zur Sättigung der flüchtigen Säuren aus 50 ccm Wein a Kubikcentimeter $^1/_{10}$-Normal-Alkali verbraucht worden, so sind enthalten:

$x = 0{,}012 \cdot a$ Gramm flüchtige Säuren, als Essigsäure ($C_2H_4O_2$) berechnet, in 100 ccm Wein.

Die flüchtigen Säuren des Weines bestehen fast ausschliesslich aus Essigsäure; andere flüchtige Fettsäuren (Ameisensäure, Buttersäure, höhere Fettsäuren) kommen nur in sehr geringer Menge im Weine vor. Von sonstigen flüchtigen Säuren des Weines ist noch die schweflige Säure zu erwähnen, die mitunter in Weissweinen recht reichlich zu finden ist. Die Essigsäure siedet bei 118° C., sie destillirt aber mit Wasserdämpfen, wenn auch langsam, über; besonders leicht wird sie durch lebhaft einströmenden Wasserdampf in das Destillat übergeführt.

Hierauf beruht das in der Anweisung vorgeschriebene Verfahren zur Bestimmung der flüchtigen Säuren des Weines. Die dabei zu be-

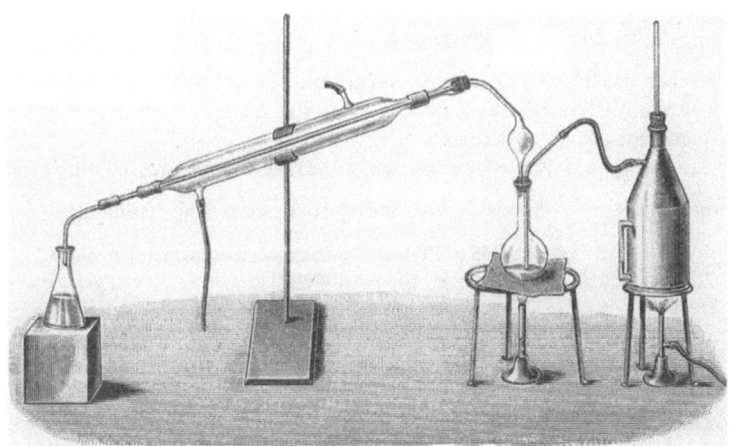

Figur 9.

nutzende Vorrichtung ist in der Figur 9 dargestellt. Als Dampfentwickler dient zweckmässig eine mit Schlauchstück und Sicherheitsröhre versehene Flasche aus Kupfer- oder Eisenblech; an der Destillirvorlage, einem etwa 300 ccm fassenden Erlenmeyer'schen Kolben, klebt man bei der dem Rauminhalte von 200 ccm entsprechenden Stelle eine Papiermarke an (auf einige Kubikcentimeter mehr oder weniger kommt es hierbei nicht an). Besondere Sorgfalt hat man darauf zu verwenden, dass das Volumen des Weines, nachdem dieser auf etwa die Hälfte eingeengt ist, durch den eingeleiteten Wasserdampf nicht vergrössert wird. Durch besondere Versuche ist festgestellt worden, dass die flüchtigen Säuren von 50 ccm eines gesunden Weines ganz oder nahezu vollständig übergetrieben sind, wenn das Destillat 200 ccm beträgt; soweit hat man daher die Destillation im Allgemeinen zu führen. Bei stark essigstichigen Weinen, die sehr reich an Essigsäure sind, findet sich die Gesammtmenge der Essigsäure mitunter nicht in den ersten 200 ccm Destillat. Es ist daher zu empfehlen, dass man, wenn 200 ccm Flüssigkeit überdestillirt sind, das nachfolgende Destillat mit blauem Lackmuspapier auf seine Reaktion prüft. Das Nachdestillat reagirt fast ausnahmslos noch sauer, meist aber sehr schwach; wenn es noch stark sauer reagirt, muss man noch weiter destilliren und das Nachdestillat titriren. Die überdestillirten Säuren werden nach Zusatz einiger Tropfen einer alkoholischen Phenolphtaleïnlösung in dem als Vorlage dienenden Kolben titrirt.

Die Berechnung der flüchtigen Säuren als Essigsäure ist durch ihre Zusammensetzung gerechtfertigt. Da die Essigsäure $C_2H_4O_2 = 60$ einbasisch ist, werden beim Titriren durch jeden ccm $\frac{1}{10}$ - Normal - Alkali $\frac{1}{1000} \cdot \frac{60}{10} = 0{,}006$ g Essigsäure angezeigt. a ccm $\frac{1}{10}$ - Normal - Alkali entsprechen daher $0{,}006 \cdot a$ Gramm Essigsäure. Diese Menge Essigsäure ist in 50 ccm Wein enthalten; in 100 ccm Wein sind daher $2 \cdot 0{,}006 \cdot a = 0{,}012 \cdot a$ Gramm Essigsäure enthalten.

Beispiel. Zur Sättigung der flüchtigen Säuren aus 50 ccm Wein waren 3,6 ccm $\frac{1}{10}$ - Normal - Alkali erforderlich; dann sind enthalten:

$x = 0{,}012 \cdot 3{,}6 = 0{,}043$ g flüchtige Säuren, als Essigsäure berechnet, in 100 ccm Wein.

8. Bestimmung der nichtflüchtigen Säuren.

Die Menge der nichtflüchtigen Säuren im Wein, welche als Weinsteinsäure anzugeben sind, wird durch Rechnung gefunden.

Bedeutet:
    a die Gramme freie Säuren in 100 ccm Wein, als Weinsteinsäure berechnet,
    b die Gramme flüchtige Säuren in 100 ccm Wein, als Essigsäure berechnet,
    x die Gramme nichtflüchtige Säuren in 100 ccm Wein, als Weinsteinsäure berechnet,
so sind enthalten:
    $x = (a - 1{,}25\,b)$ Gramm nichtflüchtige Säuren, als Weinsteinsäure berechnet, in 100 ccm Wein.

Die Menge der nichtflüchtigen (fixen) Säuren des Weines wird durch Rechnung gefunden; man hat von der Gesammtsäure die flüchtigen Säuren abzuziehen. Dabei ist es nothwendig, dass alle Zahlen auf dieselbe Säure, nämlich auf Weinsteinsäure, bezogen sind; man muss daher die flüchtigen Säuren (Essigsäure) zunächst auf Weinsteinsäure umrechnen. Bei dem

Titriren entspricht einer Molekel der einbasischen Essigsäure = 60 eine halbe Molekel der zweibasischen Weinsteinsäure $\frac{C_4H_6O_6}{2} = 75$; man erhält daher die den flüchtigen Säuren in 100 ccm Wein entsprechende Menge Weinsteinsäure durch Multiplikation derselben mit $\frac{75}{60} = 1{,}25$. Zieht man die erhaltene Zahl von der als Weinsteinsäure berechneten Gesammtsäure in 100 ccm Wein ab, so erhält man die nichtflüchtigen Säuren, auf Weinsteinsäure berechnet, in 100 ccm Wein.

Einfacher und bequemer wäre es, die nichtflüchtigen Säuren unmittelbar zu bestimmen und aus der Gesammtsäure und den nichtflüchtigen Säuren die flüchtigen Säuren zu berechnen. Man hätte dann nur eine abgemessene Menge Wein in einer Porzellanschale stark einzudampfen, dasselbe Verfahren nach Zusatz von Wasser mehrmals zu wiederholen und die rückständige Flüssigkeit zu titriren. Dieses Verfahren ist aber nicht angängig, weil bei dem Eindampfen des Weines ein Theil der freien Säuren zersetzt wird und überhaupt ziemlich weitgehende Änderungen in den Extraktbestandtheilen vor sich gehen; namentlich scheint die Aepfelsäure leicht zersetzlich zu sein. Man ist daher auf die Berechnung der nichtflüchtigen Säuren aus der Gesammtsäure und den flüchtigen Säuren angewiesen.

Beispiel. In 100 ccm eines Weines fand man 0,59 g Gesammtsäure als Weinsteinsäure berechnet, und 0,043 g flüchtige Säuren, als Essigsäure berechnet; dann sind enthalten:

$x = 0{,}59 - 1{,}25 \cdot 0{,}043 = 0{,}536$ oder abgerundet 0,54 g nichtflüchtige Säuren, als Weinsteinsäure berechnet, in 100 ccm Wein.

9. Bestimmung des Glycerins.

a) In Weinen mit weniger als 2 g Zucker in 100 ccm.

Man dampft 100 ccm Wein in einer Porzellanschale auf dem Wasserbade auf etwa 10 ccm ein, versetzt den Rückstand mit etwa 1 g Quarzsand und soviel Kalkmilch von 40 Prozent Kalkhydrat, dass auf je 1 g Extrakt 1,5 bis 2 ccm Kalkmilch kommen, und verdampft fast bis zur Trockne. Der feuchte Rückstand wird mit etwa 5 ccm Alkohol von 96 Maassprozent versetzt, die an der Wand der Porzellanschale haftende Masse mit einem Spatel losgelöst und mit einem kleinen Pistill unter Zusatz kleiner Mengen Alkohol von 96 Maassprozent zu einem feinen Brei zerrieben. Spatel und Pistill werden mit Alkohol von gleichem Gehalte abgespült. Unter beständigem Umrühren erhitzt man die Schale auf dem Wasserbade bis zum Beginne des Siedens und giesst die trübe alkoholische Flüssigkeit durch einen kleinen Trichter in ein 100 ccm-Kölbchen. Der in der

Schale zurückbleibende pulverige Rückstand wird unter Umrühren mit 10 bis 12 ccm Alkohol von 96 Maassprozent wiederum heiss ausgezogen, der Auszug in das 100 ccm-Kölbchen gegossen und dieses Verfahren solange wiederholt, bis die Menge der Auszüge etwa 95 ccm beträgt; der unlösliche Rückstand verbleibt in der Schale. Dann spült man das auf dem 100 ccm-Kölbchen sitzende Trichterchen mit Alkohol ab, kühlt den alkoholischen Auszug auf 15^0 C. ab und füllt ihn mit Alkohol von 96 Maassprozent auf 100 ccm auf. Nach tüchtigem Umschütteln filtrirt man den alkoholischen Auszug durch ein Faltenfilter in einen eingetheilten Glascylinder. 90 ccm Filtrat werden in eine Porzellanschale übergeführt und auf dem heissen Wasserbade unter Vermeiden des lebhaften Siedens des Alkohols eingedampft. Der Rückstand wird mit kleinen Mengen absoluten Alkohols aufgenommen, die Lösung in einen eingetheilten Glascylinder mit Stopfen gegossen und die Schale mit kleinen Mengen absoluten Alkohols nachgewaschen, bis die alkoholische Lösung genau 15 ccm beträgt. Zu der Lösung setzt man dreimal je 7,5 ccm absoluten Aether und schüttelt nach jedem Zusatze tüchtig durch. Der verschlossene Cylinder bleibt so lange stehen, bis die alkoholisch-ätherische Lösung ganz klar geworden ist; hierauf giesst man die Lösung in ein Wägegläschen mit eingeschliffenem Stopfen. Nachdem man den Glascylinder mit etwa 5 ccm einer Mischung von 1 Raumtheil absolutem Alkohol und $1^1/_2$ Raumtheilen absolutem Aether nachgewaschen und die Waschflüssigkeit ebenfalls in das Wägegläschen gegossen hat, verdunstet man die alkoholisch-ätherische Flüssigkeit auf einem heissen, aber nicht kochenden Wasserbade, wobei wallendes Sieden der Lösung zu vermeiden ist. Nachdem der Rückstand im Wägegläschen dickflüssig geworden ist, bringt man das Gläschen in einen Trockenkasten, zwischen dessen Doppelwandungen Wasser lebhaft siedet, lässt nach einstündigem Trocknen im Exsikkator erkalten und wägt.

Berechnung. Wurden a Gramm Glycerin gewogen, so sind enthalten:

x = 1,111 . a Gramm Glycerin in 100 ccm Wein.

b) In Weinen mit 2 g oder mehr Zucker in 100 ccm.

50 ccm Wein werden in einem geräumigen Kolben auf dem Wasserbade erwärmt und mit 1 g Quarzsand und so lange mit kleinen Mengen Kalkmilch versetzt, bis die zuerst dunkler

gewordene Mischung wieder eine hellere Farbe und einen laugenhaften Geruch angenommen hat. Das Gemisch wird auf dem Wasserbade unter fortwährendem Umschütteln erwärmt. Nach dem Erkalten setzt man 100 ccm Alkohol von 96 Maassprozent zu, lässt den sich bildenden Niederschlag absitzen, filtrirt die alkoholische Lösung ab und wäscht den Niederschlag mit Alkohol von 96 Maassprozent aus. Das Filtrat wird eingedampft und der Rückstand nach der unter Nr. 9 a) gegebenen Vorschrift weiter behandelt.

Berechnung: Wurden a Gramm Glycerin gewogen, so sind enthalten:

$x = 2{,}222 \cdot a$ Gramm Glycerin in 100 ccm Wein.

Anmerkung. Wenn die Ergebnisse der Zuckerbestimmung nicht mitgetheilt sind, so ist stets anzugeben, ob der Glyceringehalt der Weine nach Nr. 9 a) oder 9 b) bestimmt worden ist.

Seit dem Jahre 1884, wo die im Kaiserlichen Gesundheitsamte versammelte Kommission das sogenannte „Reichsverfahren" für die Bestimmung des Glycerins vereinbarte, sind zahlreiche neue Verfahren zur Bestimmung des Glycerins ausgearbeitet worden. Dieselben laufen grösstentheils darauf hinaus, den Gehalt des nach dem im Jahre 1884 vereinbarten Verfahren erhaltenen unreinen Glycerins an reinem Glycerin festzustellen. Dies geschieht meist nach Oxydationsverfahren in saurer oder alkalischer Lösung oder durch Ueberführung des Glycerins in Esterform (Benzoate oder Triacetin). Ausserdem wurde die Trennung des Glycerins von den übrigen Bestandtheilen des Weinextraktes durch Destillation im luftverdünnten Raume oder mit überhitztem Wasserdampfe empfohlen.

Das in der Anweisung vorgeschriebene Verfahren zur Bestimmung des Glycerins ist im Wesentlichen das bereits im Jahre 1884 vereinbarte, in einigen Punkten vervollkommnete Verfahren, das seither bei der Untersuchung des Weines ganz allgemein angewandt wurde. Die neueren Methoden der Glycerinbestimmung sind, soweit die Analyse des Weines in Frage kommt, verhältnissmässig noch wenig geprüft worden; die Ergebnisse, die von verschiedenen Seiten bei der Anwendung desselben Verfahrens erhalten wurden, stimmen überdies vielfach nicht überein, widersprechen sich vielmehr mitunter geradezu. Die neueren Verfahren der Glycerinbestimmung entsprechen somit noch nicht den Anforderungen, die an ein amtlich vorgeschriebenes Untersuchungsverfahren gestellt werden müssen. Dazu kommt noch, dass die Ergebnisse der bisherigen Untersuchungen bezüglich des Glyceringehaltes der Weine, die für die Beurtheilung der Weine mitunter von Bedeutung sind, sämmtlich nach dem im Jahre 1884 vereinbarten Verfahren gewonnen wurden; da dieses Verfahren, wie man sehr wohl weiss, mit Mängeln behaftet und keineswegs einwandfrei ist, würden bei Einführung eines neuen Verfahrens die gesammten früheren Ergebnisse werthlos oder wenigstens in ihrem Werthe wesentlich beeinträchtigt. Diese Erwägung kann zwar an sich gewiss nicht der Einführung eines neuen genauen Verfahrens im Wege stehen; man wird sich unter diesen Umständen aber doch nur dann für ein solches entscheiden, wenn durch sorgfältige Prüfungen erwiesen ist, dass es das frühere Verfahren wirklich an Sicherheit und Genauigkeit erheblich übertrifft. Von keinem der neueren Verfahren ist dies bewiesen. Die Weinchemiker stehen denselben bis jetzt fast ausnahmslos kühl gegenüber; gegen die Aufnahme des im Jahre 1884 vereinbarten Verfahrens der Glycerinbestimmung in die Anweisung wird daher voraussichtlich kaum Widerspruch erhoben werden.

Das vorgeschriebene Verfahren läuft darauf hinaus, das Glycerin in möglichst reinem Zustande aus dem Weine abzuscheiden und in Substanz zu wägen. Da ein grösserer Zuckergehalt des Weines das Ergebniss der Bestimmung erheblich zu beeinflussen vermag, werden die Weine mit 2 g oder mehr Zucker in 100 ccm anders behandelt als die übrigen. Vor der Ausführung der Glycerinbestimmung muss man daher gegebenenfalls den Zuckergehalt des Weines feststellen; gewöhnlich ersieht man schon aus dem Extraktgehalte des Weines, ob man auf einen grösseren Zuckergehalt Bedacht zu nehmen hat.

a) Bestimmung des Glycerins in Weinen mit weniger als 2 g Zucker in 100 ccm. Durch den Zusatz von Kalkmilch zu dem Verdampfungsrückstande des Weines wird eine Anzahl Weinbestandtheile in Verbindungen übergeführt, die in Alkohol unlöslich sind; die Säuren des Weines werden in Kalksalze, der etwa vorhandene Zucker in Zuckerkalk verwandelt. Von Wichtigkeit ist es, den mit Sand gemischten Verdampfungsrückstand des Weines mit wenig Alkohol zu einem möglichst feinen Brei zu zerreiben; je feiner die sandige Masse zerrieben worden ist, desto vollkommener wird das Glycerin durch den Alkohol aufgenommen. Beim Ausziehen des Rückstandes mit Alkohol lässt man den ungelösten Bodensatz stets nach Möglichkeit in der Schale zurück und giesst nur die über demselben stehende trübe Flüssigkeit in das 100 ccm-Kölbchen; würde man den Bodensatz mit in das Kölbchen überführen, so hätte man nicht 100 ccm alkoholische Lösung, sondern 100 ccm vermindert um das nicht genau bekannte Volumen des Ungelösten. Die alkoholische Lösung enthält neben dem gesammten Glycerin des Weinrückstandes noch andere Stoffe und suspendirte ungelöste Theilchen. Man schüttelt den Auszug um und filtrirt ihn durch ein Faltenfilter in einen 100 ccm-Cylinder; wenn die ersten Antheile des Filtrates trübe durchlaufen, giesst man sie zurück. Man erhält meist bequem 90 ccm Filtrat. Sollte, was bei südländischen dicken Rothweinen vorkommt, das Filtrat weniger als 90 ccm betragen, so verwendet man weniger, z. B. 80 ccm; die Formel für die Berechnung des Glycerins hat für diesen Fall keine Gültigkeit. Beim Eindampfen des Filtrates ist wallendes Sieden des Alkohols zu vermeiden, weil dadurch Verluste an Glycerin durch Verspritzen eintreten würden. Beim Aufnehmen des Verdampfungsrückstandes und Nachwaschen der Schale mit kleinen Mengen Alkohol bedient man sich zweckmässig eines mit Hülfe eines kleinen Messcylinders von etwa 25 ccm Inhalt hergestellten Spritzfläschchens. Die alkoholische Lösung giesst man in einen 25 ccm-Cylinder mit Glasstopfen; ihr Volumen muss genau 15 ccm betragen. Die alkoholische Lösung enthält neben Glycerin noch andere Stoffe, die man durch Zusatz von Aether nach Möglichkeit abscheidet. Durch Versuche ist festgestellt worden, dass das in reinem Aether unlösliche Glycerin in einer Mischung von 1 Raumtheil Alkohol und $1^1/_2$ Raumtheilen Aether vollkommen löslich ist; viele andere in Alkohol lösliche Stoffe sind in dieser Alkohol-Aethermischung unlöslich. Durch den Zusatz von Aether zu der alkoholischen Lösung werden diese Stoffe in Form einer milchigen Trübung abgeschieden. Damit sie möglichst vollkommen ausfallen, setzt man den Aether in drei Antheilen von je 7,5 ccm zu der alkoholischen Lösung, verschliesst den Cylinder jedesmal mit dem Glasstopfen und schüttelt die Mischung kräftig durch. Bei dieser Behandlung klärt sich die milchige Flüssigkeit meist sehr rasch, indem sich die trübenden Stoffe an den Boden und den Wänden des Cylinders fest ansetzen. Die klare alkoholisch-ätherische Lösung wird in ein cylindrisches Wägegläschen mit eingeschliffenem Glasstopfen und etwa 7 cm hohen senkrechten Wänden (s. Figur 10) gegossen. Man spült den Cylinder mit 5 ccm einer Mischung von 1 Raumtheil absolutem Alkohol und $1^1/_2$ Raumtheilen Aether aus und giesst die Waschflüssigkeit ebenfalls in das Wägegläschen. Beim Abdampfen des Alkohol-Aethers ist wallendes Sieden zu vermeiden, weil durch Verspritzen Verluste an Glycerin entstehen können.

Figur 10.

Die wichtigste Änderung des hier vorgeschriebenen Verfahrens der Glycerinbestimmung gegenüber dem im Jahre 1884 vereinbarten Verfahren besteht darin, dass jetzt das Glycerin mit 15 ccm Alkohol und 2,5 ccm Aether aufgenommen werden soll, während man nach dem im Jahre 1884 vereinbarten Verfahren 10 ccm Alkohol und 15 ccm Aether anwandte. Bisher pflegte man den bei der Alkohol-Aetherfällung entstehenden Niederschlag, wenn er nach dem Abgiessen der Lösung noch dickflüssig erschien, nochmals in 5 ccm Alkohol zu lösen und die Lösung mit $7^1/_2$ ccm Aether zu fällen. Man ging hierbei von der Voraussetzung aus, dass der dickflüssige Rückstand noch Glycerin enthalte, das man noch gewinnen wollte. Die Versuche von P. Kulisch[1]) haben aber dargethan, dass

---

[1]) Forschungsber. Lebensm., Hyg. 1894. 1. 280, 311 u. 361.

die dickflüssige Beschaffenheit des Rückstandes nicht immer einen Schluss auf einen beträchtlichen Glyceringehalt zulässt, und dass das bei der zweiten Behandlung mit Alkohol-Aether erhaltene „Glycerin" viel unreiner ist als das zuerst gewonnene. Durch die zweite Behandlung kann das Ergebniss der Glycerinbestimmung recht erheblich beeinflusst werden, insofern als dadurch wesentlich mehr Glycerin gefunden wird. Es ist daher in der Anweisung von der zweiten Behandlung mit Alkohol-Aether abgesehen und ein- für allemal die Verwendung einer grösseren Menge (37,5 ccm) Alkohol-Aethermischung vorgeschrieben worden. Auch die private „Kommission zur Bearbeitung einer Weinstatistik für Deutschland" hat sich für dieses abgeänderte Verfahren ausgesprochen.[1])

Die Glycerinlösung darf nur so lange auf dem Wasserbade erhitzt werden, bis sie eben dickflüssig geworden ist. Das Trocknen des Glycerins erfolgt in einem Trockenschranke von geringem Rauminhalte, um die Verdampfung des Glycerins auf das geringste mögliche Maass herabzusetzen; sehr geeignet ist der auf S. 59 abgebildete Trockenkasten (Figur 8). Die vorgeschriebene Zeit des Trocknens (1 Stunde) ist genau einzuhalten.

Bei der Berechnung des Glycerins ist berücksichtigt, dass das gewogene Glycerin nur aus 90 ccm des alkoholischen Filtrates, entsprechend 90 ccm Wein, gewonnen wurde. Kamen daher a Gramm Glycerin zur Wägung, so sind in 100 ccm Wein $x = \frac{100}{90} \cdot a = 1{,}111 \cdot a$ Gramm Glycerin. Wurden z. B. 0,743 g Glycerin gewogen, so sind enthalten:

$x = 1{,}111 \cdot 0{,}743 = 0{,}825$ g Glycerin in 100 ccm Wein.

b) **Bestimmung des Glycerins in Weinen mit 2 g oder mehr Zucker in 100 ccm.** Enthält der Wein 2 g oder mehr Zucker in 100 ccm, so muss durch eine Vorbehandlung die grösste Menge des Zuckers entfernt werden. Dies geschieht durch Zusatz von Kalkmilch zu dem erwärmten Weine, wodurch der Zucker in Zuckerkalk übergeführt wird. Bei den ersten Zusätzen von Kalkmilch färbt sich die Flüssigkeit dunkelbraun und schäumt stark auf. Sobald Kalk im Ueberschusse vorhanden ist, wird sie wieder heller und nimmt einen laugenhaften Geruch an; wenn dieser Punkt erreicht ist, hört man mit dem Zusatze von Kalkmilch auf. Da die Bildung von Zuckerkalk langsam und allmählich vor sich geht, setzt man die Kalkmilch in kleinen Portionen nach und nach unter fortwährendem Schütteln zu. Der auf Zusatz von 100 ccm Alkohol von 96 Maassprozent entstehende Niederschlag muss mit grösseren Mengen Alkohol ausgewaschen werden. Das alkoholische Filtrat wird auf etwa 10 ccm eingedampft und nach Nr. 9 a) behandelt, d. h. mit Quarzsand und Kalkmilch versetzt, fast zur Trockne verdampft u. s. w. Da hier nur 50 ccm Wein verarbeitet werden, stammt das zur Wägung gelangende Glycerin aus 45 ccm Wein; wurden daher a Gramm Glycerin gewogen, so sind in 100 ccm

---

[1]) Zeitschr. analyt. Chemie 1894. **33.** 629.

Wein $x = \dfrac{100}{45} \cdot a = 2{,}222 \cdot a$ Gramm Glycerin. Wurden z. B. 0,468 g Glycerin gewogen, so sind enthalten:

$x = 2{,}222 \cdot 0{,}468 = 1{,}08$ g Glycerin in 100 ccm Wein.

Das vorstehende Verfahren der Glycerinbestimmung ist mit einer Reihe von Mängeln behaftet. Das zur Wägung kommende Rohglycerin besteht zwar im Wesentlichen aus Glycerin, es enthält aber daneben noch kleine Mengen anderer Stoffe, welche sowohl in die alkoholische als auch in die alkoholisch-ätherische Lösung übergegangen sind; zu diesen Stoffen gehören Fett, stickstoffhaltige Bestandtheile, Mineralbestandtheile, bei zuckerreichen Weinen etwas Zucker, bei Mannit enthaltenden Weinen auch Mannit und andere Stoffe mehr. Andererseits geht bei dem Eindampfen glycerinhaltiger Flüssigkeiten und dem Trocknen des Glycerins ein Theil desselben durch Verdunsten verloren; bei der Bestimmung des Glycerins in Weinen mit weniger als 2 g Zucker in 100 ccm beträgt der Verlust an Glycerin durch Verdampfen insgesammt etwa 6 Prozent[1]). Man nimmt an, dass die in entgegengesetztem Sinne wirkenden Fehler des Verfahrens (einerseits das Mitwägen anderer Stoffe, andererseits das Verdampfen von Glycerin) sich im Allgemeinen ziemlich aufheben. Annähernd trifft dies gewiss zu, so dass man wohl behaupten kann, dass nach dem vorgeschriebenen Verfahren der wirkliche Gehalt der Weine an Glycerin mit einiger Annäherung ermittelt werden kann. Man hat vorgeschlagen, den Gehalt des nach dem vorstehenden Verfahren gewonnenen Glycerins an Mineralbestandtheilen[2]) und gegebenenfalls an Zucker[3]) zu bestimmen und in Abzug zu bringen; auch ist vielfach empfohlen worden, die Menge des reinen Glycerins in dem Rohglycerin nach einem der neueren Verfahren zu ermitteln. Die Menge des verdampften Glycerins glaubte man ebenfalls berücksichtigen[2]) zu müssen. Von der Erwägung ausgehend, dass sich die verschiedenen Fehler im Grossen und Ganzen ausgleichen, hat man indessen von der Einführung dieser Korrekturen Abstand genommen. Das aus den Weinen gewonnene Rohglycerin ist bei sorgfältiger Ausführung dickflüssig und meist nur schwach gelb gefärbt.

Die Glycerinbestimmung in zuckerreichen Weinen (mit 2 g oder mehr Zucker in 100 ccm) ist viel weniger genau als die in gewöhnlichen, ausgegohrenen Weinen[4]); es ist daher keineswegs gleichgültig, ob der Glyceringehalt eines Weines nach Nr. 9a) oder nach Nr. 9b) bestimmt wurde. Ist der Zuckergehalt des Weines angegeben, so ersieht man ohne Weiteres, welches Verfahren bei der Glycerinbestimmung angewandt wurde: bei Weinen mit weniger als 2 g Zucker in 100 ccm das Verfahren unter

---

[1]) J. Moritz, Arbeiten aus d. Kaiserl. Gesundheitsamte 1889. 5. 349.
[2]) R. Kayser, Zeitschr. analyt. Chemie 1884. 23. 298.
[3]) L. Weigert, Mitth. Versuchsstat. Klosterneuburg 1888. Heft 5. 59.
[4]) B. Haas, Zeitschr. Nahr.-Unters. u. Hyg. 1889. 3. 161.

Nr. 9 a), bei Weinen mit 2 g oder mehr Zucker in 100 ccm das Verfahren unter Nr. 9 b). Sind dagegen die Ergebnisse der Zuckerbestimmung nicht mitgetheilt, so kann man nicht erkennen, nach welchem Verfahren das Glycerin bestimmt wurde; nach der Anmerkung ist der Chemiker in diesem Falle verpflichtet, anzugeben, ob er das Verfahren unter Nr. 9 a) oder unter Nr. 9 b) angewandt hat.

Wenn auch keines der neueren Verfahren zur Bestimmung des Glycerins Aufnahme in die amtliche Anweisung gefunden hat, so ist damit die weitere Forschung auf diesem Gebiete keineswegs als bedeutungslos zu erachten. Im Gegentheile ist, da man die geringe Genauigkeit des jetzt vorgeschriebenen Verfahrens allseits anerkennt, die weitere Prüfung der einschlägigen Verhältnisse sehr wünschenswerth; es ist zu hoffen, dass man dann zu einem brauchbareren Verfahren gelangen wird. Um die weitere Forschung zu erleichtern, möge hier ein Verzeichniss der über die Glycerinbestimmung vorliegenden Literatur eine Stelle finden.

1. Untersuchungen, die sich auf das amtlich vorgeschriebene Verfahren der Anweisung beziehen.

C. Neubauer und E. Borgmann, Zeitschr. analyt. Chemie 1878. **17.** 442.
E. Borgmann, Ebd. 1881. **20.** 425; 1882. **21.** 239.
J. Nessler und M. Barth, Ebd. 1883. **22.** 170; 1884. **23.** 323.
R. Kayser, Ebd. 1884. **23.** 298.
M. Barth, Pharm. Centralh. 1884. **25.** 483; 1886. **27.** 244.
J. Moritz, Chem.-Ztg. 1884. **8.** 1743; Arbeiten aus d. Kaiserl. Gesundheitsamte 1889. **5.** 349.
J. Samelson, Chem.-Ztg. 1886. **10.** 933.
L. Medicus und C. Full, Repert. analyt. Chemie 1886. **6.** 5; Bericht 4. Vers. d. fr. Verein. bayer. Vertreter d. angew. Chemie in Nürnberg 1885. Berlin 1886 bei Julius Springer. S. 25.
R. Bensemann, Repert. analyt. Chemie 1886. **6.** 251 und 313.
C. Amthor, Ebd. 1886. **6.** 155.
Th. Kyll, Chem.-Ztg. 1885. **9.** 1372.
L. Weigert, Mittheil. Versuchsstation Klosterneuburg 1888. Heft **5.** 59; Zeitschr. angew. Chemie 1889. 54.
O. Hehner, Analyst 1887. **12.** 65; Journ. Soc. Chem. Ind. 1889. **8.** 4; Zeitschr. analyt. Chemie 1889. **28.** 359.
B. Haas, Zeitschr. Nahrungsm.-Unters. u. Hyg. 1889. **3.** 161.
O. Friedeberg, Ueber Glycerinbestimmung in vergohrenen Getränken. Dissertation Universität Berlin. 1890.
M. T. Lecco, Chem.-Ztg. 1892. **16.** 504.
B. Proskauer, Pharm. Centralh. 1892. **33.** 369.
P. Kulisch, Forschungsber. Lebensm., Hyg. 1894. **1.** 280, 311 und 361; Weinbau und Weinhandel 1894. **12.** 416.
H. D. Paxton, Chem. News 1894. **69.** 235.

2. Bestimmung des Glycerins in dem Rohglycerin nach Oxydationsverfahren.

a) Oxydation des Glycerins mit Kaliumpermanganat in alkalischer Lösung.

W. Fox, The Oil- and Colourman's Journ. 1884. 1404.
R. Benedikt und S. Zsigmondy, Chem.-Ztg. 1885. **9.** 975.

W. Fox und J. A. Wanklyn, Chem. News 1886. **53.** 15.
A. H. Allen, Analyst 1886. **11.** 52.
Ad. Jolles, Zeitschr. chem. Industrie 1887. **2.** 266.
F. Filsinger, Zeitschr. angew. Chemie 1888. 123.
O. Hehner, Journ. Soc. Chem. Ind. 1889. **8.** 4; Zeitschr. analyt. Chemie 1889. **28.** 359.
H. Grünwald, Ueber einige Methoden zur quantitativen Bestimmung des Glycerins. Dissertation Universität Jena. 1889. S. 30.
Herbig, Beiträge zur Glycerinbestimmung. Leipzig 1890.
C. Mangold, Zeitschr. angew. Chemie 1891. 400.

 b) Oxydation des Glycerins mit Kaliumpermanganat in saurer Lösung.

V. Planchon, Compt. rend. 1888. **107.** 246.
H. Grünwald, Ueber einige Methoden zur quantitativen Bestimmung des Glycerins. Dissertation Universität Jena. 1889. S. 43.
E. Suhr, Arch. Hyg. 1891. **14.** 305.

 c) Oxydation des Glycerins mit Kaliumbichromat und Schwefelsäure:

L. Legler, Repert. analyt. Chemie 1886. **6.** 631.
C. F. Cross und E. J. Bevan, Chem. News 1887. **55.** 2.
O. Hehner, Analyst 1887. **12.** 44; Journ. Soc. Chem. Ind. 1889. **8.** 4; Zeitschr. analyt. Chemie 1889. **28.** 359.

3. Bestimmung des Glycerins im Rohglycerin durch Ueberführung in unlösliche Glycerinester.

 a) Ueberführung des Glycerins in Benzoylester.

E. Baumann, Ber. deutsch. chem. Gesellschaft 1887. **19.** 3218.
R. Diez, Zeitschr. physiol. Chemie 1887. **11.** 472.
E. Suhr, Arch. Hyg. 1891. **14.** 305.

 b) Ueberführung des Glycerins in Triacetin.

R. Benedikt und M. Cantor, Monatshefte f. Chemie 1888. **9.** 251.
F. Filsinger, P. Spindler und E. Fickert, Zeitschr. angew. Chemie 1889. 3.
J. Lewkowitsch, Chem.-Ztg. 1889. **13.** 93, 191 und 659.
F. Filsinger, Ebd. 1889. **13.** 126; 1890. **14.** 197.
O. Hehner, Journ. Soc. Chem. Ind. 1889. **8.** 4; Zeitschr. analyt. Chemie 1889. **28.** 359.

4. Abscheidung des Glycerins durch Destillation im luftverdünnten Raume bezw. mit gespanntem Wasserdampf.

Graf H. von Törring, Landwirthschaftl. Versuchsstationen 1889. **36.** 29; Zeitschr. angew. Chemie 1889. 362.
V. Oliveri und M. Spica, Zeitschr. Nahrungsm.-Unters. u. Hyg. 1891. **5.** 141.
S. Salvatori, Le Stazioni speriment. agr. ital. 1891. **24.** 140.
E. Suhr, Arch. Hyg. 1891. **14.** 305.
Fr. Schaumann, Zeitschr. f. Naturwissensch. 1891. **64.** 270.
G. Baumert, Arch. Pharm. 1893. **231.** 324.
A. Partheil, Ebd. 1895. **233.** 391.

5. Bestimmung des Glycerins im Rohglycerin nach anderen Verfahren.

 a) Aus dem Brechungsexponenten: J. Skalweit, Repert. analyt. Chemie 1886. **6.** 183.

b) Aus dem Lösungsvermögen für Kupferoxydhydrat: R. Kayser, Repert. analyt. Chemie 1882. **2.** 353; L. Minneci, Rivista di viticolt. ed enol. ital. 1884. 318.
c) Durch Ueberführung in Nitroglycerin: F. Dickmann, Zeitschr. analyt. Chemie 1890. **29.** 469.
d) Auf jodometrischem Wege: J. A. Wanklyn und W. Johnstone, Chem. News 1891. **63.** 251.
e) Durch Ueberführung in Glycerinphosphorsäure: Boulez, Monit. scientif. [5]. 1892. **6.** 561.
f) Andere Verfahren: J. Laborde, Journ. pharm. chim. [6]. 1895. **1.** 568; G. Mancuso-Lima und G. Sgarlata, Staz. speriment. agr. ital. 1895. **28.** 236.

10. Bestimmung des Zuckers.

Die Bestimmung des Zuckers geschieht gewichtsanalytisch mit Fehling'scher Lösung.

Herstellung der erforderlichen Lösungen.

1. Kupfersulfatlösung. 69,278 g krystallisirtes Kupfersulfat werden mit Wasser zu 1 Liter gelöst.

2. Alkalische Seignettesalzlösung. 346 g Seignettesalz (Kaliumnatriumtartrat) und 103,2 g Natriumhydrat werden mit Wasser zu 1 Liter gelöst und die Lösung durch Asbest filtrirt.

Die beiden Lösungen sind getrennt aufzubewahren.

Vorbereitung des Weines zur Zuckerbestimmung.

Zunächst wird der annähernde Zuckergehalt des zu untersuchenden Weines ermittelt, indem man von dem Extraktgehalte desselben die Zahl 2 abzieht. Weine, die hiernach höchstens 1 g Zucker in 100 ccm enthalten, können unverdünnt zur Zuckerbestimmung verwendet werden; Weine, die mehr als 1 g Zucker in 100 ccm enthalten, müssen dagegen so weit verdünnt werden, dass die verdünnte Flüssigkeit höchstens 1 g Zucker in 100 ccm enthält. Die für den annähernden Zuckergehalt gefundene Zahl (Extrakt weniger 2) giebt an, auf das wievielfache Maass man den Wein verdünnen muss, damit die Lösung nicht mehr als 1 Prozent Zucker enthält. Zur Vereinfachung der Abmessung und Umrechnung rundet man die Zahl (Extrakt weniger 2) nach oben zu auf eine ganze Zahl ab. Die für die Verdünnung anzuwendende Menge Wein ist so auszuwählen, dass die Menge der verdünnten Lösung mindestens 100 ccm beträgt. Enthält beispielsweise ein Wein 4,77 g Extrakt in 100 ccm, dann ist der Wein zur Zuckerbestimmung auf das $4,77 - 2 = 2,77$fache oder abgerundet auf das dreifache Maass mit Wasser zu verdünnen. Man lässt in diesem Falle aus einer Bürette 33,3 ccm Wein von 15⁰ C. in ein 100 ccm-Kölbchen fliessen und füllt den Wein mit destillirtem Wasser bis zur Marke auf.

Ausführung der Bestimmung des Zuckers im Weine.

100 ccm Wein oder, bei einem Zuckergehalte von mehr als 1 Prozent, 100 ccm eines in der vorher beschriebenen Weise verdünnten Weines werden in einem Messkölbchen abgemessen, in eine Porzellanschale gebracht, mit Alkalilauge neutralisirt und im Wasserbade auf etwa 25 ccm eingedampft. Behufs Entfernung von Gerbstoff und Farbstoff fügt man zu dem entgeisteten Weinrückstande, sofern es sich um Rothweine oder erhebliche Mengen Gerbstoff enthaltende Weissweine handelt, 5 bis 10 g gereinigte Thierkohle, rührt das Gemisch unter Erwärmen auf dem Wasserbade mit einem Glasstabe gut um und filtrirt die Flüssigkeit in das 100 ccm-Kölbchen zurück. Die Thierkohle wäscht man so lange mit heissem Wasser sorgfältig aus, bis das Filtrat nach dem Erkalten nahezu 100 ccm beträgt. Man versetzt dasselbe sodann mit 3 Tropfen einer gesättigten Lösung von Natriumkarbonat, schüttelt um und füllt die Mischung bei 15⁰ C. auf 100 ccm auf. Entsteht durch den Zusatz von Natriumkarbonat eine Trübung, so lässt man die Mischung 2 Stunden stehen und filtrirt sie dann. Das Filtrat dient zur Bestimmung des Zuckers.

An Stelle der Thierkohle kann zur Entfernung von Gerbstoff und Farbstoff aus dem Weine auch Bleiessig benutzt werden. In diesem Falle verfährt man, wie folgt: 160 ccm Wein werden in der vorher beschriebenen Weise neutralisirt und entgeistet und der entgeistete Weinrückstand bei 15⁰ C. mit Wasser auf das ursprüngliche Maass wieder aufgefüllt. Hierzu setzt man 16 ccm Bleiessig, schüttelt um und filtrirt. Zu 88 ccm des Filtrates fügt man 8 ccm einer gesättigten Natriumkarbonatlösung oder einer bei 20⁰ C. gesättigten Lösung von Natriumsulfat, schüttelt um und filtrirt aufs Neue. Das letzte Filtrat dient zur Bestimmung des Zuckers. Durch die Zusätze von Bleiessig und Natriumkarbonat oder Natriumsulfat ist das Volumen des Weines um $1/5$ vermehrt worden, was bei der Berechnung des Zuckergehaltes zu berücksichtigen ist.

a) Bestimmung des Invertzuckers.

In einer vollkommen glatten Porzellanschale werden 25 ccm Kupfersulfatlösung, 25 ccm Seignettesalzlösung und 25 ccm

Wasser gemischt und auf einem Drahtnetze zum Sieden erhitzt. In die siedende Mischung lässt man aus einer Pipette 25 ccm des in der beschriebenen Weise vorbereiteten Weines fliessen und kocht nach dem Wiederbeginne des lebhaften Aufwallens noch genau 2 Minuten. Man filtrirt das ausgeschiedene Kupferoxydul unter Anwendung einer Saugepumpe sofort durch ein gewogenes Asbestfilterröhrchen und wäscht letzteres mit heissem Wasser und zuletzt mit Alkohol und Aether aus. Nachdem das Röhrchen mit dem Kupferoxydulniederschlage bei 100° C. getrocknet ist, erhitzt man letzteren stark bei Luftzutritt, verbindet das Röhrchen alsdann mit einem Wasserstoff-Entwickelungsapparate, leitet trocknen und reinen Wasserstoff hindurch und erhitzt das zuvor gebildete Kupferoxyd mit einer kleinen Flamme, bis dasselbe vollkommen zu metallischem Kupfer reduzirt ist. Dann lässt man das Kupfer im Wasserstoffstrome erkalten und wägt. Die dem gewogenen Kupfer entsprechende Menge Invertzucker entnimmt man der als Anlage beigegebenen Tafel III. (Die Reinigung des Asbestfilterröhrchens geschieht durch Auflösen des Kupfers in heisser Salpetersäure, Auswaschen mit Wasser, Alkohol und Aether, Trocknen und Erhitzen im Wasserstoffstrome.)

b) **Bestimmung des Rohrzuckers.**

Man misst 50 ccm des in der vorher beschriebenen Weise erhaltenen entgeisteten, alkalisch gemachten, gegebenenfalls von Gerbstoff und Farbstoff befreiten und verdünnten Weines mittelst einer Pipette in ein Kölbchen von etwa 100 ccm Inhalt, neutralisirt genau mit Salzsäure, fügt sodann 5 ccm einer 1prozentigen Salzsäure hinzu und erhitzt die Mischung eine halbe Stunde im siedenden Wasserbade. Dann neutralisirt man die Flüssigkeit genau, dampft sie im Wasserbade etwas ein, macht sie mit einer Lösung von Natriumkarbonat schwach alkalisch und filtrirt sie durch ein kleines Filter in ein 50 ccm-Kölbchen, das man durch Nachwaschen bis zur Marke füllt. In 25 ccm der zuletzterhaltenen Lösung wird, wie unter Nr. 10a) angegeben, der Invertzuckergehalt bestimmt.

Berechnung. Man rechnet die nach der Inversion mit Salzsäure erhaltene Kupfermenge auf Gramme Invertzucker in 100 ccm Wein um. Bezeichnet man mit

    a die Gramme Invertzucker in 100 ccm Wein, welche
       vor der Inversion mit Salzsäure gefunden wurden,
    b die Gramme Invertzucker in 100 ccm Wein, welche
       nach der Inversion mit Salzsäure gefunden wurden,
so sind enthalten:

Bestimmung des Zuckers. 85

$x = 0{,}95\,(b-a)$ Gramm Rohrzucker in 100 ccm Wein.

Anmerkung. Es ist stets anzugeben, ob die Entfernung des Gerbstoffes und des Farbstoffes durch Kohle oder durch Bleiessig stattgefunden hat.

In den reifen Weintrauben und im Moste findet sich, abgesehen von kleinen Mengen Inosit, von Zuckerarten nur der sogenannte Invertzucker, ein Gemisch von Dextrose (Traubenzucker) und Lävulose (Fruchtzucker). In ausgegohrenen Weinen sind nur kleine Mengen von alkalische Kupferlösung reduzirendem Zucker (Invertzucker) enthalten. Durch künstlichen Zusatz können in den Wein noch zwei andere Zuckerarten gelangen: der Rohr- oder Rübenzucker (Saccharose) und der aus Stärke künstlich hergestellte Traubenzucker (Dextrose). Der Traubenzucker ist entweder technisch rein oder unrein; der unreine, schwer vergährbare, dextrinartige Stoffe enthaltende Traubenzucker wird unreiner Stärkezucker genannt. Die genannten Zuckerarten unterscheiden sich von einander durch ihr Verhalten gegen alkalische Kupferlösung: der Invertzucker und Traubenzucker reduziren diese beim Kochen zu Kupferoxydul, der Rohrzucker wirkt nicht auf sie ein. Hierauf beruht das in der Anweisung vorgeschriebene Verfahren zur Bestimmung des Invertzuckers und des Rohrzuckers. Man kocht den entsprechend vorbereiteten Wein mit Fehlingscher Lösung und bestimmt das dabei abgeschiedene Kupferoxydul; das Gewicht desselben steht in bestimmter Beziehung zu dem Invertzuckergehalte des Weines. Hierauf führt man den etwa vorhandenen Rohrzucker durch Erhitzen mit Salzsäure in Invertzucker über und bestimmt nun den Gesammt-Invertzucker; aus diesen Daten lässt sich der Rohrzuckergehalt des Weines berechnen.

Herstellung der erforderlichen Lösungen.

1. **Kupfersulfatlösung.** Die zu verwendenden Kupfersulfatkrystalle müssen frei von anhaftendem Wasser sein und dürfen kein Krystallwasser durch Verwittern verloren haben. Man erhält im Handel ein reines, kleinkrystallinisches Kupfersulfat, das zur Herstellung der Lösung ohne Weiteres geeignet ist. Will man das Salz selbst reinigen, so verfährt man folgendermassen. Man bereitet sich eine heisse, gesättigte Lösung des Salzes, filtrirt sie und lässt sie unter stetem Umrühren abkühlen. Die dabei entstehende feine Krystallausscheidung presst man zwischen Filtrirpapier, bis dieses kein Wasser mehr aufnimmt, zerdrückt den Krystallkuchen, breitet das Krystallmehl in dünner Schicht auf einer Glasplatte aus und lässt es 24 Stunden an einem trockenen Orte liegen. Von dem gereinigten Kupfersulfat wiegt man 69,278 g in einem Becherglase ab, löst die Krystalle in heissem, destillirtem Wasser, giesst die Lösung in einen Literkolben, spült das Becherglas mit Wasser aus, kühlt die Lösung auf 15° C. ab und füllt sie mit Wasser bis zur Marke auf. Wenn die Lösung nicht vollkommen klar ist, muss sie filtrirt werden.

2. **Alkalische Seignettesalzlösung.** Man löst das Seignettesalz und das Natriumhydrat gesondert unter Anwendung von Bechergläsern, das erstere unter Erwärmen, in wenig Wasser auf, giesst die Lösungen in einen Literkolben, spült die Bechergläser mit Wasser nach, kühlt die Mischung auf 15° C. ab und füllt sie mit Wasser bis zur Marke auf. Da die Lösung meist trübe ist, filtrirt man sie unter Anwendung einer Saugpumpe durch eine Asbestschicht. Die Lösungen sind getrennt aufzubewahren, da sie sich anderenfalls so zersetzen, dass schon beim Kochen der Mischung allein Kupferoxydul abgeschieden wird; bei längerem Stehen der Mischung entsteht schon bei gewöhnlicher Temperatur ein Niederschlag von Kupferoxydul.

Vorbereitung des Weines zur Zuckerbestimmung.

Bei Verwendung von 25 ccm der vorgeschriebenen Kupfersulfatlösung darf der Wein nur eine bestimmte Menge Zucker enthalten, nämlich höchstens gerade so viel, als nothwendig ist, um den ganzen Kupfergehalt der Kupfersulfatlösung in der Form von Kupferoxydul abzuscheiden. In 25 ccm der Kupfersulfatlösung sind 1,73197 g krystallisirtes Kupfersulfat ($CuSO_4 + 5H_2O$) gelöst, welche 0,4382 g metallisches Kupfer enthalten. Der gesammte Kupfergehalt der 25 ccm Kupfersulfatlösung wird, wie man aus der Tafel III (S. 344) durch eine kleine Extrapolation findet, durch 0,252 g Invertzucker in der Form von Kupferoxydul abgeschieden. Da man 25 ccm der Zuckerlösung für die gewichtsanalytische Bestimmung anzuwenden hat, dürfen diese 25 ccm nicht mehr als 0,252 g Zucker enthalten, denn durch diese wird das gesammte Kupfer der Lösung ausgefällt; 100 ccm der Zuckerlösung dürfen daher höchstens 1,008 g Zucker enthalten.

Enthält ein Wein mehr Zucker, so muss er bis zu dem genannten Gehalte verdünnt werden. Man muss daher vor der Ausführung der Zuckerbestimmung den ungefähren Zuckergehalt des Weines kennen. Einen Anhaltspunkt hierfür bietet der Extraktgehalt des Weines; man kann annehmen, dass der mittlere zuckerfreie Extrakt der Weine ungefähr gleich 2 g in 100 ccm ist. Weine mit höchstens 2 g Extrakt in 100 ccm können unverdünnt zur Zuckerbestimmung verwendet werden. Zieht man bei Weinen mit mehr als 2 g Extrakt von der Extraktzahl die Zahl 2 ab, so erhält man eine Zahl, die ein annäherndes Bild von dem Zuckergehalte der Weine giebt. Dieselbe kann von dem wahren Zuckergehalte erheblich abweichen; sie ist aber so gewählt, dass man nach der Ausführung der Verdünnung nur höchst selten eine Flüssigkeit mit mehr als 1 g Zucker in 100 ccm erhält. Die Ausführung der Verdünnung ist in der Anweisung genau beschrieben. Bei Weinen mit mehr als 1 g Zucker in 100 ccm wird die verdünnte Flüssigkeit zur Zuckerbestimmung benutzt.

Ausführung der Bestimmung des Zuckers im Weine.

Neben dem Invertzucker sind noch andere Stoffe im Weine enthalten, welche Fehling'sche Lösung unter Ausscheidung von Kupferoxydul reduziren. Zu diesen gehören hauptsächlich der Gerbstoff und der Farbstoff des Rothweines; 1 Theil Gerbstoff (Tannin) scheidet aus alkalischen Kupferlösungen etwa so viel Kupferoxydul ab wie 0,9 Theile Invertzucker[1]). Der Gerbstoff muss daher vor der Zuckerbestimmung entfernt werden. Da die Rothweine mit den Traubenkernen und den Beerenhülsen vergähren, sind sie stets verhältnissmässig reich an Gerbstoff; die Entfernung desselben ist daher bei Rothweinen in allen Fällen nothwendig. Es giebt aber auch Weissweine, welche durch längere Zeit andauernde Berührung mit den Kämmen, Kernen und Beerenhülsen vor dem Keltern nicht unerhebliche Mengen Gerbstoff aufgenommen haben können (namentlich Südweine). Ob dies der Fall ist, kann durch die Ausführung der unter Nr. 20 (S. 147) beschriebenen Schätzung des Gerbstoffgehaltes festgestellt werden. Weissweine mit erheblichem Gerbstoffgehalte müssen ebenfalls vom Gerbstoff befreit werden. Zur Beseitigung des Gerbstoffes kann man sich zweier Verfahren bedienen.

α) **Entfernung des Gerb- und Farbstoffes mit Thierkohle.** Die Thierkohle vermag durch Oberflächenanziehung den Gerb- und Farbstoff an sich zu ziehen und so festzuhalten, dass man ihr diese Stoffe auch durch Auswaschen mit heissem Wasser nicht mehr entziehen kann. Die Thierkohle nimmt gleichzeitig auch Zucker auf, der aber durch sorgfältiges Auswaschen wieder ausgelaugt werden kann. Um das Volumen der Flüssigkeit durch das nothwendige Auswaschen der Thierkohle nicht zu vermehren und weil der Alkohol die Aufnahme des Gerb- und Farbstoffes durch die Thierkohle erschwert, dampft man den Wein im Wasserbade auf etwa 25 ccm ein. Enthält der Wein Rohrzucker, so würde dieser bei dem Erhitzen und Eindampfen des stark sauren Weines invertirt werden. Um diese Möglichkeit zu vermeiden, wird der Wein vor dem Eindampfen genau neutralisirt; ein Ueberschuss an Alkali ist zu vermeiden, weil dieser beim Erhitzen zersetzend auf den Invertzucker, insbesondere auf die Lävulose, einwirken würde. Der neutrale Verdampfungsrückstand wird mit 5 bis 10 g gereinigter Thierkohle versetzt und das Gemisch unter Umrühren auf dem Wasserbade erwärmt. Die Wirksamkeit der Thierkohle hängt wesentlich von ihrer Beschaffenheit ab. Zur Reinigung der käuflichen Thierkohle pulvert man sie fein, glüht sie stark und kocht sie wiederholt mit Salzsäure aus; dann wird sie mit Wasser bis zur Entfernung der Salzsäure ausgewaschen. Man bewahrt die gereinigte Thierkohle unter Wasser auf.

Da die Thierkohle auch Zucker an sich zieht, muss man sie nach dem Abfiltriren der Flüssigkeit mit heissem Wasser sehr sorgfältig auswaschen. Die Thierkohle nimmt um so mehr Zucker auf, je konzentrirter die Lösung ist; da die hier mit Thierkohle behandelte Flüssigkeit (der ursprüng-

---

[1]) J. H. Vogel, Zeitschr. angew. Chemie 1891. 44.

liche oder verdünnte Wein) höchstens 1 g Zucker in 100 ccm enthalten kann, ist der Zucker mit Sicherheit vollkommen ausgelaugt, wenn das Filtrat einschliesslich des Waschwassers nahezu 100 ccm beträgt.

Vor dem Auffüllen des Filtrates auf das ursprüngliche Volumen (100 ccm) ist ein Zusatz von 3 Tropfen einer gesättigten Natriumkarbonatlösung vorgeschrieben. Damit wird ein besonderer Zweck verfolgt. Beim Versetzen der neutralen Flüssigkeit mit der stark alkalischen Fehling'schen Lösung entsteht häufig ein geringer Niederschlag, der grösstentheils aus Phosphaten besteht. Beim nachherigen Filtriren würde dieser Niederschlag auf dem Asbestfilter zurückbleiben und das Gewicht des Kupferoxyduls bezw. des metallischen Kupfers vermehren, so dass man zuviel Zucker finden würde. Durch den Zusatz von Natriumkarbonat wird dieser Fehler vermieden; entsteht dabei ein Niederschlag, so lässt man ihn durch zweistündiges Stehen sich absetzen, filtrirt die Flüssigkeit und benutzt das Filtrat zur Zuckerbestimmung.

β) Entfernung des Gerb- und Farbstoffes mit Bleiessig. Der Bleiessig (basisch essigsaures Blei) giebt mit dem Gerb- und Farbstoffe des Weines unlösliche Bleisalze. Versetzt man daher einen Wein mit Bleiessig, so entsteht ein dicker, voluminöser Niederschlag. Das vollständige Auswaschen dieses Niederschlages ist sehr schwierig, wenn nicht unmöglich. Man begnügt sich daher damit, einen „aliquoten" Theil des Filtrates zu gewinnen und weiter zu verarbeiten. Oft läuft die Flüssigkeit zuerst trübe durch das Filter; in diesem Falle giesst man die ersten Antheile des Filtrates zurück. Das Filtrat enthält noch überschüssigen Bleiessig in Lösung; man versetzt es daher mit einer gesättigten Lösung von Natriumkarbonat oder Natriumsulfat, wodurch das Blei in der Form von Bleikarbonat oder Bleisulfat ausgefällt wird. Nach der Anweisung werden 160 ccm des gegebenenfalls verdünnten Weines neutralisirt und entgeistet, weil der Alkohol die Fällung des Gerb- und Farbstoffes durch den Bleiessig erschweren würde. Die wieder auf das ursprüngliche Maass (160 ccm) gebrachte Flüssigkeit wird mit 16 ccm (gleich $1/10$ Raumtheil) Bleiessig versetzt und durch ein trockenes Filter filtrirt. 88 ccm Filtrat, entsprechend 80 ccm ursprünglicher Flüssigkeit, werden mit 8 ccm einer gesättigten Lösung von Natriumkarbonat versetzt; dadurch werden die 80 ccm ursprüngliche Flüssigkeit auf 96 ccm gebracht, d. h. es hat eine Volumvermehrung der 80 ccm um 16 ccm oder um $1/5$ stattgefunden, die bei der Berechnung des Zuckergehaltes berücksichtigt werden muss. Man filtrirt wieder durch ein trockenes Filter und benutzt das Filtrat zur Zuckerbestimmung.

a) Bestimmung des Invertzuckers.

Die Grösse der reduzirenden Wirkung des Invertzuckers auf Fehlingsche Lösung ist von mehreren Umständen abhängig, insbesondere von der Konzentration der Invertzuckerlösung, der Konzentration der Fehling'schen

Lösung und der Kochdauer des Gemisches. Die Tafel III (S. 344), aus der man den Zuckergehalt zu entnehmen hat, gilt nur für die bestimmte, in der Anweisung vorgeschriebene Arbeitsweise, die man daher ganz genau einhalten muss.

Die Porzellanschale, in der man die Invertzuckerbestimmung ausführt, muss vollkommen glatt und frei von rauhen Stellen sein, an denen sich sonst das abgeschiedene Kupferoxydul fest ansetzt, so dass es nur schwierig aus der Schale entfernt werden kann. Nach neueren Versuchen von J. Kjeldahl[1]) wäre es besser, die Zuckerbestimmung in Bechergläsern oder Erlenmeyer'schen Kölbchen auszuführen, wie dies auch thatsächlich vielfach üblich ist. In die Porzellanschale bringt man mittelst Pipetten je 25 ccm Kupfersulfatlösung, Seignettesalzlösung und destillirtes Wasser, rührt die Flüssigkeiten mit einem Glasstabe um, bis eine gleichmässige blaue Lösung entstanden ist, nimmt den Glasstab heraus und erhitzt die Mischung auf dem Drahtnetze zum Sieden; dann lässt man 25 ccm der vorbereiteten Flüssigkeit zufliessen. Durch Regelung der Flamme ist Sorge zu tragen, dass die Flüssigkeit nicht spritzt. Die Kochdauer von 2 Minuten ist genau einzuhalten; bei Gegenwart von Invertzucker entsteht beim Kochen der Flüssigkeitsmischung ein rother, schlammiger Niederschlag von Kupferoxydul. Nach Beendigung des Kochens wird die heisse Flüssigkeit sofort durch ein Asbestfilterröhrchen filtrirt; bei längerem Stehen des abgeschiedenen Kupferoxyduls mit der überschüssigen, stark alkalischen Kupferlösung löst es sich zum Theil wieder auf. Die über dem rothen Kupferoxydulniederschlage stehende Flüssigkeit muss noch blau sein, d. h. sie muss noch Kupfer gelöst enthalten. Sollte sie, ein Fall, der nur äusserst selten eintreten wird, gelb gefärbt sein, so reichten die 50 ccm Fehling'sche Lösung für den Zuckergehalt des Weines nicht aus; in diesem Falle ist der Versuch als missglückt zu betrachten und der Wein noch weiter mit Wasser zu verdünnen.

Von Wichtigkeit für die Genauigkeit und leichte Ausführbarkeit der gewichtsanalytischen Zuckerbestimmung ist ein geeignetes, den Anforderungen entsprechendes Asbestfilterröhrchen, mit Hülfe dessen das Kupferoxydul von der Flüssigkeit getrennt wird. Eines gewöhnlichen Papierfilters kann man sich zu diesem Zwecke nicht bedienen, weil der Kupferoxydulniederschlag meist so fein ist, dass kleine Mengen desselben durch das Filtrirpapier gehen, und weil das Filtrirpapier aus der Kupferlösung einen Theil des Kupfersalzes aufnimmt und so festhält, dass es mit Wasser nicht ausgewaschen werden kann. Das Asbestfilterröhrchen (s. Figur 12, S. 103) wird in folgender Weise hergestellt. Eine Verbrennungsröhre von etwa 14 mm lichter Weite wird etwa 7 bis 8 cm von einem Ende entfernt auf $1/3$ ihrer Stärke gleichmässig ausgezogen. Dann

---

[1]) Meddelelser fra Carlsberg Laboratoriet 1895. 4.

schneidet man die Röhre an der ausgezogenen Stelle so ab, dass der enge Theil des abgeschnittenen Endes 2 bis 3 cm beträgt; die Ränder des Röhrchens werden rund geschmolzen. Als Filtrirmasse benutzt man am besten weichen, langfaserigen Asbest, den man vorher reinigt. Man glüht ihn in einem Platintiegel, kocht ihn mehrmals mit starker Kalilauge, dann mit Wasser, hierauf mehrmals mit starker Salpetersäure aus und wäscht ihn zuletzt mit heissem Wasser bis zum Verschwinden der sauren Reaktion des Waschwassers. Nun bringt man in das Röhrchen einen kleinen Kegel aus Platinblech (sogenannten Platinkonus) und auf diesen eine dicke Lage des gereinigten Asbestes. Der Asbest wird mit einem unten plattgedrückten Glasstabe ziemlich fest zusammengedrückt; die Dicke der Asbestfilterschicht kann etwa $1/5$ bis $1/4$ des weiten Theiles des Röhrchens ausmachen. Von der Einfügung eines Pfropfens aus Glaswolle an Stelle des Platinkegels, die mitunter empfohlen wird, sieht man besser ab, da die Glaswolle durch die stark alkalische Fehling'sche Lösung nicht unerheblich angegriffen wird; erhitzt man ferner die Glaswolle bei dem zur Reduktion des Kupferoxyduls erforderlichen Durchleiten von Wasserstoff durch das Filterröhrchen, so wird die Glaswolle in Folge der Reduktion des darin enthaltenen Bleioxyds schwarz. Die Glaswolle giebt somit Veranlassung zu nicht unbeträchtlichen Gewichtsveränderungen des Filterröhrchens.

Es kommt sehr viel darauf an, dass der Asbest in dem Filterröhrchen weder zu fest noch zu locker gestopft ist. Ist die Asbestlage zu dicht, so läuft die Flüssigkeit, auch bei Anwendung einer Saugpumpe, sehr langsam durch; die Zuckerbestimmung wird dadurch nicht nur langwierig, sondern auch unsicher, da sich das Kupferoxydul bei längerem Verweilen in der alkalischen Kupferlösung zum Theil wieder auflösen kann. Ist dagegen die Asbestlage zu locker, so wird leicht etwas Kupferoxydul durch die Filtrirschicht hindurchgerissen, wodurch die Zuckerbestimmung fehlerhaft wird. In einem zweckentsprechenden Filterröhrchen soll die Asbestschicht die Flüssigkeit beim Saugen ziemlich schnell durchlaufen lassen, sie soll aber so dicht sein, dass der gesammte Kupferoxydulniederschlag auf der Oberfläche derselben liegen bleibt; sobald das feinvertheilte Kupferoxydul in das Innere der Asbestschicht eindringt, ist die Gefahr vorhanden, dass etwas Kupferoxydul durch die ganze Schicht durchgerissen wird. Prüft man die Filtrirgeschwindigkeit des Filterröhrchens mit Wasser, so darf man nicht vergessen, dass bei der Zuckerbestimmung das auf der Oberfläche der Asbestschicht sich absetzende Kupferoxydul die Filtration bedeutend erschwert. Es ist dringend anzurathen, auf die Herstellung des Asbestfilterröhrchens die grösstmögliche Sorgfalt zu verwenden; leichte und rasche Ausführbarkeit und Genauigkeit der Bestimmung sind dafür ein reichlicher Lohn.

Neuerdings[1]) ist darauf aufmerksam gemacht worden, dass zur Zeit

---

[1]) Vergl. C. Killing, Zeitschr. angew. Chemie 1894. 431.

im Handel nur selten Asbest zu haben sei, der zur Herstellung der Asbestfilterröhrchen geeignet ist; er werde vielmehr ziemlich stark von Fehlingscher Lösung und von Salpetersäure angegriffen. Ein solcher Asbest darf zur Herstellung der Filtrirröhrchen nicht verwendet werden. Auch bei Verwendung von gutem Asbest beobachtet man von Bestimmung zu Bestimmung eine kleine Abnahme des Gewichtes des Asbestfilterröhrchens von 0,3 bis 0,5 mg. Dieser Gewichtsverlust ist aber hauptsächlich der Behandlung mit Salpetersäure zuzuschreiben und daher für die Genauigkeit der Zuckerbestimmung ohne Bedeutung, weil das Filterröhrchen erst nach der Behandlung mit Salpetersäure tarirt wird.

Hat man ein geeignetes Asbestfilterröhrchen hergestellt, so wäscht man es unter Anwendung der Saugpumpe so lange mit heissem Wasser aus, bis keine Asbesttheilchen mehr in das Filtrat übergehen; hierauf wäscht man es mit Alkohol, dann mit Aether, verbindet es einerseits mit einer Saugpumpe, andererseits mit einem Chlorcalciumröhrchen oder einer mit Schwefelsäure beschickten Waschflasche und saugt einen langsamen trockenen Luftstrom durch das Röhrchen, indem man es gleichzeitig, namentlich die Asbestschicht, mit einer Flamme erwärmt. Ist alle Feuchtigkeit entfernt, so lässt man das Röhrchen im Exsikkator erkalten und wägt es dann.

Die Filtration der das Kupferoxydul enthaltenden Kupferlösung durch das gewogene Filterröhrchen wird in folgender Weise ausgeführt (s. Figur 11). Man setzt das Röhrchen mittelst eines durchbohrten Stopfens auf eine Saugflasche, die mit einer Saugpumpe in Verbindung steht. An dem weiten Ende des Röhrchens bringt man mit Hülfe eines durchbohrten Stopfens ein kleines Trichterchen an; statt dessen kann man auch ein Trichterchen so in den Ring eines Filtrirgestelles hängen, dass die Trichterröhre ein wenig in das Filterröhrchen reicht. Hierauf giesst man von der kochend heissen Flüssigkeit so viel durch das Trichterchen in das Filterröhrchen, dass dieses nicht ganz gefüllt ist, und setzt die Saugpumpe in Thätigkeit. Dann giesst man wieder Flüssigkeit auf und trägt dafür Sorge, dass das Filterröhrchen niemals ganz leer wird, da dann bei nicht ganz tadellosem Röhrchen leicht kleine Mengen Kupferoxydul durch die Asbest-

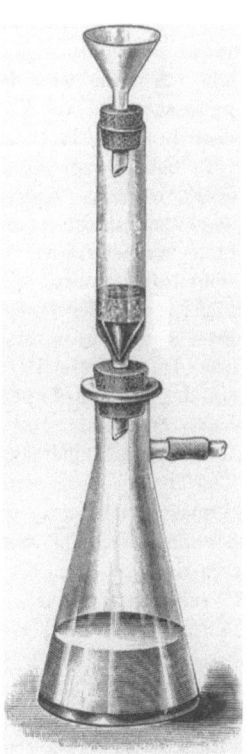

Figur 11.

schicht gerissen werden können (bei wirklich guten Filterröhrchen tritt das nie ein). Die grösste Menge des Kupferoxyduls bleibt am Boden der Schale liegen; doch gelangen kleine Mengen desselben schon mit der Flüssigkeit auf das Filter. Man übergiesst das Kupferoxydul in der Schale mehrmals mit heissem Wasser und giesst dieses unter Zurücklassen des Kupferoxyduls auf das Filter. Schliesslich spült man das Kupferoxydul mit heissem Wasser in das Filterröhrchen; kleine Mengen Kupferoxydul, die an den Wänden der Porzellanschale haften, werden mit einem Glasstabe, über dessen Ende ein Stück glatten Gummischlauches gezogen ist, von der Schale losgerieben und in das Filterröhrchen gespült. Zuletzt wäscht man die Schale mit heissem Wasser aus, bis das gesammte Kupferoxydul auf dem Filter vereinigt ist. Dieses wäscht man nochmals mit heissem Wasser aus, bis das Filtrat nicht mehr alkalisch reagirt; meist reicht hierzu schon das zum Abspülen der Schale verwendete Waschwasser aus. Nachdem man das Röhrchen noch mit Alkohol und Aether ausgewaschen und die Aetherdämpfe abgesaugt hat, trocknet man das Röhrchen in einem Trockenschranke.

Selbst wenn man reine Zuckerlösungen mit Fehling'scher Lösung kocht, reisst das Kupferoxydul stets eine kleine Menge organischer Stoffe (Zersetzungsprodukte des Zuckers) mit nieder[1]. Um diese organischen Stoffe zu beseitigen, erhitzt man den Kupferoxydulniederschlag in dem Röhrchen bei Luftzutritt ziemlich stark; dadurch werden die organischen Stoffe zu Kohlensäure und Wasser oxydirt, gleichzeitig aber auch das rothe Kupferoxydul in schwarzes Kupferoxyd übergeführt.

Da die Tafel III, aus der man den Zuckergehalt zu entnehmen hat, von der Menge des in dem gefällten Kupferoxydul enthaltenen metallischen Kupfers ausgeht, muss man das auf dem Asbestfilter gesammelte, beim Erhitzen des Kupferoxyduls entstandene Kupferoxyd in metallisches Kupfer überführen. Dies geschieht durch Erhitzen des Kupferoxyds in einem Strome reinen und trockenen Wasserstoffes. Um etwa vorhandenen Schwefelwasserstoff oder Arsenwasserstoff aus dem Wasserstoffgase zu entfernen, leitet man das Gas durch eine Silbernitratlösung, hierauf zum Zwecke des Trocknens durch konzentrirte Schwefelsäure. Mittelst Glasröhrchens und durchbohrten Korkstopfens verbindet man das weite Ende des Asbestfilterröhrchens mit dem Wasserstoffentwickelungsapparate bezw. der mit Schwefelsäure beschickten Waschflasche und leitet Wasserstoff durch das Filterröhrchen. Nachdem die Luft aus dem ganzen Apparate verdrängt ist, erhitzt man die Asbestschicht, auf welcher das Kupferoxyd liegt, mit kleiner Flamme; die Flamme braucht das Röhrchen kaum zu berühren. Alsbald beginnt die Reduktion des Kupferoxyds zu Kupfer, welche nach der Gleichung: $CuO + H_2 = Cu + H_2O$ verläuft. Das Kupfer-

---

[1] Vergl. Ed. Nihoul, Chem.-Ztg. 1893. 17. 500; 1894. 18. 881.

oxyd nimmt die hellrothe Farbe des metallischen Kupfers an, während sich in dem engen Theile des Röhrchens Wassertröpfchen ansammeln. Wenn das ganze Kupferoxyd reduzirt ist, was man an der gleichmässigen Kupferfarbe des Niederschlages erkennt, verdampft man unter stetem Durchleiten von Wasserstoff das in dem engen Theile des Röhrchens angesammelte Wasser mit Hülfe einer kleinen Flamme und lässt das Röhrchen in dem Wasserstoffstrome vollständig erkalten, legt es in den Exsikkator und wägt es. Durchleiten von Luft durch das erkaltete Röhrchen, um den darin enthaltenen leichten Wasserstoff durch Luft zu verdrängen, ist nicht nöthig, da der Wasserstoff ohnedies vollständig aus dem Röhrchen diffundirt ist, ehe man zum Wägen kommt. Die dem gewogenen Kupfer entsprechende Menge Invertzucker wird aus der Tafel III (S. 344) entnommen. Der ermittelte Zuckergehalt bezieht sich auf 25 ccm der zur Untersuchung gelangten Flüssigkeit; der Zuckergehalt des Weines ist dann unter Berücksichtigung der stattgehabten Verdünnung zu berechnen.

Vor Ausführung einer zweiten Bestimmung muss das Asbestfilterröhrchen von dem darin gesammelten metallischen Kupfer befreit werden. Zu dem Zwecke erhitzt man in einem Probirröhrchen 2 bis 3 ccm konzentrirte Salpetersäure zum Kochen und giesst die heisse Säure auf das metallische Kupfer; dasselbe löst sich sehr rasch. Hierauf wäscht man das Röhrchen mit Wasser, Alkohol und Aether aus, trocknet es, erhitzt es, ganz wie bei der Zuckerbestimmung, im Wasserstoffstrome, lässt es darin erkalten und wägt es.

b) Bestimmung des Rohrzuckers.

Der Rohrzucker wirkt auf alkalische Kupferlösungen nicht reduzirend ein; kocht man verdünnte Rohrzuckerlösungen mit Fehling'scher Lösung in der Weise, wie es bei der Bestimmung des Invertzuckers vorgeschrieben ist, so findet eine Ausscheidung von Kupferoxydul nicht statt. Erhitzt man aber Rohrzucker in verdünnter Lösung mit Säuren, so wird er unter Aufnahme von Wasser in Invertzucker, ein Gemisch von Dextrose und Lävulose, übergeführt:

$$C_{12}H_{22}O_{11} + H_2O = \underbrace{C_6H_{12}O_6}_{\text{Dextrose}} + \underbrace{C_6H_{12}O_6}_{\text{Lävulose}}.$$

Der Invertzucker reduzirt Fehling'sche Lösung; hierauf beruht das in der Anweisung vorgeschriebene Verfahren zur Bestimmung des Rohrzuckers.

Man benutzt zur Rohrzuckerbestimmung den entgeisteten, alkalisch gemachten, gegebenenfalls verdünnten und von Gerbstoff und Farbstoff befreiten Wein, der auch zur Bestimmung des Invertzuckers gedient hat. Zum Invertiren des Rohrzuckers genügt es, die Flüssigkeit in der vorgeschriebenen Weise mit Salzsäure zu versetzen und eine halbe Stunde im siedenden Wasserbade zu erhitzen; ein grosser Ueberschuss von Säure ist zu vermeiden, da diese sonst zersetzend auf die Lävulose wirken würde. Um auch hier die beim Alkalischmachen der Flüssigkeit mitunter ausfallenden Stoffe (Phosphate u. s. w.) zu beseitigen, macht man sie mit Natriumkarbonat schwach alkalisch und filtrirt sie dann ab. Da durch das Auswaschen des Kölbchens und des Filters das Volumen der Flüssigkeit vermehrt wird, muss man sie vor dem Zusatze von Natriumkarbonat eindampfen; dies kann in dem Kölbchen selbst geschehen, wenn man daraus die beim Erhitzen gebildeten Wasserdämpfe aussaugt (allzu langes Erhitzen muss vermieden werden, da die Lävulose sonst leicht zersetzt wird). Im Übrigen wird der Invertzuckergehalt der Flüssigkeit nach der Inversion in derselben Weise bestimmt, wie es unter Nr. 10a) beschrieben wurde.

Bei der Berechnung des Rohrzuckers ist zu berücksichtigen, dass der Wein schon von vornherein Invertzucker enthält. Beim Erhitzen mit Salzsäure wird der Rohrzucker in Invertzucker verwandelt, während der ursprünglich vorhandene Invertzucker unverändert bleibt; nach der Inversion enthält daher die Flüssigkeit 1. den ursprünglich vorhandenen Invertzucker, 2. den aus dem Rohrzucker durch Inversion entstandenen Invertzucker. Bei der Bestimmung nach Nr. 10b) wird die Summe dieser Invertzuckermengen gefunden. Um den dem Rohrzuckergehalte entsprechenden Invertzucker zu finden, muss man daher von dem nach Nr. 10b) bestimmten gesammten Invertzuckergehalte der invertirten Flüssigkeit den nach Nr. 10a) bestimmten ursprünglichen Invertzuckergehalt der Flüssigkeit abziehen. Den so gefundenen, dem Rohrzucker entsprechenden Invertzucker muss man dann auf Rohrzucker umrechnen. Nach der vorher angegebenen Reaktionsgleichung geben 342 g Rohrzucker beim Invertiren 360 g Invertzucker; 360 g Invertzucker entsprechen somit 342 g Rohrzucker und 1 g Invertzucker $\frac{342}{360} = 0{,}95$ g Rohrzucker. Um aus dem durch Inversion des Rohrzuckers entstandenen Invertzucker die entsprechende Menge Rohrzucker zu erhalten, hat man daher das Gewicht des Invertzuckers mit 0,95 zu multipliziren. Die so gefundene Rohrzuckermenge ist dann unter Berücksichtigung der Verdünnung auf 100 ccm des ursprünglichen Weines umzurechnen.

Bezüglich der Tafel III (S. 344), welche zur Ermittelung des Zuckergehaltes aus dem gewogenen metallischen Kupfer dient, ist zu bemerken, dass dieselbe eigentlich aus zwei Theilen besteht; der erste Theil reicht bis zu 0,089 g Kupfer, der zweite Theil von 0,090 g Kupfer bis zu Ende. Die Veranlassung hierzu liegt in dem Umstande, dass die Tafel zur Ermittelung des Invertzuckers aus dem nach dem gewichtsanalytischen Verfahren erhaltenen metallischen Kupfer erst mit 0,090 g Kupfer entsprechend 0,0469 g Invertzucker beginnt; für geringere Invertzuckergehalte sind Versuche nicht angestellt worden. Dagegen sind die entsprechenden Versuche mit Traubenzuckerlösungen bis zu viel geringerem Prozentgehalte ausgedehnt worden; die Tafel für Traubenzucker beginnt schon mit 0,010 g Kupfer entsprechend 0,0061 g Traubenzucker. Da nun die Tafel für den Traubenzucker bei den verdünnten Lösungen nur wenig von der Tafel für den Invertzucker abweicht, ist für die Kupferzahlen von 0,010 bis 0,089 g die Traubenzuckertafel zur Ergänzung der Tafel III aufgenommen worden.

Der hierdurch verursachte Fehler ist sehr gering. Er ist am grössten bei der Kupferzahl 0,089 g; er beträgt hier —0,001 g Invertzucker für 25 ccm Wein oder —0,004 g Invertzucker für 100 ccm Wein. Für kleinere Kupferzahlen ist er noch geringer; für 0,070 g Kupfer ist der Fehler gleich etwa — 0,003 g, für 0,050 g Kupfer gleich etwa — 0,002 g und für 0,030 g Kupfer gleich etwa — 0,001 g Invertzucker auf 100 ccm Wein. Man hätte die Invertzuckertafel auch wohl durch Extrapolation unter Benutzung der Traubenzuckertafel bis herab zu 0,010 g Kupfer erweitern können; diese Interpolation wäre aber nur wenig sicherer gewesen als die einfache Uebernahme des entsprechenden Theiles der Traubenzuckertafel.

Früher empfand man den Mangel einer bis zu grösserer Verdünnung herabgehenden Invertzuckertafel nicht, weil man sich in der Weinanalyse ganz allgemein zur Ermittelung des reduzirenden Zuckers der Traubenzuckertafel bediente, welche bis zu 0,010 g Kupfer hinabreicht. Dieses Verfahren muss indessen als unzulässig bezeichnet werden, da der natürliche Wein nicht Traubenzucker, sondern Invertzucker enthält, sofern überhaupt noch unvergohrener Zucker vorhanden ist. Da bei der Gährung der Traubenzucker zuerst zerlegt wird, besteht der nicht vergohrene Zucker vorwiegend aus Lävulose. Bei der Anwendung der Traubenzuckertafel an Stelle der Invertzuckertafel werden bei grösserem Zuckergehalte des Weines die Fehler recht beträchtlich, wie die folgende Zusammenstellung zeigt.

Gewogene Menge metallischen Kupfers	Entsprechende Menge Traubenzucker in 100 ccm Wein	Entsprechende Menge Invertzucker in 100 ccm Wein	Unterschied = Fehler Invertzucker — Traubenzucker
g	g	g	g
0,100	0,2036	0,2084	0,0048
0,150	0,3060	0,3156	0,0096
0,200	0,4104	0,4252	0,0148
0,250	0,5168	0,5384	0,0216
0,300	0,6260	0,6552	0,0292
0,350	0,7372	0,7752	0,0380
0,400	0,8516	0,8996	0,0480
0,430	0,9216	0,9852	0,0636

Bei gewöhnlichen, ausgegohrenen Weinen, die selten mehr als 0,1 g Zucker in 100 ccm enthalten, ist der durch die Anwendung der Traubenzuckertafel verursachte Fehler ohne Bedeutung.

Beispiele für die Berechnung des Invertzuckers und des Rohrzuckers.

1. **Gerb- und Farbstoff wurden durch Thierkohle entfernt.** Ein Wein enthielt 6,62 g Extrakt in 100 ccm. Es ist 6,62 — 2 = 4,62; man verdünnte den Wein daher auf das fünffache Maass mit Wasser, indem man 20 ccm Wein von 15⁰ C. aus einer Pipette in ein 100 ccm-Kölbchen fliessen liess und bei 15⁰ C. bis zur Marke mit Wasser auffüllte. Der verdünnte Wein wurde in der vorgeschriebenen Weise mit Thierkohle behandelt und dann wieder auf das ursprüngliche Maass aufgefüllt. Bei der Zuckerbestimmung wurden durch 25 ccm des verdünnten Weines 0,3462 g metallisches Kupfer aus der Fehling'schen Lösung abgeschieden; nach der Inversion erhielt man mit 25 ccm verdünntem Weine 0,4103 g metallisches Kupfer.

0,3462 g metallischem Kupfer entsprechen nach der Tafel III (S. 346) 0,1915 g Invertzucker. Diese sind in 25 ccm verdünntem Weine enthalten; 100 ccm des verdünnten Weines enthalten somit $4 \cdot 0{,}1915 = 0{,}7660$ g Invertzucker. Da der ursprüngliche Wein auf das fünffache Maass verdünnt wurde, so ist in 100 ccm ursprünglichem Weine fünfmal so viel Invertzucker als in 100 ccm verdünntem Weine, d. h. in 100 ccm des untersuchten Weines sind $5 \cdot 0{,}7660 = 3{,}83$ g Invertzucker enthalten.

Den nach der Inversion erhaltenen 0,4103 g metallischen Kupfers entsprechen nach der Tafel 0,2323 g Invertzucker in 25 ccm verdünntem Weine; 100 ccm des verdünnten Weines enthalten somit nach der Inversion $4 \cdot 0{,}2323 = 0{,}9292$ g Invertzucker und 100 ccm des ursprünglichen Weines nach der Inversion $5 \cdot 0{,}9292 = 4{,}6460$ g Invertzucker. Direkt wurden in 100 ccm Wein 3,830 g Invertzucker gefunden; die Menge des durch Inversion des Rohrzuckers entstandenen Invertzuckers beträgt daher 4,646 — 3,830 = 0,816 g in 100 ccm Wein. Diese 0,816 g Invertzucker sind aus $0{,}816 \cdot 0{,}95 = 0{,}7752$ g Rohrzucker entstanden, d. h. 100 ccm Wein enthalten abgerundet 0,78 g Rohrzucker. In 100 ccm Wein wurden somit gefunden: 3,83 g Invertzucker, 0,78 g Rohrzucker und 6,62 — 3,83 — 0,78 = 2,01 g zuckerfreier Extrakt.

2. **Gerb- und Farbstoff wurden durch Bleiessig entfernt.** Ein Wein enthielt 5,27 g Extrakt in 100 ccm. Es ist 5,27 — 2 = 3,27; man verdünnte den Wein auf das $3^1/_3$ fache Maass, indem man 60 ccm Wein von 15⁰ C. aus einer Bürette in ein 200 ccm-Kölbchen fliessen liess und bei 15⁰ C. bis zur Marke mit Wasser auffüllte. 160 ccm des verdünnten Weines wurden mit 16 ccm Bleiessig versetzt; nach dem Filtriren wurden 88 ccm des Filtrates mit 8 ccm einer gesättigten Lösung von Natriumkarbonat versetzt, die Flüssigkeit abfiltrirt und das Filtrat zur Zuckerbestimmung benutzt. Bei der direkten Zuckerbestimmung erhielt man mit 25 ccm des Filtrates 0,2714 g metallisches Kupfer, nach der Inversion mit der gleichen Menge Filtrat 0,3797 g metallisches Kupfer.

Bestimmung des Zuckers.

Bei der Verwendung von Bleiessig zur Entfernung des Gerb- und Farbstoffes ist die Verdünnung des Weines eine doppelte: einmal durch den Zusatz von Wasser, der erforderlich ist, um den Zuckergehalt des Weines auf höchstens 1 g in 100 ccm Flüssigkeit herabzumindern, und dann durch die Zusätze von Bleiessig und Natriumkarbonat- bezw. Natriumsulfatlösung. Durch diese zur Entfernung des Gerb- und Farbstoffes nothwendigen Zusätze wird das Volumen der Flüssigkeit um $^1/_5$ vermehrt, d. h. aus a ccm Flüssigkeit werden $a + \frac{1}{5} \cdot a = \frac{6}{5} \cdot a$ ccm; nach den Zusätzen entsprechen somit $\frac{6}{5} \cdot a$ ccm verdünnter Flüssigkeit a ccm unverdünnte Flüssigkeit, und 1 ccm verdünnter Flüssigkeit entsprechen $\frac{5}{6}$ ccm unverdünnte Flüssigkeit. Bei der Zuckerbestimmung werden 25 ccm Flüssigkeit angewandt; diesen entsprechen also $\frac{5}{6} \cdot 25 = 20{,}83$ ccm der Flüssigkeit in dem Zustande, wie sie vor den Zusätzen von Bleiessig und Natriumkarbonat war. Bei Anwendung von 25 ccm der durch die Zusätze von Bleiessig und Natriumkarbonat verdünnten Flüssigkeit zur Zuckerbestimmung erhält man mithin genau soviel metallisches Kupfer, als wenn man 20,83 ccm der Flüssigkeit vor den Zusätzen von Bleiessig und Natriumkarbonat angewandt hätte.

In dem vorliegenden Beispiele wurden mit 25 ccm verdünntem Weine nach den Zusätzen von Bleiessig und Natriumkarbonat 0,2714 g metallisches Kupfer erhalten, denen nach der Tafel III (S. 345) 0,1469 g Invertzucker entsprechen. Diese Menge Invertzucker ist in 20,83 ccm des verdünnten, noch nicht mit Bleiessig und Natriumkarbonat behandelten Weines enthalten; in 100 ccm desselben sind daher $\frac{0{,}1469 \cdot 100}{20{,}83} = 0{,}7054$ g Invertzucker. Da der ursprüngliche Wein auf das $3^1/_3$ fache Maass verdünnt wurde, so sind in 100 ccm des ursprünglichen Weines $\frac{10}{3} \cdot 0{,}7054 = 2{,}3513$ g Invertzucker enthalten.

Nach der Inversion wurden mit 25 ccm des verdünnten und mit Bleiessig und Natriumkarbonat behandelten Weines 0,3797 g metallisches Kupfer erhalten, denen nach der Tafel III (S. 346) 0,2122 g Invertzucker entsprechen. In derselben Weise, wie vorher, findet man, dass nach der Inversion in 100 ccm des verdünnten, noch nicht mit Bleiessig und Natriumkarbonat behandelten Weines $\frac{0{,}2122 \cdot 100}{20{,}83} = 1{,}0187$ g Invertzucker enthalten sind. Da der Wein auf das $3^1/_3$ fache Maass verdünnt wurde, so sind nach der Inversion in 100 ccm des ursprünglichen Weines $\frac{10}{3} \cdot 1{,}0187 =$

3,3957 g Invertzucker enthalten. Direkt wurden 2,3513 g Invertzucker in 100 ccm Wein gefunden; es sind daher 3,3957 — 2,3513 = 1,0444 g Invertzucker durch Inversion des Rohrzuckers entstanden. Den 1,0444 g Invertzucker entsprechen 1,0444 . 0,95 = 0,9922 g Rohrzucker, und diese sind in 100 ccm Wein enthalten. Bei der Untersuchung des Weines wurden somit in abgerundeten Zahlen gefunden: 2,35 g Invertzucker, 0,99 g Rohrzucker und 5,27 — 2,35 — 0,99 = 1,93 g zuckerfreier Extrakt.

Allgemeine Formeln zur Berechnung des Invertzuckers und des Rohrzuckers.

In der bei den Beispielen angegebenen Weise kann man einfache allgemeine Formeln zur Berechnung des Invertzuckers und des Rohrzuckers ableiten. Es sei:

n die Zahl, welche angiebt, auf das wievielfache Maass der Wein verdünnt wurde,

a die aus der Tafel III entnommenen Gramme Invertzucker, welche der gewogenen Kupfermenge bei Anwendung von 25 ccm des verdünnten Weines vor der Inversion entsprechen,

b die aus der Tafel III entnommenen Gramme Invertzucker, welche der gewogenen Kupfermenge bei Anwendung von 25 ccm des verdünnten Weines nach der Inversion entsprechen,

x die Gramme Invertzucker in 100 ccm Wein,

y die Gramme Rohrzucker in 100 ccm Wein.

1. Gerb- und Farbstoff wurden mit Thierkohle entfernt. Dann ist:

$x = 4 . a . n$ Gramm Invertzucker in 100 ccm Wein,

$y = 3,8 . n (b — a)$ Gramm Rohrzucker in 100 ccm Wein.

2. Gerb- und Farbstoff wurden mit Bleiessig entfernt. Dann ist:

$x = 4,8 . a . n$ Gramm Invertzucker in 100 ccm Wein,

$y = 4,56 . n (b — a)$ Gramm Rohrzucker in 100 ccm Wein.

Die Zahl der Vorschläge zur Abänderung der Zuckerbestimmung ist sehr gross; man hat z. B. empfohlen, das abgeschiedene Kupferoxydul als solches zu wägen oder es in Kupferoxyd überzuführen und dieses zu wägen. Neben dem gewichtsanalytischen Verfahren wird sehr häufig das maassanalytische Verfahren nach Soxhlet angewandt. Auch andere Lösungen für die Zuckerbestimmung, namentlich abgeänderte Fehlingsche Lösungen und alkalische Kalium-Kupferkarbonatlösungen (Soldainische Lösung, Ost'sche Lösungen) sind vorgeschlagen worden. Für die Zuckerbestimmung im Weine sind diese Verfahren nicht zulässig.

11. Polarisation.

Zur Prüfung des Weines auf sein Verhalten gegen das polarisirte Licht sind nur grosse, genaue Apparate zu verwenden, an denen noch Zehntelgrade abgelesen werden können. Die Ergebnisse der Prüfung sind in Winkelgraden, bezogen auf eine 200 mm lange Schicht des. ursprünglichen Weines, anzugeben. Die Polarisation ist bei 15^0 C. auszuführen.

Ausführung der polarimetrischen Prüfung des Weines.

a) Bei Weissweinen. 60 ccm Weisswein werden mit Alkali neutralisirt, im Wasserbade auf $^1/_3$ eingedampft, auf das ursprüngliche Maass wieder aufgefüllt und mit 3 ccm Bleiessig versetzt; der entstandene Niederschlag wird abfiltrirt. Zu 31,5 ccm des Filtrates setzt man 1,5 ccm einer gesättigten Lösung von Natriumkarbonat oder einer bei 20^0 C. gesättigten Lösung von Natriumsulfat, filtrirt den entstandenen Niederschlag ab und polarisirt das Filtrat. Der von dem Weine eingenommene Raum ist durch die Zusätze um $^1/_{10}$ vermehrt worden, worauf Rücksicht zu nehmen ist.

b) Bei Rothweinen. 60 ccm Rothwein werden mit Alkali neutralisirt, im Wasserbade auf $^1/_3$ eingedampft, filtrirt, auf das ursprüngliche Maass wieder aufgefüllt und mit 6 ccm Bleiessig versetzt. Man filtrirt den Niederschlag ab, setzt zu 33 ccm des Filtrates 3 ccm einer gesättigten Lösung von Natriumkarbonat oder einer bei 20^0 C. gesättigten Lösung von Natriumsulfat, filtrirt den Niederschlag ab und polarisirt das Filtrat. Der von dem Rothweine eingenommene Raum ist durch die Zusätze um $^1/_5$ vermehrt worden.

Gelingt die Entfärbung eines Weines durch Behandlung mit Bleiessig nicht vollständig, so ist sie mittelst Thierkohle auszuführen. Man misst 50 ccm Wein in einem Messkölbchen ab, führt ihn in eine Porzellanschale über, neutralisirt ihn genau mit einer Alkalilösung und verdampft den neutralisirten Wein auf etwa 25 ccm. Zu dem entgeisteten Weinrückstande setzt man 5 bis 10 g gereinigte Thierkohle, rührt unter Erwärmen auf dem Wasserbade mit einem Glasstabe gut um und filtrirt die Flüssigkeit ab. Die Thierkohle wäscht man so lange mit heissem Wasser sorgfältig aus, bis je nach der Menge des in dem Weine enthaltenen Zuckers das Filtrat 75 bis 100 ccm beträgt. Man dampft das Filtrat in einer Porzellanschale auf dem Wasserbade bis zu 30 bis 40 ccm ein, filtrirt den Rückstand in das 50 ccm-Kölbchen zurück, wäscht die Porzellanschale und das Filter mit Wasser aus und füllt das Filtrat bis zur Marke auf. Das Filtrat wird polarisirt; eine

Verdünnung des Weines findet bei dieser Vorbereitung nicht statt.

(Die Bemerkungen zu dem Kapitel: „Polarisation" finden sich am Schlusse des folgenden Kapitels Nr. 12.)

12. Nachweis des unreinen Stärkezuckers durch Polarisation.

a) Hat man bei der Zuckerbestimmung nach Nr. 10 (S. 82) höchstens 0,1 g reduzirenden Zucker in 100 ccm Wein gefunden, und dreht der Wein bei der gemäss Nr. 11 (S. 98) ausgeführten Polarisation nach links oder gar nicht oder höchstens $0,3^0$ nach rechts, so ist dem Weine unreiner Stärkezucker nicht zugesetzt worden.

b) Hat man bei der Zuckerbestimmung nach Nr. 10 (S. 82) höchstens 0,1 g reduzirenden Zucker gefunden, und dreht der Wein mehr als $0,3^0$ bis höchstens $0,6^0$ nach rechts, so ist die Möglichkeit des Vorhandenseins von Dextrin in dem Weine zu berücksichtigen und auf dieses nach Nr. 19 (S. 144) zu prüfen. Ferner ist nach dem folgenden, unter Nr. 12 d) beschriebenen Verfahren die Prüfung auf die unvergohrenen Bestandtheile des unreinen Stärkezuckers vorzunehmen.

c) Hat man bei der Zuckerbestimmung nach Nr. 10 (S. 82) höchstens 0,1 g Gesammtzucker in 100 ccm Wein gefunden, und dreht der Wein bei der Polarisation mehr als $0,6^0$ nach rechts, so ist zunächst nach Nr. 19 (S. 144) auf Dextrin zu prüfen. Ist dieser Stoff in dem Weine vorhanden, so verfährt man zum Nachweise der unvergohrenen Bestandtheile des unreinen Stärkezuckers nach dem folgenden, unter Nr. 12 d) angegebenen Verfahren. Ist Dextrin nicht vorhanden, so enthält der Wein die unvergohrenen Bestandtheile des unreinen Stärkezuckers.

d) Hat man bei der Zuckerbestimmung nach Nr. 10 (S. 82) mehr als 0,1 g Gesammtzucker in 100 ccm Wein gefunden, so weist man den Zusatz unreinen Stärkezuckers auf folgende Weise nach.

a) 210 ccm Wein werden im Wasserbade auf $1/3$ eingedampft; der Verdampfungsrückstand wird mit soviel Wasser versetzt, dass die verdünnte Flüssigkeit nicht mehr als 15 Prozent Zucker enthält; die verdünnte Flüssigkeit wird in einem Kolben mit etwa 5 g gährkräftiger Bierhefe, die optisch aktive Bestandtheile nicht enthält, versetzt und so lange bei 20 bis 25^0 C. stehen gelassen, bis die Gährung beendet ist.

Nachweis des unreinen Stärkezuckers durch Polarisation. 101

β) Die vergohrene Flüssigkeit wird mit einigen Tropfen einer 20 prozentigen Kaliumacetatlösung versetzt und in einer Porzellanschale auf dem Wasserbade unter Zusatz von Quarzsand zu einem dünnen Syrup verdampft. Zu dem Rückstande setzt man unter beständigem Umrühren allmählich 200 ccm Alkohol von 90 Maassprozent. Nachdem sich die Flüssigkeit geklärt hat, wird der alkoholische Auszug in einen Kolben filtrirt, Rückstand und Filter mit wenig Alkohol von 90 Maassprozent gewaschen und der Alkohol grösstentheils abdestillirt. Der Rest des Alkohols wird verdampft und der Rückstand durch Wasserzusatz auf etwa 10 ccm gebracht. Hierzu setzt man 2 bis 3 g gereinigte, in Wasser aufgeschlemmte Thierkohle, rührt mit einem Glasstabe wiederholt tüchtig um, filtrirt die entfärbte Flüssigkeit in einen kleinen eingetheilten Cylinder und wäscht die Thierkohle mit heissem Wasser aus, bis das auf 15^0 C. abgekühlte Filtrat 30 ccm beträgt. Zeigt dasselbe bei der Polarisation eine Rechtsdrehung von mehr als $0,5^0$, so enthält der Wein die unvergohrenen Bestandtheile des unreinen Stärkezuckers. Beträgt die Drehung gerade $+0,5^0$ oder nur wenig über oder unter dieser Zahl, so wird die Thierkohle aufs Neue mit heissem Wasser ausgewaschen, bis das auf 15^0 C. abgekühlte Filtrat 30 ccm beträgt. Die bei der Polarisation dieses Filtrates gefundene Rechtsdrehung wird der zuerst gefundenen hinzugezählt. Wenn das Ergebniss der zweiten Polarisation mehr als den fünften Theil der ersten beträgt, muss die Kohle noch ein drittes Mal mit 30 ccm heissem Wasser ausgewaschen und das Filtrat polarisirt werden.

Anmerkung. Die Rechtsdrehung kann auch durch gewisse Bestandtheile mancher Honigsorten verursacht sein.

Von optisch aktiven Bestandtheilen sind bei der Weinuntersuchung folgende Stoffe, die theils natürliche Weinbestandtheile sind, theils durch künstlichen Zusatz in den Wein gelangen können, zu berücksichtigen.

a) Natürliche Weinbestandtheile.
1. Invertzucker bezw. wechselnde Mengen Dextrose und Lävulose, von denen die Lävulose gewöhnlich überwiegt: linksdrehend,
2. Andere optisch aktive Weinbestandtheile, Weinsteinsäure und Aepfelsäure, die Salze dieser Säuren und andere Stoffe unbekannter Natur: theilweise links-, theilweise rechtsdrehend.

b) Durch künstlichen Zusatz in den Wein gelangende Stoffe.
1. Invertzucker, sogenannter Fruchtzucker, durch Inversion von Rohrzucker hergestellt; auch Honig (s. Anmerkung zu Nr. 12): linksdrehend,
2. Rohrzucker (Rübenzucker): rechtsdrehend,

3. Unreiner Stärkezucker, aus Stärke unter Anwendung von Säuren hergestellt: rechtsdrehend,
4. Reiner Traubenzucker (Dextrose), ein reiner Stärkezucker: rechtsdrehend,
5. Dextrin, aus Stärke hergestellt: rechtsdrehend,
6. Arabisches Gummi: linksdrehend.

Von den optisch aktiven Zusätzen werden zur Zeit gewöhnlich nur der Invertzucker und hauptsächlich der Rohrzucker angewandt; da aber der Zusatz von technisch reinem Traubenzucker zum Weine durch das Gesetz vom 20. April 1892 gestattet ist, wird man auch mit der Anwesenheit dieses Stoffes im Weine rechnen müssen, falls es gelingen wird, denselben fabrikmässig in grossen Mengen billig herzustellen. Dextrin und Gummi lassen sich durch Zusatz von Alkohol zu dem Weine abscheiden; das Gummi wird auch durch den vor der Ausführung der Polarisation vorzunehmenden Zusatz von Bleiessig ausgefällt.

Um den Werth der einfachen Polarisation für die Untersuchung des Weines festzustellen, werde angenommen, dass der Wein nur Invertzucker Rohrzucker und Traubenzucker bezw. unreinen Stärkezucker enthalte, dass also alle übrigen optisch aktiven Stoffe ausgeschlossen seien. Dann können drei Fälle eintreten.

1. Der Wein ist optisch inaktiv.
Erster Fall. Der Wein enthält gar keine Zuckerart.
Zweiter Fall. Der Wein enthält Zucker. Dann ist sicher linksdrehender Invertzucker vorhanden, gleichzeitig aber auch entweder Rohrzucker oder Stärkezucker oder die beiden zusammen, und zwar in solchen Mengen, dass die Rechtsdrehung der letztgenannten Zuckerarten die Linksdrehung des Invertzuckers gerade aufhebt.

2. Der Wein ist linksdrehend. In diesem Falle enthält der Wein mit Sicherheit Invertzucker; daneben kann er aber auch Rohrzucker oder Stärkezucker oder diese Zuckerarten zusammen enthalten, und zwar in solchen Mengen, dass ihre Rechtsdrehung geringer ist als die Linksdrehung des Invertzuckers, so dass diese überwiegt.

3. Der Wein ist rechtsdrehend. In diesem Falle enthält der Wein mit Sicherheit entweder Rohrzucker oder Stärkezucker oder diese beiden Zuckerarten zusammen. Daneben kann er aber auch Invertzucker enthalten, und zwar in solchen Mengen, dass die Rechtsdrehung des Rohrzuckers oder des Stärkezuckers oder dieser beiden Zuckerarten zusammen die Linksdrehung des Invertzuckers überwiegt.

Hieraus ergiebt sich, dass der Wein in jedem Falle die drei genannten Zuckerarten, Invertzucker, Rohrzucker und Stärkezucker, enthalten kann, gleichgiltig, ob er optisch inaktiv, linksdrehend oder rechtsdrehend ist. Aus dem Ergebnisse der einfachen Polarisation des Weines lassen sich daher nur sehr unbedeutende Schlüsse ziehen.

Nachweis des unreinen Stärkezuckers durch Polarisation.

Einen tieferen Einblick erhält man in die Zusammensetzung des Weines, wenn man ihn mit Salzsäure erhitzt, dadurch den etwa vorhandenen Rohrzucker invertirt und nach der Inversion die Flüssigkeit nochmals polarisirt. Durch die Inversion wird der rechtsdrehende Rohrzucker in linksdrehenden Invertzucker übergeführt. Man kann daher auf die Gegenwart von Rohrzucker schliessen:

a) bei linksdrehenden Weinen, wenn nach der Inversion die Linksdrehung grösser geworden ist,

b) bei optisch inaktiven Weinen, wenn sie nach der Inversion linksdrehend geworden sind,

c) bei rechtsdrehenden Weinen, wenn nach der Inversion die Rechtsdrehung abgenommen hat, oder in Null oder in Linksdrehung übergegangen ist.

Da der Wein in allen Fällen Rohrzucker enthalten kann, welches Ergebniss auch immer die direkte Polarisation gehabt haben mag, muss die Inversion in allen Fällen ausgeführt werden.

Durch Polarisation vor und nach der Inversion kann man nur die Anwesenheit von Rohrzucker erkennen; über die Gegenwart von Stärkezucker erhält man dadurch keine Auskunft, man muss vielmehr auf diesen noch besonders prüfen. Der Zusatz von geringen Mengen reinen Traubenzuckers lässt sich in den meisten Fällen nicht nachweisen. Zur Prüfung auf unreinen Stärkezucker hat man meist das in Nr. 12 unter d) beschriebene Verfahren (Vergähren etwa vorhandenen Zuckers und Behandlung der vergohrenen Flüssigkeit mit Alkohol u. s. w.) anzuwenden. Da der Wein in allen Fällen reinen oder unreinen Stärkezucker enthalten kann, gleichgültig, ob er sich bei der direkten Polarisation optisch inaktiv oder rechtsdrehend oder linksdrehend erwiesen hat, muss man streng genommen in allen Fällen das umständliche Prüfungsverfahren auf unreinen Stärkezucker ausführen, sofern bloss mit Hülfe der Polarisation ein genügender Einblick in die optisch aktiven Bestandtheile des Weines gewonnen werden soll.

Die Vorschrift zur polarimetrischen Untersuchung müsste hiernach sehr verwickelt werden; man müsste, mag die direkte Polarisation die Drehung Null, Linksdrehung oder Rechtsdrehung ergeben haben, in jedem Falle die Inversion vornehmen und nochmals polarisiren. Weiter aber müsste man, gleichgültig, ob durch die Polarisation nach der Inversion Rohrzucker nachgewiesen wurde oder nicht, in jedem Falle das Prüfungsverfahren für unreinen Stärkezucker ausführen. Man kann hiernach sehr wohl ein System aufstellen, in dem alle möglichen Fälle vorgesehen sind; es wird aber keineswegs einfach. Thatsächlich hat man wiederholt ein derartiges System der polarimetrischen Untersuchung des Weines zu Grunde gelegt; man findet solche in den Vereinbarungen der von dem Kaiserlichen Gesundheitsamte im Jahre 1884 zur Berathung einheitlicher Verfahren für die Weinuntersuchung einberufenen Kommission von Sachverständigen, ferner in den Anleitungen zur chemischen Untersuchung des Weines von M. Barth und am ausführlichsten von E. Borgmann. Diese Systeme, auch das Borgmann'sche, enthalten indessen recht wesentliche Lücken so dass man bei genauer Einhaltung der dort angegebenen Schlüsse und Verfahren mitunter zu ganz falschen Ergebnissen kommen kann.

Ist das System für die polarimetrische Untersuchung schon für eine Lösung, welche nur Invertzucker, Rohrzucker und (reinen oder unreinen) Stärkezucker enthält, sehr verwickelt, so wird es noch viel komplizirter, wenn man ein solches für die polarimetrische Untersuchung des Weines aufstellen will. Ausser den genannten Zuckerarten ist hier gegebenfalls auch auf die Gegenwart des stark rechtsdrehenden Dextrins Rücksicht zu nehmen. Ferner aber enthält der reine Naturwein noch andere optisch aktive Bestandtheile, die ihrer Natur nach zum Theil noch gar nicht bekannt sind; dadurch wird die Deutung der Ergebnisse der Polarisation mitunter nicht unerheblich geändert. Ohne diese Stoffe sollte der vollkommen vergohrene, zuckerfreie Wein optisch inaktiv sein; bei Anwesenheit kleiner Mengen unvergohrenen natürlichen Zuckers (Invertzuckers) sollte er schwach linksdrehend sein. Wirklich findet man die meisten ausgegohrenen Naturweine optisch inaktiv oder schwach linksdrehend. Man hat aber auch solche beobachtet, welche schwach rechtsdrehend waren, und zwar bis zu $+0,3$ Winkelgraden. Bei der Deutung der Ergebnisse der Polarisation müssen diese Verhältnisse berücksichtigt werden.

Durch die polarimetrische Untersuchung des Weines kann man zweierlei erreichen:

1. **Man kann feststellen, ob ein Wein unreinen Stärkezucker enthält.** Zu diesem Zwecke muss man meist das Alkoholbehandlungsverfahren nach Nr. 12 unter dβ) anwenden, nachdem man vorher gegebenenfalls den etwa vorhandenen vergährbaren Zucker durch Vergähren entfernt hat. Den Zusatz von reinem Stärkezucker (Traubenzucker) kann man polarimetrisch nur dann nachweisen, wenn neben diesem weder Invertzucker noch Rohrzucker vorhanden ist. Zum Nachweise kleiner Mengen unreinen Stärkezuckers hat man bis jetzt nur das in Nr. 12 unter dβ) beschriebene Verfahren, das aus diesem Grunde in der Anweisung beibehalten wurde.

2. **Man kann feststellen, ob ein Wein Rohrzucker enthält.** Zu diesem Zwecke muss der Wein vor und nach der Inversion (Erhitzen desselben mit Salzsäure) polarisirt werden. Wird die optische Drehung des Weines durch die Inversion in der Weise verändert, dass entweder die ursprüngliche Linksdrehung vermehrt wird, oder die ursprüngliche Drehung Null in Linksdrehung übergeht, oder die ursprüngliche Rechtsdrehung vermindert wird oder in die Drehung Null oder in Linksdrehung übergeht, so enthält der Wein Rohrzucker. Bei kleinen Drehungsänderungen ist der Schluss auf Rohrzucker nicht sicher, da auch Weine, die

frei von Rohrzucker sind, nach der Inversion eine kleine Vermehrung der Linksdrehung bezw. Verminderung der Rechtsdrehung zeigen können.

Durch die polarimetrische Untersuchung des Weines kann indessen der Rohrzucker nur qualitativ nachgewiesen werden; die Menge desselben kann auf diesem Wege nur annähernd festgestellt werden. Denn abgesehen von der Wirkung anderer Weinbestandtheile wird die Drehung des Invertzuckers durch das Erhitzen mit Salzsäure nicht unerheblich geändert. Die Drehung von Invertzuckerlösungen ist sehr veränderlich und wird namentlich durch Erhitzen in Gegenwart von Säuren stark beeinflusst. Aus diesem Grunde kann man es nur billigen, dass die Anweisung von dem polarimetrischen Nachweise des Rohrzuckers ganz abgesehen hat. Der etwaige Rohrzuckergehalt eines Weines wird ohnehin nach Nr. 10 b) genau bestimmt; ein nochmaliger Nachweis desselben erscheint daher überflüssig.

Ein Umstand könnte indessen doch die Ausführung der Polarisation nach dem Invertiren als wünschenswerth erscheinen lassen. Da man hierdurch erfährt, ob Rohrzucker vorhanden ist oder nicht, kann man sich bei der Zuckerbestimmung nach dem Ergebnisse dieser Prüfung richten; enthält der Wein nach Ausweis der Polarisation keinen Rohrzucker, so braucht man die Bestimmung desselben nach Nr. 10 b) nicht auszuführen. Meist wird aber das Ergebniss der Extrakt- und Invertzuckerbestimmung schon allein Anhaltspunkte genug dafür geben, ob auf Rohrzucker Rücksicht zu nehmen ist oder nicht. Es bleibt jedoch Jedermann überlassen, die polarimetrische Prüfung auf Rohrzucker vor der Ausführung der gewichtsanalytischen Bestimmung vorzunehmen. Durch den Verzicht auf den polarimetrischen Nachweis des Rohrzuckers wird die Vorschrift für die Polarisation des Weines und den Nachweis des unreinen Stärkezuckers sehr einfach.

Polarisation des Weines.

Es sollen zur polarimetrischen Prüfung des Weines nur grosse, genaue Apparate verwendet werden, an denen noch Zehntelgrade abgelesen werden können. Von den Polarisationsapparaten kommen hauptsächlich in Betracht:

1. Das Polaristrobometer von Wild.
2. Der Halbschattenapparat von Laurent.
3. Das Polarimeter von Soleil-Ventzke-Scheibler.

1. **Das Polaristrobometer von Wild.**[1]) Figur 12 stellt das dem Kaiserlichen Gesundheitsamte gehörige Wild'sche Instrument dar; Figur 13 zeigt einen Querschnitt durch den Apparat, von oben gesehen, der

---

[1]) H. Landolt, Das optische Drehungsvermögen organischer Stoffe und die praktische Anwendung desselben. Braunschweig 1879 bei Friedrich Vieweg und Sohn. S. 101; vergl. ferner H. Wild, Ueber ein neues Polaristrobometer. Bern 1865.

106   II. Die chemische Untersuchung des Weines.

die innere Einrichtung des Instrumentes veranschaulicht. Die übereinstimmenden Theile sind in Figur 12 mit grossen, in Figur 13 mit kleinen gleich-

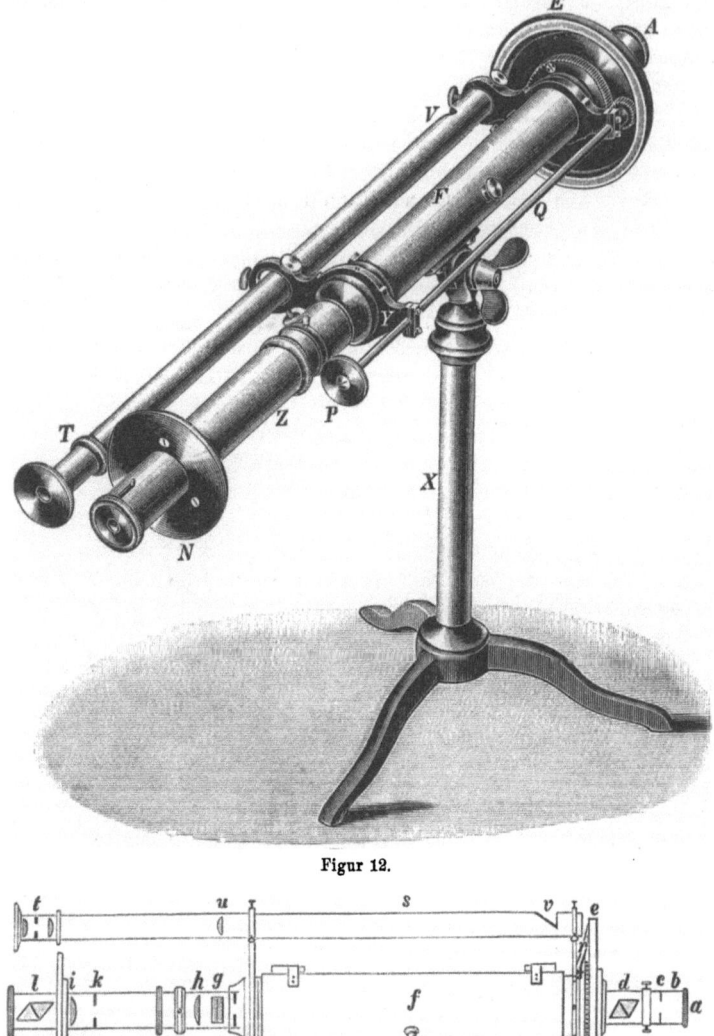

Figur 12.

Figur 13.

namigen Buchstaben bezeichnet. Eine auf dem metallenen Stative X (Figur 12) horizontal und vertikal drehbare Messingschiene Y trägt die optischen

Nachweis des unreinen Stärkezuckers durch Polarisation. 107

Einrichtungen des Polaristrobometers. Bei a (Figur 13) tritt der Lichtstrahl in die Blendröhre b, alsdann durch das runde Diaphragma c in den Polarisator, das Nicol'sche Prisma d. Die Messingfassung dieser Theile ist mit der Kreisscheibe E (Figur 12) fest verbunden und lässt sich mit dieser um die Axe drehen. Die polarisirten Lichtstrahlen durchlaufen die in f liegende Flüssigkeitsröhre und treten dann in den feststehenden Okulartheil. Dieser enthält bei g ein Savart'sches Polariskop, zwei zusammengekittete Kalkspathplatten von je 3 mm Dicke, welche unter $45°$ zur optischen Axe geschnitten und dann so auf einander gelegt sind, dass ihre Hauptschnitte sich rechtwinklig kreuzen. Hierauf folgen zwei als schwach (etwa fünfmal) vergrösserndes Fernrohr wirkende Linsen h und i, zwischen denen, und zwar im Brennpunkte der Objektivlinse h, ein rundes, mit X-förmigem Fadenkreuze versehenes Diaphragma k liegt. Endlich folgt der Analysator l, ein Nicol'sches Prisma, welches so in der Fassung befestigt ist, dass sein Hauptschnitt horizontal steht; mit diesem Hauptschnitte müssen die gekreuzten Hauptschnitte der Doppelplatte g Winkel von $45°$ bilden. Das ganze Okular sitzt in der Messinghülse Z (Figur 12); bei N ist eine runde Blendscheibe angebracht, um fremdes Licht von dem Auge des Beobachters abzuhalten. Die Kreisscheibe E (Figur 12), die mit der Fassung des polarisirenden Nicols d verbunden ist, trägt an der dem Beobachter zugekehrten Seite ein Zahnrad, und in dieses greift ein Getriebe ein, das von dem Knopfe P aus durch die Stange Q bewegt werden kann. Nahe an der Peripherie der Scheibe E ist die Kreistheilung von 0 bis $360°$ angebracht, vor der sich ein einfacher Index r oder ein feststehender Nonius befindet. Die Feinheit der Eintheilung der Instrumente ist verschieden. Das Polaristrobometer des Gesundheitsamtes ist in Fünftelgrade getheilt und besitzt keinen Nonius; Zwanzigstelgrade lassen sich daran noch mit Sicherheit abschätzen. Zum Ablesen der Theilung dient das Fernrohr s, das aus dem ausziehbaren Okular t und der Objektivlinse u besteht. Am Ende des Fernrohres ist bei v ein schief gestellter, in der Mitte mit einer runden Oeffnung versehener Metallspiegel angebracht, der das Licht einer geeignet aufgestellten Gasflamme auf den Nonius reflektirt.

Als Lichtquelle für das Wild'sche Polaristrobometer dient eine Natriumflamme, für deren

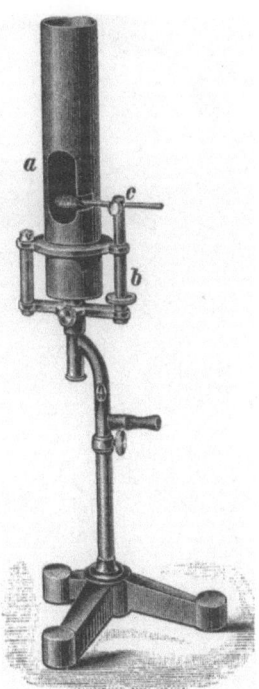

Figur 14.

Erzeugung zweckmässig die in der Figur 14 abgebildete Lampe benutzt wird. Ueber einem Bunsenbrenner ist der mit einem Ausschnitte versehene Schornstein a aus matt geschwärztem Blech angebracht. An der drehbaren Säule b ist horizontal eine kleine Metallstange c angebracht, die am Ende einen aus zusammengeflochtenen feinen Platindrähten gebildeten kleinen Löffel trägt. Füllt man diesen Löffel mit gut getrocknetem Kochsalz und rückt ihn in den heissen Mantel der nicht leuchtenden Gasflamme, so erhält man eine intensiv leuchtende, gelbe Natriumflamme, die bis zur Verdampfung des Kochsalzes anhält.

Charakteristisch für das Wild'sche Polaristrobometer ist das Savart'sche Polariskop, die beiden Quarzplatten bei g (Figur 13). Durch das zwischen dem Polarisator und dem Analysator eingeschaltete Polariskop entsteht eine Reihe von Interferenzstreifen oder -fransen, die bei gewissen Stellungen des Polarisators verschwinden; dieser Punkt, der scharf beobachtet werden kann, bildet das Merkmal der Einstellung.[1]

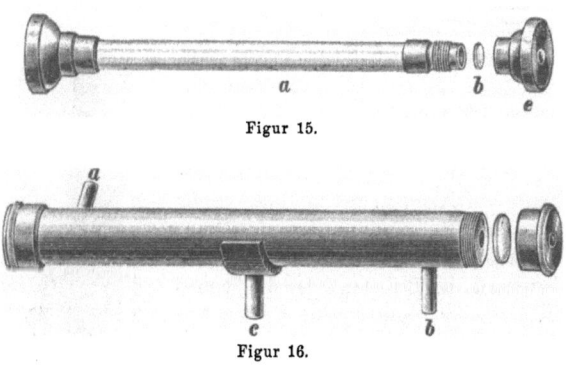

Figur 15.

Figur 16.

Zur Bestimmung des optischen Drehungsvermögens von Flüssigkeiten werden diese in Glasröhren gefüllt, deren offene Enden mit aufschraubbaren Metallfassungen verschliessbar sind (s. Figur 15). Man legt auf das eine offene Ende der Glasröhre a ein rundes Glasplättchen und schraubt die Metallfassung auf, die man durch einen eingelegten Leder- oder Kautschukring dichtet. Dann füllt man die Röhre durch das zweite offene Ende mit der zu untersuchenden Flüssigkeit, deckt ein rundes Glasplättchen b auf und schraubt auch die zweite Metallfassung c auf; man achte darauf, dass in der Röhre keine Luftblase zurückbleibt und dass die Glasplättchen nicht zu fest aufgedrückt werden, da sonst Störungen in der Beobachtung auftreten (die Glasplättchen werden durch starken Druck doppelbrechend und drehen die Ebene des polarisirten Lichtes). Dem Polaristrobo-

---

[1] Ueber die Theorie der Interferenzstreifen vergl. Ad. Wüllner, Lehrbuch der Physik. 4. Aufl. Leipzig 1883. Band 2. 604.

meter sind Röhren von verschiedener Länge beigegeben, nämlich solche von genau 100 mm, genau 200 mm und genau 220 mm Länge. Häufig, auch bei der Weinuntersuchung, ist es nothwendig, die Beobachtungen bei einer bestimmten, gleichbleibenden Temperatur auszuführen, da sich das Drehungsvermögen mit der Temperatur ändert. Für diese Zwecke bedient man sich einer Röhre mit Wasserspülung (Figur 16). Die Flüssigkeitsröhre ist mit einem Metallmantel umgeben, der zwei Schlauchansätze a und b für den Zufluss und den Abfluss des Kühlwassers und einen dritten Ansatz c für das Thermometer trägt. Man legt die Röhre in die Hülse des Polaristrobometers und verbindet das Schlauchstück a mit einem Behälter, der mit Wasser von der gewünschten Temperatur beschickt ist; dieses lässt man während der Beobachtung durch den Mantel der Röhre fliessen.

Bei der Ausführung der Beobachtung legt man zur Bestimmung des Nullpunktes eine leere Röhre in den Apparat, richtet das Instrument auf die Natriumflamme und zieht das Okular so weit aus, dass das X-förmige Fadenkreuz scharf hervortritt. Dreht man den Polarisator mit Hülfe des Knopfes P (Figur 12), so lässt sich eine Stellung finden, wo das erleuchtete Gesichtsfeld von einer Anzahl paralleler schwarzer Interferenzstreifen oder -fransen (Figur 17 bei a) durchzogen erscheint. Bei fortgesetztem Drehen fangen die Streifen an zu erblassen, und schliesslich folgt ein Punkt, bei welchem eine helle streifenfreie Partie durch das Gesichtsfeld wandert. Durch kleine Hin- und Herbewegungen des Knopfes P stellt man diesen Theil möglichst in die Mitte des Gesichtsfeldes ein, so dass in gleichen Entfernungen rechts und links vom Fadenkreuze noch Reste der Fransen sichtbar bleiben (s. Figur 17 bei b). Diese Lage dient als Anfangspunkt für die Ablesung des Kreises; bei gut justirten Apparaten soll dieser Punkt mit dem Nullpunkte der Theilung zusammenfallen. Dreht man das polarisirende Nicol weiter, so werden die Streifen stärker und erreichen bei einer Drehung von 45° den Höchstwerth der

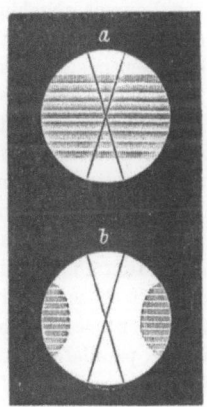

Figur 17.

Intensität; bei weiterer Drehung werden sie wieder schwächer und verschwinden bei einer Drehung von 90° wieder vollständig. Bei weiterer Drehung zeigen sich dieselben Erscheinungen: bei 0°, 90°, 180° und 270° sind die Streifen verschwunden, bei 45°, 135°, 225° und 315° sind sie am stärksten. Das Erlöschen der Streifen entspricht den Stellungen des polarisirenden Nicols, bei welchen sein Hauptschnitt mit dem der ersten Kalkspathplatte des Savart'schen Polariskops entweder zusammenfällt oder rechtwinklig gekreuzt ist, während bei einem Neigungswinkel von 45° die Fransen am stärksten hervortreten.

Hat man das drehbare Nicol (den Polarisator) auf den Nullpunkt eingestellt und legt eine mit einer optisch aktiven Flüssigkeit gefüllte Röhre in den Apparat, so erscheinen die Interferenzstreifen von Neuem. Beim Durchgang durch die optisch aktive Schicht ist nämlich die Polarisationsebene um einen bestimmten Winkel gedreht worden, und um dieselbe wieder mit dem Hauptschnitte der ersten Kalkspathplatte des Polariskops parallel oder gekreuzt zu stellen, muss das Nicol auf die der Ablenkung entgegengesetzte Seite bewegt werden; man dreht dasselbe, bis die Interferenzstreifen wieder verschwinden, und liest dann die Stellung der Kreisscheibe ab. Wenn die optisch aktive Substanz rechtsdrehend ist, muss die Kreisscheibe nach links gedreht werden und umgekehrt. Hat man die Nulllage auf den Nullpunkt der Eintheilung eingestellt, und läuft die Kreistheilung, wie es gewöhnlich der Fall ist, im Sinne des Uhrzeigers nach rechts, so zeigen rechtsdrehende Stoffe an der Kreistheilung die Drehungswinkel 1, 2, 3 ... Grad, linksdrehende Stoffe aber die Drehungen 359, 358, 357 ... Grad.

2. **Der Halbschattenapparat von Laurent.**[1]) In der Figur 18 ist der dem Kaiserlichen Gesundheitsamte gehörige Halbschattenapparat von Laurent abgebildet; Figur 19 ist ein Querschnitt durch den Apparat, der seine innere Einrichtung veranschaulicht. Auch hier sind die übereinstimmenden Theile in der Figur 18 mit grossen, in der Figur 19 mit kleinen gleichnamigen Buchstaben bezeichnet. Die Lichtstrahlen gehen zuerst durch eine dünne, geschliffene, zwischen zwei Glasplatten eingeschlossene Platte a von Kaliumbichromat, die den Zweck hat, die gelben Strahlen der Natriumflamme von dem andersfarbigen Lichte zu reinigen. Die Lichtstrahlen gelangen dann in den Polarisator b. Die Kaliumbichromatplatte a und der Polarisator b befinden sich in der Messinghülse AB (Figur 18), die in die Röhre C eingesteckt ist; der Polarisator lässt sich mit Hülfe des Armes R um einen Winkel von 20° drehen. c (Figur 19) ist ein rundes Diaphragma, das eine Glasplatte enthält, auf welche eine dünne, parallel zur Axe geschliffene Platte von Quarz so gelegt ist, dass die letztere gerade die Hälfte des Kreises bedeckt. Die Dicke der Quarzplatte muss so gewählt sein, dass die parallel und senkrecht zur Axe polarisirten gelben Strahlen bei ihrem Durchtritte einen Gangunterschied von einer halben Wellenlänge erleiden. Nachdem die Lichtstrahlen durch die Flüssigkeitsröhre d gegangen sind, gelangen sie in das drehbare analysirende Nicol e und dann in die Linsen f und g, die ein kleines Galiläi'sches Fernrohr bilden. Der Analysator e ist mit der Kreisscheibe M (Figur 18) fest verbunden und mit Hülfe eines an der hinteren Seite der Kreisscheibe ange-

---

[1]) H. Landolt, Das optische Drehungsvermögen organischer Stoffe und die praktische Anwendung desselben. Braunschweig 1879 bei Friedrich Vieweg und Sohn. S. 113; Laurent, Compt. rend. 1874. **78.** 349 Dingler's polytechn. Journ. 1877. **223.** 608.

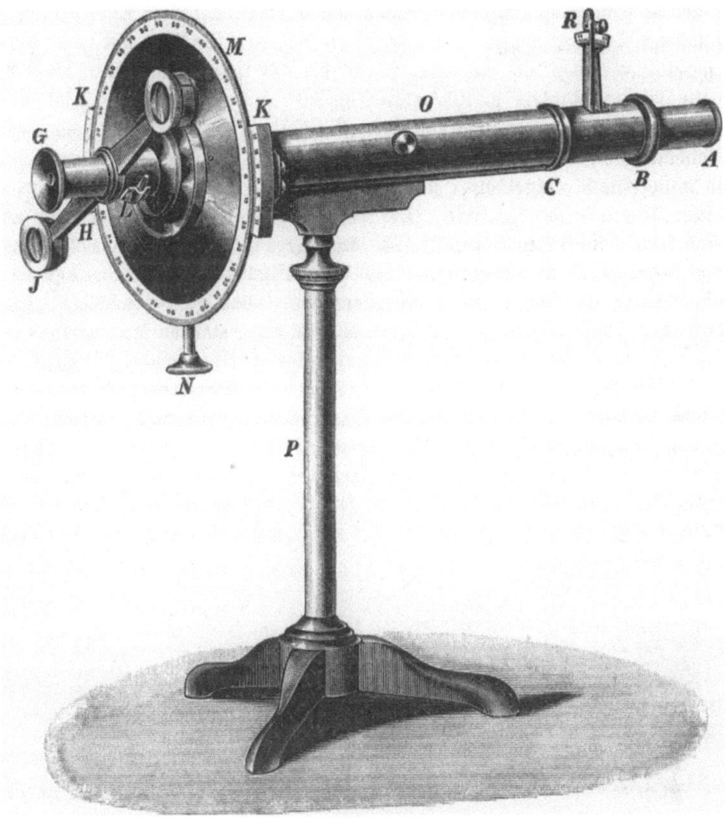

Nachweis des unreinen Stärkezuckers durch Polarisation.

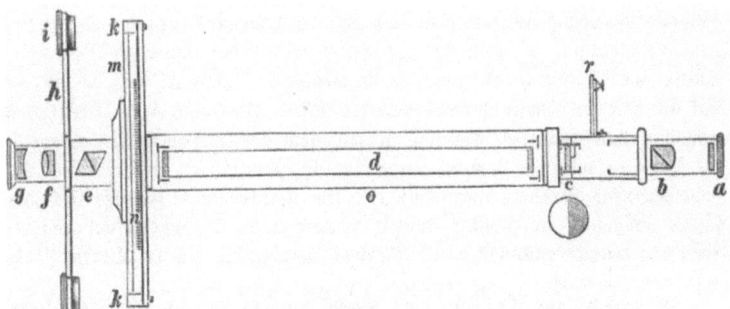

Figur 18.

Figur 19.

brachten konischen Zahnrades, das in ein kleines, mit dem Knopfe N verbundenes Zahnrad eingreift, drehbar. Die Kreisscheibe M ist mit einer Eintheilung versehen, die entweder von 0° bis 360° geht oder von 0° bis 90°, dann wieder abwärts bis 0°, weiter bis 90° und schiesslich wieder abwärts bis 0°. Den Nullpunkten der Eintheilung gegenüber stehen zwei Nonien. Der Halbschattenapparat des Kaiserlichen Gesundheitsamtes ist in halbe Grade eingetheilt; der Nonius gestattet noch die Ablesung von einer Minute oder $1/60$ Grad. Die Ablesung erfolgt mittelst zweier an einer Axe befestigten Lupen J. Das analysirende Nicol e lässt sich durch eine Schraube L ein wenig drehen, um den Nullpunkt verändern zu können; die Fassung der Okularlinse G des Fernrohres lässt sich verschieben. Die optischen Theile liegen an den beiden Enden einer starken Messingrinne O, die mit einem Deckel versehen ist und auf dem Messingstativ P sitzt.

Charakteristisch für den Laurent'schen Halbschattenapparat ist die dünne, parallel zur Axe geschliffene Quarzplatte PQ (Figur 20), welche die in dem Diaphragma c (Figur 19) enthaltene Glasplatte genau zur Hälfte bedeckt. Stellt man zunächst den Polarisator so ein, dass die Polarisationsebene des Strahlenbündels parallel zu der Axe der Quarzplatte, d. h. in der

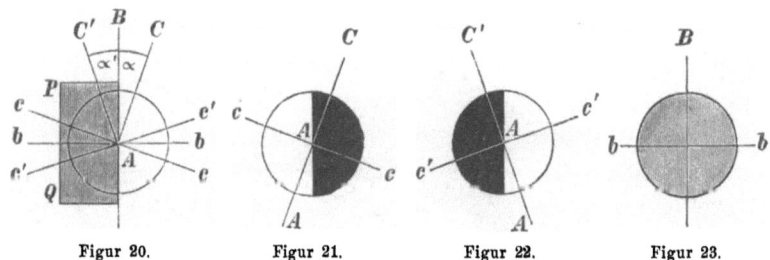

Figur 20.   Figur 21.   Figur 22.   Figur 23.

Richtung AB (Fig. 20) liegt, so erscheinen bei jeder Stellung des Analysators die beiden Hälften des Gesichtsfeldes gleich hell oder dunkel. Wird dann der Polarisator um einen Winkel a gegen AB geneigt, so erleidet die Polarisationsebene der durch die Quarzplatte gehenden Strahlen eine gleich grosse Ablenkung a' nach der anderen Seite. Wenn daher auf der freien Hälfte der Glasplatte die Polarisationsebene die Lage AC hat, so hat sie auf der mit der Quarzplatte bedeckten Hälfte die Lage AC'. Dreht man nun den Analysator, so werden, je nachdem dessen Polarisationsebene in die Lage cc oder c'c' kommt, entweder die parallel AC oder parallel AC' polarisirenden Strahlen ausgelöscht;[1]) die betreffende Seite des Gesichtsfeldes erscheint vollständig dunkel, während die Helligkeit der anderen Seite nur wenig verändert wird (Figuren 21 und 22). In der Mittelstellung

---

[1]) Ueber die Theorie der Erscheinungen vergl. Ad. Wüllner, Lehrbuch der Physik. 4. Aufl. Leipzig 1883. Band 2. 568.

bb (Figur 23) ist die beginnende Verdunkelung in beiden Kreishälften gleich stark; eine kleine Hin- und Herbewegung des Analysators ändert aber diese Gleichheit sofort sehr stark. Diese Erscheinungen wiederholen sich bei einer Drehung um 180°. Bei der Mittelstellung des Analysators (Figur 23) erscheint die Beschattung der beiden Hälften des Gesichtsfeldes um so dunkler, je kleiner der Winkel α (Figur 20) ist, welchen die Ebene des Polarisators mit der Axe der Quarzplatte macht. Die Verfertiger richten die Laurent'schen Halbschattenapparate so ein, dass die Axe der Quarzplatte parallel zu der Ebene des Polarisators steht; mit Hülfe des Armes R (Figur 18), der längs einer kleinen Gradeintheilung läuft, kann man den Polarisator um einen kleinen Winkel drehen, wodurch das Gesichtsfeld heller wird. Dadurch lässt sich die Empfindlichkeit des Apparates ändern. Diese ist um so grösser, je kleiner die Abweichung von der Parallelstellung ist; man wählt daher eine möglichst starke Beschattung.

Beim Gebrauche richtet man den Apparat gegen eine Natriumflamme (s. Figur 14) und stellt das Fernrohr durch Verschieben der Okularlinse so ein, dass die durch den Rand der Quarzplatte gebildete Trennungslinie des Gesichtsfeldes scharf in Erscheinung tritt. Dann legt man in die Rinne O (Figur 18) eine mit Wasser gefüllte Röhre und dreht das analysirende Prisma, bis beide Theile des Gesichtsfeldes gleich dunkel erscheinen; fällt die Nulllage nicht mit dem Nullpunkte der Theilung zusammen, so kann man dies mit Hülfe der Schraube L erreichen. Legt man nunmehr in die Rinne eine Röhre, die mit einer optisch aktiven Flüssigkeit gefüllt ist, so erscheint die Hälfte des Gesichtsfeldes verdunkelt. Man dreht dann an dem Knopfe N so lange das analysirende Nicol und die Kreisscheibe M, bis beide Hälften des Gesichtsfeldes wieder gleich beschattet erscheinen; muss man dabei den Analysator und die Kreisscheibe nach rechts drehen, so ist die Flüssigkeit rechtsdrehend, muss man sie aber nach links drehen, so ist die Flüssigkeit linksdrehend. Man liest den Drehungswinkel mit Hülfe der Lupe J ab. Ist die zu prüfende Flüssigkeit gefärbt oder nicht ganz klar und in Folge dessen das Gesichtsfeld zu dunkel, so kann man letzteres durch Umstellen des Armes R aufhellen; die Beobachtung wird dadurch aber ungenauer.

3. **Das Polarimeter (Saccharimeter) von Soleil-Ventzke-Scheibler**[1]). Das Polarimeter von Soleil-Ventzke-Scheibler ist für die besonderen Zwecke der Rohrzuckerbestimmung eingerichtet. Als Licht-

---

[1]) Vergl. H. Landolt, Das optische Drehungsvermögen organischer Stoffe und die praktische Anwendung desselben. Braunschweig 1879 bei Friedrich Vieweg und Sohn. S. 149; Soleil, Compt. rend. 1847. **24.** 973; 1848. **26.** 162; Soleil und Duboscq, Compt. rend. 1850. **31.** 248; Ventzke, Journ. prakt. Chemie 1842. **25.** 84; 1843. **28.** 111; C. Scheibler, Zeitschr. Rübenzuckerindustrie 1870. 609.

quelle dient das gemischte Licht einer leuchtenden Gas- oder Petroleumlampe; das Gesichtsfeld, das durch eine vertikale Linie (den Rand zweier an einanderstossender Quarzplatten, von denen die eine rechtsdrehend, die andere linksdrehend ist) in zwei gleiche Theile getheilt ist, erscheint farbig. Die Eintheilung dieses Instrumentes ist eine empirische; der Punkt der Skala, welcher der Ablenkung entspricht, die eine 200 mm lange Schicht einer Rohrzuckerlösung von 26,048 g Rohrzucker in 100 ccm bewirkt, wird mit 100 bezeichnet. Der Abstand des Hundertpunktes von dem Nullpunkte wird in 100 gleiche Theile getheilt und diese Theilung auf der anderen Seite des Nullpunktes weiter fortgeführt. Da die Ablenkungen der Konzentration der Zuckerlösungen nahezu proportional sind, so entsprechen jedem Theilstriche des Soleil-Ventzke-Scheibler'schen Polarimeters 0,26048 g Rohrzucker in 100 ccm der untersuchten Lösung. Löst man genau 26,048 g eines festen Körpers, der Rohrzucker enthält, in Wasser zu 100 ccm Lösung, so drückt die abgelesene Ablenkung ohne Weiteres die Gewichtsprozente Rohrzucker in dem festen Körper aus.

Das Polarimeter von Soleil-Ventzke-Scheibler, das bei der Untersuchung von Rohr- oder Rübenzucker enthaltenden Materialien so vorzügliche Dienste leistet, ist für die Untersuchung des Weines weniger geeignet. Bei der letzteren sollte, wenn irgend möglich, entweder das Polaristrobometer von Wild oder der Halbschattenapparat von Laurent Verwendung finden; nur ausnahmsweise sollte der Chemiker das Soleil-Ventzke-Scheibler'sche Saccharimeter benutzen. Von der Beschreibung des Saccharimeters, dessen optische Einrichtung verwickelter ist als die der vorher beschriebenen Apparate, kann daher hier Abstand genommen werden. Für den Fall, dass die Polarisation des Weines mit diesem Instrumente bestimmt wurde, ist es nothwendig, die abgelesenen Theilstriche in Kreisgrade umzurechnen, da das Ergebniss der Polarisation in diesen anzugeben ist. Das Verhältniss der Theilstriche des Soleil-Ventzke-Scheibler'schen Apparates zu den Kreisgraden ist für die verschiedenen, der Prüfung unterworfenen Stoffe ein wenig verschieden. Für den Invertzucker, der bei der Polarisation des Weines hauptsächlich in Frage kommt, fand H. Landolt[1]), dass 1 Theilstrich Soleil-Ventzke-Scheibler (für gemischtes Licht) gleich 0,3432 Kreisgraden (für Natriumlicht) ist.

Da das Drehungsvermögen der meisten Flüssigkeiten und Lösungen sich mit der Temperatur ändert, müssen die polarimetrischen Prüfungen stets bei der Normaltemperatur von 15° C. ausgeführt werden. Man bedient sich daher für die polarimetrische Untersuchung zuckerhaltiger Weine

---

[1]) Zeitschr. analyt. Chemie 1889. **28**. 203.

der Flüssigkeitsröhren mit Wasserspülung (s. Figur 16, S. 108). Bei den sehr geringen Drehungen, welche die gewöhnlichen ausgegohrenen Weine zeigen, ist ein nicht zu grosser Temperaturunterschied ohne Bedeutung; man kann daher hier auch eine einfache Flüssigkeitsröhre benutzen. Zweckmässig führt man die Polarisation in einem vollkommen dunklen Raume aus, da das Seitenlicht bei der Einstellung des Apparates schaden kann. Beim Beobachten des Gesichtsfeldes wird das Auge sehr rasch müde; man stärkt es daher öfter dadurch, dass man es kurze Zeit schliesst. Die Einstellung muss, um subjektive Fehler zu vermeiden, wiederholt vorgenommen und aus den einzelnen Ablesungen das Mittel genommen werden. Die Ergebnisse sind auf eine 200 mm lange Schicht des ursprünglichen Weines zu beziehen. Früher scheint man auf die bei der Vorbereitung der Weine stattfindende Verdünnung keine Rücksicht genommen zu haben, sondern ohne Weiteres die im 220 mm langen Rohre beobachtete Drehung angegeben zu haben.

Ausführung der polarimetrischen Prüfung des Weines.

a) Bei Weissweinen. Da das Drehungsvermögen der Invertzuckerlösungen nach Versuchen von Jodin[1]), F. Rathgen[2]), A. Bornträger[3]) u. A. durch die Gegenwart von Alkohol stark vermindert wird, muss der Wein zunächst entgeistet werden. Die Entfernung des Alkohols geschieht durch Abdampfen des Weines auf $1/3$. Um die Inversion des etwa vorhandenen Rohrzuckers in Folge des Erhitzens der stark sauren Weine zu vermeiden, muss man den Wein vorher genau neutralisiren. Das Filtrat von dem Bleiessigniederschlage sammelt man in einem kleinen Messcylinder; läuft es anfangs trübe durch das Filter, so werden die ersten Antheile zurückgegossen. Durch den Bleiessigzusatz werden neben Farb- und Gerbstoff der Weinstein und etwa vorhandene freie Weinsteinsäure, ferner die Aepfelsäure und äpfelsauren Salze, welche alle optisch aktiv sind, zum Theil als unlösliches weinsteinsaures bezw. äpfelsaures Blei ausgefällt. Das Filtrat von dem durch Natriumkarbonat oder Natriumsulfat erzeugten Niederschlage ist meist vollständig farblos.

Durch die Zusätze von Bleiessig und Natriumkarbonat wird der von dem Weine eingenommene Raum um $1/10$ vermehrt (aus 60 ccm Wein werden 66 ccm Flüssigkeit einschliesslich der Niederschläge). 1 ccm Wein wird somit auf 1,1 ccm verdünnt. Wird daher das Filtrat von dem durch Natriumkarbonat erzeugten Niederschlage in einer 200 mm langen Röhre polarisirt, so ist das Ergebniss der Polarisation, um es auf eine 200 mm lange Schicht des ursprünglichen Weines zu beziehen, mit 1,1 zu multipliziren. Wenn z. B. die Polarisation des Filtrates eine Drehung von

---

[1]) Compt. rend. 1864. **58.** 613; Bull. soc. chim. [2.] 1864. **1.** 432.
[2]) Zeitschr. analyt. Chemie 1888. **27.** 433.
[3]) L'Orosi 1888. **11.** 340; Zeitschr. angew. Chemie 1889. 505.

— $0,8°$ ergab, so ist die Polarisation des Weines gleich — $0,8 \cdot 1,1 =$ — $0,88°$.

Statt das Filtrat in 200 mm langer Schicht zu polarisiren und das Ergebniss mit 1,1 zu multipliziren, kann man auch das Filtrat in einer $1,1 \cdot 200 = 220$ mm langen Schicht polarisiren. Die auf diese Weise gefundene Drehung ist gleich der Drehung des ursprünglichen Weines in einer 200 mm langen Schicht; eine Umrechnung ist dann nicht nöthig, weil die Vermehrung des Weinvolumens um $^1/_{10}$ durch die Verlängerung der Schicht um $^1/_{10}$ ausgeglichen wird. Eine Röhre von 220 mm Länge ist dem Wild'schen Polaristrobometer beigegeben. Wird eine Röhre von anderer Länge, z. B. von 100 mm, angewandt, so ist das Ergebniss stets auf eine 220 mm lange Schicht des Filtrates umzurechnen; die Drehung ist direkt proportional der Länge der Flüssigkeitsschicht.

b) **Bei Rothweinen.** Auch die Rothweine müssen aus dem unter a) angegebenen Grunde und deshalb, weil der Alkohol die vollständige Fällung des Farbstoffes verhindert, vor dem Zusatze von Bleiessig entgeistet werden. Der entgeistete, auf das ursprüngliche Maass wieder aufgefüllte Rothwein wird wegen seines hohen Gerb- und Farbstoffgehaltes mit doppelt so viel Bleiessig versetzt als der Weisswein. Das Filtrat von dem durch Natriumkarbonat oder Natriumsulfat hervorgerufenen Niederschlage muss farblos sein. Ist es noch erheblich gefärbt, so ist es zur Polarisation nicht geeignet; eine schwache Gelbfärbung ist bei Anwendung des Wild'schen Polaristrobometers ohne Einfluss.

Durch die Zusätze von Bleiessig und Natriumkarbonatlösung wird der durch den Rothwein eingenommene Raum um $^1/_5$ vermehrt; 1 ccm Rothwein wird dadurch auf 1,2 ccm verdünnt. Die in dem 200 mm langen Rohre beobachtete Drehung des Filtrates ist daher mit 1,2 zu multipliziren, um sie auf die gleich lange Schicht des ursprünglichen Weines umzurechnen. Ergab z. B. die Polarisation des Filtrates die Drehung — $0,45°$, so ist die Drehung des Weines gleich — $0,45 \cdot 1,2 = - 0,54°$.

Bei sehr tief gefärbten Rothweinen aus südlichen Ländern gelingt es mitunter nicht, durch die vorgeschriebene Menge Bleiessig den Farbstoff vollständig zu fällen; das Filtrat von dem auf Zusatz der Natriumkarbonatlösung entstehenden Niederschlage ist dann noch gefärbt und für die Polarisation nicht geeignet. In diesem Falle ist die Entfärbung des Rothweines mittelst gereinigter Thierkohle vorgeschrieben. Auch hier muss der Rothwein vor dem Eindampfen neutralisirt werden, um die Inversion etwa vorhandenen Rohrzuckers zu verhindern. Da der Rothwein unverdünnt angewandt wird und deshalb mitunter grössere Mengen Zucker mit der Thierkohle in Berührung kommen, muss die Thierkohle sehr sorgfältig mit heissem Wasser ausgewaschen werden; je mehr Zucker der Wein enthält, desto mehr heisses Wasser wendet man zum Auswaschen der Thierkohle an. Bei dem stets erforderlichen Eindampfen des Filtrates kann die Drehung des etwa vorhandenen Invertzuckers verändert werden; ferner ist zu berücksichtigen, dass bei dem Entfärben des Weines mit Thierkohle die optisch aktiven Salze der Aepfelsäure und der Weinsteinsäure vollständig in dem Weine verbleiben und dass die Thierkohle trotz sorgfältigen Auswaschens noch geringe Mengen Zucker zurückhalten kann. Bei der Entfärbung der Rothweine mit Thierkohle sind somit die Verhältnisse etwas andere als bei der Verwendung von Bleiessig zu diesem Zwecke; das Bleiessigverfahren ist, wenn möglich, stets anzuwenden und die Behandlung mit Thierkohle nur als ein Nothbehelf anzusehen. Die mit Thierkohle behandelte Flüssigkeit darf höchstens schwach gelblich gefärbt sein; eine Verdünnung des Rothweines findet bei Anwendung von Thierkohle nicht statt.

Nachweis des unreinen Stärkezuckers durch Polarisation.

Ausgegohrene Naturweine enthalten meist noch kleine Mengen reduzirenden Zuckers oder vielmehr Stoffe, welche Fehling'sche Lösung unter Abscheidung von Kupferoxydul reduziren; ob der reduzirende Stoff wirklich seiner Gesammtmenge nach Zucker ist, scheint noch nicht erwiesen zu sein. Seine Menge beträgt, als Invertzucker berechnet, in deutschen Weinen meist nicht mehr als 0,1 g in 100 ccm Wein. Diese kleine Menge Zucker, die bei der im Uebrigen zu Ende geführten Gährung zurückgeblieben ist, braucht im Folgenden nicht weiter berücksichtigt zu werden.

Die direkte Drehung der ausgegohrenen Naturweine ist sehr gering oder gleich Null. Optisch wirksame Weine drehen meist schwach nach links. Doch giebt es auch Naturweine, welche schwach rechtsdrehend sind; die grösste an gewöhnlichen ausgegohrenen Naturweinen beobachtete Rechtsdrehung betrug $+0,3$ Winkelgrade.

Auf diesen aus zahlreichen Weinuntersuchungen gefolgerten Thatsachen beruht der Nachweis des unreinen Stärkezuckers. Der rechtsdrehende, sogenannte unreine Stärkezucker oder Kartoffelzucker, der aus Stärke mit Hülfe von Säuren dargestellt wird, enthält neben Traubenzucker (Dextrose) noch andere wenig bekannte rechtsdrehende, dextrinartige Stoffe, die man früher für unvergährbar hielt. Neuere Versuche[1]) haben ergeben, dass diese Stoffe sich gegen Hefen verschiedener Art verschieden verhalten; während sie durch Presshefe verhältnissmässig leicht und vollständig vergohren werden, sind sie gegen Bierhefe und Weinhefe viel beständiger. Wird ein Wein mit unreinem Stärkezucker versetzt, so kann der Traubenzucker vergähren, die schwer vergähr-

---

[1]) Vergl. E. von Raumer, Zeitschr. angew. Chemie 1890. 421; L. Medicus und C. Immerheiser, Zeitschr. analyt. Chemie 1891. 30. 665; W. Fresenius, Zeitschr. analyt. Chemie 1891. 30. 669.

baren Bestandtheile des unreinen Stärkezuckers bleiben aber grösstentheils unverändert.

a) **Der Wein enthält höchstens 0,1 g reduzirenden Zucker in 100 ccm und dreht entweder nach links oder gar nicht oder höchstens 0,3 Winkelgrade nach rechts.** Diese Zahlen findet man stets bei gewöhnlichen reinen, ausgegohrenen Naturweinen. Bei Anwesenheit von höchstens 0,1 g reduzirendem Zucker in 100 ccm Wein und bei den genannten Drehungswinkeln ist die Gegenwart von rechtsdrehenden Stoffen in nennenswerther Menge ausgeschlossen. Die rechtsdrehenden, schwer vergährbaren Bestandtheile des unreinen Traubenzuckers sind daher als nicht vorhanden anzusehen.

b) **Der Wein enthält höchstens 0,1 g reduzirenden Zucker in 100 ccm und dreht mehr als 0,3 Winkelgrade bis höchstens 0,6 Winkelgrade nach rechts.** Ein solcher Wein enthält rechtsdrehende Stoffe, also entweder Rohrzucker oder die unvergohrenen Bestandtheile des unreinen Stärkezuckers oder Dextrin. Auf Dextrin prüft man nach Nr. 19 (S. 144) (dieser Stoff wird nur selten im Weine gefunden werden). Neben Dextrin können auch die anderen vorher genannten Stoffe vorhanden sein; man hat daher auf unreinen Stärkezucker nach Nr. 12d) zu prüfen.

c) **Der Wein enthält höchstens 0,1 g Gesammtzucker in 100 ccm und dreht mehr als 0,6 Winkelgrade nach rechts.** In diesem Falle enthält der Wein rechtsdrehende Bestandtheile, die nicht Zucker sind, d. h. entweder Dextrin oder die schwer vergährbaren Bestandtheile des unreinen Stärkezuckers oder diese Stoffe neben einander. Findet man nach Nr. 19 (S. 144) Dextrin, so ist weiter nach Nr. 12d) auf unreinen Stärkezucker zu prüfen. Ist Dextrin nicht vorhanden, so ist die Anwesenheit der unvergohrenen Bestandtheile des unreinen Stärkezuckers erwiesen.

d) **Der Wein enthält mehr als 0,1 g Gesammtzucker in 100 ccm.** Ein Wein mit mehr als 0,1 g Gesammtzucker kann, gleichgültig wie das Ergebniss der Polarisation gewesen ist, alle früher aufgeführten optisch aktiven Stoffe enthalten, welche im natürlichen Weine vorkommen und ihm zugesetzt worden sein können. Diese Stoffe sind: Invertzucker, andere optisch aktive natürliche Weinbestandtheile (Weinsteinsäure und Aepfelsäure, die Salze dieser Säuren u. s. w.), Rohrzucker, unreiner Stärkezucker, reiner Stärkezucker (Traubenzucker), Dextrin und Gummi. Es handelt sich nun darum, in diesen vielleicht vorhandenen Stoffen unreinen Stärkezucker nachzuweisen. Man verfährt dabei in der Weise, dass man alle Stoffe mit Ausnahme der schwer vergährbaren Bestandtheile des unreinen Stärkezuckers aus dem Weine nach Möglichkeit entfernt und die letzteren dann polarimetrisch nachweist.

α) Die im Weine vorhandenen Zuckerarten werden durch Vergähren entfernt. Man entgeistet den Wein, weil der Alkohol des Weines die Gährung der Zuckerarten beeinträchtigen kann. Manche Süssweine sind so reich an Zucker, dass sie, wenn man sie nach dem Entgeisten auf den ursprünglichen Raum auffüllen würde, nur schwierig und langsam vergähren würden; der Verdampfungsrückstand solcher Weine ist soweit zu verdünnen, dass die verdünnte Flüssigkeit nicht mehr als 15 Procent Zucker enthält. Bei den meisten Weinen genügt es, sie wieder annähernd auf den ursprünglichen Raum aufzufüllen. Man muss zu dem Gährversuche Bierhefe verwenden, weil durch Presshefe auch die schwer vergährbaren Bestandtheile des unreinen Stärkezuckers, die man gerade nachweisen will, vergähren würden. Die Bierhefe soll gährkräftig und frei von optisch aktiven Bestandtheilen sein; ein Zuckergehalt (Maltosegehalt) der Bierhefe ist ungefährlicher als der stets vorhandene Dextringehalt der ungereinigten Bierhefe. Man verwendet frische Bierhefe, die man so lange mit Wasser auswäscht, bis das Waschwasser optisch unwirksam ist. Zu starkes Auswaschen der Bierhefe ist zu vermeiden, da hierdurch ihre Gährkraft beeinträchtigt wird. Bei Temperaturen von 20 bis 25° C. verläuft die Gährung sehr rasch; selbst bei sehr zuckerreichem Weine ist sie, wenn man den Verdampfungsrückstand in der vorgeschriebenen Weise verdünnt, in höchstens 4 bis 5 Tagen vollendet. Die Beendigung der Gährung erkennt man an dem Aufhören der Kohlensäureentwicklung. Durch die Gährung werden die etwa im Weine enthaltenen Zuckerarten (Invertzucker, Rohrzucker und Traubenzucker) entfernt; es hinterbleiben die anderen optisch wirksamen natürlichen Weinbestandtheile (Weinsteinsäure und Aepfelsäure, die Salze dieser Säuren u. s. w.), ferner Dextrin, Gummi und die schwer vergährbaren Bestandtheile des unreinen Stärkezuckers.

β) Durch den Zusatz von Kaliumacetat zu dem Weine wird etwa vorhandene freie Weinsteinsäure in Weinstein übergeführt. Bei dem Ausziehen des Verdampfungsrückstandes des Weines mit Alkohol von 90 Maassprozent bleiben nicht nur Dextrin und Gummi, die dem Weine etwa zugesetzt waren, sondern auch die grösste Menge der natürlichen rechtsdrehenden Bestandtheile, namentlich die Salze der Weinsteinsäure, ungelöst zurück; der alkoholische Auszug enthält einen Theil der unvergohrenen Bestandtheile des unreinen Stärkezuckers. Der mit Wasser aufgenommene Verdampfungsrückstand des alkoholischen Auszuges wird mit Thierkohle entfärbt. Die Thierkohle nimmt die unvergohrenen Bestandtheile des unreinen Stärkezuckers zum Theil auf, und bei dem Auswaschen der Thierkohle mit der verhältnissmässig geringen Menge Wasser (das ganze Filtrat soll, bei 15° C. gemessen, nur 30 ccm betragen) wird die Gesammtmenge dieser Stoffe nicht immer vollständig der Thierkohle entzogen. Ergiebt daher die Polarisation des Filtrates, welches nur schwach gelblich gefärbt sein darf, nahezu die zur Beanstandung des Weines führende Rechtsdrehung von 0,5 Winkelgraden in 200 mm langer Schicht, so muss man die Thierkohle nochmals und gegebenenfalls noch ein drittes Mal mit heissem Wasser auswaschen, die Waschflüssigkeiten polarisiren und die beobachteten Drehungen der ersten Drehung zuzählen. Ergiebt sich eine Rechtsdrehung von mehr als 0,5 Winkelgraden, so ist die Gegenwart der unvergohrenen Bestandtheile des unreinen Stärkezuckers im Weine erwiesen. Die gewöhnlichen reinen Naturweine, welche die unvergohrenen Bestandtheile des unreinen Stärkezuckers nicht enthalten, zeigen nach der vorgeschriebenen Behandlung eine geringere Rechtsdrehung als 0,5 Winkelgrade. Das Verfahren hat nur den Charakter eines qualitativen Nachweises des unreinen Stärkezuckers und giebt keine sichere Auskunft über die Menge des dem Weine zugesetzten unreinen Stärkezuckers; der Zusatz kleiner Mengen kann dem Nachweise entgehen. Da manche Honigsorten (namentlich die sogenannten Koniferenhonige) ähnliche schwer vergährbare Stoffe enthalten[1]) wie der unreine Stärkezucker, können diese Stoffe auch durch den Zusatz von solchen Honigsorten in den Wein gelangen.

13. Nachweis fremder Farbstoffe in Rothweinen.

Rothweine sind stets auf Theerfarbstoffe und auf ihr Verhalten gegen Bleiessig zu prüfen. Ferner ist in dem Weine ein mit Alaun und Natriumacetat gebeizter Wollfaden zu kochen und das Verhalten des auf der Wollfaser niedergeschlagenen Farbstoffes gegen Reagentien zu prüfen. Die bei dem Nachweise fremder Farbstoffe im Einzelnen befolgten Verfahren sind stets anzugeben.

Die bei dem Nachweise fremder Farbstoffe im Rothweine einzuschlagenden Verfahren findet man auf S. 155.

14. Bestimmung der Gesammtweinsteinsäure, der freien Weinsteinsäure, des Weinsteines und der an alkalische Erden gebundenen Weinsteinsäure.

a) Bestimmung der Gesammtweinsteinsäure.

Man setzt zu 100 ccm Wein in einem Becherglase 2 ccm Eisessig, 3 Tropfen einer 20 prozentigen Kaliumacetatlösung und 15 g gepulvertes reines Chlorkalium. Letzteres bringt

---

[1]) Vergl. C. Amthor, Repert. analyt. Chemie 1882. **2.** 88; 1884. **4.** 361; 1885. **5.** 163; Bericht 6. Versamml. d. fr. Verein. bayer. Vertreter d. angew. Chemie am 20. u. 21. Mai 1887 in München. Berlin 1887 bei Julius Springer, S. 61; W. Lenz, Repert. analyt. Chemie 1884. **4.** 370; O. Hänle, Els. Journ. Pharm. 1884. Nr. 261; A. Klinger, Repert. analyt. Chemie 1885. **5.** 166; M. Barth, Pharm. Centralh. 1885. **26.** 87; E. von Raumer, Zeitschr. angew. Chemie 1889. 607; 1890. 421; Bericht 9. Versamml. d. fr. Verein. bayer. Vertreter d. angew. Chemie am 16. u. 17. Mai

man durch Umrühren nach Möglichkeit in Lösung und fügt dann 15 ccm Alkohol von 95 Maassprozent hinzu. Nachdem man durch starkes, etwa 1 Minute anhaltendes Reiben des Glasstabes an der Wand des Becherglases die Abscheidung des Weinsteines eingeleitet hat, lässt man die Mischung wenigstens 15 Stunden bei Zimmertemperatur stehen und filtrirt dann den krystallinischen Niederschlag ab. Hierzu bedient man sich eines Gooch'schen Platin- oder Porzellantiegels mit einer dünnen Asbestschicht, welche mit einem Platindrahtnetze von mindestens $1/2$ mm weiten Maschen bedeckt ist, oder einer mit Papierfilterstoff bedeckten Witt'schen Porzellansiebplatte; in beiden Fällen wird die Flüssigkeit mit Hülfe der Wasserstrahlpumpe abgesaugt. Zum Auswaschen des krystallinischen Niederschlages dient ein Gemisch von 15 g Chlorkalium, 20 ccm Alkohol von 95 Maassprozent und 100 ccm destillirtem Wasser. Das Becherglas wird etwa dreimal mit wenigen Kubikcentimetern dieser Lösung abgespült, wobei man jedesmal gut abtröpfeln lässt. Sodann werden Filter und Niederschlag durch etwa dreimaliges Abspülen und Aufgiessen von wenigen Kubikcentimetern der Waschflüssigkeit ausgewaschen; von letzterer dürfen im Ganzen nicht mehr als 20 ccm gebraucht werden. Der auf dem Filter gesammelte Niederschlag wird darauf mit siedendem, alkalifreiem, destillirtem Wasser in das Becherglas zurückgespült und die erhaltene, bis zum Kochen erhitzte Lösung in der Siedhitze mit $1/4$-Normal-Alkalilauge unter Verwendung von empfindlichem blauviolettem Lackmuspapier titrirt.

Berechnung. Wurden bei der Titration a Kubikcentimeter $1/4$-Normal-Alkalilauge verbraucht, so sind enthalten:

$x = 0{,}0375 \,(a + 0{,}6)$ Gramm Gesammtweinsteinsäure in 100 ccm Wein.

b) **Bestimmung der freien Weinsteinsäure.**

50 ccm eines gewöhnlichen ausgegohrenen Weines, bezw. 25 ccm eines erhebliche Mengen Zucker enthaltenden Weines, werden in der unter Nr. 4 (S. 63) vorgeschriebenen Weise in einer Platinschale verascht. Die Asche wird vorsichtig mit 20 ccm

---

1890 in Erlangen. Berlin bei Julius Springer 1890, S. 33; Zeitschr. analyt. Chemie 1894. **33.** 397; W. Mader, Arch. Hyg. 1890. **10.** 399; M. Mansfeld, Zeitschr. allg. österr. Apoth.-Ver. 1891. **39.** 339; R. Hefelmann, Pharm. Centralh. 1894. **35.** 481; A. Partheil, Apoth.-Ztg. 1894. **9.** 662; J. König und W. Karsch, Zeitschr. analyt. Chemie 1895. **34.** 1; G. Lange, Chem. Ztg. 1895. **19.** 784.

$^1/_4$-Normal-Salzsäure versetzt und nach Zusatz von 20 ccm destillirtem Wasser über einer kleinen Flamme bis zum beginnenden Sieden erhitzt. Die heisse Flüssigkeit wird mit $^1/_4$-Normal-Alkalilauge unter Verwendung von empfindlichem blauviolettem Lackmuspapier titrirt.

Berechnung. Wurden a Kubikcentimeter Wein angewandt und bei der Titration b Kubikcentimeter $^1/_4$-Normal-Alkalilauge verbraucht, enthält ferner der Wein c Gramm Gesammtweinsteinsäure in 100 ccm (nach Nr. 14a bestimmt), so sind enthalten:

$$x = c - \frac{3{,}75\,(20-b)}{a}$$ Gramm freie Weinsteinsäure in 100 ccm Wein.

Ist $a = 50$, so wird $x = c + 0{,}075\,b - 1{,}5$; ist $a = 25$, so wird $x = c + 0{,}15\,b - 3$.

c) Bestimmung des Weinsteines.

50 ccm eines gewöhnlichen ausgegohrenen Weines, bezw. 25 ccm eines erhebliche Mengen Zucker enthaltenden Weines, werden in der unter Nr. 4 (S. 63) vorgeschriebenen Weise in einer Platinschale verascht. Die Asche wird mit heissem, destillirtem Wasser ausgelaugt, die Lösung durch ein kleines Filter filtrirt und die Schale sowie das Filter mit heissem Wasser sorgfältig ausgewaschen. Der wässerige Aschenauszug wird vorsichtig mit 20 ccm $^1/_4$-Normal-Salzsäure versetzt und über einer kleinen Flamme bis zum beginnenden Sieden erhitzt. Die heisse Lösung wird mit $^1/_4$-Normal-Alkalilauge unter Verwendung von empfindlichem blauviolettem Lackmuspapier titrirt.

Berechnung. Wurden d Kubikcentimeter Wein angewandt und bei der Titration e Kubikcentimeter $^1/_4$-Normal-Alkalilauge verbraucht, enthält ferner der Wein c Gramm Gesammtweinsteinsäure in 100 ccm (nach Nr. 14a bestimmt), so berechnet man zunächst den Werth von n aus nachstehender Formel:

$$n = 26{,}67\,c - \frac{100\,(20-e)}{d}.$$

α) Ist n gleich Null oder negativ, so ist sämmtliche Weinsteinsäure in der Form von Weinstein in dem Weine vorhanden; dann sind enthalten:

$x = 1{,}2533 \cdot c$ Gramm Weinstein in 100 ccm Wein.

β) Ist n positiv, so sind enthalten:

$$x = \frac{4{,}7\,(20-e)}{d}$$ Gramm Weinstein in 100 ccm Wein.

d) **Bestimmung der an alkalische Erden gebundenen Weinsteinsäure.**

Die Menge der an alkalische Erden gebundenen Weinsteinsäure wird aus den bei der Bestimmung der freien Weinsteinsäure und des Weinsteines unter Nr. 14 b) und c) gefundenen Zahlen berechnet. Haben b, d und e dieselbe Bedeutung wie dort und ist

α) n gleich Null oder negativ gefunden worden, so ist an alkalische Erden gebundene Weinsteinsäure in dem Weine nicht enthalten;

β) n positiv gefunden worden, so sind enthalten:

$$x = \frac{3{,}75\,(e-b)}{d}$$ Gramm an alkalische Erden gebundene Weinsteinsäure in 100 ccm Wein.

Das in der Anweisung vorgeschriebene Verfahren zur Bestimmung der Gesammtweinsteinsäure, der freien Weinsteinsäure, des Weinsteines und der an alkalische Erden gebundenen Weinsteinsäure, das die früher gebräuchlichen Verfahren an Genauigkeit erheblich übertrifft, ist erst in neuester Zeit von A. Halenke und W. Möslinger[1]) angegeben worden. Schon bevor es von Halenke und Möslinger veröffentlicht wurde, ist es von M. Barth[2]) mitgetheilt und auf die Untersuchung von Most und Wein angewandt worden. Dasselbe bedarf bezüglich der Grundzüge und der Berechnungsweisen einer eingehenden Besprechung.

a) **Bestimmung der Gesammtweinsteinsäure.** Die Weinsteinsäure kann zum Theil in freiem Zustande, zum Theil als Weinstein (Kaliumbitartrat) und an alkalische Erden (Kalk, Magnesia) gebunden im Weine vorhanden sein. Zur Bestimmung der Gesammtweinsteinsäure muss die etwa vorhandene freie Weinsteinsäure in Weinstein übergeführt werden. Dies geschieht durch Zusatz von einigen Tropfen einer konzentrirten Lösung von Kaliumacetat in essigsaurer Lösung. Nunmehr ist die gesammte Weinsteinsäure des Weines in der Form schwerlöslicher saurer Salze (von Kalium- und Calciumbitartrat) vorhanden. Durch den Zusatz eines Salzes (des Chlorkaliums) bis zur Sättigung und des hochprozentigen Alkohols wird die Löslichkeit der Bitartrate noch mehr vermindert. Durch Reiben der Flüssigkeit zwischen dem Glasstabe und der Wand des Becherglases veranlasst man die Abscheidung einer kleinen Menge von Weinsteinkrystallen; vielfache Erfahrungen haben gelehrt, dass bei Gegenwart auch nur einer Spur von Krystallen die Krystallisation sehr rasch und vollkommen vor sich geht. Nach mindestens 15 stündigem Stehen bei gewöhnlicher Temperatur kann die Krystallisation

---

[1]) Zeitschr. analyt. Chemie 1895. **34.** 279.
[2]) Forschungsber. Lebensm., Hyg. 1894. **1.** 205.

des Weinsteines u. s. w. als vollendet angesehen werden; etwas längeres Stehen der Flüssigkeit in dem mit einem Uhrglase bedeckten Becherglase schadet in keinem Falle. Man filtrirt die Flüssigkeit durch einen Gooch'schen Tiegel mit einer dünnen Asbestschicht ab; der Gooch'sche Tiegel ist ein Porzellan- oder Platintiegel mit durchlochtem Boden (s. Figur 24 rechts). Um das jedesmalige Aufschwemmen der Asbestlage beim Aufgiessen der Flüssigkeit zu verhindern, bedeckt man den Asbest mit einem rundgeschnittenen Platindrahtnetze von mindestens $1/2$ mm weiten Maschen. Bei Weinen kommt man mit dem Gooch'schen Tiegel fast immer zum Ziele, weil bei diesen die Flüssigkeit leicht filtrirbar ist. Bei Mosten wird dagegen die Filtration durch gleichzeitig mit dem Weinsteine u. s. w. abgeschiedene organische Stoffe mitunter so erschwert, dass sie mit dem Gooch'schen Tiegel nicht ausführbar ist; in diesem Falle bedient man sich der mit Papierfilterstoff bedeckten Witt'schen Porzellansiebplatte, durch welche die Flüssigkeit stets leicht filtrirt. Das Filtriren und Auswaschen erfolgt unter Anwendung der Wasserstrahlpumpe; den Gooch'schen Tiegel setzt man mit Hülfe eines weiten Gummischlauches in den Hals einer Saugflasche (s. Figur 24).

Figur 24.

Zum Auswaschen des krystallinischen Niederschlages, der zum Theil an den Wandungen des Becherglases haften bleibt, zum Theil auf die Asbestschicht des Tiegels gelangt, benutzt man eine alkoholisch-wässerige Chlorkaliumlösung, die etwa dieselbe Zusammensetzung hat wie die filtrirte Flüssigkeit. Von der Waschflüssigkeit darf man im Ganzen nicht mehr als 20 ccm verbrauchen; für jedes Abwaschen bezw. Ausspülen darf man daher nur etwa $3^2/_3$ ccm Waschflüssigkeit benutzen. Um diese kleinen Mengen einhalten zu können, fertigt man sich zweckmässig eine kleine Spritzflasche aus einem eingetheilten Cylinder von 25 ccm Inhalt oder einer unten rundgeschmolzenen Messröhre von demselben Inhalte. In das Spritzfläschchen füllt man 20 ccm Waschflüssigkeit, und diese werden zu einem Versuche vollständig verbraucht.

Der in dem Becherglase und auf dem Filter zurückbleibende krystallinische Niederschlag enthält nahezu die gesammte Weinsteinsäure des Weines in der Form von Bitartraten, namentlich von Weinstein. Man löst ihn in heissem, destillirtem, alkalifreiem Wasser. Die Titration der Bitartrate erfolgt, wie bei der Bestimmung der Gesammtsäure des Weines (Nr. 6, S. 68), in heisser Lösung; auch hier kann man die auf Weinsteinsäure oder Weinstein gestellte Alkalilauge, ferner statt des Lackmuspapieres das Azolithminpapier und eine in Hundertstelkubikcentimeter getheilte Bürette anwenden.

Bei der Berechnung der Gesammtweinsteinsäure ist berücksichtigt, dass die Bitartrate, d. h. im Wesentlichen der Weinstein, in der Fällungs- und Auswaschflüssigkeit nicht ganz unlöslich sind. Da bei allen Versuchen die gleiche Menge Wein, die gleichen Mengen der Zusätze, die nahezu gleiche Temperatur (die Schwankungen der Zimmertemperatur sind ohne Bedeutung) und die gleichen Mengen der gleichmässig zusammengesetzten Waschflüssigkeit zur Anwendung kommen, bleibt stets die gleiche Menge Weinstein in Lösung. Sie wurde durch besondere Versuche bestimmt; es ergab sich, dass die Löslichkeit des Weinsteines in der Fällungs- und Auswaschflüssigkeit gleich etwa 1 : 4500 ist, und dass für den gelöst bleibenden Weinstein zu der zur Sättigung des abgeschiedenen Weinsteines erforderlichen Menge $^1/_4$-Normal-Alkalilauge noch 0,6 ccm dieser Lauge zugezählt werden müssen. Wurden daher zur Sättigung des **abgeschiedenen** Weinsteines aus 100 ccm Wein a ccm $^1/_4$-Normal-Alkalilauge verbraucht, so bedarf der **gesammte** Weinstein zum Neutralisiren (a + 0,6) ccm $^1/_4$-Normal-Alkalilauge.

Die Berechnung der Gesammtweinsteinsäure gestaltet sich folgendermassen. Die Gesammtweinsteinsäure wird in der Form von Bitartraten titrirt, d. h. sie verhält sich dabei wie eine einbasische Säure. Jeder Molekel Alkalihydrat entspricht daher unter diesen Umständen eine Molekel Weinsteinsäure, während bei der Titration der zweibasischen **freien** Weinsteinsäure jeder Molekel Alkalihydrat nur eine **halbe** Molekel Weinsteinsäure entsprechen würde. Da das Molekulargewicht der Weinsteinsäure gleich 150 ist, so werden durch 1 ccm $^1/_4$-Normal-Alkalilauge $\frac{1}{1000} \cdot \frac{150}{4} =$ 0,0375 g Gesammtweinsteinsäure angezeigt. Wurden zur Titration der **ausgeschiedenen** Bitartrate aus 100 ccm Wein a ccm, also zur Sättigung der **gesammten** Bitartrate (a + 0,6) ccm $^1/_4$-Normal-Alkalilauge verbraucht, so enthält der Wein 0,0375 (a + 0,6) g Gesammtweinsteinsäure in 100 ccm.

Beispiel. Zur Sättigung der aus 100 ccm Wein abgeschiedenen Bitartrate wurden 4,96 ccm $^1/_4$-Normal-Alkalilauge gebraucht. Dann sind enthalten:

x = 0,0375 (4,96 + 0,6) = 0,0375 . 5,56 = 0,2085 g oder abgerundet 0,21 g Gesammtweinsteinsäure in 100 ccm Wein.

b) **Bestimmung der freien Weinsteinsäure.** Die freie Weinsteinsäure wird auf indirektem Wege aus dem Unterschiede der Gesammtweinsteinsäure und der an Basen gebundenen Weinsteinsäure durch Rechnung gefunden. Die Menge der Gesammtweinsteinsäure ist nach Nr. 14a) festgestellt worden; es kommt also noch darauf an, die Menge der an Basen gebundenen Weinsteinsäure zu bestimmen. Die gesammte an Basen gebundene Weinsteinsäure ist in der Form von Bitartraten in dem Weine enthalten; neutrale Salze bildet die Weinsteinsäure in sauren Flüssigkeiten, wie der

Wein eine ist, nicht. Beim Erhitzen bezw. Veraschen hinterlassen die Bitartrate kohlensaure Salze, und zwar geben 2 Molekeln der Alkalibitartrate 1 Molekel kohlensaures Alkali, z. B. der Weinstein nach der Gleichung:

$$2\,C_4H_5O_6K + 10\,O = K_2CO_3 + 7\,CO_2 + 5\,H_2O.$$

(Die beim Glühen des Weinsteines entstehenden organischen Stoffe sind hier als unwesentlich ausser Acht gelassen, es ist vielmehr angenommen worden, dass sie vollständig zu Kohlensäure und Wasser oxydirt werden).

Auf diesem Verhalten beruht das in der Anweisung vorgeschriebene Verfahren zur Bestimmung der an Basen gebundenen Weinsteinsäure. Man verascht 50 bezw. 25 ccm Wein und ermittelt die Alkalität der Asche. Die Veraschung der Weine muss für diese Bestimmung ebenso vorsichtig und in derselben Weise wie bei der Bestimmung der Mineralbestandtheile (Nr. 4, S. 63) erfolgen; ein Verlust an kohlensaurem Kali würde einen erheblichen Fehler in der Bestimmung verursachen. Die direkte Titration der kohlensauren Salze der Asche würde wegen der frei werdenden Kohlensäure Schwierigkeiten verursachen; die Asche wird daher mit 20 ccm $^1/_4$-Normal-Salzsäure vorsichtig übersättigt (mit aufgelegtem Uhrglase, das man nachher mit Wasser abspült), die Flüssigkeit bis zum beginnenden Sieden erhitzt, wobei ein Verlust an Salzsäure wegen der grossen Verdünnung nicht zu befürchten ist, und die überschüssige Salzsäure heiss mit $^1/_4$-Normal-Alkalilauge zurücktitrirt. Zur Erkennung des Sättigungspunktes benutzt man empfindliches blauviolettes Lackmuspapier oder Azolithminpapier; auch hier bedient man sich zweckmässig einer in Hundertstelkubikcentimeter getheilten Bürette.

Berechnung der freien Weinsteinsäure. Man hat zunächst die Menge der an Basen gebundenen Weinsteinsäure zu berechnen. Es seien a ccm Wein angewandt und zum Zurücktitriren der $^1/_4$-Normal-Salzsäure b ccm $^1/_4$-Normal-Alkalilauge verbraucht worden. Dann entspricht die Alkalität der Asche, d. h. ihr Gehalt an kohlensauren Salzen, (20 — b) ccm $^1/_4$-Normal-Salzsäure. Da die Kohlensäure zweibasisch ist, sind zur Sättigung von 1 Molekel der Karbonate 2 Molekeln Salzsäure erforderlich. 1 Molekel der Karbonate entsteht durch Glühen von 2 Molekeln der Bitartrate des Weines; daher wird durch 1 Molekel Salzsäure 1 Molekel Bitartrat oder auch 1 Molekel Weinsteinsäure, die als Bitartrat im Weine vorhanden ist, angezeigt. Da das Molekulargewicht der Weinsteinsäure gleich 150 ist, entsprechen jedem ccm $^1/_4$-Normal-Salzsäure, der zum Sättigen der Weinasche verbraucht wurde, $\frac{1}{1000} \cdot \frac{150}{4} = 0{,}0375\,g$

Weinsteinsäure, die an Basen gebunden in der Form von Bitartraten im Weine enthalten ist. (20 — b) ccm $^1/_4$-Normal-Salzsäure zeigen daher 0,0375 (20 — b) Gramm an Basen gebundene Weinsteinsäure an. Diese Menge wurde aus a ccm Wein erhalten; in 100 ccm Wein sind daher

$$\frac{0{,}0375\,(20-b)\cdot 100}{a} = \frac{3{,}75\,(20-b)}{a}$$ Gramm an Basen in der Form von Bitartraten gebundene Weinsteinsäure. Wurden nach Nr. 14 a) in 100 ccm Wein c Gramm Gesammtweinsteinsäure gefunden, so ist der Gehalt des Weines an freier Weinsteinsäure:

$$x = c - \frac{3{,}75\,(20-b)}{a} \text{ Gramm in 100 ccm.}$$

Bei der Untersuchung des Weines findet man den Werth x meistens gleich Null oder negativ. Ist $x = 0$, so reichen die in dem Weine enthaltenen Basen gerade hin, die vorhandene Weinsteinsäure unter Bildung von Bitartraten zu binden; freie Weinsteinsäure ist dann nicht vorhanden. Ist x negativ, so sagt dies aus, dass in dem Weine mehr Basen vorhanden sind, als zur Überführung der Weinsteinsäure in Bitartrate nothwendig sind. Die Basen sind dann zum Theil an andere organische Säuren gebunden. Auch in diesem Falle ist freie Weinsteinsäure in dem Weine nicht enthalten, denn diese würde alsbald die mit den anderen Säuren verbundenen Basen an sich ziehen.

Beispiele. 1) Wein ohne freie Weinsteinsäure. Als 50 ccm des Weines, der, nach Nr. 14 a) untersucht, 0,2085 g Gesammtweinsteinsäure enthielt, verascht wurden, brauchte man zur Neutralisirung der zugefügten 20 ccm $^1/_4$-Normal-Salzsäure 16,32 ccm $^1/_4$-Normal-Alkalilauge. In diesem Falle ist $a = 50$, $b = 16{,}32$, $c = 0{,}2085$, daher wird

$$x = 0{,}2085 - \frac{3{,}75\,(20-16{,}32)}{50} = 0{,}2085 - 0{,}2760 = -0{,}0675,$$

der Wein enthält somit keine freie Weinsteinsäure.

2) Most mit freier Weinsteinsäure. Der Most enthielt in 100 ccm 0,4725 g Gesammtweinsteinsäure. Zur Sättigung der zur Asche aus 25 ccm Most zugesetzten 20 ccm $^1/_4$-Normal-Salzsäure waren 17,36 ccm $^1/_4$-Normal-Alkalilauge erforderlich. Hier ist $a = 25$, $b = 17{,}36$ und $c = 0{,}4725$. Daher wird:

$$x = 0{,}4725 - \frac{3{,}75\,(20-17{,}36)}{25} = 0{,}4725 - 0{,}3960 = 0{,}0765 \text{ oder abgerundet } 0{,}08 \text{ g freie Weinsteinsäure in 100 ccm Most.}$$

c) Bestimmung des Weinsteines. Die Bestimmung des Weinsteines beruht auf denselben Grundsätzen wie die der gesammten an Basen gebundenen Weinsteinsäure. Wenn man den Wein verascht, so wird der Weinstein in Kaliumkarbonat übergeführt, während aus etwa vorhandenem Calciumbitartrat Calciumkarbonat entsteht. Zieht man die Asche mit heissem Wasser aus, so geht nur das Kaliumkarbonat in Lösung, während das Calciumkarbonat ungelöst bleibt. Bestimmt man dann die Alkalität des wässerigen Aschenauszuges, so kann man daraus einen Schluss auf den Gehalt des Weines an Weinstein ziehen.

Die Ausführung der Bestimmung ist der unter Nr. 14 b) beschriebenen

Ermittelung der Gesammt-Alkalität der Asche ähnlich. Nach dem Zusatze der 20 ccm $^1/_4$-Normal-Salzsäure zu dem wässerigen Aschenauszuge bedeckt man die Schale mit einem Uhrglase, um das Verspritzen der Flüssigkeit in Folge des Entweichens der Kohlensäure zu verhüten. Bei dem Titriren der heissen Lösung bedient man sich zweckmässig wieder des Azolithminpapiers und der in Hundertstelkubikcentimeter getheilten Bürette.

Berechnung. Es seien bei Anwendung von d ccm Wein zur Sättigung der zu dem wässerigen Aschenauszuge zugesetzten 20 ccm $^1/_4$-Normal-Salzsäure e ccm $^1/_4$-Normal-Alkalilauge verbraucht worden. Da zur Sättigung des wässerigen Aschenauszuges aus d ccm Wein (20 — e) ccm $^1/_4$-Normal-Salzsäure erforderlich sind, werden auf 100 ccm Wein $y = \dfrac{100\,(20 - e)}{d}$ ccm $^1/_4$-Normal-Salzsäure verbraucht.

Diese Anzahl Kubikcentimeter $^1/_4$-Normal-Salzsäure könnte ohne Weiteres auf Weinstein umgerechnet werden, wenn man sicher wäre, dass das Kaliumkarbonat des Aschenauszuges nur von dem Weinsteingehalte des Weines herrührte. Dies ist aber nicht immer der Fall; vielmehr können in dem Weine auch Kaliumsalze anderer organischer Säuren vorkommen, die beim Glühen ebenfalls Kaliumkarbonat geben. Um in Bezug hierauf Klarheit zu schaffen, ist es nothwendig, die unter Nr. 14a) gefundene Gesammtweinsteinsäure heranzuziehen.

Nehmen wir an, die ganze unter Nr. 14a) gefundene Gesammtweinsteinsäure im Betrage von c Gramm in 100 ccm Wein sei als Weinstein in dem Weine enthalten. Da das Molekulargewicht der Weinsteinsäure gleich 150, das des Weinsteines gleich 188 ist, so würden den c Gramm Weinsteinsäure $\dfrac{188}{150} \cdot c$ Gramm Weinstein entsprechen. 2 Molekeln Weinstein gleich $2.188 = 376$ g geben beim Glühen 1 Molekel Kaliumkarbonat gleich 138 g; die $\dfrac{188}{150} \cdot c$ Gramm Weinstein würden daher beim Erhitzen $\dfrac{138}{2.188} \cdot \dfrac{188}{150} \cdot c = \dfrac{138}{300} \cdot c$ Gramm Kaliumkarbonat liefern. 1 Molekel Kaliumkarbonat gleich 138 g erfordert zum Sättigen 2 Molekeln Salzsäure; durch 1 ccm $^1/_4$-Normal-Salzsäure werden daher $\dfrac{1}{2} \cdot \dfrac{1}{1000} \cdot \dfrac{138}{4} = 0{,}01725$ g Kaliumkarbonat neutralisirt, oder 1 g Kaliumkarbonat erfordert zur Sättigung $\dfrac{1}{0{,}01725}$ ccm $^1/_4$-Normal-Salzsäure. Die $\dfrac{138}{300} \cdot c$ Gramm Kaliumkarbonat würden daher $z = \dfrac{138}{300 \cdot 0{,}01725} \cdot c = 26{,}67 \cdot c$ ccm $^1/_4$-Normal-Salzsäure zur Sättigung erfordern. In Worten heisst dieses Ergebniss: Wenn die Gesammtweinsteinsäure des Weines in der Form von Weinstein in dem Weine vorhanden wäre, so würde das daraus beim Erhitzen entstehende

Kaliumkarbonat, auf 100 ccm Wein bezogen, durch $z = 26{,}67 \cdot c$ ccm $^1/_4$-Normal-Salzsäure neutralisirt werden.

Andererseits wurde durch den Versuch festgestellt, dass das aus den Kalisalzen organischer Säuren von 100 ccm Wein entstandene Kaliumkarbonat durch $y = \dfrac{100(20-e)}{d}$ ccm $^1/_4$-Normal-Salzsäure gesättigt wurde.

Der Unterschied $z-y$ ist in der Anweisung mit n bezeichnet. Der Ausdruck für n stellt demnach die Menge $^1/_4$-Normal-Salzsäure dar, welche das aus der Gesammtweinsteinsäure von 100 ccm Wein, wenn sie ganz in der Form von Weinstein im Weine vorhanden wäre, bei dem Veraschen entstandene Kaliumkarbonat mehr verbrauchen würde als der wässerige Auszug der Asche von 100 ccm Wein.

α) Ist nun $n = o$, so bedeutet das, dass die Gesammtweinsteinsäure, in ihrer ganzen Menge als Weinstein gedacht, beim Veraschen des Weines genau so viel Kaliumkarbonat liefern würde, als in dem wässerigen Aschenauszuge wirklich gefunden wurde, d. h. die gesammte nach Nr. 14a) bestimmte Weinsteinsäure ist als Weinstein im Weine vorhanden. In diesem Falle kann man den Weinsteingehalt des Weines aus der nach Nr. 14a) bestimmten Gesammtweinsteinsäure berechnen. 1 Molekel Weinsteinsäure gleich 150 g entspricht 1 Molekel Weinstein gleich 188 g; die unter Nr. 14a) gefundenen c Gramm Gesammtweinsteinsäure aus 100 ccm Wein entsprechen daher $\dfrac{188}{150} \cdot c = 1{,}2533 \cdot c$ Gramm Weinstein, d. h. in 100 ccm Wein sind $x = 1{,}2533 \cdot c$ Gramm Weinstein enthalten.

Ist n negativ, so ist in dem wässerigen Aschenauszug mehr Kaliumkarbonat enthalten, als beim Veraschen des Weines enstehen würde, wenn die gesammte nach Nr. 14a) bestimmte Weinsteinsäure als Weinstein im Weine vorhanden wäre. In diesem Falle ist, wie vorher, die gesammte Weinsteinsäure als Weinstein in dem Weine vorhanden; ausserdem enthält der Wein noch Kaliumsalze anderer organischer Säuren, die ebenfalls beim Glühen Kaliumkarbonat liefern.

Freie Weinsteinsäure kann neben diesen Kaliumsalzen nicht bestehen; sie würde sich mit ihnen unter Bildung von Weinstein umsetzen. Auch hier wird der Weinsteingehalt des Weines, wie vorher, aus der unter Nr. 14a) bestimmten Gesammtweinsteinsäure berechnet.

β) Ist n positiv, so bedeutet das, dass die Gesammtweinsteinsäure, wenn sie ihrer ganzen Menge nach als Weinstein in dem Weine vorhanden wäre, beim Veraschen des Weines mehr Kaliumkarbonat geben würde, als in dem wässerigen Aschenauszuge durch den Versuch gefunden wurde. Hieraus ergiebt sich, dass die Gesammtweinsteinsäure nicht ihrer ganzen Menge nach als Weinstein in dem Weine enthalten ist, sondern daneben zum Theil entweder in freiem Zustande oder an alkalische Erden gebunden. Das Kaliumkarbonat ist in diesem Falle nur aus Weinstein entstanden, da die Kaliumsalze anderer organischer Säuren neben freier Weinsteinsäure nicht bestehen können. Man kann daher den Weinsteingehalt des Weines aus der Alkalität des wässerigen Aschenauszuges berechnen.

Zur Sättigung des wässerigen Aschenauszuges von 100 ccm Wein wurden, wie vorher berechnet wurde, $\frac{100(20-e)}{d}$ ccm $^1/_4$-Normal-Salzsäure verbraucht. Zur Neutralisation von 1 Molekel Kaliumkarbonat sind 2 Molekeln Salzsäure erforderlich; da 1 Molekel Kaliumkarbonat beim Erhitzen von 2 Molekeln Weinstein entsteht, so entspricht jeder Molekel Salzsäure 1 Molekel Weinstein. Das Molekulargewicht des Weinsteines ist gleich 188; 1 ccm $^1/_4$-Normal-Salzsäure zeigt daher $\frac{1}{1000} \cdot \frac{188}{4} = 0{,}047$ g Weinstein an, und $\frac{100(20-e)}{d}$ ccm $^1/_4$-Normal-Salzsäure zeigen $\frac{0{,}047 \cdot 100 \, (20-e)}{d} = \frac{4{,}7(20-e)}{d}$ g Weinstein in 100 ccm Wein an.

Beispiele. 1) Zur Sättigung des mit 20 ccm $^1/_4$-Normal-Salzsäure versetzten wässerigen Aschenauszuges aus 50 ccm des Weines, welcher, nach Nr. 14a) untersucht, 0,2085 g Gesammtweinsteinsäure in 100 ccm und, nach Nr. 14b) untersucht, keine freie Weinsteinsäure enthielt, waren 17,12 ccm $^1/_4$-Normal-Alkalilauge erforderlich. In diesem Falle ist $c = 0{,}2085$, $d = 50$ und $e = 17{,}12$. Daher wird:

$$n = 26{,}67 \cdot 0{,}2085 - \frac{100(20-17{,}12)}{50} = 26{,}67 \cdot 0{,}2085 - 2 \cdot 2{,}88 = -0{,}20.$$

Da n negativ ist, ist die gesammte Weinsteinsäure als Weinstein in dem Weine anwesend. Daher sind enthalten:

$$x = 1{,}2533 \cdot 0{,}2085 = 0{,}2613 \text{ oder abgerundet } 0{,}26 \text{ g}$$
Weinstein in 100 ccm Wein.

2) Zur Neutralisation des mit 20 ccm $^1/_4$-Normal-Salzsäure versetzten wässerigen Aschenauszuges aus 50 ccm desselben Weines seien 17,92 ccm $^1/_4$-Normal-Alkalilauge verbraucht worden. Dann ist $c = 0{,}2085$, $d = 50$ und $e = 17{,}92$. Daher wird:

$$n = 26{,}67 \cdot 0{,}2085 - \frac{100(20-17{,}92)}{50} = 26{,}67 \cdot 0{,}2085 - 3 \cdot 2{,}08 = 1{,}40.$$

Da n positiv ist, so ist nur ein Theil der Gesammtweinsteinsäure als Weinstein in dem Weine enthalten. Die Menge des Weinsteines ergiebt sich dann zu:

$$x = \frac{4{,}7(20-17{,}92)}{50} = 0{,}1955 \text{ oder abgerundet } 0{,}20 \text{ g}$$
Weinstein in 100 ccm Wein.

d) **Bestimmung der an alkalische Erden gebundenen Weinsteinsäure.** Die Menge der an alkalische Erden gebundenen Weinsteinsäure wird durch Rechnung gefunden.

α) Hat man unter Nr. 14c) n gleich Null oder negativ gefunden, so ist damit bewiesen, dass die gesammte Weinsteinsäure als

Weinstein in dem Weine enthalten ist; an alkalische Erden gebundene Weinsteinsäure kann daher unter diesen Umständen in dem Weine nicht vorhanden sein.

β) Ist unter Nr. 14c) n positiv gefunden worden, so ist neben dem Weinstein noch Weinsteinsäure in einer anderen Form in dem Weine enthalten.

Die an alkalische Erden gebundene Weinsteinsäure ist gleich der Gesammtweinsteinsäure, vermindert um die freie Weinsteinsäure und um die in dem Weinsteine enthaltene Weinsteinsäure. c, d, und e mögen dieselbe Bedeutung wie bei der Berechnung unter Nr. 14b) und 14c) haben, es bedeute nämlich:

c die Gramme Gesammtweinsteinsäure in 100 ccm Wein (nach Nr. 14a bestimmt),

d die zu dem Versuche verwendete Anzahl Kubikcentimeter Wein,

b die Anzahl Kubikcentimeter $1/_4$-Normal-Alkalilauge, die zur Sättigung der mit 20 ccm $1/_4$-Normal-Salzsäure versetzten Asche aus d ccm Wein erforderlich waren,

e die Anzahl Kubikcentimeter $1/_4$-Normal-Alkalilauge, die zur Sättigung des mit 20 ccm $1/_4$-Normal-Salzsäure versetzten wässerigen Aschenauszuges aus d ccm Wein erforderlich waren.

Die Gesammtweinsteinsäure in 100 ccm Wein, nach Nr. 14a) bestimmt, ist gleich c Gramm. Die freie Weinsteinsäure in 100 ccm Wein, nach Nr. 14b) bestimmt, ist gleich $c - \frac{3{,}75\,(20-b)}{d}$ Gramm. Der Weinsteingehalt des Weines, nach Nr. 14c β) bestimmt, ist gleich $\frac{4{,}7\,(20-e)}{d}$ Gramm in 100 ccm. Da in einer Molekel Weinstein gleich 188 g eine Molekel Weinsteinsäure gleich 150 g enthalten ist, so enthalten die $\frac{4{,}7\,(20-e)}{d}$ Gramm Weinstein $\frac{150}{188} \cdot \frac{4{,}7\,(20-e)}{d} = \frac{3{,}75\,(20-e)}{d}$ Gramm Weinsfeinsäure. Die an alkalische Erden gebundene Weinsteinsäure ist gleich der Gesammtweinsteinsäure, vermindert um die freie Weinsteinsäure und vermindert um die in dem Weinsteine enthaltene Weinsteinsäure, alle Werthe bezogen auf 100 ccm Wein; in Formeln ausgedrückt ist:

$$x = c - \left(c - \frac{3{,}75\,(20-b)}{d}\right) - \frac{3{,}75\,(20-e)}{d} = \frac{3{,}75\,(e-b)}{d}$$ Gramm an alkalische Erden gebundene Weinsteinsäure in 100 ccm Wein.

Zu derselben Formel gelangt man auch durch folgende Überlegung. Unter Nr. 14b) wurde die Alkalität der ganzen Asche bestimmt; dieselbe lässt einen Schluss auf die gesammte Menge der an Basen gebundenen Weinsteinsäure zu. Unter Nr. 14c) wurde die Alkalität des wässerigen Aschenauszuges ermittelt; dieselbe ermöglicht die Berechnung des

Weinsteines, d. h. der an Kali gebundenen Weinsteinsäure. Da die in der Form von Bitartraten im Weine enthaltene Weinsteinsäure nur an Kali und an alkalische Erden gebunden ist, so erhält man die an alkalische Erden gebundene Weinsteinsäure, wenn man von der gesammten an Basen gebundenen Weinsteinsäure die an Kali gebundene Weinsteinsäure, d. h. die in dem Weinsteine enthaltene Weinsteinsäure abzieht. Die gesammte an Basen gebundene Weinsteinsäure und die im Weinsteine enthaltene Weinsteinsäure sind bereits vorher berechnet. Es bedeute wieder

d die zu den Versuchen angewandte Menge Wein (in Kubikcentimetern),

b die Anzahl Kubikcentimeter $^1/_4$-Normal-Alkalilauge, die zur Sättigung der mit 20 ccm $^1/_4$-Normal-Salzsäure versetzten Asche aus d ccm Weine erforderlich waren (nach Nr. 14 b bestimmt),

e die Anzahl Kubikcentimeter $^1/_4$-Normal-Alkalilauge, die zur Sättigung des mit 20 ccm $^1/_4$-Normal-Salzsäure versetzten wässerigen Aschenauszuges aus d ccm Wein erforderlich waren (nach Nr. 14 c bestimmt).

1. Die gesammte an Basen gebundene Weinsteinsäure, welche zur Berechnung der freien Weinsteinsäure bekannt sein musste, wurde bereits unter Nr. 14 b) berechnet. Es sind danach enthalten:

$$y = \frac{3{,}75\,(20-b)}{d} \text{ Gramm an Basen gebundene Weinsteinsäure in 100 ccm Wein.}$$

2. Der Weinsteingehalt des Weines beträgt, wie unter Nr. 14 c β) berechnet wurde, $\frac{4{,}7\,(20-e)}{d}$ Gramm in 100 ccm. In den $\frac{4{,}7\,(20-e)}{d}$ Gramm Weinstein sind, wie unter Nr. 14 d) berechnet wurde, $\frac{3{,}75\,(20-e)}{d}$ Gramm Weinsteinsäure enthalten. In 100 ccm Wein sind sonach:

$$z = \frac{3{,}75\,(20-e)}{d} \text{ Gramm an Kali gebundene Weinsteinsäure.}$$

Der Gehalt des Weines an Weinsteinsäure, die an alkalische Erden gebunden ist, wird daher

$$x = y - z = \frac{3{,}75\,(20-b)}{d} - \frac{3{,}75\,(20-e)}{d} = \frac{3{,}75\,(e-b)}{d} \text{Gramm in 100 ccm.}$$

Beispiel. Der in den vorhergehenden Beispielen angeführte Wein enthielt, nach Nr. 14 a) untersucht, c = 0,2085 g Gesammtweinsteinsäure; zur Neutralisation des mit 20 ccm $^1/_4$-Normal-Salzsäure versetzten wässerigen Aschenauszuges aus d = 50 ccm des Weines waren (nach Beispiel 2 unter Nr. 14 c) e = 17,92 ccm $^1/_4$-Normal-Alkalilauge nothwendig. Aus diesen Zahlen berechnet man nach der unter Nr. 14 d) abgeleiteten Formel:

$$x = 0{,}2085 - \frac{3{,}75\,(20-17{,}92)}{50} = 0{,}0525 \text{ oder abgerundet 0,05 g an alkalische Erden gebundene Weinsteinsäure in 100 ccm Wein.}$$

15. Bestimmung der Schwefelsäure in Weissweinen.

Das unter Nr. 5 (S. 66) für Rothweine angegebene Verfahren zur Bestimmung der Schwefelsäure gilt auch für Weissweine.

16. Bestimmung der schwefligen Säure.

Zur Bestimmung der schwefligen Säure bedient man sich folgender Vorrichtung. Ein Destillirkolben von 400 ccm Inhalt wird mit einem zweimal durchbohrten Stopfen verschlossen, durch welchen zwei Glasröhren in das Innere des Kolbens führen. Die erste Röhre reicht bis auf den Boden des Kolbens, die zweite nur bis in den Hals. Die letztere Röhre führt zu einem Liebig'schen Kühler; an diesen schliesst sich luftdicht mittelst durchbohrten Stopfens eine kugelig aufgeblasene U-Röhre (sog. Peligot'sche Röhre).

Man leitet durch das bis auf den Boden des Kolbens führende Rohr Kohlensäure, bis alle Luft aus dem Apparate verdrängt ist, bringt dann in die Peligot'sche Röhre 50 ccm Jodlösung (erhalten durch Auflösen von 5 g reinem Jod und 7,5 g Jodkalium in Wasser zu 1 Liter), lüftet den Stopfen des Destillirkolbens und lässt 100 ccm Wein aus einer Pipette in den Kolben fliessen, ohne das Einströmen der Kohlensäure zu unterbrechen. Nachdem noch 5 g syrupdicke Phosphorsäure zugegeben sind, erhitzt man den Wein vorsichtig und destillirt ihn, unter stetigem Durchleiten von Kohlensäure, zur Hälfte ab.

Man bringt nunmehr die Jodlösung, die noch braun gefärbt sein muss, in ein Becherglas, spült die Peligot'sche Röhre gut mit Wasser aus, setzt etwas Salzsäure zu, erhitzt das Ganze kurze Zeit und fällt die durch Oxydation der schwefligen Säure entstandene Schwefelsäure mit Chlorbaryum. Der Niederschlag von Baryumsulfat wird genau in der unter Nr. 5 (S. 66) vorgeschriebenen Weise weiter behandelt.

Berechnung. Wurden a Gramm Baryumsulfat gewogen, so sind:

$x = 0{,}2748 \cdot a$ Gramm schweflige Säure (SO_2) in 100 ccm Wein.

Anmerkung 1. Der Gesammtgehalt der Weine an schwefliger Säure kann auch nach dem folgenden Verfahren bestimmt werden. Man bringt in ein Kölbchen von ungefähr 200 ccm Inhalt 25 ccm Kalilauge, die etwa 56 g Kaliumhydrat im Liter enthält, und lässt 50 ccm Wein so zu der Lauge fliessen, dass die Pipettenspitze während des Auslaufens in die Kalilauge taucht. Nach mehrmaligem vorsichtigem Umschwenken lässt man die Mischung 15 Minuten stehen. Hierauf fügt man zu der alkalischen Flüssigkeit 10 ccm verdünnte

Schwefelsäure (erhalten durch Mischen von 1 Theil Schwefelsäure mit 3 Theilen Wasser) und einige Kubikcentimeter Stärkelösung und titrirt die Flüssigkeit mit $\frac{1}{50}$-Normal-Jodlösung; man lässt die Jodlösung hierbei rasch, aber vorsichtig so lange zutropfen, bis die blaue Farbe der Jodstärke nach vier bis fünfmaligem Umschwenken noch kurze Zeit anhält.

Berechnung der gesammten schwefligen Säure. Wurden auf 50 ccm Wein a Kubikcentimeter $\frac{1}{50}$-Normal-Jodlösung verbraucht, so sind enthalten:

$x = 0{,}00128 \cdot a$ Gramm gesammte schweflige Säure (SO_2)
in 100 ccm Wein.

Zufolge neuerer Erfahrungen ist ein Theil der schwefligen Säure im Weine an organische Bestandtheile gebunden, ein anderer in freiem Zustande oder als Alkalibisulfit im Weine vorhanden. Die Bestimmung der freien schwefligen Säure geschieht nach folgendem Verfahren. Man leitet durch ein Kölbchen von etwa 100 ccm Inhalt 10 Minuten lang Kohlensäure, entnimmt dann aus der frisch entkorkten Flasche mit einer Pipette 50 ccm Wein und lässt diese in das mit Kohlensäure gefüllte Kölbchen fliessen. Nach Zusatz von 5 ccm verdünnter Schwefelsäure wird die Flüssigkeit in der vorher beschriebenen Weise mit $\frac{1}{50}$-Normal-Jodlösung titrirt.

Berechnung der freien schwefligen Säure. Wurden auf 50 ccm Wein a Kubikcentimeter $\frac{1}{50}$-Normal-Jodlösung verbraucht, so sind enthalten:

$x = 0{,}00128 \cdot a$ Gramm freie schweflige Säure (SO_2)
in 100 ccm Wein.

Der Unterschied der gesammten schwefligen Säure und der freien schwefligen Säure ergiebt den Gehalt des Weines an schwefliger Säure, die an organische Weinbestandtheile gebunden ist.

Anmerkung 2. Wurde der Gesammtgehalt an schwefliger Säure nach dem in der Anmerkung 1 beschriebenen Verfahren bestimmt, so ist dies anzugeben. Es ist wünschenswerth, dass in jedem Falle die freie bezw. die an organische Bestandtheile gebundene schweflige Säure bestimmt wird.

Ueber das Schwefeln der Fässer bezw. des Weines und das Verhalten der schwefligen Säure im Weine vergl. S. 16. Die schweflige Säure findet sich im Weine nur kurze Zeit nach dem Schwefeln im freien Zustande. Sie fängt sehr bald an, sich mit dem in jedem Weine enthaltenen Aldehyd (Acetaldehyd) zu aldehydschwefliger Säure zu verbinden; die Bildung der aldehydschwefligen Säure schreitet immer weiter fort, und nach längerem Lagern ist die freie schweflige Säure verschwunden und vollständig in aldehydschweflige Säure übergeführt. Gegen Säuren ist die aldehydschweflige Säure beständig; durch Alkalien wird sie in ihre Bestandtheile (Aldehyd und schweflige Säure) zerlegt. Sie ist nicht unzersetzt flüchtig, sondern zerfällt beim Destilliren in Aldehyd und schweflige Säure; beim Stehen vereinigen sich diese Stoffe im Destillate wieder.

Ueber die Geschwindigkeit der Bindung von Acetaldehyd und schwefliger Säure liegen zahlreiche Untersuchungen von F. Schaffer und A. Bertschinger[1]) sowie von E. Rieter[2]) vor, die sowohl mit geschwefelten Weinen als auch mit reinen Lösungen von Aldehyd und schwefliger Säure ausgeführt wurden. Aus denselben ergiebt sich, dass die Bindung der schwefligen Säure an Aldehyd ausserordentlich rasch und vollständig erfolgt, sobald Aldehyd im Ueberschusse vorhanden ist; anderenfalls stellt sich erst nach längerem Stehen ein Gleichgewichtszustand zwischen freier und gebundener schwefliger Säure ein.

Das in der Anweisung an erster Stelle vorgeschriebene, von B. Haas[3]) angegebene Verfahren zur Bestimmung der schwefligen Säure bezweckt die Bestimmung der gesammten schwefligen Säure des Weines. Das Verfahren beruht darauf, dass die schweflige Säure beim Erhitzen des Weines überdestillirt und in einer Jodlösung aufgefangen wird; durch Jod wird die schweflige Säure in Gegenwart von Wasser zu Schwefelsäure oxydirt, und diese wird bestimmt.

Der bei der Bestimmung der gesammten schwefligen Säure nach dem Destillationsverfahren anzuwendende Apparat stimmt mit der bei der Bestimmung der flüchtigen Säuren (Nr. 7, S. 70) benutzten Vorrichtung mit dem Unterschiede überein, dass man die bis zum Boden des Destillirkolbens reichende Glasröhre nicht mit einer Flasche, in der Wasserdampf entwickelt wird, sondern mit einem Kipp'schen Kohlensäureapparate verbindet. An dem Ende der Kühlerröhre befestigt man luftdicht mittelst Stopfens eine geräumige Peligot'sche Röhre mit zwei Kugeln, von denen jede etwa 75 ccm fasst (s. Figur 25). Die Destillation der schwefligen Säure erfolgt im Kohlensäurestrome; würde man die Destil-

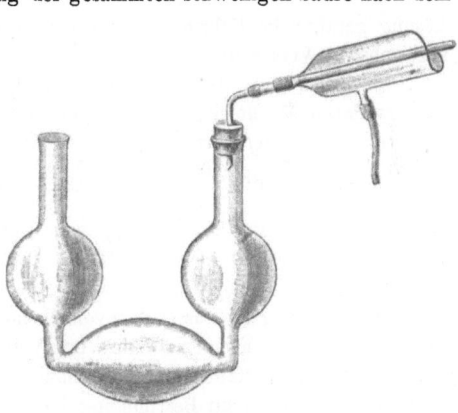

Figur 25.

---

[1]) Schweiz. Wochenschr. Chem. Pharm. 1894. **32.** 397 und 409.
[2]) Ebd. 1894. **32.** 477.
[3]) Ber. deutsch. chem. Gesellschaft 1882. **15.** 155.

lation in gewöhnlicher Weise, also in einer Luftatmosphäre, vornehmen, so würde man zu wenig schweflige Säure finden, weil diese sich in dem Destillationskolben zum Theil zu Schwefelsäure oxydiren würde, die mit Wasserdämpfen nicht flüchtig ist. Man verdrängt daher aus dem Destillationskolben zunächst die Luft durch Kohlensäure, füllt dann den Wein ein und destillirt die schweflige Säure unter stetigem Durchleiten von Kohlensäure ab. Der Zusatz von syrupdicker Phosphorsäure hat nur den Zweck, den Siedepunkt des Weines zu erhöhen, weil dann die schweflige Säure rascher überdestillirt; sie würde aber, da der Wein stets stark sauer ist, auch ohne diesen Zusatz beim Erhitzen übergehen. Wenn die Flüssigkeit zur Hälfte abdestillirt ist, findet sich die gesammte schweflige Säure des Weines, auch die mit Aldehyd verbunden gewesene, im Destillate.

Die schweflige Säure wird durch Jod in Gegenwart von Wasser zu Schwefelsäure oxydirt:

$$SO_2 + J_2 + 2 H_2 O = H_2 SO_4 + 2 H J.$$

Die Jodlösung muss nach Beendigung der Destillation noch braun gefärbt sein, damit man sicher ist, dass Jod im Ueberschusse vorhanden war. Die vorgelegten 50 ccm Jodlösung enthalten 0,25 g Jod, welche 0,063 g schweflige Säure zu oxydiren vermögen; so grosse Mengen schweflige Säure dürften nur höchst selten in 100 ccm Wein gefunden werden. Die durch Oxydation der schwefligen Säure entstandene Schwefelsäure wird, ohne Rücksicht auf das gelöste Jod, mit Chlorbaryum in salzsaurer Lösung gefällt; im Uebrigen verfährt man nach der unter Nr. 5 (S. 66) angegebenen Vorschrift.

Berechnung. Jede Molekel schweflige Säure $SO_2 = 64$ giebt bei der Oxydation 1 Molekel Schwefelsäure und bei der Bestimmung der letzteren 1 Molekel Baryumsulfat $Ba SO_4 = 233$. Daher entsprechen a Gramm Baryumsulfat $\frac{64}{233} \cdot a = 0,2748 \cdot a$ Gramm schwefliger Säure.

Beispiel. Bei Anwendung von 100 ccm eines Weines wurden 0,0273 g Baryumsulfat gewogen. Dann sind enthalten:
$x = 0,2748 \cdot 0,0273 = 0,0075$ g schweflige Säure (SO_2) in 100 ccm Wein.

Anmerkung 1. Ausser dem vorstehenden Verfahren zur Bestimmung der gesammten schwefligen Säure im Weine wird in der Anmerkung 1 noch ein anderes Verfahren zur Bestimmung der gesammten schwefligen Säure und ein solches zur Bestimmung der freien bezw. der an Aldehyd gebundenen schwefligen Säure angegeben.[1]) Diese Verfahren beruhen darauf, dass die freie schweflige Säure durch Jod zu Schwefelsäure oxydirt wird, während die aldehydschweflige Säure durch Jod nicht verändert wird. Macht man aber den Wein stark alkalisch, so wird die aldehydschweflige Säure zerlegt, indem Aldehyd und schwefligsaures Alkali entstehen; säuert

---

[1]) Die Literaturangaben s. S. 17.

man dann den Wein mit Schwefelsäure an, so kann man nunmehr die gesammte schweflige Säure des Weines mit Jod titriren. Der Unterschied der gesammten schwefligen Säure und der freien schwefligen Säure giebt den Gehalt des Weines an gebundener schwefliger Säure.

a) **Bestimmung der gesammten schwefligen Säure.** Um die in dem Weine enthaltene schweflige Säure möglichst wenig mit der Luft in Berührung zu bringen und jede Oxydation zu vermeiden, taucht man die Spitze der Pipette, aus welcher der Wein ausfliesst, in die Kalilauge. Nach viertelstündiger Einwirkung der Kalilauge ist die Zerlegung der aldehydschwefligen Säure vollendet. Nach Zusatz von Schwefelsäure titrirt man die dadurch freigemachte schweflige Säure mit $^1/_{50}$-Normal-Jodlösung unter Anwendung von Stärkelösung als Indikator. Ausser der schwefligen Säure sind in dem Weine noch andere Stoffe enthalten, welche Jod aufnehmen bezw. eine Jodlösung entfärben; zu ihnen gehört u. a. der Gerbstoff. Dieser entfärbt die Jodlösung aber nur langsam, während die schweflige Säure augenblicklich oxydirt wird. Man lässt aus diesem Grunde die Jodlösung rasch zutropfen und betrachtet den Versuch als beendet, wenn die blaue Farbe der Jodstärke nach mehrmaligem Umschwenken noch kurze Zeit bestehen bleibt. Nach längerem Stehen ($^1/_2$ bis 1 Minute) verschwindet die blaue Farbe stets wieder, weil der Gerbstoff das überschüssige Jod an sich zieht.

Berechnung. Nach der oben mitgetheilten Einwirkungsgleichung zwischen schwefliger Säure und Jod wird eine Molekel schweflige Säure gleich 64 g durch 2 Molekeln Jod gleich 254 g oxydirt. 1 ccm $^1/_{50}$-Normal-Jodlösung, welcher $\frac{1}{50} \cdot \frac{127}{1000} = 0{,}00254$ g Jod enthält, zeigt daher $\frac{1}{2} \cdot \frac{1}{50} \cdot \frac{64}{1000} = 0{,}00064$ g schweflige Säure an. Wurden bei der Titration von 50 ccm Wein a ccm $^1/_{50}$-Normal-Jodlösung verbraucht, so entsprechen diesen $0{,}00064 \cdot a$ Gramm schweflige Säure; in 100 ccm Wein sind daher $2 \cdot 0{,}00064 \cdot a = 0{,}00128 \cdot a$ Gramm gesammte schweflige Säure enthalten.

b) **Bestimmung der freien schwefligen Säure.** Die Bestimmung der freien schwefligen Säure vollzieht sich in derselben Weise wie die der gesammten schwefligen Säure, nur fällt die Behandlung des Weines mit Kalilauge fort. Um die Oxydation der schwefligen Säure an der Luft zu verhindern, füllt man das Kölbchen, in welchem die freie schweflige Säure titrirt werden soll, mit Kohlensäure. Nach Zusatz von 5 ccm verdünnter Schwefelsäure verfährt man genau, wie unter a) vorgeschrieben wurde. Auch die Berechnung ist die gleiche wie unter a).

Beispiel zu a) und b). Nach der Behandlung mit Kalilauge wurden zum Titriren von 50 ccm Wein 9,1 ccm $^1/_{50}$-Normal-Jodlösung verbraucht; ohne Behandlung mit Kalilauge genügten hierzu 1,7 ccm $^1/_{50}$-Normal-Jodlösung. Dann ist:

a) der Gehalt des Weines an **gesammter** schwefliger Säure:
  $x = 0{,}00128 \cdot 9{,}1 = 0{,}01165$ g in 100 ccm,
b) der Gehalt des Weines an **freier** schwefliger Säure:
  $y = 0{,}00128 \cdot 1{,}7 = 0{,}00218$ g in 100 ccm,
c) der Gehalt des Weines an organisch-gebundener schwefliger Säure:
  $z = x - y = 0{,}01165 - 0{,}00218 = 0{,}00947$ g in 100 ccm.

In 1 Liter Wein sind somit enthalten:
  116,5 mg gesammte schweflige Säure,
  21,8 mg freie schweflige Säure,
  94,7 mg an Aldehyd gebundene schweflige Säure.

Anmerkung 2. Während das Destillationsverfahren zur Bestimmung der schwefligen Säure mit nachfolgender gewichtsanalytischer Bestimmung der entstandenen Schwefelsäure stets sichere Ergebnisse liefert, ist das Titrirverfahren mit Jod wegen der anderen Jod entfärbenden Weinbestandtheile mit einer kleinen Unsicherheit behaftet; meist findet man etwas zu viel schweflige Säure. Schon nach den bisher vorliegenden Ergebnissen vergleichender Versuche kann es als sehr wahrscheinlich gelten, dass das einfache, rasche und bequeme Titrirverfahren mit Jod für die Bestimmung der gesammten schwefligen Säure geeignet ist, das umständliche und zeitraubende Destillationsverfahren zu ersetzen. Da dies aber [nicht hinreichend sicher erwiesen ist, schreibt die Anweisung in erster Linie das Destillationsverfahren vor; an Stelle desselben kann auch das Jod-Titrirverfahren benutzt werden, dies ist aber dann besonders anzugeben. Da die Form, in welcher die schweflige Säure in dem Weine enthalten ist, vielleicht für die Beurtheilung des Weines von Bedeutung werden kann, ist gleichzeitig der Wunsch ausgesprochen worden, dass in möglichst vielen Fällen der Gehalt des Weines an freier und an organisch-gebundener schwefliger Säure nach dem Jod-Titrirverfahren bestimmt werde.

17. Bestimmung des Saccharins.

Man verdampft 100 ccm Wein unter Zusatz von ausgewaschenem grobem Sande in einer Porzellanschale auf dem Wasserbade, versetzt den Rückstand mit 1 bis 2 ccm einer 30 prozentigen Phosphorsäurelösung und zieht ihn unter beständigem Auflockern mit einer Mischung von gleichen Raumtheilen Aether und Petroleumäther bei mässiger Wärme aus. Man filtrirt die Auszüge durch gereinigten Asbest in einen Kolben und fährt mit dem Ausziehen fort, bis man 200 bis 250 ccm Filtrat erhalten hat. Hierauf destillirt man den grössten Theil der Aether-Petroleumäthermischung im Wasserbade ab, führt die rückständige Lösung aus dem Kolben in eine Porzellanschale über, spült den Kolben mit Aether gut nach, verjagt dann Aether und Petroleumäther völlig und nimmt den Rückstand mit einer verdünnten Lösung von Natriumkarbonat auf. Man filtrirt die Lösung in eine Platinschale, verdampft sie zur Trockne, mischt den Trockenrückstand mit der 4 bis 5 fachen Menge festem Natriumkarbonat und trägt dieses Gemisch allmählich in schmelzenden Kalisalpeter ein. Man löst die weisse Schmelze in Wasser, säuert sie vorsichtig (mit aufgelegtem Uhrglase) in einem Becherglase mit Salzsäure an und fällt die aus dem Saccharin entstandene Schwefelsäure mit Chlorbaryum in der unter Nr. 5 vorgeschriebenen Weise.

Berechnung. Wurden bei der Verarbeitung von 100 ccm Wein a Gramm Baryumsulfat gewonnen, so sind enthalten:

$x = 0{,}7857 \cdot a$ Gramm Saccharin in 100 ccm Wein.

Der süss schmeckende Bestandtheil der Handelssaccharinsorten ist das Benzoësäuresulfinid oder die Anhydroorthosulfaminbenzoësäure:

$$C_6 H_4 <^{CO}_{SO_2}> NH.$$

Saccharin wird gegenwärtig hauptsächlich von drei Firmen in den Handel gebracht: von Fahlberg, List & Co. in Salbke-Westerhüsen a. d. Elbe, von Dr. F. von Heyden Nachfolger in Radebeul bei Dresden und von Gilliard, P. Monnet & Cartier in Lyon. Die genannten Firmen führen zwei Saccharinsorten, das „300mal süssende" Saccharin und das „500mal süssende" Saccharin. Von diesen beiden Sorten ist das „300mal süssende" Saccharin stark mit der nicht süss schmeckenden Parasulfaminbenzoësäure $C_6 H_4 <^{COOH}_{SO_2\text{-}NH_2}$ verunreinigt. Die genaue Zusammensetzung dieser Handelssaccharine wurde von Rud. Hefelmann[1]) und Ernst Crato[2]) ermittelt; in den nachstehenden Täfelchen sind die Ergebnisse dieser Untersuchungen zusammengestellt (die Crato'schen sind weniger sicher).

1. Die „300mal süssenden" Saccharine.

	Fahlberg, List & Co.			Dr. F. von Heyden Nachfolger			Gilliard, P. Monnet & Cartier
	Nach R. Hefelmann		Nach E. Crato	Nach R. Hefelmann		Nach E. Crato	Nach E. Crato
	1. Probe	2. Probe		1. Probe	2. Probe		
	%	%	%	%	%	%	%
Feuchtigkeit	0,28	—	—	0,23	—	—	—
Mineralbestandtheile .	0,82	—	0,37	0,30	—	1,95	0,43
Parasulfaminbonzoësäure	32,47	33,42	41,87	36,37	35,98	31,74	30,98
Benzoësäuresulfinid (eigentliches Saccharin)	67,66	—	57,27	60,75	—	65,36	68,19

---

[1]) Pharm. Centralh. 1894. **35.** 105; 1895. **36.** 219.
[2]) Ebd. 1894. **35.** 725; auch H. Eckenroth hat ganz neuerdings ähnliche Untersuchungen veröffentlicht (Pharm. Ztg. 1896. **41.** 142.)

2. Die „500mal süssenden" Saccharine.

	Fahlberg, List & Co.				Dr. F. von Heyden Nachfolger		Gilliard, P. Monnet & Cartier
	Nach R. Hefelmann			Nach E. Crato	Nach R. Hefelmann	Nach E. Crato	Nach E. Crato
	1. Probe	2. Probe	3. Probe				
	%	%	%	%	%	%	%
Feuchtigkeit	0,50	—	—	—	0,28	—	—
Mineralbestandtheile .	0,22	—	—	0,20	1,17	0,55	—
Parasulfaminbenzoë-säure	1,70	1,20	0,70	9,61	0	4,49	0
Benzoësäuresulfinid (eigentliches Saccharin)	91,53	90,90	93,48	89,99	98,49	94,02	98,58

Bevor man zur quantitativen Bestimmung des Saccharins schreitet, überzeugt man sich zunächst von der Anwesenheit des Saccharins in dem zu untersuchenden Weine. Zu dem Zwecke zieht man den Verdampfungsrückstand des Weines nach der in der Anweisung angegebenen Vorschrift mit der Aether-Petroleumäthermischung aus, verdampft das Aethergemisch und prüft den Rückstand auf Saccharin. Hierzu giebt es mehrere Verfahren.

1. Durch den Geschmack. Das Saccharin giebt sich durch seinen intensiv süssen Geschmack selbst in kleinen Mengen scharf zu erkennen. Der süsse Geschmack ist aber kein sicherer Beweis für die Anwesenheit von Saccharin, da auch etwa vorhandenes Dulcin in gleicher Weise dem Weine entzogen wird.

2. Durch Ueberführen des Saccharins in Salicylsäure und Nachweisen der letzteren nach C. Schmitt und Pinette.[1]) Man versetzt den Rückstand mit Natronlauge, trocknet die Mischung auf dem Wasserbade ein und erhitzt den Rückstand $1/2$ Stunde im Oelbade auf 250° C.; durch das Erhitzen mit Natron wird das Saccharin in Salicylsäure übergeführt. Man löst den Rückstand in Wasser, säuert die Lösung mit Schwefelsäure an, schüttelt sie mit Aether aus, verdampft den Aether vollständig und prüft den Rückstand mit verdünnter Eisenchloridlösung auf Salicylsäure. Enthält der Wein neben Saccharin auch Salicylsäure, so muss diese vorher entfernt werden; Hairs[2]) scheidet sie durch Zusatz von Brom als Bromsalicylsäure ab. Es ist indessen zu empfehlen, in diesem Falle ein anderes Verfahren zum Nachweise des Saccharins anzuwenden. Das Verfahren von Schmitt und Pinette muss genau nach der Vorschrift ausgeführt werden, da es sonst leicht misslingt.

---

[1]) Repert. analyt. Chemie 1887. **7.** 437.
[2]) Répert. pharm. 1893. **40.** 441.

3. Nach D. Lindo.[1]) Man versetzt den Rückstand mit Salpetersäure, trocknet die Mischung im Wasserbade ein und fügt ein Stückchen Kaliumhydrat und 1 bis 2 Tropfen Alkohol von 50 Maassprozent hinzu; beim Erhitzen treten blaue, violette und schliesslich rothe Farbenerscheinungen auf, wenn $1/_2$ mg Saccharin anwesend ist.

4. Nach D. Vitali.[2]) Man mischt den Rückstand mit der 3 bis 4-fachen Menge gelöschtem Kalk und erhitzt die Mischung in einer Glasröhre langsam bis zur Rothgluth; dabei entstehen Ammoniak, Phenol, Calciumkarbonat und Calciumsulfat, die man nachweist. Oder man erhitzt den Rückstand mit konzentrirter Schwefelsäure und prüft das Reaktionsgemisch auf Benzoësäure.

5. Nach E. Börnstein[3]) giebt Saccharin mit Resorcin und konzentrirter Schwefelsäure eine charakteristische Fluorescenzerscheinung; B. Haas,[4]) Th. Weigle[5]) und S. C. Hooker[6]) stellten aber fest, dass sich dieses Prüfungsverfahren für den Wein nicht eignet.

Das in der Anweisung vorgeschriebene Verfahren wurde von A. Herzfeld und Reischauer[7]) angegeben und von A. H. Allen[8]) u. A. empfohlen; die Ausführungsweise rührt von A. Hilger und E. Späth[9]) her.

Zum Versüssen der Nahrungs- und Genussmittel dient meist das „leichtlösliche" Saccharin, d. h. das Natriumsalz der Orthosulfaminbenzoësäure. Um aus diesem Salze das Saccharin abzuscheiden, wird der Verdampfungsrückstand des Weines mit 1 bis 2 ccm 30prozentiger Phosphorsäurelösung versetzt. Da das freie Saccharin in der Aether-Petroleumäthermischung löslich ist, lässt es sich durch diese Mischung ausziehen; dabei wird der mit Sand gemischte Verdampfungsrückstand fleissig mit einem Spatel gelockert. Bei dem Filtriren der Auszüge durch gereinigten Asbest kann man die Saugpumpe anwenden. Nach dem Verdampfen des Aethergemisches hinterbleibt neben anderen Stoffen das Saccharin. Da dieses in Wasser sehr schwer löslich ist, wird es mit einer verdünnten Natriumkarbonatlösung aufgenommen, in der es sich unter Bildung von orthosulfaminbenzoësaurem Natrium leicht löst. Den Trockenrückstand in der Platinschale löst man mit einem Spatel nach Möglichkeit los und zerreibt ihn in der Schale zunächst mit der gleichen Menge festem Natrium-

---

[1]) Chem. News 1888. **58.** 51.
[2]) L'Orosi 1892. **14.** 109.
[3]) Zeitschr. analyt. Chemie 1888. **27.** 165; 1889. **28.** 352.
[4]) Zeitschr. Nahrungsm.-Unters. Hyg. 1889. **3.** 53.
[5]) Bericht 9. Versamml. d. fr. Verein. bayer. Vertreter der angew. Chemie S. 23.
[6]) Ber. deutsch. chem. Gesellschaft 1888. **21.** 3359.
[7]) Deutsche Zuckerind. 1886. 124.
[8]) Analyst 1888. **13.** 105.
[9]) Bericht 9. Versamml. d. fr. Verein. bayer. Vertreter der angew. Chemie S. 26.

karbonat; die Mischung trägt man mit Hilfe eines kleinen Löffels in schmelzenden Kalisalpeter. Sodann zerreibt man das in der Platinschale zurückbleibende Salzgemenge noch drei- bis viermal mit derselben Menge festem Natriumkarbonat und bringt es jedesmal zu dem in einem Platintiegel schmelzenden Kalisalpeter. Der schmelzende Kalisalpeter oxydirt das Saccharin, wobei aus dem Sulfurylreste (SO_2) Schwefelsäure entsteht. In Folge des hohen Sodagehaltes der Schmelze braust die Lösung derselben bei dem Zusatze von Salzsäure stark auf; zur Vermeidung von Verlusten bedeckt man das Becherglas mit einem Uhrglase, das man nachher mit Wasser abspült. Durch besondere Versuche ist bewiesen worden, dass die Salpeterschmelze bei Verarbeitung von Weinen, welche kein Saccharin enthalten, frei von Schwefelsäure ist. Die gesammte Schwefelsäure der Schmelze rührt daher aus dem in dem Weine enthaltenen Saccharin her, und man kann dessen Menge aus dem Schwefelsäuregehalte der Schmelze berechnen. Die Bestimmung der Schwefelsäure erfolgt nach der unter Nr. 5 (S. 66) angegebenen Vorschrift.

Die Berechnung geht von der Annahme aus, dass das Handelssaccharin aus reinem Benzoësäuresulfinid besteht. Aus 1 Molekel Benzoësäuresulfinid entsteht 1 Molekel Schwefelsäure und aus dieser 1 Molekel Baryumsulfat. Daraus wird berechnet, dass jedem Gramm Baryumsulfat, das zur Wägung gelangt, 0,7857 g Saccharin entsprechen.

Diese Berechnungsweise ist nur für den Fall genau richtig, dass das dem Weine zugesetzte Saccharin aus reinem Benzoësäuresulfinid bestand; das „500 mal süssende" oder „raffinirte" Saccharin einiger Firmen besteht im Wesentlichen aus dieser Verbindung. Wurde ein Saccharin verwendet, das Parasulfaminbenzoësäure enthält, so trifft die Formel nicht mehr zu. Diese Säure von der Formel $C_6H_4<\begin{smallmatrix}COOH\\SO_2\text{-}NH_2\end{smallmatrix}$ geht beim Ausziehen des Saccharins mit in Lösung und wird durch den schmelzenden Salpeter ebenfalls unter Bildung von Schwefelsäure oxydirt. Wenn diese Säure allein vorläge, würden jedem Gramm Baryumsulfat 0,8627 g Parasulfaminbenzoësäure entsprechen. Wird z. B. ein „300 mal süssendes" Saccharin, das 60% Benzoësäuresulfinid und 40% Parasulfaminbenzoësäure enthält, dem Weine zugesetzt, so zeigt jedes Gramm Baryumsulfat, das aus der Schmelze gewonnen wird, 0,8165 g Saccharin an.

Die durch die verschiedenartige Zusammensetzung des Saccharins des Handels verursachte Unsicherheit der Berechnung ist indessen ohne jede Bedeutung, weil die Menge Saccharin, welche dem Weine zugesetzt werden kann, in Folge der grossen Süsskraft dieses Stoffes nur sehr gering sein kann. Es seien z. B. einem Weine auf das Hektoliter 3 g des 300 mal süssenden Saccharins zugesetzt worden; auf 100 ccm Wein kommen dann 0,003 g Saccharin, welche nach ihrer Süsskraft etwa $300 \cdot 0,003 = 0,9$ g Rohrzucker in 100 ccm Wein gleichkommen würden. Wenn das „300 mal süssende" Saccharin aus 60 % Benzoësäuresulfinid und 40 % Parasulfaminbenzoësäure bestand, so liefern die 0,003 g Saccharin $\frac{0{,}003}{0{,}8155} = 0{,}0037$ g Baryumsulfat. Berechnet man aus der Menge des Baryumsulfates nach der in der Anweisung gegebenen, eigentlich für reines Benzoësäuresulfinid geltenden Formel das in dem Weine enthaltene Saccharin, so findet man $x = 0{,}7857 \cdot 0{,}0037 = 0{,}0029$ g Saccharin in 100 ccm Wein, während er in Wirklichkeit 0,003 g Handelssaccharin enthält; der Unterschied beträgt somit nur 0,0001 g.

Beispiel. Bei der Verarbeitung von 100 ccm Wein wurden 0,0031 g Baryumsulfat erhalten. Dann sind enthalten:

$x = 0{,}7457 \cdot 0{,}0081 = 0{,}0024$ g Saccharin in 100 ccm Wein.

18. Nachweis der Salicylsäure.

50 ccm Wein werden in einem cylindrischen Scheidetrichter mit 50 ccm eines Gemisches aus gleichen Raumtheilen Aether und Petroleumäther versetzt und mit der Vorsicht häufig umgeschüttelt, dass keine Emulsion entsteht, aber doch eine genügende Mischung der Flüssigkeiten stattfindet. Hierauf hebt man die Aether-Petroleumätherschicht ab, filtrirt sie durch ein trockenes Filter, verdunstet das Aethergemisch auf dem Wasserbade und versetzt den Rückstand mit einigen Tropfen Eisenchloridlösung. Eine roth-violette Färbung zeigt die Gegenwart von Salicylsäure an.

Entsteht dagegen eine schwarze oder dunkelbraune Färbung, so versetzt man die Mischung mit einem Tropfen Salzsäure, nimmt sie mit Wasser auf, schüttelt die Lösung mit Aether-Petroleumäther aus und verfährt mit dem Auszuge nach der oben gegebenen Vorschrift.

Das Verfahren zum Nachweise der Salicylsäure beruht darauf, diesen Stoff in möglichst reinem Zustande aus dem Weine abzuscheiden und mit Hülfe der charakteristischen Eisenreaktion zu erkennen. Bei dem Ausziehen der Salicylsäure hat man namentlich zu vermeiden, dass gleichzeitig Gerbstoff mit ausgezogen wird; denn der Gerbstoff giebt mit Eisenoxydsalzlösungen (z. B. Eisenchlorid) eine grünschwarze Färbung und Fällung von gerbsaurem Eisenoxyd, welche die Salicylsäurereaktion verdecken würde. Man schüttelt daher den Wein mit dem gleichen Raumtheile eines Gemisches aus gleichen Raumtheilen Aether und Petroleumäther aus, weil dieses Gemisch höchstens sehr kleine Mengen Gerbstoff aufnimmt. Schüttelt man das Aethergemisch mit dem Weine kräftig durch, so entsteht eine Emulsion, die sich nur sehr langsam und schwer nach langem Stehen in zwei Schichten trennt; mitunter tritt die Trennung auch gar nicht ein. Man bringt daher den Wein und das Aethergemisch in einen cylindrischen Scheidetrichter von nicht viel mehr als 100 ccm Inhalt und mischt die Flüssigkeiten nur in der Weise, dass man den verschlossenen Cylinder häufig umkehrt. Das Aethergemisch steigt beim Umdrehen des Cylinders jedesmal in Form kleiner Tropfen an die Oberfläche der Flüssigkeit und sammelt sich dort alsbald wieder. Das Aethergemisch kommt dabei mit der auszuziehenden Flüssigkeit hinreichend in Berührung und nimmt den grössten Theil der etwa vorhandenen Salicylsäure auf; damit dies in möglichst weitem Umfange geschieht, wiederholt man das Umdrehen des Scheidetrichters sehr häufig. Dann lässt man das Aether-Petroleumäthergemisch sich an der Oberfläche der Flüssigkeit sammeln und lässt die untere Weinschicht ab. Das Aethergemisch giesst man durch ein trockenes Filter in ein Porzellanschälchen und verdampft die Aethermischung auf dem Wasserbade. Die zur Prüfung des Verdampfungsrückstandes auf Salicylsäure zu verwendende Eisenchloridlösung muss sehr verdünnt und darf nur ganz schwach gelb gefärbt sein, da sonst die gelbe Farbe des Eisenchlorids die violette Salicylsäurereaktion undeutlich machen kann. Entsteht auf den Zusatz von Eisenchlorid eine braune oder grünschwarze Färbung, so hat das Aethergemisch auch eine kleine Menge Gerbstoff aus dem Weine aufgenommen. In diesem Falle wird der erste Auszug in der vorgeschriebenen Weise gereinigt. Meist tritt aber schon in dem ersten Auszuge die Salicylsäurereaktion deutlich genug ein. Da die Salicylsäure, wenn sie ihren Zweck, nämlich die Konservirung des Weines, erfüllen soll, in ziemlich beträchtlicher Menge zugesetzt werden muss, ist ihr Nachweis fast immer leicht und sicher zu führen.

Das vorstehende Verfahren wurde von Br. Röse[1]) und von H. Taffe[2]) angegeben. L. Weigert[3]) wendet an Stelle des Aether-Petroleumäthergemisches Chloroform und bei sehr gerbstoffreichen Weinen Schwefelkohlenstoff an. Die bisher vorgeschlagenen Verfahren zur **quantitativen Bestimmung der Salicylsäure** sind noch sehr ungenau, so dass keines derselben empfohlen werden kann.

19. Nachweis von arabischem Gummi und Dextrin.

Man versetzt 4 ccm Wein mit 10 ccm Alkohol von 96 Maassprozent. Entsteht hierbei nur eine geringe Trübung, welche sich in Flocken absetzt, so ist weder Gummi noch Dextrin anwesend. Entsteht dagegen ein klumpiger zäher Niederschlag, der zum Theil zu Boden fällt, zum Theil an

---

[1]) Bericht 4. Versamml. d. fr. Verein. bayer. Vertreter der angew. Chemie S. 33; Arch. Hyg. 1886. 4. 127.
[2]) Bull. soc. chim. [2]. 1886. **46.** 808; Journ. pharm. chim. [5]. 1887. **15**. 162.
[3]) Mittheil. Versuchsstation Klosterneuburg 1888. Heft **5.** 53.

den Wandungen des Gefässes hängen bleibt, so muss der Wein nach dem folgenden Verfahren geprüft werden.

100 ccm Wein werden auf etwa 5 ccm eingedampft und unter Umrühren so lange mit Alkohol von 90 Maassprozent versetzt, als noch ein Niederschlag entsteht. Nach 2 Stunden filtrirt man den Niederschlag ab, löst ihn in 30 ccm Wasser und führt die Lösung in ein Kölbchen von etwa 100 ccm Inhalt über. Man fügt 1 ccm Salzsäure vom spezifischen Gewichte 1,12 hinzu, verschliesst das Kölbchen mit einem Stopfen, durch welchen ein 1 Meter langes, beiderseits offenes Rohr führt, und erhitzt das Gemisch 3 Stunden im kochenden Wasserbade. Nach dem Erkalten wird die Flüssigkeit mit einer Sodalösung alkalisch gemacht, auf ein bestimmtes Maass verdünnt und der entstandene Zucker mit Fehling'scher Lösung nach dem unter Nr. 10 (S. 82) beschriebenen Verfahren bestimmt. Der Zucker ist aus zugesetztem Dextrin oder arabischem Gummi gebildet worden; Weine ohne diese Zusätze geben, in der beschriebenen Weise behandelt, höchstens Spuren einer Zuckerreaktion.

Versetzt man einen reinen Naturwein mit dem doppelten bis dreifachen Raumtheile hochprozentigen Alkohols, so entsteht stets eine schwache Trübung, die sich bald in Flocken locker am Boden des Gefässes absetzt. Die durch den Alkohol abgeschiedenen Stoffe bestehen aus Weinstein, anderen Salzen (weinsteinsaurem Kalk u. s. w.), Pektinkörpern und sonstigen nicht genau bekannten Stoffen. Enthält der Wein dagegen Gummi oder Dextrin, so wird er durch den Alkoholzusatz milchig getrübt; der Niederschlag setzt sich zum Theil in Form zäher Klumpen an die Wände und den Boden des Gefässes an, die Flüssigkeit bleibt aber doch noch lange trübe. Der Niederschlag besteht aus abgeschiedenem Gummi bezw. Dextrin, die beide in Alkohol unlöslich sind und aus ihren wässerigen Lösungen durch Zusatz grosser Mengen starken Alkohols grösstentheils ausgefällt werden.

Wenn der Vorversuch die Anwesenheit von Gummi oder Dextrin in dem Weine wahrscheinlich gemacht hat, scheidet man diese Stoffe möglichst quantitativ aus dem Weine ab, indem man 100 ccm Wein auf 5 ccm eindampft und den Rückstand in einem Becherglase unter beständigem Umrühren so lange mit hochprozentigem Alkohol versetzt, als dadurch noch eine weitere Trübung entsteht. Nach zweistündigem Stehen in dem bedeckten Becherglase hat sich ein Theil des Niederschlages an den Wänden des Glases abgesetzt, während die Flüssigkeit getrübt ist. Man filtrirt die Flüssigkeit durch ein mit starkem Alkohol befeuchtetes Filter und wäscht das Becherglas, den an den Wänden desselben haftenden Niederschlag und das Filter wiederholt mit Alkohol von 90 Maassprozent aus.

Dann löst man den an den Wänden des Becherglases sitzenden Niederschlag in Wasser, giesst die Lösung durch dasselbe Filter, durch welches die alkoholische Flüssigkeit filtrirt wurde, in ein Kölbchen von etwa 100 ccm Inhalt und wäscht Becherglas und Filter mit Wasser nach. Die wässerige Lösung, welche das aus dem Weine abgeschiedene Gummi bezw. Dextrin enthält, wird auf etwa 30 ccm verdünnt bezw. eingedampft und in der vorgeschriebenen Weise mit Salzsäure erhitzt.

Durch längeres Erhitzen mit Salzsäure unter geeigneten Umständen werden Gummi und Dextrin in Zucker übergeführt. Früher erhitzte man die Lösung dieser Stoffe mit Salzsäure unter Druck in einem verschlossenen sogenannten Druckfläschchen im Kochsalzbade bei etwa 108^0 C. Man hat aber gefunden, dass längeres Erhitzen unter gewöhnlichem Drucke auf 100^0 C. zur Verzuckerung von Gummi und Dextrin ausreicht; das aufgesetzte, 1 m lange Glasrohr hat nur den Zweck, das Verdampfen der Salzsäure zu verhindern. Der aus dem Gummi oder Dextrin entstandene Zucker wird in der entsprechend verdünnten Flüssigkeit nach der unter Nr. 10 (S. 82) angegebenen Vorschrift bestimmt. Enthielt der Wein weder Gummi noch Dextrin, so giebt die zuletzt erhaltene Lösung höchstens eine schwache Zuckerreaktion; war dem Weine aber Gummi oder Dextrin zugesetzt worden, so erhält man immer bestimmbare Zuckermengen.

Bei dem Erhitzen von arabischem Gummi und Dextrin mit Salzsäure werden zwei verschiedene Zuckerarten gebildet: aus dem Dextrin entsteht Dextrose (Traubenzucker), aus dem arabischen Gummi entsteht Galaktose. Diese Zuckerarten reduziren beide Fehling'sche Lösung, aber in verschiedenem Verhältniss; ihr Reduktionsvermögen stimmt auch mit dem des Invertzuckers nicht überein. Da man bei der Zuckerbestimmung nach Nr. 10 (S. 82) zur Ermittelung des dem gewogenen Kupfer entsprechenden Zuckergehaltes sich der für Invertzuckerlösungen berechneten Tafel III (S. 344) bedient, findet man nicht genau die Mengen Dextrose bezw. Galaktose, welche aus dem Dextrin bezw. dem arabischen Gummi des Weines entstanden sind; man kann daher die gefundene Zuckermenge nicht auf das ursprüngliche Dextrin bezw. arabische Gummi umrechnen. Die genaue Bestimmung der Menge des dem Weine zugesetzten Dextrins bezw. Gummis ist übrigens schon deshalb nicht möglich, weil man durch Zusatz von Alkohol diese Stoffe nicht vollständig aus dem Weine abscheiden kann, und weil bei dem langandauernden Erhitzen der Flüssigkeit mit Salzsäure ein kleiner Theil des neuentstandenen Zuckers wieder zersetzt wird. Je nach der Menge des entstandenen Zuckers kann man aber doch erkennen, ob dem Weine viel oder wenig Gummi bezw. Dextrin zugesetzt worden war.

Weiter wird es von Interesse sein, festzustellen, ob dem Weine arabisches Gummi oder Dextrin zugesetzt worden ist. Die Unterscheidung dieser beiden Stoffe ist nicht schwer. Man benutzt hierzu die wässerige Lösung des durch den Alkoholzusatz entstandenen Niederschlages. Das arabische Gummi ist linksdrehend, das Dextrin sehr stark rechtsdrehend; die aus diesen Stoffen entstehenden Zuckerarten, Galaktose bezw. Dextrose, sind beide rechtsdrehend, und zwar die Galaktose stärker als die Dextrose. Durch Bleiessig wird das arabische Gummi aus seinen Lösungen gefällt, das Dextrin aber nicht.

20. Bestimmung des Gerbstoffes.

a) Schätzung des Gerbstoffgehaltes.

In 100 ccm von Kohlensäure befreitem Weine werden die freien Säuren mit einer titrirten Alkalilösung bis auf 0,5 g in 100 ccm Wein abgestumpft, sofern die Bestimmung nach Nr. 6 (S. 68) einen höheren Betrag ergeben hat. Nach Zugabe von 1 ccm einer 40procentigen Natriumacetatlösung lässt man eine 10procentige Eisenchloridlösung tropfenweise so lange hinzufliessen, bis kein Niederschlag mehr entsteht. 1 Tropfen der 10procentigen Eisenchloridlösung genügt zur Ausfällung von 0,05 g Gerbstoff.

b) Bestimmung des Gerbstoffgehaltes.

Die Bestimmung des Gerbstoffes kann nach einem der üblichen Verfahren erfolgen; das angewandte Verfahren ist in jedem Falle anzugeben.

a) Schätzung des Gerbstoffgehaltes. Der Gerbstoff des Weines giebt mit Eisenoxydsalzen, z. B. Eisenchlorid, einen schwarzen Niederschlag von gerbsaurem Eisenoxyd; ist nur wenig Gerbstoff vorhanden, so entsteht nur eine blaugraue bis graugrüne Färbung. Man hat gefunden, dass bei einem gewissen Gehalte des Weines an Gesammtsäure, namentlich an nichtflüchtigen Säuren, der schwarze Niederschlag von gerbsaurem Eisenoxyd nach dem Zusatze von Eisenchlorid nicht entsteht, selbst wenn beträchtliche Mengen Gerbstoff vorhanden sind (vergl. S. 38). Aus diesem Grunde stumpft man die Gesammtsäure des Weines, wenn sie, als Weinsteinsäure berechnet, mehr als 0,5 g in 100 ccm Wein beträgt, vor dem Zusatze der Eisenchloridlösung bis auf diesen Betrag ab. Dass die vorgeschriebene Art der Schätzung des Gerbstoffes nur eine annähernde und wenig genaue sein kann, ergiebt sich schon daraus, dass die Grösse der Tropfen der Eisenchloridlösung eine sehr verschiedene sein kann, je nach der Art des Gefässes, aus dem die Lösung austropft.

b) Bestimmung des Gerbstoffgehaltes. Für die Bestimmung des Gerbstoffgehaltes ist ein Verfahren nicht vorgeschrieben worden, weil die bis jetzt zu diesem Zwecke vorgeschlagenen Verfahren nicht den Grad von Sicherheit und Genauigkeit der Ergebnisse gewährleisten, der für amtlich vorzuschreibende Verfahren unerlässlich ist. Man darf annehmen, dass in der Zukunft ein Verfahren gefunden werden wird, welches den Ansprüchen der Weinanalyse in höherem Maasse gerecht wird als die bisher bekannt gewordenen. Wäre eines der jetzt üblichen Verfahren durch die Anweisung vorgeschrieben worden, so müsste dieses gegebenenfalls von den Chemikern auch dann angewandt werden, wenn man ein besseres Verfahren gefunden hat. So aber bleibt es dem Chemiker überlassen, sich des Verfahrens zu bedienen, das nach seinen Erfahrungen noch die besten Ergebnisse liefert; er ist nur verpflichtet, das von ihm benutzte Verfahren anzugeben. Die Verfahren zur Bestimmung des Gerbstoffes sind auf S. 165 beschrieben.

21. Bestimmung des Chlors.

Man lässt 50 ccm Wein aus einer Pipette in ein Becherglas fliessen, macht ihn mit einer Lösung von Natriumkarbonat alkalisch und erwärmt das Gemisch mit aufgedecktem Uhrglase bis zum Aufhören der Kohlensäureentwickelung. Den Inhalt des Becherglases bringt man in eine Platinschale, dampft ihn ein, verkohlt den Rückstand und verascht genau in der bei der Bestimmung der Mineralbestandtheile (Nr. 4, S. 63) angegebenen Weise. Die Asche wird mit einem Tropfen Salpetersäure befeuchtet, mit warmem Wasser ausgezogen, die Lösung in ein Becherglas filtrirt und unter Umrühren so lange mit Silbernitratlösung (1 Theil Silbernitrat in 20 Theilen Wasser gelöst) versetzt, als noch ein Niederschlag entsteht. Man erhitzt das Gemisch kurze Zeit im Wasserbade, lässt an einem dunklen Ort erkalten, sammelt den Niederschlag auf einem Filter von bekanntem Aschengehalte, wäscht denselben mit heissem Wasser bis zum Verschwinden der sauren Reaktion aus und trocknet den Niederschlag auf dem Filter bei 100^0 C. Das Filter wird in einem gewogenen Porzellantiegel mit Deckel verbrannt. Nach dem Erkalten benetzt man das Chlorsilber mit einem Tropfen Salzsäure, erhitzt vorsichtig mit aufgelegtem Deckel, bis die Säure verjagt ist, steigert hierauf die Hitze bis zum beginnenden Schmelzen, lässt sodann das Ganze im Exsikkator erkalten und wägt.

Berechnung. Wurden aus 50 ccm Wein a Gramm Chlorsilber erhalten, so sind enthalten:

$x = 0{,}4945 \cdot a$ Gramm Chlor in 100 ccm Wein,

oder

$y = 0{,}816 \cdot a$ Gramm Chlornatrium in 100 ccm Wein.

Der Wein muss vor dem Verkohlen neutralisirt oder alkalisch gemacht werden, weil die organischen Säuren des Weines beim starken

Erhitzen des Weinrückstandes aus den Chloriden Salzsäure freimachen können, welche entweicht. Das nach dem Zusatze von Natriumkarbonat auf das Becherglas gelegte Uhrglas muss nach dem Aufhören der Kohlensäureentwickelung mit Wasser abgespült werden. In Folge des hohen Gehaltes des Weinrückstandes an Natronsalzen ist das Ausziehen der zerkleinerten Kohle mit heissem Wasser durchaus nothwendig. Die Asche versetzt man am besten zunächst mit warmem Wasser und dann erst mit einem Tropfen Salpetersäure, da beim Zusatze der Salpetersäure zur Asche leicht Salzsäure entweichen kann. Der Niederschlag von Chlorsilber ist vor Licht zu schützen, da er sich leicht schwärzt. Beim Erhitzen des Chlorsilbers mit dem Filterpapiere wird eine kleine Menge Chlorsilber zu metallischem Silber reduzirt; man versetzt es daher zweckmässig mit einem Tropfen Salpetersäure, welche das metallische Silber unter Bildung von Silbernitrat auflöst, und mit einem Tropfen Salzsäure, welche das Silbernitrat in Chlorsilber umwandelt. Die Berechnung des Ergebnisses der Chlorbestimmung auf Chlornatrium ist deshalb aufgenommen worden, weil in mehreren Ländern für den Gehalt des Weines an diesem Stoffe Grenzzahlen festgesetzt sind.

Beispiel. Bei Verarbeitung von 50 ccm Wein wurden 0,0364 g Chlorsilber erhalten. Dann sind enthalten:

$x = 0{,}4945 \cdot 0{,}0364 = 0{,}0180$ g Chlor in 100 ccm Wein, oder
$y = 0{,}816 \cdot 0{,}0364 = 0{,}0297$ g Chlornatrium in 100 ccm Wein.

22. Bestimmung der Phosphorsäure.

50 ccm Wein werden in einer Platinschale mit 0,5 bis 1 g eines Gemisches von 1 Theil Salpeter und 3 Theilen Soda versetzt und zur dickflüssigen Beschaffenheit verdampft. Der Rückstand wird verkohlt, die Kohle mit verdünnter Salpetersäure ausgezogen, der Auszug abfiltrirt, die Kohle wiederholt ausgewaschen und schliesslich sammt dem Filter verascht. Die Asche wird mit Salpetersäure befeuchtet, mit heissem Wasser aufgenommen und zu dem Auszuge in ein Becherglas von 200 ccm Inhalt filtrirt. Zu der Lösung setzt man ein Gemisch[1]) von 25 ccm Molybdänlösung (150 g Ammoniummolybdat in 1 prozentigem Ammoniak zu 1 Liter gelöst) und 25 ccm Salpetersäure vom spezifischen Gewichte 1,2 und erwärmt auf einem Wasserbade auf 80º C., wobei ein gelber Niederschlag von Ammoniumphosphomolybdat entsteht. Man stellt die Mischung 6 Stunden an einen warmen Ort, giesst

---

[1]) Die Molybdänlösung ist in die Salpetersäure zu giessen, nicht umgekehrt, da andernfalls eine Ausscheidung von Molybdänsäure stattfindet, die nur schwer wieder in Lösung zu bringen ist.

dann die über dem Niederschlage stehende klare Flüssigkeit durch ein Filter, wäscht den Niederschlag 4 bis 5 mal mit einer verdünnten Molybdänlösung (erhalten durch Vermischen von 100 Raumtheilen der oben angegebenen Molybdänlösung mit 20 Raumtheilen Salpetersäure vom spezifischen Gewichte 1,2 und 80 Raumtheilen Wasser), indem man stets den Niederschlag absitzen lässt und die klare Flüssigkeit durch das Filter giesst. Dann löst man den Niederschlag im Becherglase in konzentrirtem Ammoniak auf und filtrirt durch dasselbe Filter, durch welches vorher die abgegossenen Flüssigkeitsmengen filtrirt wurden. Man wäscht das Becherglas und das Filter mit Ammoniak aus und versetzt das Filtrat vorsichtig unter Umrühren mit Salzsäure, solange der dadurch entstehende Niederschlag sich noch löst. Nach dem Erkalten fügt man 5 ccm Ammoniak und langsam und tropfenweise unter Umrühren 6 ccm Magnesiamischung (68 g Chlormagnesium und 165 g Chlorammonium in Wasser gelöst, mit 260 ccm Ammoniak vom spezifischen Gewichte 0,96 versetzt und auf 1 Liter aufgefüllt) zu und rührt mit einem Glasstabe um, ohne die Wandung des Becherglases zu berühren. Den entstehenden krystallinischen Niederschlag von Ammonium-Magnesiumphosphat lässt man nach Zusatz von 40 ccm Ammoniaklösung 24 Stunden bedeckt stehen. Hierauf filtrirt man das Gemisch durch ein Filter von bekanntem Aschengehalte und wäscht den Niederschlag mit verdünntem Ammoniak (1 Theil Ammoniak vom spezifischen Gewichte 0,96 und 3 Theile Wasser) aus, bis das Filtrat in einer mit Salpetersäure angesäuerten Silberlösung keine Trübung mehr hervorbringt. Der Niederschlag wird auf dem Filter getrocknet und letzteres in einem gewogenen Platintiegel verbrannt. Nach dem Erkalten befeuchtet man den aus Magnesiumpyrophosphat bestehenden Tiegelinhalt mit Salpetersäure, verdampft dieselbe mit kleiner Flamme, glüht den Tiegel stark, lässt ihn im Exsikkator erkalten und wägt.

Berechnung. Wurden aus 50 ccm Wein a Gramm Magnesiumpyrophosphat erhalten, so sind enthalten:

$x = 1{,}2751 \cdot a$ Gramm Phosphorsäureanhydrid (P_2O_5)
in 100 ccm Wein.

Der Wein enthält die Phosphorsäure grösstentheils in Form saurer Phosphate. Wenn man den Weinrückstand für sich verascht, kann durch die Einwirkung der entstehenden Kohle auf die sauren Phosphate, die beim Erhitzen in Pyrophosphate übergehen, eine kleine Menge elementaren Phosphors entstehen, dessen Verbrennen mit Verlusten an Phosphorsäure verknüpft ist. Man versetzt daher nach dem Vorgange von W. Fresenius[1]) den Wein mit einer kleinen Menge eines Gemisches von Soda und Salpeter, welches die nachherige Reduktion der Phosphorsäure verhindert. Nach dem Zusatze dieses Gemisches muss man die Platinschale mit einem Uhrglase bedecken, weil die entweichende Kohlensäure das Verspritzen kleiner Tröpfchen der Flüssigkeit verursacht; nach dem Aufhören der Kohlensäureentwickelung wird das Uhrglas mit Wasser abgespült. Bei der Veraschung des Weines wird in ähnlicher Weise wie bei Nr. 4 (S. 63) verfahren; nur kann man hier die Kohle mit verdünnter Salpetersäure ausziehen, weil die gesammte Asche doch mit viel Salpetersäure aufgenommen werden muss. Aus der stark salpetersauren Aschenlösung wird die Phosphorsäure durch den Zusatz der Molybdänlösung beim Erwärmen als gelbes phosphormolybdänsaures Ammonium abgeschieden. Dieses wird in Ammoniak gelöst, und in der stark ammoniakalischen Lösung, die in Folge des Zusatzes' von Salzsäure reichlich Salmiak enthält, wird die Phosphorsäure mit Magnesiamischung als Ammonium-Magnesiumphosphat gefällt. Die Abscheidung dieser Verbindung wird durch Umrühren der Mischung mit einem Glasstabe eingeleitet und beschleunigt; dabei darf man die Wandungen des Becherglases nicht berühren, weil an den Stellen, wo diese mit dem Glasstabe gerieben wurden, sich das Ammonium-Magnesiumphosphat so fest absetzt, dass das Loslösen desselben nachher mit Schwierigkeiten verknüpft ist. Da der Niederschlag in reinem Wasser nicht unlöslich ist, wird er mit verdünntem Ammoniak ausgewaschen, bis alle Chlorverbindungen entfernt sind. Beim Glühen wird das Ammonium-Magnesiumphosphat unter Abspaltung von Ammoniak und Wasser in Magnesiumpyrophosphat übergeführt:

$$2\,(NH_4)\,Mg\,PO_4 = Mg_2\,P_2\,O_7 + 2\,NH_3 + H_2\,O.$$

Die Berechnung gründet sich darauf, dass jeder Molekel Magnesiumpyrophosphat $Mg_2P_2O_7 = 222{,}2$ eine Molekel Phosphorsäureanhydrid $P_2O_5 = 141{,}7$ entspricht. a Gramm Magnesiumpyrophosphat entsprechen daher $\frac{141{,}7}{222{,}2} \cdot a$ Gramm Phosphorsäure; wurden die a Gramm Magnesiumpyrophosphat aus 50 ccm Wein gewonnen, so sind enthalten:

$$x = \frac{2 \cdot 141{,}7}{222{,}2} \cdot a = 1{,}2751 \cdot a \text{ Gramm Phosphorsäure } (P_2O_5) \text{ in 100 ccm Wein.}$$

Beispiel. Bei der Verarbeitung von 50 ccm Wein wurden 0,0253 g Magnesiumpyrophosphat gewonnen; dann sind enthalten:

$$x = 1{,}2751 \cdot 0{,}0253 = 0{,}032\,g \text{ Phosphorsäure } (P_2O_5) \text{ in 100 ccm Wein.}$$

Neuerdings wieder[2]) wurde vorgeschlagen, die Phosphorsäure direkt im Weine, also ohne Veraschen, zu bestimmen; auch wurde an Stelle

---

[1]) Zeitschr. analyt. Chemie 1889. **28.** 67.
[2]) Ed. László, Chem.-Ztg. 1894. **18.** 1771; R. Wirth, ebd. 1895. **19.** 1786.

des Molybdänverfahrens das Ammoncitratverfahren empfohlen. Diese Verfahren sind für die Weinuntersuchung nicht zulässig.

23. Nachweis der Salpetersäure.

1. In Weissweinen.

a) 10 ccm Wein werden entgeistet, mit Thierkohle entfärbt und filtrirt. Einige Tropfen des Filtrates lässt man in ein Porzellanschälchen, in welchem einige Körnchen Diphenylamin mit 1 ccm konzentrirter Schwefelsäure übergossen worden sind, so einfliessen, dass sich die beiden Flüssigkeiten neben einander lagern. Tritt an der Berührungsfläche eine blaue Färbung auf, so ist Salpetersäure in dem Weine enthalten.

b) Zum Nachweise kleinerer Mengen von Salpetersäure, welche bei der Prüfung nach Nr. 23 unter 1 a) nicht mehr erkannt werden, verdampft man 100 ccm Wein in einer Porzellanschale auf dem Wasserbade zum dünnen Syrup und fügt nach dem Erkalten so lange absoluten Alkohol zu, als noch ein Niederschlag entsteht. Man filtrirt den Niederschlag ab, verdampft das Filtrat, bis der Alkohol vollständig verjagt ist, versetzt den Rückstand mit Wasser und Thierkohle, verdampft das Gemisch auf etwa 10 ccm, filtrirt dasselbe und prüft das Filtrat nach Nr. 23 unter 1 a).

2. In Rothweinen.

100 ccm Rothwein versetzt man mit 6 ccm Bleiessig und filtrirt; zum Filtrate giebt man 4 ccm einer konzentrirten Lösung von Magnesiumsulfat und etwas Thierkohle. Man filtrirt nach einigem Stehen und prüft das Filtrat nach der in Nr. 23 unter 1 a) gegebenen Vorschrift. Entsteht hierbei keine Blaufärbung, so behandelt man das Filtrat nach der in Nr. 23 unter 1 b) gegebenen Vorschrift.

Anmerkung. Alle zur Verwendung gelangenden Stoffe, auch das Wasser und die Thierkohle, müssen zuvor auf Salpetersäure geprüft werden; Salpetersäure enthaltende Stoffe dürfen nicht angewendet werden.

Zum Nachweise der Salpetersäure bezw. von Nitraten im Weine nach dem vorstehenden, von E. Egger[1]) angegebenen Verfahren dient die von E. Kopp[2]) herrührende blaue Reaktion der Salpetersäure mit einer Lösung von Diphenylamin in konzentrirter Schwefelsäure. Mit Thierkohle ent-

---

[1]) Arch. Hyg. 1884. 2. 373.
[2]) Ber. deutsch. chem. Gesellschaft 1872. 5. 284.

färbter Weisswein giebt die Reaktion nach Egger noch, wenn er 0,001 g Salpetersäure (N_2O_5) in 100 ccm enthält; nach L. Weigert[1]) tritt die Reaktion nur noch bei Gegenwart von 0,01 g Salpetersäure (N_2O_5) in 100 ccm Wein ein. Tritt die Reaktion nicht ein, so wird der Weisswein auf $^1/_{10}$ seines Volumens konzentrirt; durch den Alkoholzusatz wird ein Theil der Stoffe entfernt, welche die Reaktion undeutlich machen können. Die Reaktion tritt nach dieser Vorbereitung noch ein, wenn der Wein 0,00015 g Salpetersäure (Egger), bezw. 0,002 g Salpetersäure (Weigert) in 100 ccm enthält. Rothweine werden zunächst mit Bleiessig entfärbt und nach der Ausfällung des überschüssigen Bleies wie die Weissweine weiter behandelt.

Alle zur Verwendung gelangenden Stoffe müssen sich bei der Prüfung als frei von Salpetersäure erwiesen haben; namentlich hat man darauf zu achten, dass die Thierkohle weder Salpetersäure noch andere Stoffe enthält, welche mit einer Lösung von Diphenylamin in konzentrirter Schwefelsäure eine blaue oder grüne Reaktion geben. Die benutzten Gefässe (auch die Trichter, Filter und Glasstäbe) müssen ebenfalls frei von Salpetersäure sein; man wäscht und spült sie mit salpetersäurefreiem destillirtem Wasser aus. Die Reaktion ist noch empfindlicher, wenn man sie in einem Probirröhrchen ausführt und eine Lösung von 0,01 g Diphenylamin in 100 ccm konzentrirter Schwefelsäure verwendet. Man giebt 10 ccm dieser Lösung in ein weites Probirröhrchen und schichtet den entsprechend vorbereiteten Wein vorsichtig darüber; bei Gegenwart von Salpetersäure tritt an der Berührungsstelle der beiden Schichten ein blauer Ring auf.

Ein Verfahren zur quantitativen Bestimmung der Salpetersäure ist auf S. 173 beschrieben.

24. und 25. Nachweis von Baryum und Strontium.

100 ccm Wein werden eingedampft und in der unter Nr. 4 (S. 63) angegebenen Weise verascht. Die Asche nimmt man mit verdünnter Salzsäure auf, filtrirt die Lösung und verdampft das Filtrat zur Trockne. Das trockne Salzgemenge wird spektroskopisch auf Baryum und Strontium geprüft. Ist durch die spektroskopische Prüfung das Vorhandensein von Baryum oder Strontium festgestellt, so ist die quantitative Bestimmung derselben auszuführen.

Die mit Salzsäure aufgenommene und eingetrocknete Weinasche zeigt, spektroskopisch untersucht, stets die Natrium-, Kalium- und Calciumlinien. Daneben treten, wenn der Wein Strontium- oder Baryumsalze enthält, die charakteristischen Spektrallinien dieser Metalle auf. Ist der Spektralapparat mit einem Vergleichsprisma versehen, so ist die gleichzeitige Beobachtung eines Vergleichsspektrums von Baryumchlorid bezw.

---

[1]) Mittheil. Versuchsstation Klosterneuburg 1888. Heft 5. 142.

Strontiumchlorid zu empfehlen. Das Baryumspektrum kann durch die Gegenwart von viel Chlorcalcium gestört werden, da die β-Linie des Calciums die sehr charakteristische γ-Linie des Baryums (beide im Gelbgrün) verdeckt; in Folge der Leichtflüchtigkeit des Chlorcalciums wird aber das Calciumspektrum rasch schwächer, während das Baryumspektrum lange Zeit beständig ist. Auch die Gegenwart von Borsäure, die zahlreiche grüne Spektrallinien zeigt, wirkt sehr störend auf das Baryumspektrum; nur die γ-Linie des Baryums hebt sich meist noch hervor. Zweckmässig zieht man in diesem Falle die Borsäure mit absolutem Alkohol aus und prüft den in Alkohol unlöslichen Theil der Asche spektroskopisch. Das Spektrum des Strontiums wird durch die anderen Bestandtheile der Weinasche nicht beeinflusst. Sind grössere Mengen Baryum- oder Strontiumsalze in einem Weine vorhanden, so bestimmt man sie in der Asche von $1/2$ bis 1 Liter Wein nach den Regeln der quantitativen Analyse.

26. Bestimmung des Kupfers.

Das Kupfer wird in $1/2$ bis 1 Liter Wein elektrolytisch bestimmt. Das auf der Platinelektrode abgeschiedene Metall ist nach dem Wägen in Salpetersäure zu lösen und in üblicher Weise auf Kupfer zu prüfen.

Die Beschreibung des anzuwendenden Verfahrens findet sich auf S. 180.

b) Untersuchungsverfahren, für welche der Bundesrath keine Vorschriften erlassen hat.

27. Nachweis fremder Farbstoffe in Rothweinen.
(Vergl. die amtliche Anweisung S. 120).

Die Zahl der Verfahren, die zum Nachweise fremder Farbstoffe im Rothweine vorgeschlagen worden sind, ist überaus gross; die meisten haben sich aber bei der Nachprüfung nicht bewährt. A. Hasterlik[1]) hat sich neuerdings der dankenswerthen Aufgabe unterzogen, die zahlreichen Vorschläge zu prüfen und zu sichten; der nachstehende Abschnitt folgt im Wesentlichen den Ergebnissen der Untersuchungen von Hasterlik.

a) Nachweis von Theerfarbstoffen in Rothweinen.

α) Wollprobe nach N. Arata.[2])

50 bis 100 ccm Rothwein lässt man 10 Minuten mit 5 bis 10 ccm einer 10prozentigen Kaliumsulfatlösung und 3 bis 4 Fäden weisser, mit Alaun und Natriumacetat gebeizter Wolle in einer Porzellanschale oder einem Becherglase kochen; man nimmt dann die Wolle heraus und wäscht sie mit Wasser. Enthält der Wein einen Theerfarbstoff, so ist die Wolle je nach der Menge des Theerfarbstoffes mehr oder weniger roth gefärbt. Auch unverfälschte Rothweine färben die Wolle schwach roth; aber selbst die dunkelsten Rothweine färben die Wolle nicht so stark wie ganz geringe Mengen eines Theerfarbstoffes. Nun behandelt man die ausgewaschene Wolle mit Ammoniak. War der Wein mit einer Theerfarbe gefärbt, so bleibt die Wolle entweder roth, oder sie nimmt eine gelbliche Farbe an, die nach dem Auswaschen des Ammoniaks mit Wasser wieder in Roth übergeht;

---

[1]) Mittheil. a. d. pharm. Institute u. Labor. f. angew. Chemie der Universität Erlangen. 1889. Heft 2. 51.
[2]) Zeitschr. analyt. Chemie 1889. 28. 639.

bei Abwesenheit von Theerfarbstoffen geht die schwachrothe Farbe der Wolle bei der Behandlung mit Ammoniak in ein schmutziges, grünliches Weiss über.

β) **Orientirungsprobe mit Bleiessig.**

Man versetzt 20 ccm Rothwein mit 10 ccm Bleiessig, erwärmt die Mischung schwach, schüttelt sie gut um und filtrirt die Flüssigkeit ab. Ist das Filtrat roth gefärbt, so liegt der Verdacht vor, dass der Rothwein mit Theerfarben gefärbt ist; es ist indessen zu beachten, dass auch sehr tief gefärbte südländische Rothweine ein gefärbtes Filtrat geben können. Das roth gefärbte Filtrat kann der Behandlung mit Amylalkohol (nach δ, s. unten) unterworfen werden.

γ) **Ausschütteln des Weines mit Aether vor und nach dem Uebersättigen mit Ammoniak.**

100 ccm Wein werden mit 30 ccm Aether in einem Glascylinder von etwa 150 ccm Inhalt durchgeschüttelt; weitere 100 ccm Wein werden nach Zusatz von 5 ccm Ammoniak mit 30 ccm Aether geschüttelt. Von den ätherischen Schichten hebt man mit einer Pipette 20 ccm klar ab und verdunstet den Aether in einem Porzellanschälchen über einem 5 cm langen Faden weisser Wolle; filtriren darf man die ätherischen Lösungen nicht, da kleine Mengen Fuchsin in dem Filter vollständig zurückgehalten werden können. Die an den Rändern des Schälchens sich abscheidenden Theile des Verdunstungsrückstandes löst man durch vorsichtiges Umschwenken in dem noch nicht verdunsteten Aether wieder auf. Wird die Wollprobe nach dem Abdunsten des ätherischen Auszuges des mit Ammoniak übersättigten Weines roth gefärbt, so sind Theerfarbstoffe in dem Weine enthalten. Reine Rothweine verhalten sich wesentlich anders; bei diesen bleibt die Wolle mit dem Verdunstungsrückstande des ätherischen Auszuges des mit Ammoniak übersättigten Weines rein weiss, während der Wollfaden mit dem Verdunstungsrückstande des ätherischen Auszuges des ursprünglichen Weines bräunlichmissfarben wird.

Aus den Versuchen von Hasterlik ergiebt sich, dass sich nach diesem Verfahren nur Fuchsin, Safranin und Chrysoïdin im Rothweine nachweisen lassen. Ungefärbt blieb die Wolle bei Anwesenheit von Säurefuchsin (rosanilinsulfosaurem Natrium) und zahlreichen Azofarbstoffen.

δ) **Ausschütteln des ursprünglichen, des mit Schwefelsäure angesäuerten und des mit Ammoniak übersättigten Weines mit Amylalkohol.**

Man schüttelt je 100 ccm des ursprünglichen, des mit Schwefelsäure angesäuerten und des mit Ammoniak übersättigten Weines mit je 30 ccm Amylalkohol in Glascylindern; durch Centrifugiren erleichtert man die Trennung der beiden Schichten.

a) Ist der amylalkoholische Auszug des mit **Ammoniak übersättigten** Rothweines roth gefärbt, so sind Theerfarbstoffe vorhanden. Man prüft den Farbstoff näher auf sein Verhalten gegen Ammoniak und konzentrirte Schwefelsäure, dampft die Farbstofflösung ab und untersucht den Rückstand weiter auf die einzelnen Farbstoffe bezw. Farbstoffgruppen.

b) Ist der amylakoholische Auszug des **ursprünglichen** Weines roth gefärbt, so können Theerfarbstoffe vorhanden sein; aber auch viele junge und farbstoffreiche reine Rothweine zeigen dasselbe Verhalten. Man versetzt einen Theil der rothen amylalkoholischen Farbstofflösung tropfenweise mit Ammoniak; bleibt sie roth, so sind Theerfarbstoffe vorhanden (bei reinen Rothweinen geht sie in blau, blaugrün oder grün über). Den Rest der amylalkoholischen Farbstofflösung schüttelt man mit Wasser, das die vorhandenen Theerfarben aufnimmt, und prüft die wässerige Lösung weiter (durch Ausfärben von Wolle und Prüfung des niedergeschlagenen Farbstoffes, Abdampfen der Lösung und Prüfung des Rückstandes u. s. w.).

c) Der amylalkoholische Auszug des mit **Schwefelsäure angesäuerten** Rothweines ist fast immer roth gefärbt, da er nicht unerhebliche Mengen Rothweinfarbstoff aufnimmt. Man schüttelt den amylalkoholischen Auszug mit Wasser und prüft die wässerige Lösung mit Ammoniak u. s. w., wie unter b) angegeben wurde, auf Theerfarbstoffe.

Durch Ausschütteln des Weines im ursprünglichen Zustande, sowie nach dem Zusatze von Ammoniak und von Schwefelsäure mit Amylalkohol lassen sich auch die Azofarbstoffe und das Säurefuchsin nachweisen.

ε) **Die Schüttelprobe mit gelbem Quecksilberoxyd nach P. Cazeneuve.**[1])

10 ccm Wein werden in der Kälte mit 0,2 g gelbem Quecksilberoxyd eine Minute lang geschüttelt; nachdem das Quecksilberoxyd sich abgesetzt hat, wird die Flüssigkeit durch ein drei- oder vierfaches angefeuchtetes Filter filtrirt. Weitere 10 ccm Wein werden mit 0,2 g gelbem Quecksilberoxyd ein-

---

[1]) Compt. rend. 1886. **102.** 52.

mal aufgekocht und dann eine Minute lang geschüttelt; nach dem vollständigen Absetzen des Quecksilberoxydes wird die Flüssigkeit durch ein drei- oder vierfaches Filter filtrirt. Ist das Filtrat trübe und grau, so hat man nicht lange genug geschüttelt oder aufgekocht oder das Quecksilberoxyd nicht genügend sich absetzen lassen; in diesem Falle wiederholt man den Versuch. **Ein klares, aber gefärbtes Filtrat zeigt die Gegenwart von Theerfarben an.** Ist das Filtrat ungefärbt, so können doch noch Theerfarbstoffe in dem Weine vorhanden sein; denn einige Theerfarbstoffe werden, ebenso wie der Rothweinfarbstoff und die übrigen Pflanzenfarbstoffe, durch Quecksilberoxyd zurückgehalten. Zu diesen Theerfarbstoffen, die durch die Quecksilberoxydprobe nicht angezeigt werden, gehören nach Cazeneuve Erythrosin, Eosin und einige blaue Theerfarbstoffe. Mit Sicherheit nachweisen lassen sich durch die Schüttelprobe mit Quecksilberoxyd folgende Farbstoffe: Säurefuchsin, Bordeauxroth B, Roccellinroth, Purpurroth, Croceïn BBB, Ponceau R, B, Orange R, RR, RRR, Orange II, Tropäolin M, Tropäolin II, Congoroth, Amaranthroth, Orseilleextrakt I, 2B, Benzopurpurin, Biebricher Scharlach, Hesspurpur. Einige andere Farbstoffe, nämlich Safranin, Chrysoïdin, Chrysoïn, Methyleosin, Roth I, Roth NN, Ponceau RR, werden von dem Quecksilberoxyd zum Theil zurückgehalten; wenn nur kleine Mengen dieser Farbstoffe im Rothweine vorhanden sind, werden sie von dem Quecksilberoxyd vollständig zurückgehalten und entgehen daher dem Nachweise.

Die vorstehenden Verfahren genügen zum Nachweise von Theerfarbstoffen im Rothweine; es ist nothwendig, dass alle diese Verfahren angewandt werden, wenn die Prüfung ganz sichere Ergebnisse liefern soll. Es giebt noch mehrere andere Verfahren, insbesondere für das gewöhnliche Fuchsin und das Säurefuchsin, die sich ebenfalls bewährt haben; es ist aber nicht nothwendig, sie anzuwenden, da die vorstehend angeführten Verfahren vollständig ausreichen. Mitunter kann es zweckmässig sein, die Farbstofflösungen, z. B. das Filtrat vom Bleiessigniederschlage oder vom Quecksilberoxyde, spektroskopisch zu untersuchen. Im Allgemeinen ist indessen für denjenigen, der nur gelegentlich spektroskopische Untersuchungen vornimmt, nur das Absorptionsspektrum des gewöhnlichen Fuchsins und des Säurefuchsins, ein Band zwischen D und E, als charakteristisch anzusehen. Die übrigen spektroskopischen Beobachtungen können leicht zu Irrthümern Veranlassung geben.

Auf die Charakterisirung der einzelnen als Weinfärbemittel in Betracht kommenden Theerfarbstoffe kann hier nicht eingegangen werden. Sie ist für die Beurtheilung der Rothweine nicht nothwendig, da nach dem Weingesetze vom 20. April 1892 die Verwendung aller Theerfarben zum Färben des Weines verboten ist. Die Zahl der zur Weinfärbung geeigneten Theerfarbstoffe ist sehr gross und immer wieder werden neue in den Handel gebracht; sehr häufig werden auch Gemische verschiedener Farbstoffe zum Färben des Weines benutzt. Bezüglich der Feststellung einzelner Theerfarben muss auf die reichhaltige Bücherliteratur über Theerfarbstoffe verwiesen werden; auch die Abhandlungen von E. Weingärtner[1]) und O. N. Witt[2]) können dabei von Nutzen sein.

b) **Nachweis von fremden Pflanzenfarbstoffen in Rothweinen.**

Von den zahlreichen Pflanzenfarbstoffen, die angeblich zum Färben von Rothweinen verwendet werden sollen, kommen in Wirklichkeit nur folgende in Betracht: Heidelbeersaft, Hollunderbeersaft, Kermesbeersaft (von Phytolacca decandra, nicht zu verwechseln mit dem Farbstoffe der Kermeskörner, der getrockneten Weibchen der Kermesschildlaus (Lecanium Ilicis), die häufig im Handel als Kermesbeeren bezeichnet werden), die Blüthenabkochungen von Malve und Klatschrose und seltener der Kirschsaft. Alle übrigen Pflanzenfarbstoffe, insbesondere die Farbhölzer, die Flechtenfarbstoffe (Orseille, Persio) und der Saft der rothen Rübe sind zur Weinfärbung nicht geeignet und finden keine Anwendung; Kochenille könnte nur in Verbindung mit Alaun benutzt werden.

Wenn ein Rothwein mit anderen Pflanzenfarbstoffen nur aufgefärbt worden ist, also neben dem zugesetzten Farbstoffe auch noch Rothweinfarbstoff vorhanden ist, so ist der Nachweis des fremden Pflanzenfarbstoffes meist sehr schwierig. Bei gleichzeitiger Anwesenheit von Theerfarbstoffen ist er gewöhnlich fast unausführbar; im Folgenden ist deshalb die Abwesenheit von Theerfarbstoffen vorausgesetzt.

Den Farbstoff der Kermesbeere kann man nach folgenden beiden Verfahren nachweisen:

1. **Nachweis des Kermesbeerfarbstoffes mit Bleiessig.** 20 ccm Wein werden mit 5 ccm Bleiessig versetzt;

---

[1]) Chem.-Ztg. 1887. **11.** 135 und 165.
[2]) Chem. Industrie 1886. **9.** 1.

bei Gegenwart des Kermesbeerfarbstoffes entsteht ein charakteristischer rothvioletter Niederschlag. Reiner Rothwein giebt häufig einen schiefergrauen, oft auch einen blaugrauen, blaugrünen oder grünen, niemals aber, soweit die bisherigen Erfahrungen reichen, einen rothvioletten Bleiessigniederschlag. Auch bei Gegenwart von Rothweinfarbstoff tritt die rothviolette Farbe des Bleiessigniederschlages oft noch hervor; ein Rothwein der deutlich dieses Verhalten zeigt, muss als mit Kermesbeersaft versetzt angesehen werden.

2. **Nachweis des Kermesbeerfarbstoffes mit Alaun und Natriumkarbonat nach J. Macagno[1]) und R. Heise[2]).** 20 ccm Wein werden mit 10 ccm einer 10prozentigen Kali-Alaunlösung und dann mit soviel 10prozentiger Sodalösung versetzt, dass die Mischung neutral oder höchstens ganz schwach alkalisch, keinesfalls aber sauer reagirt; man gebraucht hierzu ungefähr 10 ccm Sodalösung. Man schüttelt die Mischung um und filtrirt. Bei Gegenwart des Kermesbeerfarbstoffes ist das Filtrat roth gefärbt. Die Farbstoffe des Weines, der Heidelbeere, der Malve und des Flieders, ferner Kochenille werden durch Alaun- und Sodalösung vollständig gefällt, wenn die Mischung neutral oder ganz schwach alkalisch ist; reagirt sie sauer, so erhält man auch bei diesen Farbstoffen ein schwach gefärbtes Filtrat. Nur der Farbstoff der rothen Rübe verhält sich gegen Alaun und Sodalösung ebenso wie der Kermesbeerfarbstoff.

Mit dem roth gefärbten Filtrate führt man noch folgende Identitätsreaktionen auf Kermesbeerfarbstoff aus:

1) Auf Zusatz von Alkalien wird die rothe Flüssigkeit rein gelb (die anderen vorher genannten Farbstoffe werden grün).

2) Auf Zusatz einer konzentrirten Lösung von Natriumbisulfit zu der mit Essigsäure angesäuerten Flüssigkeit bleibt die rothe Farbe bestehen (die anderen Farbstoffe werden sofort entfärbt).

3) Beim Ausschütteln des Filtrates mit Amylalkohol geht keine Spur des Farbstoffes in den Amylalkohol.

Alle übrigen Pflanzenfarbstoffe können neben Rothweinfarbstoff weder durch chemische, noch durch optische Verfahren mit Sicherheit erkannt werden. Der Rothweinfarbstoff

---

[1]) Atti della R. Stazione Chimico-Agraria Sperimentale di Palermo; Rapporto dei lavori dal 1881 al Marzo 1884. Palermo 1886. 55.
[2]) Arbeiten a. d. Kaiserl. Gesundheitsamte 1895. **11.** 513.

ist ziemlich leicht veränderlich und wird namentlich beim Lagern der Weine stark verändert; ältere Weine verhalten sich daher gegen die verschiedenen, zur Prüfung der Rothweine vorgeschlagenen Reagentien ganz anders als junge Weine. Auch die einzelnen Rothweinsorten zeigen bei den Reaktionen oft ein ganz verschiedenartiges Verhalten, trotzdem sie alle, wenigstens im jugendlichen Alter, denselben Weinfarbstoff enthalten; dies rührt daher, dass die Reaktionen durch die anderen im Weine gelösten Extraktstoffe, die den Farbstoff begleiten, stark beeinflusst werden.

Selbst wenn Weissweine mit einer Pflanzenfarbe gefärbt sind, also gar kein Rothweinfarbstoff vorhanden ist, kann man den Pflanzenfarbstoff, mit Ausnahme des Kermesbeerfarbstoffes, nicht immer nachweisen. Mit Heidelbeersaft gefärbter Weisswein giebt mit Bleiessig einen blauen oder grünblauen, mit Malvenblüthen gefärbter Weisswein einen grünen Niederschlag; aber auch mit reinen Rothweinen erhält man oft ähnlich gefärbte Bleiessigniederschläge.

Mitunter kann die nachstehende Aetzkalkprobe Aufschluss über den Farbstoff geben. 20 ccm Wein werden in einem Spitzglase mit 1 bis 2 Messerspitzen Aetzkalk versetzt; die Mischung wird ruhig stehen gelassen. Mit Heidelbeersaft gefärbter Weisswein wird nach einiger Zeit dunkelblau, mit Malvenblüthen gefärbter Weisswein sofort grün; nur das sofortige Grünwerden ist für Malvenblüthen charakteristisch, da alle Pflanzenfarbstoffe, auch der Rothweinfarbstoff, nach längerem Stehen mit Aetzkalk die gleiche Farbe annehmen. Auch die Aetzkalkprobe ist demnach nicht sicher.

Am schwierigsten nachzuweisen ist ohne Zweifel der Heidelbeerfarbstoff. Schon wiederholt ist die Ansicht ausgesprochen worden, dass der Heidelbeerfarbstoff mit dem Rothweinfarbstoffe identisch sei. Andere wollen spektroskopische Unterschiede zwischen den beiden Farbstoffen festgestellt haben. Bisher ist indessen noch nicht mit Sicherheit erwiesen, ob der Heidelbeerfarbstoff mit dem Weinfarbstoffe wirklich identisch, oder ihm nur sehr ähnlich ist[1]). Man hat auf den Gehalt des Heidelbeersaftes an Citronensäure (A. Gautier) und an Mangan (L. Medicus) Verfahren zum Nachweise des Heidelbeerfarbstoffes zu gründen versucht; mit dem Farbstoffe gelangen auch diese Stoffe in den Wein. Auch diese Verfahren

---

[1]) Vergl. R. Heise, Arbeiten a. d. Kaiserl. Gesundheitsamte 1889. **5.** 618; 1894. **9.** 478.

können zu einem befriedigenden Ergebnisse nicht führen; denn für die Bestimmung der Citronensäure hat man bis jetzt noch kein bewährtes Verfahren (s. S. 195), und über den Mangangehalt der Weine liegen noch zu wenige Untersuchungen vor.

28. Nachweis fremder Farbstoffe in Weissweinen.

Als Färbemittel für zu schwach gefärbten Weisswein kommt hauptsächlich Karamel (gebrannter Zucker) in Betracht; daneben ist mitunter auch auf Theerfarbstoffe Rücksicht zu nehmen.

a) **Nachweis des Karamels mit Eiweisslösung nach P. Carles.**[1])

Versetzt man gewöhnlichen Weisswein mit einer Eiweisslösung, so entsteht eine starke Trübung oder ein Niederschlag; filtrirt man die Flüssigkeit von dem Niederschlage ab, so ist das Filtrat wesentlich heller gefärbt als der ursprüngliche Wein, weil der normale Farbstoff der Weissweine durch Eiweiss grösstentheils ausgefällt wird. Karamel wird dagegen durch Eiweiss nicht gefällt. Ist daher das Filtrat von dem durch Eiweiss hervorgerufenen Niederschlage so stark oder nur wenig schwächer gefärbt als der ursprüngliche Wein, so liegt Grund zu der Annahme vor, dass der Wein mit Karamel gefärbt ist. Auch Weine, die aus eingedampftem Moste hergestellt sind, geben die Karamelreaktion, da bei dem Eindampfen durch Zersetzung des Zuckers und anderer Extraktstoffe Karamel gebildet wird. Die zur Ausführung der Prüfung nothwendige Eiweisslösung erhält man in der Weise, dass man frisches Hühnereiweiss durch ein Leinentuch presst und dann mit dem gleichen Raumtheile Wasser verdünnt.

b) **Nachweis des Karamels nach C. Amthor.**[2])

α) Grundzüge des Verfahrens.

Karamel wird durch Paraldehyd niedergeschlagen; die wässerige Lösung des Niederschlages giebt mit Phenylhydrazinlösung einen rothbraunen amorphen Niederschlag.

β) Ausführung des Verfahrens.

10 ccm Wein werden in einem engen Gefässe mit senkrechten Wänden (z. B. einem weissen Arzneiglase) je nach der Stärke der Färbung mit 30 bis 50 ccm Paraldehyd, hier-

---
[1]) Journ. pharm. chim. [3]. 1875. 22. 127.
[2]) Zeitschr. analyt. Chemie 1885. 24. 30.

auf mit soviel wasserfreiem Alkohol versetzt, dass die Flüssigkeiten sich mischen; gewöhnlich sind 15 bis 20 ccm Alkohol nöthig. Bei Gegenwart von Karamel setzt sich innerhalb 24 Stunden am Boden des Gefässes ein bräunlichgelber bis dunkelbrauner, fest anhaftender Niederschlag ab. Man giesst die über dem Niederschlage stehende Flüssigkeit ab, spült den Niederschlag zur Entfernung des Paraldehydes mit wenig wasserfreiem Alkohol ab, löst ihn in heissem Wasser, filtrirt die Lösung und engt sie auf 1 ccm ein. Aus der Stärke der Färbung kann man ungefähr auf die Grösse des Karamelzusatzes schliessen. Alsdann giesst man die Karamellösung in eine frisch bereitete Phenylhydrazinlösung (erhalten durch Auflösen von 2 Gewichtstheilen salzsaurem Phenylhydrazin und 2 Gewichtstheilen essigsaurem Natron in 20 Gewichtstheilen Wasser). Schon in der Kälte entsteht ein Niederschlag, doch kann man durch ganz kurzes Erwärmen dessen Bildung befördern. Ist sehr wenig Karamel vorhanden, so entsteht anfangs nur eine Trübung, die sich erst nach 24 Stunden abgesetzt hat. Da die Phenylhydrazinlösung nach kurzem Stehen schon allein rothbraune harzige Ausscheidungen bildet, welche namentlich bei Anwesenheit kleiner Mengen Karamel die Karamelreaktion verdecken können, so schichtet man in diesem Falle eine etwa 2 cm hohe Schicht Aether über die Flüssigkeit; der Aether nimmt, namentlich wenn man das Glas mehrmals sanft umkehrt, die harzigen Stoffe vollständig auf und bildet damit eine mehr oder minder gefärbte Lösung. In der unter der Aetherschicht stehenden wässerigen Flüssigkeit setzt sich der amorphe, schmutzig- oder rothbraune Karamel-Phenylhydrazinniederschlag ab. Die bei reinen Naturweinen durch Zusatz von Paraldehyd erhaltenen weissen Fällungen geben mit Phenylhydrazinlösung keinen Niederschlag.

Da grössere Mengen Zucker die Karamelreaktion stören, muss man bei zuckerreichen Süssweinen anders verfahren. Sind diese Weine stark gefärbt, so kann man sie mit Wasser verdünnen und die verdünnte Lösung prüfen. Andernfalls versetzt man 10 ccm Süsswein mit einer Mischung von 20 ccm wasserfreiem Alkohol und 30 ccm Paraldehyd, löst den entstandenen Niederschlag in Wasser, fällt die Lösung nochmals mit der Alkohol-Paraldehydmischung, löst den Niederschlag wieder in Wasser und prüft die Lösung mit Phenylhydrazin.

Beim Eindampfen der Weine entstehen, wie Amthor nachwies, Stoffe, welche die Karamelreaktion geben. Die Weine dürfen daher keinesfalls durch Eindampfen konzentrirt werden. Sind nur kleine Mengen Karamel vorhanden, so kann man den Wein bei gewöhnlicher Temperatur über Schwefelsäure unter der Glocke einer Luftpumpe auf die Hälfte oder ein Drittel einengen.

Das Amthor'sche Verfahren zum Nachweise des Karamels wurde von J. H. Long[1]) und W. Fresenius[2]) auf Branntweine angewandt und im Ganzen bewährt gefunden. Ob es thatsächlich für Wein durchaus sicher ist, dürfte erst durch weitere Versuche bestätigt werden müssen.

c) Nachweis von Theerfarbstoffen im Weissweine.

Weissweine dürften nur äusserst selten mit Theerfarbstoffen aufgefärbt werden. Immerhin muss damit unter Umständen gerechnet werden; die Firma Gebrüder Sander Nachfolger in Mannheim führt z. B. mehrere Marken „Karamel-Ersatz", die aus Theerfarbstoffen bestehen. Hier kommen hauptsächlich die gelben Farbstoffe in Betracht. Doch werden zur Färbung bräunlichgelber Flüssigkeiten fast stets Gemische von verschiedenen Theerfarbstoffen angewandt; der „Karamel-Ersatz, Marke EE" von Gebr. Sander Nachfolger in Mannheim ist z. B. ein Gemisch eines gelben Theerfarbstoffes mit kleinen Mengen rother, grüner und blauer Theerfarbstoffe. Nitrofarbstoffe waren darin nicht enthalten. Eine andere Marke „Karamel-Ersatz" derselben Firma, ebenfalls ein Gemisch, enthielt einen gelben Nitrofarbstoff. Der Nachweis von Theerfarbstoffen im Weissweine ist sehr leicht zu führen. Die Ausschüttelungen mit Aether und Amylalkohol, das Filtrat von dem Bleiessigniederschlage, die Schüttelprobe mit Quecksilberoxyd und das Ausfärben von Wolle geben sicheren Aufschluss darüber, ob Theerfarbstoffe in dem Weissweine enthalten sind. Insbesondere dürfte auf die gelben Nitrofarbstoffe, wie Dinitrokresolkalium (Safransurrogat), Dinitronaphtolsalze (Martiusgelb), Salze der Dinitronaphtolsulfosäure u. s. w. Rücksicht zu nehmen sein. Bei Anwesenheit grösserer Mengen Theerfarbstoffe wird es hier mitunter gelingen, die Art des Farbstoffes oder doch die vorliegende Farbstoffgruppe mit Sicherheit festzustellen; bezüglich der Einzelheiten der Untersuchung muss auf die Theerfarbenliteratur verwiesen werden.

---

[1]) Zeitschr. analyt. Chemie 1890. 29. 368.
[2]) Zeitschr. analyt. Chemie 1890. 29. 287 und 291.

29. Bestimmung des Gerbstoffes.
(Vergl. die amtliche Anweisung S. 147).

1) Bestimmung des Gerbstoffes und Farbstoffes nach dem Oxydationsverfahren von Neubauer-Löwenthal.[1)]

a) Grundzüge des Verfahrens.

Der Gerbstoff und der Farbstoff des Weines werden schon bei gewöhnlicher Temperatur in schwefelsaurer Lösung durch verdünnte Kaliumpermanganatlösung oxydirt. Da der Alkohol und zahlreiche andere flüchtige Bestandtheile ebenfalls durch Kaliumpermanganatlösung oxydirt werden, werden diese flüchtigen Stoffe durch Eindampfen des Weines auf $1/_3$ und Wiederauffüllen des entgeisteten Weines auf das ursprüngliche Maass verjagt. Neben Gerbstoff und Farbstoff sind in dem Weine auch noch andere nichtflüchtige Stoffe enthalten, die durch Kaliumpermanganatlösung oxydirt werden. Um den durch diese Stoffe verursachten Verbrauch an Kaliumpermanganatlösung zu bestimmen, titrirt man gleiche Mengen des entgeisteten Weines einmal direkt und dann nach der Behandlung desselben mit Thierkohle. Durch die Thierkohle werden Gerbstoff und Farbstoff aus dem Weine entfernt. Die bei der direkten Titration nöthige Menge Kaliumpermanganat wird zur Oxydation sämmtlicher oxydirbaren Bestandtheile des entgeisteten Weines verbraucht; die nach der Behandlung mit Thierkohle erforderliche Menge Kaliumpermanganatlösung wird zur Oxydation der oxydirbaren Stoffe verbraucht, die ausser Gerbstoff und Farbstoff in dem entgeisteten Weine enthalten sind. Der Unterschied der verbrauchten Mengen Kaliumpermanganatlösung vor und nach dem Entfernen des Gerb- und Farbstoffes ist daher zur Oxydation des Gerb- und Farbstoffes nothwendig gewesen.

Der Wirkungswerth der Kaliumpermanganatlösung wird in bekannter Weise mit $1/_{10}$-Normal-Oxalsäure gemessen. Als Indikator bei der Bestimmung der Oxydirbarkeit des entgeisteten Weines mit Kaliumpermanganat dient eine wässerige Lösung von Indigokarmin (indigodisulfosaurem Alkali). Das Indigokarmin wird durch Kaliumpermanganat in schwefelsaurer Lösung ebenfalls schon in der Kälte oxydirt und entfärbt. In Gegenwart von entgeistetem Weine werden zuerst die oxydirbaren Bestandtheile des Weines und dann erst das

---
[1)] Annal. Oenol. 1873. 2. 1.

Indigokarmin oxydirt; der Endpunkt der Titration ist daher erreicht, wenn die letzte Spur Indigokarminlösung oxydirt, d. h. entfärbt ist.

b) Ausführung des Verfahrens.
α) Erforderliche Lösungen.

1. **Kaliumpermanganatlösung.** Man löst 1,333 g krystallisirtes Kaliumpermanganat in Wasser und füllt die Lösung mit Wasser auf 1 Liter auf. Beim Titriren mit Kaliumpermanganatlösung muss man sich einer Glashahnbürette bedienen, da diese Lösung Kautschuk angreift.

2. **Indigokarminlösung.** Der Indigokarmin bildet eine blaue, teigförmige Masse. Man löst 30 g teigförmigen Indigokarmin in Wasser, füllt die Lösung auf 1 Liter auf und filtrirt sie dann. Da die Indigokarminlösung sehr leicht schimmelig und dadurch verdorben wird, ist es zweckmässig, sie zu pasteurisiren. Man füllt sie in kleine Glasflaschen von etwa 100 ccm Inhalt, verschliesst diese durch gute Korkstopfen, überbindet die Stopfen mit starkem Bindfaden und erhitzt die Flaschen eine Stunde in einem Wasserbade auf etwa 70^0 C. Dadurch wird die Lösung lange Zeit haltbar.

3. **$^1/_{10}$-Normal-Oxalsäure.** Man löst 6,3 g reine krystallisirte Oxalsäure in Wasser und füllt die Lösung auf 1 Liter auf.

4. **Verdünnte Schwefelsäure.** Man mischt einen Gewichtstheil konzentrirte Schwefelsäure mit vier Gewichtstheilen destillirtem Wasser.

β) Einstellung der Lösungen.

1. **Kaliumpermanganatlösung und $^1/_{10}$-Normal-Oxalsäure.** 10 ccm $^1/_{10}$-Normal-Oxalsäure und 10 ccm verdünnte Schwefelsäure werden in einem Becherglase mit etwa 80 ccm Wasser verdünnt, auf 60^0 C. erwärmt und tropfenweise mit der Kaliumpermanganatlösung bis zur bleibenden Rothfärbung versetzt. Die zur Oxydation von 10 ccm $^1/_{10}$-Normal-Oxalsäure erforderliche Menge der Kaliumpermanganatlösung wird aufgeschrieben; der Versuch ist mehrere Male auszuführen. Man verbraucht annähernd 24 ccm Kaliumpermanganatlösung.

2. **Indigokarminlösung und Kaliumpermanganatlösung.** Zur Berechnung des Gerb- und Farbstoffes braucht der Wirkungswerth des Kaliumpermanganats gegenüber der Indigokarminlösung nicht bekannt zu sein. Aus zwei Gründen ist indessen die Kenntniss dieses Wirkungswerthes doch nothwendig: 1. Man soll nach der Vorschrift eine Indigokarmin-

lösung von solcher Verdünnung anwenden, dass zur Entfärbung von 20 ccm der Indigokarminlösung etwa 7 bis 10 ccm Kaliumpermanganatlösung erforderlich sind. 2. Bei der Bestimmung der Oxydirbarkeit des Weines in Gegenwart von Indigokarminlösung soll man so viel Indigokarminlösung anwenden, dass diese für sich ebensoviel oder besser noch etwas mehr Kaliumpermanganatlösung verbraucht als die oxydirbaren Bestandtheile des Weines. Um die Menge der zuzusetzenden Indigokarminlösung festzustellen, muss man deren Wirkungswerth gegenüber der Kaliumpermanganatlösung kennen.

Die Einstellung der Indigokarminlösung auf die Kaliumpermanganatlösung braucht daher bei Anwendung derselben Indigokarminlösung nur einmal ausgeführt zu werden, nicht aber, wie dies gewöhnlich geschieht, vor jeder Bestimmung des Gerb- und Farbstoffes. Auch braucht diese Einstellung keineswegs sehr genau zu sein, vielmehr genügt eine annähernde Bestimmung vollkommen, denn bei der Berechnung des Gerb- und Farbstoffes wird sie nicht gebraucht. Für Anfänger empfiehlt es sich indessen doch, die Einstellung wiederholt möglichst genau zu üben, da der Endpunkt der Titration bei Abwesenheit von Wein viel schärfer beobachtet werden kann als bei der nachherigen eigentlichen Bestimmung. Man bestimmt die zur Oxydation von 20 ccm Indigokarminlösung erforderliche Menge Kaliumpermanganatlösung in derselben Weise, wie es unter γ) für die Ermittelung der Oxydirbarkeit des Weines vorgeschrieben ist, mit dem Unterschiede, dass hier ein Zusatz von Wein nicht stattfindet.

γ) **Bestimmung des Gerb- und Farbstoffes im Weine.**

1. **Bestimmung der gesammten oxydirbaren Bestandtheile des entgeisteten Weines.**

100 ccm Weine werden in einem Messkölbchen abgemessen, in eine Porzellanschale übergeführt und auf dem Wasserbade bei 70 bis 80° C. auf die Hälfte oder noch weiter eingedampft, bis der Alkohol völlig verjagt ist; die Abscheidung unlöslicher Stoffe ist zu vermeiden. Der entgeistete Wein wird in das Messkölbchen zurückgegossen, die Porzellanschale mit Wasser ausgewaschen und der entgeistete Wein mit Wasser auf 100 ccm aufgefüllt. Man lässt dann aus Büretten oder Pipetten 10 ccm des entgeisteten Weines und 20 ccm Indigokarminlösung in eine grosse Porzellanschale von 2 Liter Inhalt fliessen, fügt 10 ccm verdünnte Schwefelsäure und 1 Liter destillirtes Wasser hinzu und mischt die

Flüssigkeiten mit einem Glasstabe. Zu der blau gefärbten Mischung lässt man tropfenweise aus einer Glashahnbürette Kaliumpermanganatlösung fliessen. Die blaue Farbe geht allmählich durch dunkelgrün in hellgrün· und schliesslich in gelblichgrün über; man setzt so lange langsam und tropfenweise Kaliumpermanganat zu, bis der letzte grüne Schimmer verschwunden ist und die Flüssigkeit rein gelb erscheint. Sehr schön kann man das Ende der Reaktion, das Verschwinden des grünen Scheines, erkennen, wenn man das Kaliumpermanganat in die langsam bewegte Flüssigkeit tropfen lässt. Jeder Tropfen hinterlässt dann eine Spur, an der man sicher erkennen kann, ob sie noch reiner gelb gefärbt ist als die sie umgebende Flüssigkeit. Ist das Ende der Reaktion erreicht, so behält die Spur des sich zertheilenden Tropfens einen Stich ins Rothe, der sich bei weiterem Zusatze von Kaliumpermanganatlösung auch der ganzen Flüssigkeit mittheilt. Nach einiger Übung kann der Endpunkt der Reaktion ziemlich genau festgestellt werden. Stellt sich heraus, dass der entgeistete Wein mehr Kaliumpermanganatlösung entfärbt als die zugesetzten 20 ccm Indigokarminlösung, so fügt man mehr Indigokarminlösung hinzu, etwa 30 oder 40 ccm auf 10 ccm Wein. Der Versuch muss mehrmals wiederholt werden; die Ergebnisse stimmen meist recht befriedigend überein.

2. **Bestimmung der ausser dem Gerb- und Farbstoffe im Weine enthaltenen oxydirbaren Stoffe.**

10 ccm des entgeisteten Weines werden in einem Porzellanschälchen mit Wasser und 2 bis 3 g fein gepulverter, gereinigter (mit Salzsäure ausgekochter, ausgewaschener, geglühter und in Wasser aufbewahrter) Thierkohle versetzt; unter Erwärmen rührt man das Gemisch mit einem Glasstabe um. Dann filtrirt man die Flüssigkeit ab, wäscht die Thierkohle mit viel Wasser aus, füllt das Filtrat auf 1 Liter auf und bestimmt in dieser Flüssigkeit die Oxydirbarkeit mit Kaliumpermanganatlösung, wie es vorher beschrieben wurde. Auch dieser Versuch ist mehrmals zu wiederholen.

δ) **Berechnung des Gerb- und Farbstoffes.**

Es bedeute:

a die Anzahl Kubikcentimeter Kaliumpermanganatlösung, welche zur Oxydation von 10 ccm $1/_{10}$-Normal-Oxalsäure erforderlich waren,

b die Anzahl Kubikcentimeter Kaliumpermanganatlösung, welche durch 10 ccm des entgeisteten Weines $+$ 20 ccm Indigokarminlösung entfärbt wurden, c die Anzahl Kubikcentimeter Kaliumpermanganatlösung, welche durch 10 ccm des entgeisteten und durch Thierkohle von Gerb- und Farbstoff befreiten Weines + 20 ccm Indigokarminlösung entfärbt wurden.

Zur Oxydation des Gerb- und Farbstoffes wurden (b—c) ccm Kaliumpermanganatlösung verbraucht. Zur Oxydation von 10 ccm $^1/_{10}$-Normal-Oxalsäure ist nach Neubauer so viel Kaliumpermanganat erforderlich als zur Oxydation von 0,04157 g Gerbstoff; da hier 10 ccm $^1/_{10}$-Normal-Oxalsäure durch a ccm Kaliumpermanganatlösung oxydirt wurden, so vermögen diese a ccm Kaliumpermanganatlösung auch 0,04157 g Gerbstoff zu oxydiren. 1 ccm verbrauchter Kaliumpermanganatlösung entsprechen daher $\dfrac{0,04157}{a}$ Gramm Gerbstoff. Zur Oxydation des Gerb- und Farbstoffes aus 10 ccm Wein waren (b—c) ccm Kaliumpermanganatlösung erforderlich; diesen entsprechen daher $\dfrac{0,04157\,(b-c)}{a}$ Gramm Gerbstoff, und in 100 ccm Wein sind enthalten:

$$x = \frac{0,4157\,(b-c)}{a}$$ Gramm Gerb- und Farbstoff.

Beispiel: Zur Oxydation von 10 ccm $^1/_{10}$-Normal-Oxalsäure waren 24,2 ccm Kaliumpermanganatlösung erforderlich; 10 ccm des entgeisteten Weines + 20 ccm Indigolösung wurden durch 13,6 ccm Kaliumpermanganatlösung oxydirt; 10 ccm des entgeisteten und von Gerb- und Farbstoff befreiten Weines + 20 ccm Indigokarminlösung wurden durch 9,9 ccm Kaliumpermanganatlösung oxydirt. In diesem Falle ist a = 24,2, b = 18,6, c = 9,9, daher

$$x = \frac{0,4157\,(18,6 - 9,9)}{24,2} = 0,149\ \text{g Gerb- und Farbstoff}$$

in 100 ccm Wein.

Da der Reduktionswerth des Weingerbstoffes und Farbstoffes gegenüber der Kaliumpermanganatlösung nicht ganz sicher festgestellt ist, können die Ergebnisse des Oxydationsverfahrens nur relativen Werth besitzen; man nimmt nach Neubauer's Vorgang allgemein an, dass 41,57 g Gerb- und Farbstoff soviel Kaliumpermanganat reduziren wie 1 Aequivalentgewicht ($^1/_2$ Gramm-Molekel) = 63 g Oxalsäure. Der Farbstoff der Rothweine verbraucht nur sehr geringe Mengen Kaliumpermanganat zur Oxydation; man erhält annähernd den Gerbstoffgehalt des Weines, wenn man von dem nach dem

Oxydationsverfahren gefundenen Gerb- und Farbstoffgehalte in 100 ccm Wein 0,01 bis 0,02 g abzieht. Verfährt man bei der Bestimmung des Gerb- und Farbstoffes genau nach dem vorgeschriebenen Verfahren und bedient man sich zur Berechnung der vorher abgeleiteten Formel, die auf dem von Neubauer angegebenen Reduktionswerthe des Gerb- und Farbstoffes beruht, so erhält man stets vergleichbare Werthe, die auch dem wahren Gerb- und Farbstoffgehalte der Weine nahekommen dürften. Wiederholte Versuche mit demselben Weine führen immer zu recht befriedigend übereinstimmenden Ergebnissen. Viele Chemiker[1]), auch der Verfasser, ziehen dieses Verfahren den sonst noch vorgeschlagenen entschieden vor.

2) **Annähernde Bestimmung des Gerbstoffes nach J. Nessler und M. Barth.**[2])

a) Grundzüge des Verfahrens.

Der Gerbstoff des Weines giebt mit Eisenoxydsalzlösungen einen schwarzen voluminösen Niederschlag von gerbsaurem Eisenoxyd. Nessler und Barth beobachteten, dass dieser Niederschlag sich gewöhnlich innerhalb 24 Stunden ziemlich gleichmässig absetzt und dass das Volumen des Niederschlages in einem bestimmten Verhältnisse zu dem Gerbstoffgehalte des Weines steht; man kann daher aus dem Volumen des Niederschlages die Menge des Gerbstoffes annähernd feststellen. Bei manchen Weinen entsteht bei dem Zusatze von Eisenchlorid neben dem gerbsauren Eisen ein voluminöser, gallertiger Niederschlag, der durch die in dem Weine enthaltenen Pektinkörper verursacht zu sein scheint; da dieser Niederschlag bei der annähernden Bestimmung des Gerbstoffes schaden würde, werden die Pektinkörper vorher durch Fällen mit Alkohol beseitigt. Durch den Alkoholzusatz werden gleichzeitig die Stoffe entfernt, welche zuweilen schon beim Stehen des Weines an der Luft Trübungen und Braunfärbung bewirken.

b) Ausführung des Verfahrens.

12 ccm Wein werden in einem kleinen Kölbchen mit 30 ccm Alkohol von 96 Maassprozent versetzt und umgeschüttelt; sobald sich die entstandene Trübung flockig zusammengeballt hat, wird die Flüssigkeit durch ein Faltenfilter

---

[1]) Vergl. z. B. J. H. Vogel, Zeitschr. angew. Chemie 1891. 61; Wagner, Chem.-Ztg. 1891. 15. 463; auch im Kaiserl. Gesundheitsamte wird dieses Verfahren stets angewandt.

[2]) Zeitschr. analyt. Chemie 1883. 22. 595.

Bestimmung des Gerbstoffes.

abfiltrirt. 35 ccm des Filtrates, die 10 ccm Wein entsprechen, werden in einem Porzellanschälchen auf etwa 6 ccm eingedampft und mit so viel Wasser in die nebengezeichnete Röhre (Figur 26) gespült, dass die Flüssigkeit genau 10 ccm beträgt. Die Röhre ist oben etwa 1,8 cm weit und nach unten cylindrisch auf etwa 0,8 cm lichte Weite so ausgezogen, dass der enge, in Zehntelkubikcentimeter getheilte Raum etwa 4 ccm fasst. Der obere Theil der Röhre besitzt an den den Rauminhalten von 10, 11, 20 und 22 ccm entsprechenden Stellen Gehaltsmarken. Zu den in dieser Röhre befindlichen 10 ccm Flüssigkeit setzt man 1 ccm 40prozentige Natriumacetatlösung und 1 bis 2 Tropfen 10prozentige Eisenchloridlösung, schüttelt die Mischung um und lässt sie 24 Stunden stehen. Hat sich das gerbsaure Eisenoxyd **gleichmässig** abgesetzt, so entspricht 1 ccm Niederschlag annähernd 0,033 g Gerbstoff in 100 ccm Wein. Beträgt daher der Niederschlag von gerbsaurem Eisenoxyd a ccm, so sind annähernd enthalten $x = 0{,}033 \cdot a$ Gramm Gerbstoff in 100 ccm Wein.

Setzt sich der Niederschlag nicht gleichmässig ab, so vertheilt man ihn durch Schütteln gleichmässig in der Flüssigkeit und stellt durch Abschätzen den Grad der Trübung bezw. die Farbe der Mischung fest.

Zur Ermittelung des annähernden Gehaltes des Weines an Gerbstoff dienen in diesem Falle die in der folgenden Tafel niedergelegten Anhaltspunkte.

Figur 26.

Aussehen und Beschaffenheit der Mischung in der Röhre	Annähernder Gehalt des Weines an Gerbstoff Gramm in 100 ccm
Die obere 1,8 cm dicke Schicht ist ganz undurchsichtig, die untere 0,8 cm dicke Schicht soeben schwach durchscheinend	0,05
Die obere dicke Schicht ist durchscheinend, die untere dünne Schicht durchsichtig	0,02
Die ganze Flüssigkeit ist durchsichtig und dunkelblaugrau	0,01
Die Flüssigkeit ist hellblaugrau	0,005
„ „ „ deutlich grüngelb	0,002
„ „ „ schwach grüngelb	0,001

Weine mit mehr als 0,05 g Gerbstoff in 100 ccm, bei denen sich der Gerbstoffniederschlag in 24 Stunden nicht vollständig absetzt, sind mit gemessenen Mengen Wasser so weit zu verdünnen, dass der Gerbstoff nicht mehr als 0,05 g in 100 ccm des verdünnten Weines beträgt.

Bei Rothweinen mit hohem Gerbstoffgehalte verdünnt man die in dem Röhrchen enthaltenen 11 ccm Flüssigkeit (10 ccm des mit Alkohol behandelten Rothweines und 1 ccm 40 prozentige Natriumacetatlösung), um das Absetzen des Niederschlages von gerbsaurem Eisenoxyd zu erleichtern, nach dem Eisenchloridzusatze mit Wasser auf 22 ccm und lässt den Niederschlag 24 Stunden sich absetzen; jedem Kubikcentimeter Niederschlag entsprechen 0,033 g Gerbstoff in 100 ccm Wein. Setzt sich der Niederschlag während dieser Zeit nicht ab, so wird der Rothwein so weit verdünnt, dass er nicht mehr als 0,05 g Gerbstoff in 100 ccm enthält, und weiter behandelt, wie vorher angegeben wurde.

Bemerkungen zu vorstehendem Verfahren. Es bedarf kaum der Erwähnung, dass das Verfahren von Nessler und Barth nur die annähernde Schätzung des Gerbstoffgehaltes der Weine gestattet. Das Absetzen voluminöser Niederschläge ist durch zahlreiche Umstände beeinflusst, so dass man auf völlige Gleichmässigkeit hierin nicht rechnen kann; noch unsicherer ist die Feststellung der Durchsichtigkeit und Farbe des aufgeschwemmten Niederschlages. Für manche Zwecke reicht das Verfahren indessen aus; es musste hier aufgeführt werden, weil es thatsächliche Anwendung findet.

3) **Bestimmung des Gerbstoffes nach L. Roos, Cusson und Giraud.**[1])

Neuerdings wurde von L. Roos, Cusson und Giraud ein Verfahren zur Bestimmung des Gerbstoffes im Weine angegeben, das auf der Fällung des Gerbstoffes in schwach ammoniakalischer Lösung mit einer Bleilösung beruht. Zur Herstellung der Bleilösung wird eine 10 prozentige Lösung von Weinsteinsäure mit Ammoniak bis zur schwach alkalischen Reaktion und dann mit einer Lösung von neutralem Bleiacetat versetzt, bis der entstehende Niederschlag sich eben nicht mehr löst; die Flüssigkeit wird filtrirt. Die so erhaltene Bleilösung fällt den Gerbstoff vollständig, nicht aber die

---

[1]) Journ. pharm. chim. [5] 1890. **21.** 59.

übrigen im Weine enthaltenen Salze, wie Sulfate, Tartrate u. s. w.

Zur Ausführung der Gerbstoffbestimmung übersättigt man 25 ccm Wein schwach mit Ammoniak und lässt die Bleilösung zunächst kubikcentimeterweise zufliessen; bei jedem Zusatze der Bleilösung entsteht ein Niederschlag von gerbsaurem Blei. Den Endpunkt der Reaktion erkennt man an dem Vorhandensein von gelöstem Blei in der Flüssigkeit. Um diesen Punkt festzustellen, giebt man nach jedem Zusatze von Bleilösung mit einem Glasstabe einen Tropfen Flüssigkeit auf ein doppelt gelegtes Blatt Filtrirpapier und prüft den auf dem unteren Blatte entstehenden Flüssigkeitsfleck mit einem Tropfen Schwefelnatriumlösung auf Blei; eine braune Färbung zeigt die Gegenwart von gelöstem Blei an. Nachdem man auf diese Weise den Gerbstoffgehalt des Weines annähernd festgestellt hat, bestimmt man ihn in einer zweiten Probe Wein genau, indem man die zur Ausfällung des Gerbstoffes annähernd nöthige Menge Bleilösung zuerst rasch und dann tropfenweise zufliessen lässt, bis die Tüpfelprobe gelöstes Blei anzeigt; die Tüpfelprobe wird zuletzt nach dem Zusatze jedes Tropfens Bleilösung angestellt. Der Wirkungswerth der Bleilösung wird in der Weise bestimmt, dass man denselben Versuch mit einer Tanninlösung anstellt, die 5 g reines Tannin im Liter enthält.

Das vorstehende Verfahren, dessen Ausführung der titrimetrischen Bestimmung des Invertzuckers ähnlich ist, wurde von Nicolle[1] geprüft. Nicolle fand, dass auch die Phosphate durch die Bleilösung gefällt werden; bei Weinen, die reich an Phosphaten sind, z. B. bei den phosphatirten Weinen, aber auch bei vielen natürlichen Weinen, wird daher die Bestimmung ungenau.

30. Quantitative Bestimmung der Salpetersäure.

Wie schon vorher (S. 152) mitgetheilt wurde, lassen sich nach dem unter Nr. 23 a) beschriebenen Verfahren nach E. Egger[2] noch 10 mg, nach L. Weigert[3] noch 100 mg Salpetersäure (N_2O_5) im Liter Wein nachweisen; die Empfindlichkeit des unter Nr. 23 b) beschriebenen Verfahrens geht nach Egger bis zu 1,5 mg und nach Weigert bis zu 20 mg Salpetersäure (N_2O_5) im

---

[1] Journ. pharm. chim. [5]. 1891. 24. 150.
[2] Arch. Hyg. 1884. 2. 373.
[3] Mittheil. Versuchsstation Klosterneuburg 1888. Heft 5. 142.

Liter Wein. Bei dem nachstehenden Verfahren zur quantitativen Bestimmung der Salpetersäure wird diese in Stickoxyd verwandelt und das Volumen dieses Gases gemessen. Da 1 mg Salpetersäureanhydrid (N_2O_5) 0,412 ccm Stickoxyd, bei einer Temperatur von $0°$ C. und 760 mm Barometerstand gemessen, liefert, so lassen sich 10 mg Salpetersäure noch recht genau bestimmen. Wenn daher die Salpetersäurereaktion nach dem auf S. 152 unter Nr. 23a) beschriebenen Verfahren eintritt, kann man stets mit Erfolg zur quantitativen Bestimmung der Salpetersäure schreiten.

a) Grundzüge des Verfahrens.

Die Salpetersäure wird durch Eisenchlorür in salzsaurer Lösung zu Stickoxyd reduzirt nach der Gleichung:

$$2\,NO_3H + 6\,FeCl_2 + 6\,HCl = 2\,NO + 3\,Fe_2Cl_6 + 4\,H_2O.$$

Das Stickoxyd wird über ausgekochter Natronlauge aufgefangen und gemessen.

b) Ausführung des Verfahrens.

$1/2$ bis 1 Liter Wein (je nach der Stärke der Salpetersäurereaktion) wird allmählich in einer Porzellanschale zu einem dünnen Syrup eingedampft. Man versetzt den Rückstand nach dem Erkalten so lange mit hochprozentigem Alkohol, als dadurch noch ein Niederschlag entsteht. Man filtrirt die Flüssigkeit ab und wäscht den Niederschlag mit hochprozentigem Alkohol aus. Das Filtrat wird in einer Porzellanschale auf dem Wasserbade unter Zusatz kleiner Mengen Wasser abgedampft, bis der Alkohol vollständig verjagt ist.

Zur Reduktion der Salpetersäure zu Stickoxyd bedient man sich des in Figur 27 dargestellten Apparates. Die Kochflasche a von 250 bis 300 ccm Inhalt ist durch einen doppelt durchbohrten Kautschukstopfen verschlossen. Durch die eine Bohrung führt die Röhre eines Hahntrichters b, die unten eng ausgezogen ist, bis in den Bauch der Kochflasche. Durch die zweite Bohrung führt eine geeignet gebogene Gasentbindungsröhre c bis zu einer mit zehnprozentiger Natronlauge gefüllten Glaswanne d. Ein Gestell hält über der Wanne eine Messröhre, die, von dem zugeschmolzenen Ende beginnend, in Zehntelkubikcentimeter getheilt und mit ausgekochter zehnprozentiger Natronlauge gefüllt ist. In die Kochflasche a bringt man durch den Hahntrichter 40 bis 50 ccm einer Eisenchlorürlösung, die etwa 450 g Eisenchlorür im Liter enthält, und hierauf ebensoviel 20prozentige Salzsäure; man trägt

Quantitative Bestimmung der Salpetersäure. 175

dabei Sorge, dass die Röhre des Hahntrichters vollständig mit Salzsäure gefüllt bleibt und dass die Spitze der Röhre nicht in die Flüssigkeit taucht. Man erhitzt nunmehr die Kochflasche bis zum Sieden der Flüssigkeit und kocht so lange, bis die atmosphärische Luft durch die entwickelten Dämpfe vollständig ausgetrieben ist; dabei soll die Trichterröhre stets mit Salzsäure gefüllt bleiben. Dann giesst man den in der vorher beschriebenen Weise vorbereiteten Wein in den Hahntrichter, spült die Porzellanschale mit Wasser nach und bringt die mit ausgekochter zehnprozentiger Natronlauge gefüllte Messröhre über die Mündung der Gasentbindungsröhre; währenddessen hält man den Inhalt des Kochkolbens in fort-

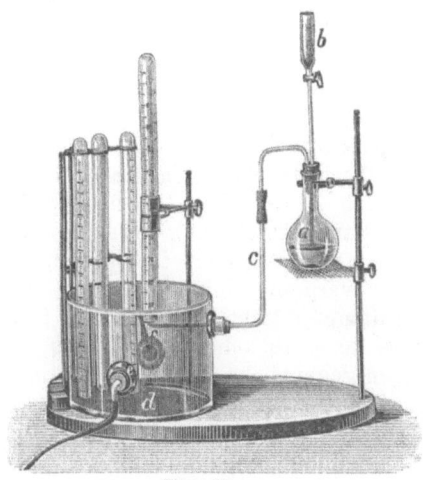
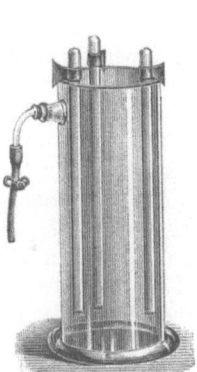

Figur 27. Figur 28.

währendem Sieden. Nun öffnet man den Hahn des Hahntrichters so weit, dass der vorbereitete Wein tropfenweise in die siedende Eisenchlorürlösung fliesst. Ist dies bis auf einen kleinen Rest geschehen, so wird der Hahntrichter zweimal mit 10 prozentiger Salzsäure nachgespült und die Salzsäure ebenfalls in die siedende Flüssigkeit getropft. Die in dem Weine enthaltene Salpetersäure wird durch die salzsaure Eisenchlorürlösung zu Stickoxyd reduzirt, das sich in der Messröhre sammelt. Wenn kein Stickoxyd mehr entwickelt wird, schiebt man die Messröhre bei Seite, wobei die Mündung derselben unter die Oberfläche der Natronlauge tauchen muss. Dann öffnet man den Glashahn, um Luft in die Kochflasche eintreten zu lassen, und entfernt die Flamme unter der Kochflasche. Die Messröhre mit dem Stickoxyd wird mit Hülfe einer kleinen, mit Wasser gefüllten Porzellanschale in einen hohen, mit Wasser gefüllten Glascylinder (Figur 28) übergeführt. Nachdem das Stickoxyd die Temperatur des Wassers angenommen hat, wird die Oberfläche des Wassers in der Röhre mit der Oberfläche des Wassers in dem Glascylinder in eine Ebene gebracht, wobei man die Messröhre nicht mit der Hand anfassen darf; alsdann liest man das Volumen des Stickoxydes, die Temperatur des Wassers und den Barometerstand ab.

c) Berechnung der Salpetersäure.

Das Volumen des Stickoxydes sei, bei einer Temperatur von t^0 C. und einem Barometerstande von b mm über Wasser gemessen, gleich a ccm. Um das Gewicht des gemessenen Stickoxydgases festzustellen, muss das Volumen des Gases zunächst auf 0^0 C. und 760 mm Druck reduzirt werden. Die Temperatur des Gases ist gleich t^0 C. Der Druck, unter dem das Gas steht, wenn die Oberfläche des Wassers innerhalb und ausserhalb der Messröhre in derselben Ebene liegt, ist gleich dem Luftdruck (dem Barometerstande), vermindert um die Spannung des Wasserdampfes bei der Temperatur t^0; denn bei dieser Temperatur verdampft eine ganz bestimmte Menge Wasser, der Wasserdampf mischt sich mit dem Stickoxydgase in der Messröhre und übt einen Druck aus, der dem äusseren Luftdrucke entgegenwirkt. Ist die Spannung des Wasserdampfes bei der Temperatur t^0 gleich w mm Quecksilberdruck, so steht das Stickoxydgas unter einem Drucke von $(b-w)$ mm.

Das Volumen der Gase ändert sich mit der Temperatur und mit dem Drucke; die dabei stattfindenden Aenderungen werden durch die Gesetze von Gay-Lussac (für die Temperatur) und von Boyle oder Mariotte (für den Druck) geregelt. Es sei v' das Volumen des Stickoxydes bei 0^0 C. und $(b-w)$ mm Druck; da das Volumen unter demselben Drucke, aber bei t^0 C. gleich a ccm ist, so ist nach dem Gay-Lussac-schen Gesetze:

$$a = v'(1 + 0{,}00367\,t) \quad \text{oder}$$

$$v' = \frac{a}{1 + 0{,}00367\,t}.$$

Darin bedeutet 0,00367 den mittleren Ausdehnungskoëffizienten der Gase.

Es sei ferner v_0 das Volumen des Stickoxydes bei 0^0 und 760 mm Druck; da das Volumen des Stickoxydes bei derselben Temperatur, aber unter $(b-w)$ mm Druck gleich v' ccm ist, so ist nach dem Boyle'schen Gesetze:
$$v' : v_0 = 760 : (b-w) \text{ oder}$$
$$v' = \frac{760 \cdot v_0}{b-w}.$$

Vorher wurde gefunden:
$$v' = \frac{a}{1 + 0{,}00367\,t}.$$

Daher ist auch:
$$\frac{760 \cdot v_0}{b-w} = \frac{a}{1 + 0{,}00367\,t} \quad \text{und}$$
$$v_0 = a \cdot \frac{b-w}{(1 + 0{,}00367\,t)\,760} \text{ ccm},$$

d. h. die a ccm Stickoxyd würden bei 0^0 und unter 760 mm Druck einen Raum von $a \cdot \dfrac{b-w}{(1 + 0{,}00367\,t)\,760}$ ccm einnehmen.

Das Moleculargewicht des Stickoxydes ist $NO = 29{,}97$, seine Gasdichte, auf Wasserstoff als Einheit bezogen, gleich 14,985. Daher wiegt 1 ccm Stickoxyd 14,985 mal so viel als 1 ccm Wasserstoff; da 1 ccm Wasserstoff bei 0^0 und 760 mm Druck 0,00008988 g wiegt, so wiegt 1 ccm Stickoxyd unter denselben Bedingungen des Druckes und der Temperatur $14{,}985 \cdot 0{,}00008988 = 0{,}00134685$ g. Das Volumen des durch Reduktion der Salpetersäure entstandenen Stickoxydes betrug, auf 0^0 und 760 mm Druck umgerechnet, $a \cdot \dfrac{b-w}{(1 + 0{,}00367\,t)\,760}$ ccm; dieses Volumen Stickoxyd wiegt daher:
$$0{,}00134685 \cdot a \cdot \frac{b-w}{760\,(1 + 0{,}00367\,t)} \text{ Gramm.}$$

Eine Gramm-Molekel Salpetersäureanhydrid $N_2O_5 = 107{,}82$ g giebt 2 Gramm-Molekeln Stickoxyd $2\,NO = 59{,}49$ g. 1 g Stickoxyd entsprechen daher $\dfrac{107{,}82}{59{,}94}$ g Salpetersäureanhydrid, und $0{,}00134685 \cdot a \cdot \dfrac{b-w}{760\,(1 + 0{,}00367\,t)}$ Gramm Stickoxyd entsprechen $\dfrac{0{,}00134685 \cdot 107{,}82}{59{,}94} \cdot a \cdot \dfrac{b-w}{760\,(1 + 0{,}00367\,t)}$ Gramm Salpetersäureanhydrid. Wurde diese Menge Salpetersäure in 1 Liter Wein gefunden, so sind enthalten:

$$x = 0{,}0002423 \cdot a \cdot \frac{b-w}{760\,(1+0{,}00367\,t)} \text{ Gramm Salpeter-}$$

säure (N_2O_5) in 100 ccm Wein.

Die Spannung w des Wasserdampfes für die gewöhnlich vorkommenden Temperaturen von 5 bis 30° C. kann aus dem folgenden Täfelchen entnommen werden.

Temperatur Grade Celsius	Spannung des Wasserdampfes. mm Quecksilberdruck	Temperatur Grade Celsius	Spannung des Wasserdampfes. mm Quecksilberdruck	Temperatur Grade Celsius	Spannung des Wasserdampfes. mm Quecksilberdruck	Temperatur Grade Celsius	Spannung des Wasserdampfes. mm Quecksilberdruck
5,0	6,5	11,5	10,1	18,0	15,3	24,5	22,8
5,5	6,7	12,0	10,4	18,5	15,8	25,0	23,5
6,0	7,0	12,5	10,8	19,0	16,3	25,5	24,2
6,5	7,2	13,0	11,1	19,5	16,8	26,0	25,0
7,0	7,5	13,5	11,5	20,0	17,4	26,5	25,7
7,5	7,7	14,0	11,9	20,5	17,9	27,0	26,5
8,0	8,0	14,5	12,3	21,0	18,5	27,5	27,3
8,5	8,3	15,0	12,7	21,5	19,0	28,0	28,1
9,0	8,5	15,5	13,1	22,0	19,6	28,5	28,9
9,5	8,8	16,0	13,5	22,5	20,2	29,0	29,7
10,0	9,1	16,5	13,9	23,0	20,9	29,5	30,6
10,5	9,4	17,0	14,4	23,5	21,5	30,0	31,5
11,0	9,8	17,5	14,9	24,0	22,2		

Wesentlich erleichtert wird die Berechnung der Salpetersäure durch die Benutzung der Tafel 8 in den „Physikalisch-chemischen Tabellen" von Landolt und Börnstein.[1]) Dieser Tafel kann man die Logarithmen aller Werthe des Ausdruckes $\frac{b-w}{760\,(1+0{,}00367\,t)}$ für die Werthe von b = 730 bis 780 mm und von t = 5 bis 24° C. ohne weiteres entnehmen.

Bei ganz genauen Bestimmungen muss auch der abgelesene Barometerstand auf 0° reduzirt werden. Unter dem Einflusse der Wärme dehnt sich das Quecksilber aus, so dass man einen um so höheren Barometerstand findet, je höher die Temperatur ist. Gleichzeitig dehnt sich aber auch die eingetheilte Glasröhre aus, in der das Quecksilber des Barometers enthalten ist und an der man den Barometerstand abliest. Die Ausdehnung des Glases gleicht die Ausdehnung des Quecksilbers zu einem geringen Theile aus, sie bleibt

---

[1]) H. Landolt und R. Börnstein, Physikalisch-chemische Tabellen. 2. Aufl. Berlin 1894 bei Julius Springer. S. 30.

aber hinter ihr zurück, da das Quecksilber sich bedeutend stärker ausdehnt als das Glas. Bedeutet:

h den bei T^0 abgelesenen Barometerstand,
β den kubischen Ausdehnungskoëffizienten des Quecksilbers $= 0{,}0001818$,
β_1 den linearen Ausdehnungskoëffizienten des Glases $= 0{,}0000085$,
h_0 den auf 0^0 reduzirten Barometerstand,

so ist:
$$h_0 = \left(1 - \frac{\beta - \beta_1}{1 + \beta T} T\right) h = h - \frac{\beta - \beta_1}{1 + \beta T} \cdot T \cdot h.$$

Bei der Reduktion des Barometerstandes auf 0^0 bietet die Tafel 10 des Landolt-Börnstein'schen Tabellenwerkes[1]) wesentliche Erleichterungen; man kann ihr ohne Weiteres den Werth $\frac{\beta - \beta_1}{1 + \beta T} \cdot T \cdot h$ entnehmen, den man (bei Temperaturen über 0^0) von dem abgelesenen Barometerstande abzuziehen hat.

Beispiel. Die Salpetersäure aus 1 Liter Wein lieferte 5,2 ccm Stickoxyd, über Wasser bei $16{,}1^0$ C. gemessen; der Barometerstand war gleich 759,4 mm, bei $13{,}7^0$ C. abgelesen. Für h = 759,4 mm und T = $13{,}7^0$ C. wird der Ausdruck $\frac{\beta - \beta_1}{1 + \beta T} \cdot T \cdot h = 1{,}8$ mm, und daher der auf 0^0 reduzirte Barometerstand $h_0 = 759{,}4 - 1{,}8 = 757{,}6$ mm. Für die Berechnung der Salpetersäure nach der vorher abgeleiteten Formel ist dann: a = 5,2 ccm, b = 757,6 mm, t = 16,1; bei $16{,}1^0$ C. ist die Spannung des Wasserdampfes w = 13,6 mm. Daher wird:

$$x = 0{,}0002423 \cdot 5{,}2 \cdot \frac{757{,}6 - 13{,}6}{760(1 + 0{,}00367 \cdot 16{,}1)} = 0{,}001165 \text{ g}$$

Salpetersäure (N_2O_5) in 100 ccm Wein.

An Stelle des hier beschriebenen Apparates kann man sich auch des von F. Tiemann[2]) angegebenen Apparates bedienen. Der erstere hat den Vorzug, dass er bequemer zu handhaben ist und eine ganze Anzahl von Bestimmungen mit derselben Beschickung der Kochflasche mit Eisenchlorür unmittelbar hinter einander auszuführen gestattet.

---

[1]) H. Landolt und R. Börnstein, Physikalisch-chemische Tabellen. 2. Aufl. Berlin 1894 bei Julius Springer. S. 34.
[2]) Vergl. F. Tiemann und A. Gärtner, Untersuchung des Wassers. Braunschweig 1889 bei Friedrich Vieweg und Sohn. S. 170.

31. Bestimmung des Kupfers.
(Vergl. die amtliche Anweisung S. 154.)

Nach Th. Frühauf und J. Ursic[1]) wird 1 Liter Wein in einem grossen Becherglase der Elektrolyse unterworfen. Der anzuwendende galvanische Strom soll so stark sein, dass er in der Minute 1,5 bis 2 ccm Knallgas erzeugt. Als Elektroden werden zwei der Längsrichtung nach gewellte, rechteckige Platinbleche von 15 cm Länge und 3 cm Breite angewandt, die senkrecht und parallel in den Wein gesenkt werden, so dass die beiden Flächen etwa 3 cm von einander entfernt sind. Die Elektroden sind durch Platindrähte mit den beiden Polen der Batterie verbunden. Nach dem Schliessen des Stromes beginnt die Zersetzung sofort. Nach 12 stündiger Elektrolyse wird der Strom unterbrochen, die negative Elektrode aus der Flüssigkeit genommen und sofort mit destillirtem Wasser abgespült. Erscheint die Oberfläche der Elektrode unverändert oder ist erst nach einigen Minuten ein geringer Anflug auf ihr zu bemerken, so ist alles etwa im Weine vorhandene Kupfer abgeschieden. Man benetzt die Elektrode mit einigen Tropfen konzentrirter Salpetersäure, spült sie mit Wasser ab, sammelt die Lösung in einem Glasschälchen und dampft sie auf dem Wasserbade ein.

Ist auf der Elektrode so viel Kupfer abgeschieden, dass sie deutlichen Kupferglanz zeigt, so wird die von dem Kupfer gereinigte Elektrode aufs Neue in den Stromkreis eingeschaltet und die Elektrolyse so lange fortgesetzt, bis nach den letzten 12 Stunden die Elektrode keine Kupferfarbe mehr zeigt. Das abgeschiedene Kupfer wird jedesmal in Salpetersäure gelöst; die vereinigten Lösungen werden in einer Glasschale auf dem Wasserbade eingedampft. In 24 Stunden wird 1 mg Kupfer aus 1 Liter Wein abgeschieden.

Da in 1 Liter Wein fast ausnahmslos weniger als 1 mg Kupfer enthalten ist, würde die unmittelbare Wägung des ausgeschiedenen metallischen Kupfers sehr unsicher sein. Man vertreibt daher aus den salpetersauren Kupferlösungen die Salpetersäure durch Eintrocknen der Flüssigkeit, löst den Rückstand in einer bestimmten Menge Wasser und bestimmt darin das Kupfer kolorimetrisch mit einer Blausäure enthaltenden Guajaktinktur (erhalten durch Ausziehen von 5 g Guajak-

---

[1]) K. Portele, Bericht über die gelegentlich des III. österreich. Weinbau-Kongresses in Bozen 1886 stattgehabte Versammlung österreich. Oenochemiker. Bozen 1887. S. 66.

holzspähnen mit 100 ccm Alkohol von 50 Maassprozent, bis die Lösung eine rein gelbe Farbe besitzt). Noch sehr verdünnte Kupferlösungen geben mit Guajaktinktur und Blausäure eine tiefblaue Färbung. Man vergleicht die blaue Färbung, die mit gemessenen Mengen der Lösung des aus dem Weine abgeschiedenen Kupfers entsteht, mit den Färbungen, die durch die gleiche Menge Guajaktinktur in gemessenen Mengen sehr verdünnter Kupferlösungen von bekanntem Kupfergehalte hervorgerufen werden. Der Vergleich der Färbungen erfolgt in gleichweiten Cylindern aus weissem Glase mit flachem Boden, gegebenenfalls unter Anwendung eines Kolorimeters. Durch Zusatz kleiner Mengen Aether kann man nach E. Mach und K. Portele[1]) die an sich ziemlich rasch vergängliche blaue Guajak-Blausäureprobe auf Kupfer genügend lange beständig erhalten.

Das Verfahren von Frühauf und Ursic hat, wie das von T. Gigli[2]) und mehreren Anderen, den Vorzug, dass man die grosse Menge Wein nicht zu veraschen braucht. Sie eignet sich indessen nur für die Bestimmung sehr kleiner Mengen Kupfer, da die Abscheidung grösserer Mengen zu lange Zeit beansprucht. Da der Kupfergehalt des Weines in den meisten Fällen nur wenige Zehntel-Milligramme in 100 ccm beträgt, so reicht dieses Verfahren fast immer aus. Sollte der Kupfergehalt eines Weines ausnahmsweise wesentlich grösser sein, so empfiehlt es sich, eine grössere Menge Wein zu veraschen, die Asche mit Salpetersäure aufzunehmen und das Kupfer nach den Regeln der quantitativen Analyse durch Elektrolyse[3]) in einer Platinschale metallisch abzuscheiden und zu wägen. E. Mach und K. Portele[1]) veraschen in allen Fällen den Wein, scheiden das Kupfer aus der Aschenlösung elektrolytisch ab und bestimmen es nach dem Auflösen in Salpetersäure kolorimetrisch mit Blausäure enthaltender Guajaktinktur.

32., 33. und 34. Bestimmung der Aepfelsäure, der Bernsteinsäure und der Citronensäure.

Für die Bestimmung der Aepfelsäure, der Bernsteinsäure und der Citronensäure sind zahlreiche Verfahren vorgeschlagen worden, es kann aber zur Zeit keines von ihnen als sicher

---

[1]) Weinlaube 1887. **19.** 271.
[2]) Zeitschr. analyt. Chemie 1890. **29.** 367.
[3]) Alex. Classen, Quantitative Analyse durch Elektrolyse. 3. Aufl. Berlin 1892 bei Julius Springer. S. 78.

empfohlen werden. Die älteren Verfahren haben sich bei den Nachprüfungen nicht bewährt, und die neueren sind bisher noch nicht nachgeprüft worden. Es wäre sehr wünschenswerth, dass für die Bestimmung dieser Säuren geeignete Verfahren ausgearbeitet würden. Die Aepfelsäure ist ein sehr wesentlicher Bestandtheil des Weines; sie übertrifft gewöhnlich an Menge alle übrigen sauren Bestandtheile des Weines und meist auch des Mostes. Ein genaues Verfahren zur Bestimmung der Citronensäure wäre deshalb von Bedeutung, weil man mit dessen Hülfe den Zusatz Citronensäure enthaltender Gemische oder auch reiner Citronensäure zum Weine nachweisen könnte. Die bisher vorgeschlagenen Verfahren sind an dieser Stelle nicht aufgenommen worden, um sie zur Anwendung zu empfehlen; es soll vielmehr nur denen, die sich der dankenswerthen Aufgabe unterziehen wollen, neue wirklich genaue Verfahren auszuarbeiten, das bisher vorliegende Material gesichtet im Zusammenhange vorgeführt werden.

32. Bestimmung der Aepfelsäure.

a) Berechnung der Aepfelsäure im Moste.

Der Most enthält von sauren Bestandtheilen im Wesentlichen nur freie Weinsteinsäure, Weinstein (saures weinsteinsaures Kali), sauren weinsteinsauren Kalk und Aepfelsäure. Die freie Weinsteinsäure und der saure weinsteinsaure Kalk können fehlen; wenn freie Weinsteinsäure nicht vorhanden ist, kann der Most auch saures äpfelsaures Kali enthalten. Da es nach dem unter Nr. 9 (S. 73) vorgeschriebenen Verfahren gelingt, den Gehalt des Mostes an freier Weinsteinsäure und an der Weinsteinsäure, die in der Form saurer Salze (von Bitartraten) vorhanden ist, hinreichend genau zu bestimmen, so kann man die Aepfelsäure des Mostes annähernd genau berechnen.

Es bedeute:
- a die Gramme Gesammtsäure, als Weinsteinsäure berechnet, in 100 ccm Most (nach Nr. 6, S. 68 bestimmt),
- b die Gramme Gesammtweinsteinsäure in 100 ccm Most (nach Nr. 9a, S. 73 bestimmt),
- c die Gramme freie Weinsteinsäure in 100 ccm Most (nach Nr. 9b, S. 74 bestimmt).

Zieht man von der Gesammtweinsteinsäure die freie Weinsteinsäure ab, so erhält man die Menge Weinsteinsäure, die an Basen gebunden in der Form von Bitartraten in dem Moste enthalten ist; sie ist also gleich (b — c) Gramm. Würde man diese Menge Bitartrate mit Alkalilauge titriren und das Ergebniss auf Weinsteinsäure berechnen, so würde man nur $\frac{b-c}{2}$ Gramm Bitartrate, als freie Weinsteinsäure berechnet, finden, weil die Bitartrate sich wie einbasische Säuren gegenüber dem Alkali verhalten, während die freie Weinsteinsäure, auf die man das Ergebniss der Titration berechnet, zweibasisch ist. Es liegen somit folgende Verhältnisse vor:

Der Most enthält:

a Gramm Gesammtsäure, als Weinsteinsäure berechnet,

c Gramm freie Weinsteinsäure, als Weinsteinsäure berechnet,

$\frac{b-c}{2}$ Gramm Weinsteinsäure in der Form von Bitartraten an Basen gebunden, als Weinsteinsäure berechnet.

Der Gehalt des Mostes an sonstigen Säuren (ausser der freien Weinsteinsäure und der Bitartrate) ist somit, auf Weinsteinsäure berechnet, gleich $a - c - \frac{b-c}{2} = \left(a - \frac{b+c}{2}\right)$ Gramm. Diese Säuren bestehen im Wesentlichen aus Aepfelsäure. Man hat daher diese auf Weinsteinsäure bezogene Säuremenge auf Aepfelsäure umzurechnen. Da beide Säuren zweibasisch sind, entspricht einer Gramm-Molekel Weinsteinsäure = 150 g eine Gramm-Molekel Aepfelsäure = 134 g; 1 g Weinsteinsäure entsprechen daher $\frac{134}{150}$ g Aepfelsäure und den $\left(a - \frac{b+c}{2}\right)$ Gramm Weinsteinsäure entsprechen:

$$\frac{134}{150}\left(a - \frac{b+c}{2}\right) = 0{,}8933\left(a - \frac{b+c}{2}\right) \text{ Gramm Aepfelsäure,}$$

d. h. es sind enthalten:

$$x = 0{,}8933\left(a - \frac{b+c}{2}\right) \text{ Gramm Aepfelsäure in 100 ccm Most.}$$

Beispiel. Ein Most enthielt in 100 ccm 0,813 g Gesammtsäure, als Weinsteinsäure berechnet (nach Nr. 6, S. 68 bestimmt), ferner 0,473 g Gesammtweinsteinsäure (nach Nr. 9a, S. 73 bestimmt) und 0,077 g freie Weinsteinsäure (nach Nr. 9b, S. 74 bestimmt). In diesem Falle ist a = 0,813, b = 0,473 und c = 0,077. Dann sind enthalten:

$$x = 0{,}8933 \left(0{,}813 - \frac{0{,}473 + 0{,}077}{2}\right) = 0{,}481 \text{ g Aepfel-}$$

säure in 100 ccm Most.

Im Weine liegen die Verhältnisse nicht so einfach; ausser der freien Weinsteinsäure, den Bitartraten und der Aepfelsäure enthält der Wein noch flüchtige Säuren (Essigsäure), Bernsteinsäure und Gerbstoff. Von diesen Säuren kann man nur die flüchtigen Säuren genau bestimmen. Der Gerbstoff lässt sich durch Behandeln des Weines mit Thierkohle leicht abscheiden. Von Säuren, die man nicht genau bestimmen kann, bleiben dann nur Aepfelsäure und Bernsteinsäure im Weine zurück; sobald daher für eine dieser beiden Säuren ein exaktes Bestimmungsverfahren gefunden sein wird, wird man einen hinreichend genauen Einblick in die Mengenverhältnisse sämmtlicher im normalen Weine enthaltenen Säuren erhalten.

b) Bestimmung der Aepfelsäure nach R. Kayser.[1])

100 ccm Wein werden auf dem Wasserbade auf die Hälfte eingedampft und mit Natriumkarbonatlösung übersättigt. Die alkalische Flüssigkeit wird in einen 100 ccm-Messcylinder gespült, mit 10 ccm konzentrirter Baryumchloridlösung versetzt und die Mischung mit Wasser auf 100 ccm aufgefüllt; nach tüchtigem Umschütteln lässt man die Mischung 24 Stunden stehen. Von den Säuren des Weines bleiben unter diesen Umständen nur die Aepfelsäure und die Essigsäure in Lösung, während die anderen Säuren in den Niederschlag übergehen. Man filtrirt die Flüssigkeit ab und versetzt einen gemessenen Theil des Filtrates mit Salzsäure im Ueberschusse; dadurch werden Essigsäure und Aepfelsäure freigemacht. Man trocknet die Lösung auf dem Wasserbade vollständig ein, wodurch die Essigsäure und die Salzsäure verdampfen. Man löst den trockenen Rückstand, der nur noch Aepfelsäure und Chloride enthält, in Wasser, entfärbt die Lösung gegebenenfalls mit Thierkohle und titrirt sie mit $^1/_{10}$-Normal-Alkalilauge. Zur Berechnung ist zu bemerken, dass 1 ccm $^1/_{10}$-Normal-Alkalilauge 0,0067 g Aepfelsäure entsprechen.

Das Verfahren von R. Kayser hat folgende Mängel: 1) Das weinsteinsaure Baryum ist nicht ganz unlöslich in Wasser; es verbleibt daher eine gewisse Menge dieses Salzes in Lösung. 2) Die Bernsteinsäure wird unter den von Kayser angegebenen Versuchsbedingungen durch Chlorbaryum nicht

---

[1]) Repert. analyt. Chemie 1881. 1. 210.

gefällt; es bleibt daher auch das .bernsteinsaure Baryum in Lösung. 3) Die Aepfelsäure erleidet beim Eindampfen und Austrocknen eine Zersetzung in dem Sinne, dass sie den sauren Charakter zum Theil verliert. Dies kommt um so mehr in Betracht, als es nach M. Schneider[1]) sehr schwer ist, die Salzsäure, selbst durch langes Erhitzen auf dem Wasserbade, aus dem Rückstande völlig zu verjagen. Man findet hiernach 4) in Folge der Anwesenheit von Salzsäure beim Titriren der Lösung des Rückstandes stets mehr Aepfelsäure, als in dem Rückstande noch unzersetzt enthalten ist. Auf Grund dieser von C. Schmitt und C. Hiepe[2]) gemachten Beobachtungen ist das Kayser'sche Verfahren zur Bestimmung der Aepfelsäure durchaus unsicher und unzuverlässig.

c) **Bestimmung der Gesammtweinsteinsäure, der Bernsteinsäure und der Aepfelsäure nach C. Schmitt und C. Hiepe.**[2])

Schmitt und Hiepe haben zur Bestimmung der Gesammtweinsteinsäure, der Bernsteinsäure und der Aepfelsäure folgendes Verfahren empfohlen. 200 ccm Wein werden auf dem Wasserbade auf die Hälfte eingedampft und nach dem Erkalten mit Bleiessig bis zur alkalischen Reaktion versetzt. Nach einigem Stehen wird die Flüssigkeit filtrirt und der Bleiniederschlag mit kaltem Wasser ausgewaschen, bis das Waschwasser nur noch eine schwache Bleireaktion giebt. Der Niederschlag wird mit heissem Wasser von dem Filter in ein Becherglas gespritzt und heiss mit Schwefelwasserstoff zersetzt. Man filtrirt die Flüssigkeit heiss ab und wäscht das Schwefelblei mit heissem Wasser aus, bis das Waschwasser nicht mehr sauer reagirt. Das Filtrat wird auf 50 ccm eingedampft, mit Kalilauge genau neutralisirt und mit einem Ueberschusse einer gesättigten Calciumacetatlösung versetzt. Man lässt die Mischung unter öfterem Umschütteln 4 bis 6 Stunden stehen, filtrirt die Flüssigkeit ab und wäscht den Niederschlag aus, bis Filtrat und Waschwasser genau 100 ccm betragen. Der Niederschlag besteht aus weinsteinsaurem Kalk; er wird durch Glühen in Aetzkalk übergeführt, dieser mit Normal-Salzsäure im Ueberschusse versetzt und die Salzsäure mit Normal-Alkalilauge zurücktitrirt. Hieraus lässt sich die Weinsteinsäure in ähnlicher

---

[1]) Mittheil. a. d. pharm. Institute u. Labor. f. angew. Chemie der Universität Erlangen. 1890. Heft **3.** 84.
[2]) Zeitschr. analyt. Chemie 1882. **21.** 539.

Weise, wie es unter Nr. 9b (S. 74) geschah, berechnen. Dabei ist zu berücksichtigen, dass der weinsteinsaure Kalk in Wasser nicht ganz unlöslich ist und sich zum kleinen Theile (0,0358 g) in den 100 ccm Filtrat gelöst vorfindet.

Das Filtrat wird auf 20 bis 30 ccm verdampft und nach dem Erkalten mit dem dreifachen Volumen Alkohol von 96 Maassprozent versetzt; der dabei entstehende Niederschlag enthält die Kalksalze der Aepfelsäure, der Bernsteinsäure, der in Lösung verbliebenen Weinsteinsäure und der Schwefelsäure. Der Niederschlag wird auf einem getrockneten und gewogenen Filter gesammelt, bei 100° C. getrocknet und gewogen. Sodann wird der Niederschlag mit heissem Wasser und wenig Salzsäure gelöst, die Lösung filtrirt, das Filtrat heiss mit Kaliumkarbonatlösung soeben alkalisch gemacht und die Flüssigkeit durch Filtriren von dem gefällten Calciumkarbonat getrennt. Das Filtrat, das die Kaliumsalze der genannten Säuren enthält, wird mit Essigsäure neutralisirt, stark eingedampft und siedend heiss mit Chlorbaryumlösung gefällt. Der aus schwefelsaurem und bernsteinsaurem Baryum bestehende Niederschlag wird auf dem Filter mit verdünnter Salzsäure behandelt, wodurch das bernsteinsaure Baryum gelöst wird. Man wäscht das auf dem Filter verbliebene Baryumsulfat aus, trocknet, glüht und wägt es. Das Filtrat versetzt man mit Schwefelsäure. Dadurch wird das an die Bernsteinsäure gebunden gewesene Baryum als Baryumsulfat gefällt; man filtrirt die Flüssigkeit ab, wäscht den Niederschlag aus, trocknet, glüht und wägt ihn. Jeder Gramm-Molekel Baryumsulfat $= 233$ g entspricht 1 Gramm-Molekel bernsteinsaures Baryum und auch 1 Gramm-Molekel Bernsteinsäure $= 118$ g. 1 Gramm Baryumsulfat entsprechen daher $\frac{118}{233} = 0{,}5064$ g Bernsteinsäure.

Man rechnet nunmehr die gefundene Bernsteinsäure und das gewogene Baryumsulfat auf die Calciumsalze dieser Säuren um und zählt die gelöst gebliebenen 0,0358 g weinsteinsauren Kalk hinzu. Zieht man das hierbei erhaltene Gewicht von dem vorher ermittelten Gewichte des Gesammt-Kalkniederschlages ab, so erhält man das Gewicht des äpfelsauren Kalkes. Jeder Gramm-Molekel äpfelsaurem Kalk $= 172$ g entspricht 1 Gramm-Molekel Aepfelsäure $= 134$ g; 1 g äpfelsaurem Kalk entsprechen daher $\frac{134}{172} = 0{,}7791$ g Aepfelsäure. Bei sämmtlichen Berechnungen ist zu berücksichtigen, dass die gefundenen Werthe sich auf 200 ccm Wein beziehen.

Nach den Versuchen von M. Schneider[1]) ist auch das Verfahren von Schmitt und Hiepe zur Bestimmung der Aepfelsäure ganz ungenau, wahrscheinlich weil durch die zahlreichen Fällungen u. s. w., die zur Trennung der Weinsteinsäure, Aepfelsäure und Bernsteinsäure erforderlich sind, grosse Mengen Aepfelsäure verloren gehen.

Noch weit weniger Vertrauen erweckend ist das in dem Handbuche von Babo und Mach[2]) angegebene Verfahren zur Bestimmung der Aepfelsäure. Man engt 20 bis 50 ccm Wein, die durch Behandeln mit Thierkohle vom Gerbstoff befreit worden sind, auf dem Wasserbade stark ein, neutralisirt den Verdampfungsrückstand mit Ammoniak, versetzt ihn mit dem 15fachen Volumen Alkohol von 95 Maassprozent, lässt die Mischung 12 Stunden stehen und filtrirt dann die Flüssigkeit ab. Das Filtrat, das von den Säuren des Weines nur noch äpfelsaures Ammonium enthalten soll, wird mit einer konzentrirten Bleizuckerlösung versetzt; der aus äpfelsaurem Blei bestehende Niederschlag wird mit Alkohol ausgewaschen, in Wasser aufgeschwemmt und durch Einleiten von Schwefelwasserstoff zerlegt. Man trennt die Flüssigkeit von dem entstandenen Schwefelblei durch Filtriren, erhitzt das Filtrat auf dem Wasserbade bis zur völligen Entfernung des Schwefelwasserstoffes und titrirt die rückständige Flüssigkeit mit Alkalilauge.

d) **Bestimmung der Aepfelsäure nach M. Schneider.**[1])

Das Verfahren von M. Schneider zur Bestimmung der Aepfelsäure ist der unter Nr. 32 a (S. 182) angeführten Berechnung der Aepfelsäure ähnlich. Schneider bestimmt nach einem besonderen Verfahren den Weinstein und die freie Weinsteinsäure. Dann neutralisirt er 100 ccm Wein genau mit $1/_{10}$-Normal-Kalilauge, dampft die Flüssigkeit ein, verascht den Rückstand und bestimmt den Kohlensäuregehalt der Asche. Bei der Berechnung der Aepfelsäure nimmt Schneider an, dass in dem neutralisirten Weine von Kaliumsalzen, die beim Glühen kohlensaures Kali geben, neben äpfelsaurem Kali nur noch neutrales weinsteinsaures Kali, aus dem Weinsteine und der freien Weinsteinsäure des Weines beim Neutralisiren entstanden, vorhanden sei. Man berechnet hiernach, wie viel

---

[1]) Mittheil. a. d. pharm. Institute u. d. Labor. f. angew. Chemie d. Universität Erlangen 1890. Heft 3. 57.
[2]) Freiherr A. von Babo und E. Mach, Handbuch des Weinbaues und der Kellerwirthschaft. Berlin 1883 bei Paul Parey. Band 2. 611.

kohlensaures Kali das neutrale weinsteinsaure Kali des neutralisirten Weines beim Glühen liefern würde. Zu dem Zwecke berechnet man zunächst, wie viel neutrales weinsteinsaures Kali beim Neutralisiren des Weinsteines und der freien Weinsteinsäure entsteht, und dann, wie viel kohlensaures Kali das neutrale weinsteinsaure Kali beim Glühen giebt (1 Molekel neutrales weinsteinsaures Kali giebt 1 Molekel kohlensaures Kali). Schliesslich berechnet man noch den Kohlensäuregehalt des so entstandenen kohlensauren Kalis. Zieht man die hierbei gefundene Kohlensäure von dem Kohlensäuregehalte der Asche des neutralisirten Weines ab, so erhält man nach Schneider die Menge Kohlensäure, die in dem kohlensauren Kali enthalten ist, welches beim Glühen des beim Neutralisiren des Weines aus der freien Aepfelsäure entstandenen äpfelsauren Kalis gebildet wird. 1 Molekel Kohlensäure entspricht 1 Molekel kohlensaures Kali, 1 Molekel kohlensaurem Kali entspricht 1 Molekel äpfelsaures Kali und auch 1 Molekel Aepfelsäure. Man kann somit die Aepfelsäure berechnen.

Das Schneider'sche Verfahren zur Bestimmung der Aepfelsäure hat zwei wesentliche Mängel: 1. Im Weine sind ausser freier Weinsteinsäure, Weinstein und Aepfelsäure noch andere Säuren enthalten, die nach dem Neutralisiren mit Kali beim Glühen kohlensaures Kali liefern, nämlich flüchtige Säuren (Essigsäure), Bernsteinsäure und Gerbsäure; hierauf machte zuerst E. Niederhäuser[1]) aufmerksam. In Folge dieses Einwurfes berücksichtigte M. Schneider[2]) bei der Berechnung der Aepfelsäure die Kohlensäure, welche aus den Kaliumsalzen der flüchtigen Fettsäuren beim Glühen entsteht. Aber auch hiernach findet man noch zu viel Aepfelsäure, da die Bernsteinsäure und die Gerbsäure nicht berücksichtigt werden; letztere könnte man indessen leicht durch Thierkohle entfernen. 2. Zur Berechnung der Aepfelsäure ist die genaue Kenntniss des Gehaltes des Weines an freier Weinsteinsäure und an Weinstein erforderlich. Die nach dem Schneider'schen Verfahren ermittelten Werthe für die freie Weinsteinsäure und den Weinstein sind aber, wie namentlich R. Gans[3]) zeigte, keineswegs einwandfrei. Bei Anwendung der in die amtliche Anweisung (s. Nr. 9, S. 73) aufgenommenen Verfahren zur Bestimmung der freien Weinsteinsäure und der an Basen

---

[1]) Pharm. Centralh. 1890. **31.** 379 und 437.
[2]) Pharm. Centralh. 1890. **31.** 406.
[3]) Zeitschr. angew. Chemie 1889. 669.

gebundenen Weinsteinsäure (der Bitartrate) wird dieser Einwurf hinfällig.

e) Bestimmung der Aepfelsäure nach C. Micko.[1])

100 ccm Wein werden auf dem Wasserbade bis auf etwa 5 ccm eingedampft; der Rückstand wird mit wenig Wasser in einen Kolben gespült und nach dem Erkalten mit 4 bis 5 ccm Doppelt-Normal-Schwefelsäure versetzt. Man lässt die Mischung bei gewöhnlicher Temperatur eine Stunde stehen, fügt allmählich unter stetem Umschütteln 50 ccm Alkohol von 96 Maassprozent und 50 ccm Aether hinzu und lässt die Mischung 5 bis 10 Stunden stehen. Nach Verlauf dieser Zeit haben sich die in der Alkohol-Aethermischung unlöslichen Weinbestandtheile abgesetzt; man filtrirt die Flüssigkeit, wäscht den Niederschlag mit einem Gemische gleicher Raumtheile Alkohol von 96 Maassprozent und Aether aus, versetzt das Filtrat mit 100 ccm Wasser und destillirt den Alkohol und den Aether, anfangs aus dem Wasserbade, vollständig ab. In dem auf 50 bis 60° C. abgekühlten Destillationsrückstande fällt man das Chlor durch einen möglichst geringen Ueberschuss einer frisch und heiss bereiteten Lösung von schwefelsaurem Silber. Nachdem sich das Chlorsilber abgesetzt hat, filtrirt man die Flüssigkeit ab, neutralisirt das Filtrat mit einer Lösung von kohlensaurem Kali, dampft die Flüssigkeit stark ein, versetzt sie mit einer kleinen Menge Baryumacetatlösung und einer überschüssigen Menge Barytwasser und erhitzt die Mischung längere Zeit auf eine dem Siedepunkte naheliegende Temperatur, bis der Niederschlag sich zusammengeballt hat. Alsdann erhitzt man die Mischung zwei Minuten zum schwachen Sieden, lässt sie mindestens 6 Stunden in der Kälte stehen, filtrirt die Flüssigkeit ab, wäscht den Niederschlag mit Barytwasser aus, erwärmt das Filtrat gelinde und leitet gleichzeitig unter häufigem Umschütteln einen ganz langsamen Kohlensäurestrom ein, bis die Reaktion nur noch schwach alkalisch ist; hierauf macht man die Mischung durch Zusatz von Barytwasser stark alkalisch und lässt sie 12 Stunden stehen. Man filtrirt die Flüssigkeit ab, wäscht den Niederschlag mit möglichst wenig Barytwasser aus, leitet unter schwachem Erwärmen Kohlensäure in das Filtrat und filtrirt die Flüssigkeit ab. Den Niederschlag wäscht man mit heissem Wasser aus, säuert das Filtrat mit Essigsäure an, dampft es stark ein und fällt es nochmals mit Barytwasser; bei richtigem Vorgehen entsteht

---

[1]) Zeitschr. allg. österr. Apoth.-Ver. 1892. **30.** 151 und 287.

hierbei kein oder doch nur ein sehr geringer Niederschlag. Man lässt die Mischung einige Stunden in der Kälte stehen, leitet, ohne zu filtriren, Kohlensäure ein, bis die Reaktion nur noch schwach alkalisch ist, macht dann die Mischung durch Zusatz von Barytwasser stark alkalisch und lässt sie 12 Stunden stehen. Alsdann filtrirt man die Flüssigkeit ab, wäscht den Niederschlag mit wenig Barytwasser aus und fällt den überschüssigen Baryt durch Einleiten von Kohlensäure unter Erwärmen. Man erhitzt die Mischung zum Sieden und versetzt sie, ohne zu filtriren, mit Kaliumkarbonatlösung bis zur schwach alkalischen Reaktion; dadurch wird auch das an Säuren gebundene Baryum vollständig als Baryumkarbonat gefällt. Sodann filtrirt man die Flüssigkeit ab, säuert das Filtrat mit Essigsäure an und dampft es bis auf einige Kubikcentimeter ab.

In dem Rückstande sind ausser der Aepfelsäure keine durch Bleiacetatlösung und Alkohol fällbaren Stoffe mehr enthalten. Man versetzt den Rückstand nach dem Erkalten mit einem Tropfen Essigsäure, dann mit einer Bleiacetatlösung (1 : 5) in mässigem Ueberschusse und 120 bis 150 ccm Alkohol von 80 bis 85 Maassprozent und lässt die Mischung 24 bis 48 Stunden ruhig stehen. Der entstandene Niederschlag von äpfelsaurem Blei wird durch Filtriren von der Flüssigkeit getrennt und mit Alkohol von 85 Maassprozent ausgewaschen. Das äpfelsaure Blei wird getrocknet, in einem Porzellantiegel mit verdünnter Salpetersäure oxydirt und dann durch Schwefelsäure in Bleisulfat übergeführt; die überschüssig zugesetzte Schwefelsäure wird abgeraucht, das Bleisulfat geglüht und gewogen.

Berechnung der Aepfelsäure. Einer Gramm-Molekel Bleisulfat $PbSO_4 = 302{,}2$ g entspricht eine Gramm-Molekel Aepfelsäure $= 134$ g; 1 g Bleisulfat entsprechen daher $\frac{134}{302{,}2} =$ 0,4434 g Aepfelsäure. Wurden daher bei Anwendung von 100 ccm Wein a Gramm Bleisulfat gewogen, so sind enthalten:

$x = 0{,}4434 \cdot a$ Gramm Aepfelsäure in 100 ccm Wein.

Das Verfahren von Micko zur Bestimmung der Aepfelsäure scheint bisher nicht geprüft worden zu sein. Micko giebt an, dass durch die von ihm angegebenen Fällungen u. s. w. nicht nur die Weinsteinsäure, die Bernsteinsäure und die Citronensäure, sondern (neben dem Chlor durch den Zusatz von schwefelsaurem Silber) auch der Gerbstoff, der Farbstoff und zahlreiche andere Extraktstoffe entfernt würden.

Die Flüssigkeit, in der die Aepfelsäure gefällt werde, sei fast farblos und das äpfelsaure Blei in den meisten Fällen rein weiss. Das Verfahren ist in jedem Falle überaus komplizirt und langwierig.

33. Bestimmung der Bernsteinsäure.

a) Bestimmung der Bernsteinsäure nach Pasteur.[1])

$1/2$ Liter Wein wird auf dem Wasserbade auf 10 bis 20 ccm eingedampft und der Verdampfungsrückstand unter der Luftpumpe noch weiter verdunstet. Den Rückstand zieht man mit einem Gemische von 1 Raumtheil Alkohol von 90 bis 92 Maassprozent und $1^1/_2$ Raumtheilen Aether aus; nachdem man den krümelig gewordenen Rückstand 7 bis 8 mal ausgezogen hat, kann er als erschöpft angesehen werden. Die vereinigten Auszüge werden zuerst durch Destillation, dann in einer Schale durch Verdampfen konzentrirt. Den Verdampfungsrückstand neutralisirt man mit Kalkwasser, verdampft die Flüssigkeit und zieht aus dem Rückstande mit der oben genannten Alkohol-Aethermischung das Glycerin aus. Der zurückbleibende bernsteinsaure Kalk ist noch mit einer kleinen Menge von Extraktstoffen oder einem nicht krystallisirenden Kalksalze verunreinigt; man entfernt diese Stoffe durch Behandeln des Rückstandes während 24 Stunden mit Alkohol von 80 Maassprozent. Den jetzt fast farblosen bernsteinsauren Kalk bringt man auf ein gewogenes Filter, wäscht, trocknet und wägt ihn.

Nach A. Rau[2]) ist das Pasteur'sche Verfahren zur Bestimmung der Bernsteinsäure ungenau, weil dem bernsteinsauren Kalk die Kalksalze der Weinsteinsäure und namentlich der Aepfelsäure beigemischt sind.

Ebenfalls sehr ungenau ist auch das folgende Verfahren. 1 Liter Wein wird zum Syrup eingedampft und der Rückstand mehrmals mit Aether ausgezogen. Man filtrirt die vereinigten ätherischen Auszüge und lässt sie an einem vor Staub geschützten Orte bei gewöhnlicher Temperatur verdunsten. Es scheiden sich bald kleine Krystalle von Bernsteinsäure aus, die man mit Aether wäscht, dann in Wasser löst und mit $1/_{10}$-Normal-Kalilauge titrirt. Jedem Kubikcentimeter verbrauchter $1/_{10}$-Normal-Kalilauge entsprechen 0,005886 g Bernsteinsäure.

---

[1]) Annal. chim. phys. [3]. 1860. **58.** 330.
[2]) Arch. Hyg. 1892. **14.** 225.

b) **Bestimmung der Bernsteinsäure nach J. Macagno.**[1]

1 Liter Wein wird mit frisch bereitetem Bleioxydhydrat versetzt und im Wasserbade vollständig eingedampft. Nach Zusatz einer weiteren kleinen Menge Bleioxydhydrat wird der Verdampfungsrückstand mit wasserfreiem Alkohol wiederholt ausgezogen; den dabei verbleibenden Rückstand kocht man mit einer zehnprozentigen Lösung von Ammoniumnitrat aus, wobei das bernsteinsaure Blei in Lösung geht. Man entfernt aus der Lösung das Blei durch Einleiten von Schwefelwasserstoff, filtrirt die Flüssigkeit von dem Schwefelblei ab, kocht das Filtrat längere Zeit behufs Verjagung des Schwefelwasserstoffes, neutralisirt alsdann die Flüssigkeit mit Ammoniak und versetzt sie mit Eisenchlorid. Das gefällte basisch bernsteinsaure Eisenoxyd wird auf einem gewogenen Filter von geringem bekanntem Aschengehalte gesammelt, mit Ammoniak enthaltendem Wasser ausgewaschen, getrocknet und gewogen. Alsdann wird der Niederschlag mit dem Filter geglüht und das zurückbleibende Eisenoxyd gewogen. Zieht man das Gewicht des Eisenoxydes von dem Gewichte des basisch bernsteinsauren Eisenoxydes ab, so erhält man die Menge Bernsteinsäure in 1 Liter Wein.

Nach Alfred Rau[2] ist das Verfahren von Macagno ungenau. Gleichzeitig mit dem bernsteinsauren Blei werden auch äpfelsaures und weinsteinsaures Blei ausgezogen, und diese Säuren verhindern die vollständige Ausfällung der Bernsteinsäure durch Eisenchlorid.

c) **Bestimmung der Bernsteinsäure nach R. Kayser.**[3]

200 ccm Wein werden auf dem Wasserbade auf die Hälfte eingedampft. Der Rückstand wird mit Kalkwasser bis zur alkalischen Reaktion versetzt und filtrirt; dadurch wird die Phosphorsäure und der grösste Theil der Weinsteinsäure entfernt. In das Filtrat leitet man zur Ausfällung des überschüssigen Kalkes Kohlensäure, erhitzt es dann zum Sieden, filtrirt die Flüssigkeit ab und versetzt das neutrale Filtrat mit Eisenchlorid. Das ausgefällte basisch bernsteinsaure Eisenoxyd wird auf einem Filter von bekanntem geringem Aschengehalte gesammelt, mit Alkohol von 70 Maassprozent ausgewaschen, geglüht und das zurückbleibende Eisenoxyd gewogen.

---

[1] Ber. deutsch. chem. Gesellschaft 1874. **8.** 257.
[2] Arch. Hyg. 1892. **14.** 225.
[3] Repert. analyt. Chemie 1881. **1.** 210.

Berechnung der Bernsteinsäure. In dem basisch bernsteinsauren Eisenoxyde kommen auf 2 Gramm-Molekeln Eisenoxyd 2 $(Fe_2 O_3)= 319{,}3$ g 3 Gramm-Molekeln Bernsteinsäure $= 353{,}2$ g; auf 1 g Eisenoxyd kommen somit $\frac{353{,}2}{319{,}3}$ $= 1{,}1062$ g Bernsteinsäure. Wurden daher bei der Verarbeitung von 200 ccm Wein a Gramm Eisenoxyd erhalten, so sind enthalten:

$x = 0{,}5531 \cdot a$ Gramm Bernsteinsäure in 100 ccm Wein.

Nach C. Schmitt und C. Hiepe[1]) sowie A. Rau[2]) ist das Verfahren von Kayser aus denselben Gründen wie das Macagno'sche ungenau.

d) Bestimmung der Bernsteinsäure nach C. Schmitt und C. Hiepe.[1])

Das Verfahren von Schmitt und Hiepe zur Bestimmung der Bernsteinsäure gleichzeitig mit der Gesammtweinsteinsäure und der Aepfelsäure wurde bereits vorher (S. 185) bei der Aepfelsäure mitgetheilt. Nach A. Rau[2]) ist auch dieses Verfahren zur Bestimmung der Bernsteinsäure nicht geeignet, weil sich eine vollständige Trennung von Aepfelsäure und Bernsteinsäure durch Chlorbaryum in siedender Lösung nicht bewerkstelligen lässt und weil das bernsteinsaure Blei in überschüssigem Bleiessig löslich ist und daher nicht ganz ausfällt.

e) Bestimmung der Bernsteinsäure nach A. Rau.[2])

100 ccm Wein werden auf dem Wasserbade zum Syrup verdampft; man zieht den Rückstand wiederholt mit siedendem Alkohol aus und filtrirt die Auszüge nach dem Erkalten. Die mit einander vereinigten Filtrate werden destillirt. Man löst den Destillationsrückstand in wenig heissem Wasser, filtrirt die Lösung, versetzt das Filtrat mit einer Baryumcitratlösung und der 3 bis 4fachen Menge Alkohol von 90 Maassprozent und rührt die Mischung tüchtig um. Der Niederschlag, der alle Bernsteinsäure, Weinsteinsäure und Aepfelsäure als Baryumsalze enthält, wird nach dem Absetzen auf ein Filter gebracht, mit Alkohol von 70 Maassprozent gut ausgewaschen und dann einige Zeit mit einer Natriumkarbonatlösung erwärmt. Die Flüssigkeit wird abfiltrirt, mit Salzsäure angesäuert, auf

---

[1]) Zeitschr. analyt. Chemie 1882. **21.** 535.
[2]) Arch. Hyg. 1892. **14.** 225.

ein kleines Volumen eingedampft, mit Ammoniak neutralisirt und mit Magnesiamischung versetzt. Nach 3 bis 4 stündigem Stehen wird die Flüssigkeit von dem Niederschlage, der die Weinsteinsäure enthält, abfiltrirt und das Filtrat mit Kalilauge erwärmt, bis das Ammoniak vollständig ausgetrieben ist. Man filtrirt die Flüssigkeit ab, neutralisirt das Filtrat genau mit Oxalsäure, verdünnt die Flüssigkeit auf 100 bis 150 ccm und versetzt sie mit einer Silbernitratlösung (1 : 20). Der dadurch hervorgerufene Niederschlag von bernsteinsaurem Silber wird auf einem gewogenen Filter gesammelt, gut ausgewaschen, getrocknet und gewogen. Zur Kontrolle wird das Filter mit dem Niederschlage in einem Porzellantiegel geglüht und das zurückbleibende Silber gewogen. Die aus beiden Wägungen berechneten Bernsteinsäuremengen müssen übereinstimmen. Da die Flüssigkeit, die mit Silbernitrat versetzt wird, mitunter noch Chlor enthalten kann, so muss ein Theil davon auf Chlor geprüft werden; wenn dieses vorhanden ist, muss es nach der auf S. 148 gegebenen Vorschrift bestimmt und die gefundene Menge Chlorsilber von dem bernsteinsauren Silber abgezogen werden.

Berechnung der Bernsteinsäure. Man habe a Gramm bernsteinsaures Silber und b Gramm metallisches Silber gewogen. Einer Gramm-Molekel bernsteinsaurem Silber $C_4 H_4 O_4 Ag_2$ = 331,0 g entspricht eine Gramm-Molekel Bernsteinsäure $C_4 H_6 O_4$ = 117,7 g; a Gramm bernsteinsaurem Silber entsprechen daher $\frac{117,7}{331} \cdot a = 0{,}3556 \cdot a$ Gramm Bernsteinsäure, d. h. es sind enthalten:

x = 0,3556 . a Gramm Bernsteinsäure in 100 ccm Wein.

Aus 1 Gramm-Molekel bernsteinsaurem Silber = 331 g entstehen andererseits 2 Atome metallisches Silber Ag_2 = 215,3 g. b Gramm Silber entsprechen daher $\frac{331}{215,3} \cdot b$ Gramm bernsteinsaures Silber, und dieser Menge bernsteinsaurem Silber entsprechen, wie vorher gezeigt wurde, $\frac{331}{215,3} \cdot \frac{117,7}{331} \cdot b = \frac{117,7}{215,3} \cdot b$ = 0,5467 . b Gramm Bernsteinsäure, d. h. es sind enthalten:

x = 0,5467 . b Gramm Bernsteinsäure in 100 ccm Wein.

Wenn der Niederschlag nur aus bernsteinsaurem Silber besteht, muss a = 1,5374 . b sein.

34. Bestimmung der Citronensäure.

a) **Bestimmung der Citronensäure nach J. Nessler und M. Barth.**[1)]

100 ccm Wein werden auf dem Wasserbade auf etwa 7 ccm eingedampft. Nach dem Erkalten versetzt man den Verdampfungsrückstand mit Alkohol von 80 Maassprozent, bis kein Niederschlag mehr entsteht, filtrirt nach etwa einstündigem Stehen die Flüssigkeit ab, verdampft den Alkohol, bringt den Rückstand mit Wasser auf etwa 20 ccm und fügt soviel dünne Kalkmilch hinzu, dass die Flüssigkeit noch deutlich sauer reagirt; bei Rothweinen setzt man gleichzeitig eine kleine Menge ausgewaschene Thierkohle zu. Man filtrirt aldann die Flüssigkeit ab, füllt das Filtrat mit Wasser auf 100 ccm auf und versetzt es unter starkem Umschütteln mit 0,5 bis 1 ccm einer kalt gesättigten Lösung von neutralem Bleiacetat. Der dadurch bewirkte Niederschlag enthält einen Theil der Aepfelsäure, Phosphorsäure, kleine Mengen Schwefelsäure, ferner Weinsteinsäure und Citronensäure.

Der Bleiniederschlag wird auf einem Filter gesammelt, mit kaltem Wasser ausgewaschen, mit dem Filter in einen Kolben gebracht und mit gesättigtem Schwefelwasserstoffwasser tüchtig durchgeschüttelt; dadurch werden die Bleisalze zersetzt. Nach längerem Stehen wird die farblose Flüssigkeit von dem Bleisulfidniederschlage abfiltrirt, der Niederschlag mit Schwefelwasserstoff enthaltendem Wasser ausgewaschen, das Filtrat durch Eindampfen von Schwefelwasserstoff befreit und auf etwa 15 ccm eingeengt. Behufs Ausfällung der Phosphorsäure fügt man dünne Kalkmilch bis zur alkalischen Reaktion zu, filtrirt die Flüssigkeit ab, säuert das Filtrat eben mit Essigsäure an und lässt es $1/2$ bis 1 Stunde stehen; die Weinsteinsäure wird dann fast vollständig in der Form von weinsteinsaurem Kalk abgeschieden. Man filtrirt die Flüssigkeit ab, dampft das Filtrat zur Entfernung der freien Essigsäure vollständig ein, nimmt den trockenen Rückstand mit wenig heissem Wasser auf und konzentrirt die Lösung so weit, bis sich der citronensaure Kalk krystallinisch abscheidet. Man sammelt den citronensauren Kalk, der sich, wenn er einmal krystallinisch abgeschieden ist, in heissem Wasser nur sehr schwierig löst, auf einem gewogenen Filter, wäscht ihn mit heissem Wasser aus, trocknet und wägt ihn.

[1)] Zeitschr. analyt. Chemie 1882. **21.** 62.

Berechnung der Citronensäure. Einer Gramm-Molekel krystallisirtem tertiärem citronensaurem Kalk $(C_6H_5O_7)_2Ca_3 + 4H_2O = 568{,}7$ g entsprechen zwei Gramm-Molekeln krystallwasserfreie Citronensäure $2(C_6H_8O_7) = 383{,}1$ g; 1 g citronensaurem Kalk entsprechen somit $\frac{383{,}1}{568{,}7} = 0{,}6736$ g Citronensäure. Wurden daher aus 100 ccm Wein a Gramm citronensaurer Kalk gewonnen, so sind enthalten:

$x = 0{,}6736 \cdot a$ Gramm krystallwasserfreie Citronensäure
in 100 ccm Wein.

Die Citronensäure krystallisirt mit 1 Molekel Wasser; will man das Ergebniss der Untersuchung auf krystallisirte Citronensäure umrechnen, so sind enthalten:

$x = 0{,}7243 \cdot a$ Gramm krystallisirte Citronensäure
in 100 ccm Wein.

A. Klinger und A. Bujard[1]) erhielten mit dem vorstehenden Verfahren von Nessler und Barth keine befriedigenden Ergebnisse.

b) **Bestimmung der Citronensäure nach A. Klinger und A. Bujard.**[1])

Mindestens 250 ccm Wein werden auf dem Wasserbade auf etwa $1/_8$ eingedampft. Man versetzt den Rückstand mit einer Lösung von Kaliumacetat, sodann mit Essigsäure und fügt zur Abscheidung der Weinsteinsäure das doppelte Volumen starken Alkohol hinzu. Nach 24stündigem Stehen wird die Flüssigkeit abfiltrirt und der Rückstand mit einigen Kubikcentimetern verdünntem Alkohol gewaschen, um etwa ausgeschiedene Spuren von citronensaurem Kali wieder in Lösung zu bringen. Das Filtrat wird mit Bleiessig gefällt, der Niederschlag auf einem Filter gesammelt und mit verdünntem Alkohol ausgewaschen. Filter und Niederschlag werden in einen Kolben gebracht und mit gesättigtem Schwefelwasserstoffwasser tüchtig durchgeschüttelt, wodurch die Bleisalze unter Abscheidung von Schwefelblei zerlegt werden. Man filtrirt die Flüssigkeit von dem Schwefelblei ab, dampft das Filtrat stark ein, fügt dann stark verdünnte Kalkmilch bis zur alkalischen Reaktion zu und filtrirt die Flüssigkeit von dem Niederschlage, der die Phosphorsäure und etwa noch vorhandene kleine Mengen Weinsteinsäure enthält, ab. Das Filtrat wird mit Essigsäure schwach angesäuert, auf dem Wasserbade voll-

---

[1]) Zeitschr. angew. Chemie 1891. 514.

ständig eingetrocknet und der Verdampfungsrückstand mit heissem Wasser unter Zusatz von etwas Salzsäure aufgenommen. Man setzt zu der Lösung etwas Chlorammoniumlösung, übersättigt sie schwach mit Ammoniak und kocht die Mischung längere Zeit. Entsteht hierbei ein Niederschlag, so kann er nur aus citronensaurem Kalk bestehen, da eine mit Chlorammonium versetzte Lösung von äpfelsaurem Kalk beim Kochen nicht verändert wird. Man sammelt den Niederschlag auf einem gewogenen Filter, wäscht ihn mit heissem Wasser aus, trocknet und wägt ihn.

Berechnung der Citronensäure. Die Berechnung erfolgt in derselben Weise wie bei dem Verfahren von Nessler und Barth. Wurden aus a ccm Wein b Gramm citronensaurer Kalk $(C_6 H_6 O_7)_2 Ca_3 + 4 H_2 O$ gewonnen, so sind enthalten:

$$x = 67{,}36 \cdot \frac{b}{a} \text{ Gramm krystallwasserfreie Citroennsäure}$$

in 100 ccm Wein, oder

$$y = 72{,}43 \cdot \frac{b}{a} \text{ Gramm krystallisirte Citronensäure in 100 ccm Wein.}$$

35. Bestimmung der Gesammtester des Weines.

Ein Theil der Säuren des Weines verbindet sich mit den Alkoholen, insbesondere mit dem Aethylalkohol, zu Estern. Die einbasischen flüchtigen Fettsäuren des Weines, insbesondere die Essigsäure, bilden nur neutrale, flüchtige Ester, z. B. die Essigsäure mit dem Aethylalkohol den Essigäther $CH_3\text{-}COOC_2H_5$. Die zweibasischen, nichtflüchtigen Säuren des Weines bilden zwei Arten von Estern: 1) Die sauren Ester oder Estersäuren, in denen nur das Wasserstoffatom einer Karboxylgruppe durch einen Alkoholrest ersetzt ist; diese Estersäuren, z. B. die Aethylbernsteinsäure $\begin{array}{l} CH_2\text{-}COOC_2H_5 \\ CH_2\text{-}COOH \end{array}$ wirken noch wie Säuren, sie bilden Salze u. s. w. 2) Die neutralen Ester, in denen die Wasserstoffatome beider Karboxylgruppen durch Alkoholreste ersetzt sind, z. B. der Bernsteinsäureäthylester $\begin{array}{l} CH_2\text{-}COOC_2H_5 \\ CH_2\text{-}COOC_2H_5 \end{array}$, sind neutrale Körper.

a) Grundzüge des Verfahrens.

Zur Bestimmung der Gesammtester verseift man die Ester des Weines mit einer gemessenen Menge $^1/_{10}$-Normal-Alkalilauge, übersättigt die alkalische Flüssigkeit mit einer gemessenen Menge $^1/_{10}$-Normal-Schwefelsäure und titrirt den Ueberschuss der Säure mit $^1/_{10}$-Normal-Alkalilauge zurück. Aus den auf diese Weise gewonnenen Zahlen findet man im Zusammenhalte mit den Ergebnissen der Bestimmung der Gesammtsäure nach Nr. 6 (S. 68) die Menge $^1/_{10}$-Normal-Alkalilauge, die zur Verseifung der Gesammtmenge der Ester im Weine nothwendig ist.

C. Schmitt[1]), von dem die ersten Bestimmungen der Ester des Weines herrühren, drückte die „Esterzahlen" der Weine in der Weise aus, dass er die Kubikcentimeter $^1/_{10}$-Normal-Alkalilauge angab, die zur Verseifung der Ester erforderlich waren. Es dürfte sich aber empfehlen, die Ergebnisse der Esterbestimmungen in derselben Weise anzugeben, wie dies bei den freien Säuren üblich ist, nämlich die Gesammtester und die Ester der nichtflüchtigen Fettsäuren als Weinsteinsäureäthylester $\begin{array}{l} CHOH\text{-}COOC_2H_5 \\ CHOH\text{-}COOC_2H_5 \end{array}$ und die Ester der flüchtigen Fettsäuren als Essigsäureäthylester oder Essigäther $CH_3\text{-}COOC_2H_5$. Die Berechnung der flüchtigen Ester als Essigäther stimmt mit den thatsächlichen Verhältnissen gut überein, da die flüchtigen Ester hauptsächlich aus Essigäther bestehen. Dagegen wird der Weinsteinsäureäthylester unter den Estern der nichtflüchtigen Säuren des Weines zurücktreten, wie auch freie Weinsteinsäure in den meisten Weinen vollständig fehlt. Da man aber trotzdem die Berechnung der Gesammtsäure und der nichtflüchtigen Säuren des Weines auf Weinsteinsäure beibehalten hat, wird man, um konsequent zu sein, analog auch bei der Berechnung der Gesammtester und der Ester der nichtflüchtigen Säuren zu verfahren haben.

b) Ausführung des Verfahrens.

50 ccm Wein werden in einer Flasche von 300 bis 400 ccm Inhalt mit 100 ccm $^1/_{10}$-Normal-Kalilauge versetzt; man verstopft die Flasche und lässt die Mischung 24 Stunden bei gewöhnlicher Temperatur stehen. Nach Verlauf dieser Zeit ist die Verseifung der Ester vollendet; man fügt zu der Mischung eine überschüssige abgemessene Menge $^1/_{10}$-Normal-Schwefelsäure, so dass die Flüssigkeit sauer wird; meist braucht man hierzu 50 bis 70 ccm. Der Ueberschuss an

---

[1]) Conrad Schmitt, Die Weine des Herzoglich Nassauischen Kabinetskellers. Wiesbaden 1892. S. 59.

Schwefelsäure wird genau in der unter Nr. 6 (S. 68) vorgeschriebenen Weise mit $^1/_{10}$-Normal-Kalilauge zurücktitrirt. Alsdann berechnet man aus den Ergebnissen der Bestimmung der Gesammtsäure nach Nr. 6 (S. 68), wieviel Kubikcentimeter $^1/_{10}$-Normal-Alkali zur Sättigung der Gesammtsäure in 50 ccm Wein erforderlich sind. Wurden z. B. zur Neutralisation von 25 ccm Wein a ccm $^1/_4$-Normal-Alkali verbraucht, so sind zur Neutralisation von 50 ccm Wein $2 \cdot 2{,}5 \cdot a = 5\,a$ ccm $^1/_{10}$-Normal-Alkali erforderlich.

c) Berechnung der Gesammtester.

Es bedeute:

a die Kubikcentimeter $^1/_{10}$-Normal-Kalilauge, die zur Sättigung von 50 ccm Wein erforderlich sind (aus den Ergebnissen der Bestimmung der Gesammtsäure nach Nr. 6, S. 68 berechnet),

b die Kubikcentimeter $^1/_{10}$-Normal-Schwefelsäure, die zu 50 ccm alkalisch gemachtem Weine gesetzt wurden,

c die Kubikcentimeter $^1/_{10}$-Normal-Kalilauge, die zum Zurücktitriren der Schwefelsäure verbraucht wurden.

Zu 50 ccm Wein wurden 100 ccm $^1/_{10}$-Normal-Kalilauge gesetzt. Nach der vollendeten Verseifung wurden b ccm $^1/_{10}$-Normal-Schwefelsäure hinzugefügt; von den zur Neutralisation der freien Säuren und zur Verseifung der Ester des Weines zugesetzten 100 ccm $^1/_{10}$-Normal-Kalilauge waren somit nur noch (100 — b) ccm wirksam. Zur endgültigen Neutralisation der Flüssigkeit mussten noch c ccm $^1/_{10}$-Normal-Kalilauge hinzugefügt werden. Im Ganzen wurden daher zur Sättigung der freien Säuren des Weines und zur Verseifung der Ester des Weines (100—b+c) ccm $^1/_{10}$-Normal-Kalilauge verbraucht. Andererseits waren zur Sättigung der freien Säuren aus 50 ccm Wein allein a ccm $^1/_{10}$-Normal-Kalilauge erforderlich. Die Ester aus 50 ccm Wein erforderten daher zur Verseifung (100—b+c—a) ccm $^1/_{10}$-Normal-Kalilauge; die Ester aus 100 ccm Wein erfordern somit 2 (100—b+c—a) ccm $^1/_{10}$-Normal-Kalilauge zur Verseifung.

Die Gesammtester des Weines werden auf neutralen Weinsteinsäureäthylester $\begin{array}{l} \text{CHOH-COOC}_2\text{H}_5 \\ | \\ \text{CHOH-COOC}_2\text{H}_5 \end{array}$ berechnet. 1 Molekel des neutralen Weinsteinsäureäthylesters = 205,5 g bedarf zur Verseifung 2 Molekeln Kaliumhydrat:

$$\begin{matrix}\text{CHOH-COOC}_2\text{H}_5\\ \text{CHOH-COOC}_2\text{H}_5\end{matrix} + 2\,\text{KOH} = \begin{matrix}\text{CHOH-COOK}\\ \text{CHOH-COOK}\end{matrix} + 2\,\text{C}_2\text{H}_5\text{OH}.$$

Durch 1 ccm $^1/_{10}$-Normal-Kalilauge, welcher $\dfrac{1}{10000}$ Gramm-Molekel Kaliumhydrat enthält, werden daher $\dfrac{1}{20000}$ Gramm-Molekel $= \dfrac{205,5}{20000}$ g $= 0{,}010275$ g des neutralen Weinsteinsäureaethylesters verseift. Die $2\,(100 - \text{b} + \text{c} - \text{a})$ ccm $^1/_{10}$-Normal-Kalilauge, die zur Verseifung der Ester des Weines erforderlich waren, entsprechen daher $2\,.\,0{,}010275\,(100 - \text{b} + \text{c} - \text{a})$ $= 0{,}02055\,(100 - \text{b} + \text{c} - \text{a})$ Gramm neutralem Weinsteinsäureaethylester, d. h. es sind enthalten:

x $= 0{,}02055\,(100 - \text{b} + \text{c} - \text{a})$ Gramm Gesammtester, als neutraler Weinsteinsäureaethylester berechnet, in 100 ccm Wein.

Beispiel. Bei der Bestimmung der Gesammtsäure nach Nr. 6 (S. 68) wurden auf 25 ccm Wein 8,26 ccm $^1/_4$-Normal-Alkali verbraucht; zur Neutralisation von 50 ccm Wein sind hiernach $2\,.\,2{,}5\,.\,8{,}26 = 41{,}3$ ccm $^1/_{10}$-Normal-Kalilauge erforderlich. Nach dem Verseifen mit 100 ccm $^1/_{10}$-Normal-Kalilauge wurden 60 ccm $^1/_{10}$-Normal-Schwefelsäure zugesetzt; zur Sättigung der sauren Flüssigkeit waren dann 10,6 ccm $^1/_{10}$-Normal-Kalilauge nothwendig. In diesem Falle ist a $= 41{,}3$, b $= 60{,}0$, c $= 10{,}6$. Daher sind enthalten:

x $= 0{,}02055\,(100 - 60 + 10{,}6 - 41{,}3) = 0{,}191$ g Gesammtester, als neutraler Weinsteinsäureaethylester berechnet, in 100 ccm Wein.

36. Bestimmung der flüchtigen Ester des Weines.

a) Grundzüge des Verfahrens.

Der Wein wird zu etwa $^2/_3$ abdestillirt; im Destillate findet sich neben einem Theile der flüchtigen Säuren die Gesammtmenge der flüchtigen Ester des Weines. Man titrirt in einem Theile des Destillates die flüchtigen Säuren mit $^1/_{10}$-Normal-Kalilauge, verseift in einem anderen Theile des Destillates die flüchtigen Ester mit einer überschüssigen, gemessenen Menge $^1/_{10}$-Normal-Kalilauge und titrirt die Kalilauge mit $^1/_{10}$-Normal-Schwefelsäure zurück.

b) **Ausführung des Verfahrens.**

250 ccm Wein werden in der unter Nr. 2 (S. 52) vorgeschriebenen Weise destillirt, bis das Destillat, das man in demselben Messkölbchen auffängt, in welchem der Wein abgemessen wurde, etwa 200 ccm beträgt. Das Destillat wird mit destillirtem Wasser, das frei von Kohlensäure ist, bei 15⁰ C. bis zur Marke aufgefüllt.

α) 100 ccm des Destillates werden mit 50 ccm neutralem wasserfreiem Alkohol oder feinstem Weinsprit von 96 bis 97 Maassprozent Alkohol und einigen Tropfen Phenolphtaleïnlösung versetzt und mit $1/_{10}$-Normal-Kalilauge titrirt; man bedient sich dabei einer in Hundertstelkubikcentimeter getheilten Bürette.

β) Weitere 100 ccm des Destillates werden in einem 300 bis 400 ccm fassenden Kölbchen mit 50 ccm neutralem, wasserfreiem Alkohol oder feinstem Weinsprit von 96 bis 97 Maassprozent Alkohol und 50 ccm $1/_{10}$-Normal-Kalilauge versetzt. Man verschliesst die Flasche und lässt die Mischung 2 bis 3 Stunden stehen. Dann versetzt man die Flüssigkeit mit 50 ccm $1/_{10}$-Normal-Schwefelsäure, hierauf mit einigen Tropfen Phenolphtaleïnlösung und titrirt die überschüssige Säure mit $1/_{10}$-Normal-Kalilauge, wobei man sich einer in Hundertstelkubikcentimeter getheilten Bürette bedient.

c) **Berechnung der flüchtigen Ester.**

Es bedeute:

a die Kubikcentimeter $1/_{10}$-Normal-Kalilauge, die zum Neutralisiren von 100 ccm Destillat erforderlich waren,

b die Kubikcentimeter $1/_{10}$-Normal-Kalilauge, die nach der Verseifung von 100 ccm Destillat mit 50 ccm $1/_{10}$-Normal-Kalilauge und nach dem Zusatze von 50 ccm $1/_{10}$-Normal-Schwefelsäure zur Neutralisation der Flüssigkeit nothwendig waren.

In dem Destillate sind neben einem Theile der freien flüchtigen Säuren die gesammten flüchtigen Ester aus 250 ccm Wein enthalten. Da das Destillat auf den ursprünglichen Raumgehalt des Weines (250 ccm) aufgefüllt wurde, sind in 100 ccm Destillat die gesammten flüchtigen Ester aus 100 ccm Wein enthalten. Diese wurden durch Zusatz von 50 ccm $1/_{10}$-Normal-Kalilauge verseift; nach der Verseifung wurden 50 ccm $1/_{10}$-Normal-Schwefelsäure zugegeben, also ebensoviel, als $1/_{10}$-Normal-Kalilauge hinzugefügt worden war, und die überschüssige Säure wurde durch b ccm $1/_{10}$-Normal-Kalilauge zurücktitrirt. Wären in dem Destillate weder freie Säuren, noch Ester, so müsste die Flüssigkeit nach Zusatz der 50 ccm $^1/_{10}$-Normal-Schwefelsäure genau neutral sein. In Folge der Anwesenheit der freien Fettsäuren und der flüchtigen Ester in dem Destillate wird ein Theil der zugesetzten 50 ccm Kalilauge zur Neutralisation der freien Säuren und zum Verseifen der Ester verbraucht. Eine der verbrauchten Kalimenge entsprechende Menge Schwefelsäure bleibt daher im Ueberschusse, und die überschüssige Schwefelsäure wird durch b ccm $^1/_{10}$-Normal-Kalilauge gesättigt. Es sind daher b ccm $^1/_{10}$-Normal-Kalilauge erforderlich gewesen, um die Säuren und Ester von 100 ccm Weindestillat zu sättigen bezw. zu verseifen. Andererseits wurden die freien Säuren direkt titrirt. Zur Sättigung der freien Säuren von 100 ccm Weindestillat waren a ccm $^1/_{10}$-Normal-Kalilauge nothwendig; für die Verseifung der Ester in 100 ccm Weindestillat wurden daher (b — a) ccm $^1/_{10}$-Normal-Kalilauge verbraucht. Da in 100 ccm Weindestillat dieselbe Menge flüchtige Ester enthalten ist, wie in 100 ccm Wein, so wurden die flüchtigen Ester aus 100 ccm Wein durch (b — a) ccm $^1/_{10}$-Normal-Kalilauge verseift.

Die flüchtigen Ester werden als Essigäther (Essigsäureaethylester) berechnet. 1 Molekel Essigäther $CH_3-COOC_2H_5$ = 87,8 g wird durch 1 Molekel Kaliumhydrat verseift. Durch 1 ccm $^1/_{10}$-Normal-Kalilauge, welcher $\frac{1}{10000}$ Gramm-Molekel Kaliumhydrat enthält, werden daher $\frac{1}{10000}$ Gramm-Molekel $= \frac{87,8}{10000}$ g = 0,00878 g Essigäther verseift und durch (b — a) ccm $^1/_{10}$-Normal-Kalilauge werden 0,00878 (b — a) Gramm Essigäther verseift, d. h. es sind enthalten:

x = 0,00878 (b — a) Gramm flüchtige Ester, als Essigäther (Essigsäureaethylester) berechnet, in 100 ccm Wein.

Beispiel. Zur Sättigung der freien flüchtigen Säuren in 100 ccm Destillat waren 2,72 ccm $^1/_{10}$-Normal-Kalilauge erforderlich; nach der Verseifung der Ester aus 100 ccm Wein mit 50 ccm $^1/_{10}$-Normal-Kalilauge und nach dem Zusatze von 50 ccm $^1/_{10}$-Normal-Schwefelsäure wurden zur Sättigung der Flüssigkeit 4,25 ccm $^1/_{10}$-Normal-Kalilauge verbraucht. Hier ist a = 2,72 ccm, b = 4,25 ccm; daher sind enthalten:

x = 0,00878 (4,25 — 2,72) = 0,0134 g flüchtige Ester, als Essigäther berechnet, in 100 ccm Wein.

37. Bestimmung der nichtflüchtigen Ester des Weines.

Der Gehalt des Weines an nichtflüchtigen Estern wird aus den Gesammtestern und den flüchtigen Estern durch Rechnung ermittelt. Es bedeute:

a die Gramme Gesammtester, als neutraler Weinsteinsäure-aethylester berechnet, in 100 ccm Wein,

b die Gramme flüchtige Ester, als Essigäther berechnet, in 100 ccm Wein.

Um diese beiden Esterzahlen vergleichen zu können, müssen sie in gleicher Weise, d. h. auf dieselbe Esterart bezogen, berechnet werden. Da die nichtflüchtigen Ester auf neutralen Weinsteinsäureaethylester berechnet werden, rechnet man die flüchtigen Ester ebenfalls auf neutralen Weinsteinsäureaethylester um. Nach Ausführung dieser Umrechnung giebt der Unterschied der Gesammtester und der flüchtigen Ester unmittelbar den Gehalt des Weines an nichtflüchtigen Estern, auf neutralen Weinsteinsäureaethylester berechnet, an.

Bei der Berechnung der Gesammtester wurde gezeigt, dass durch 1 ccm $^1/_{10}$-Normal-Kalilauge 0,010275 g des neutralen Weinsteinsäureaethylesters verseift werden; andererseits wurde bei der Berechnung der flüchtigen Ester festgestellt, dass durch 1 ccm $^1/_{10}$-Normal-Kalilauge 0,00878 g Essigäther verseift werden. Bei der Verseifung entsprechen somit 0,00878 g Essigäther 0,010275 g neutralem Weinsteinsäureaethylester; b Gramm flüchtige Ester, als Essigäther berechnet, entsprechen daher $\dfrac{0,010275}{0,00878} \cdot b = 1{,}17 \cdot b$ Gramm flüchtigen Estern, als neutraler Weinsteinsäureaethylester berechnet. Zieht man diese Estermenge von dem Gesammtestergehalte a des Weines ab, so erhält man den Gehalt des Weines an nichtflüchtigen Estern. Es sind also enthalten:

x = (a — 1,17 . b) Gramm nichtflüchtige Ester, als neutraler Weinsteinsäureaethylester berechnet, in 100 ccm Wein.

Beispiel. Der Wein, der bei den vorhergehenden Bestimmungen als Beispiel diente, enthielt in 100 ccm 0,191 g Gesammtester, als neutraler Weinsteinsäureaethylester berechnet, und 0,0134 g flüchtige Ester, als Essigäther berechnet. Hier ist a = 0,191 g und b = 0,0134 g, daher sind enthalten:

x = 0,191 — 1,17 . 0,0134 = 0,175 g nichtflüchtige Ester, als neutraler Weinsteinsäureaethylester berechnet, in 100 ccm Wein.

38., 39. und 40. Bestimmung der Ameisensäure, der Essigsäure, der Buttersäure, der höheren Fettsäuren, der Ester dieser Säuren und des Fuselöles.

Normale Weine enthalten neben Essigsäure stets kleine Mengen Buttersäure und kleine Mengen höherer Fettsäuren (Kapronsäure, Kaprylsäure, Pelargonsäure, Kaprinsäure), häufig auch Ameisensäure; ferner enthalten sie die Ester dieser Säuren und Fuselöl (höhere Alkohole: Propylalkohol, Butylalkohol und hauptsächlich Amylalkohol). In einigen Weinen hat man auch Propionsäure und Baldriansäure sowie verhältnissmässig sehr grosse Mengen Buttersäure gefunden; die erstgenannten Säuren dürften aber nur in krankhaft veränderten Weinen vorkommen. Die in der Ueberschrift genannten Stoffe lassen sich nach dem von K. Windisch[1]) für die Untersuchung der Branntweine angegebenen Verfahren neben einander bestimmen. Nothwendig ist dabei, dass genügend grosse Mengen dieser Stoffe in dem Weine vorhanden sind. Gewöhnlich genügt die Anwendung von 1 Liter Wein; bei Weinen, die sehr arm an flüchtigen Säuren und Estern sind, muss man mitunter mehrere Liter in Arbeit nehmen.

38. Bestimmung der Ameisensäure und der Ameisensäureester.

a) Grundzüge des Verfahrens.

Man destillirt den Wein möglichst weit ab und treibt dann aus dem Rückstande durch Einleiten von strömendem Wasserdampf die flüchtigen Säuren vollständig über. Im Destillate finden sich die flüchtigen Ester, die Alkohole und die freien Fettsäuren des Weines. Man neutralisirt das Destillat mit verdünnter Alkalilauge und destillirt die Flüssigkeit. Die Ester und Alkohole gehen über, die Alkalisalze der freien Fettsäuren bleiben im Rückstande. Man bestimmt im Rückstande die Ameisensäure mit Quecksilberchlorid; die Ameisensäure wird durch Quecksilberchlorid zu Kohlensäure oxydirt, während Quecksilberchlorür abgeschieden wird:

$$HCOOH + 2\,HgCl_2 = Hg_2Cl_2 + CO_2 + 2\,HCl.$$

Aus dem Gewichte des Quecksilberchlorürs kann man die Ameisensäure berechnen.

---

[1]) Arbeiten a. d. Kaiserl. Gesundheitsamte 1892. 8. 260.

Alsdann kocht man das die Alkohole und Ester enthaltende Destillat mit Kalilauge; dadurch werden die flüchtigen Ester verseift. Man destillirt die Alkohole ab; im Rückstande hinterbleiben die Kalisalze der aus den flüchtigen Estern abgeschiedenen Fettsäuren. Man bestimmt die in ihnen enthaltene Ameisensäure mit Quecksilberchlorid, wie vorher angegeben wurde.

b) **Ausführung des Verfahrens.**

α) Bestimmung der freien Ameisensäure.

1 Liter Wein wird etwa zur Hälfte abdestillirt und das Destillat in einem Kolben gesammelt. Dann wechselt man die Vorlage, destillirt den Wein weiter ab und treibt zuletzt die flüchtigen Fettsäuren durch strömenden Wasserdampf vollständig über. Man neutralisirt die Destillate genau mit verdünnter Alkalilauge und destillirt das neutralisirte erste Destillat nochmals zur Hälfte bis zu $^2/_3$ über; im Destillate finden sich dann die Alkohole und die flüchtigen Ester des Weines, im Rückstande hinterbleiben die Alkalisalze der freien Fettsäuren des Weines. Im Destillate bestimmt man die Ameisensäureester nach β). Den Rückstand vereinigt man mit den in dem neutralisirten zweiten Destillate enthaltenen übrigen Alkalisalzen der freien Fettsäuren des Weines. Die vereinigte Lösung der Alkalisalze wird in einem Kolben auf dem Drahtnetze stark eingekocht, alsdann in eine Schale übergeführt, auf dem Wasserbade weiter eingedampft und zuletzt in ein Becherglaschen filtrirt; das Filtrat soll nicht mehr als 30 bis 40 ccm betragen und muss neutral sein. Man versetzt die Lösung mit 5 ccm einer Lösung, die in einem Liter 50 g Quecksilberchlorid und 27,5 g krystallisirtes Natriumacetat enthält, und erhitzt die Mischung 5 bis 6 Stunden auf dem geschlossenen Wasserbade. Bei Gegenwart von Ameisensäure entsteht ein schwerer, weisser Niederschlag von Quecksilberchlorür; man sammelt ihn auf einem gewogenen Filter, wäscht ihn mit Wasser aus und wägt ihn.

Berechnung der freien Ameisensäure. Einer Gramm-Molekel Quecksilberchlorür $Hg_2Cl_2 = 470{,}3$ g entspricht 1 Gramm-Molekel Ameisensäure $HCOOH = 45{,}9$ g; 1 g Quecksilberchlorür entsprechen somit $\dfrac{45{,}9}{470{,}3} = 0{,}0976$ g Ameisensäure. Wurden daher bei der Verarbeitung von 1 Liter Wein a Gramm Quecksilberchlorür gewonnen, so sind enthalten:

x = 0,00976 . a Gramm Ameisensäure in 100 ccm Wein.

Beispiel: Bei der Bestimmung der freien Ameisensäure in 1 Liter Wein wurden 0,1232 g Quecksilberchlorür erhalten. Hier ist $a = 0,1237$, daher sind enthalten:
$x = 0,00976 \cdot 0,1232 = 0,0012$ g Ameisensäure in 100 ccm Wein.

β) Bestimmung der Ameisensäureester.

Das unter α) erhaltene Destillat, das die Alkohole und die flüchtigen Ester aus 1 Liter Wein enthält, wird in einen Destillirkolben gegossen, mit Alkalilauge versetzt und die Mischung $^1/_4$ Stunde am Rückflusskühler erhitzt; dadurch werden die flüchtigen Ester verseift. Man destillirt die Alkohole ab, neutralisirt den alkalischen Destillationsrückstand genau mit verdünnter Essigsäure, dampft die neutrale Flüssigkeit stark ein und bestimmt die Ameisensäure in der unter α) beschriebenen Weise.

Berechnung der Ameisensäureester. Die Ester der Ameisensäure werden als Aethylester berechnet. Einer Gramm-Molekel Quecksilberchlorür $Hg_2Cl_2 = 470,3$ g entspricht eine Gramm-Molekel Ameisensäure-Aethylester $HCOOC_2H_5 = 73,8$ g; 1 g Quecksilberchlorür entsprechen somit $\frac{73,8}{470,3} = 0,1569$ g Ameisensäure-Aethylester. Erhält man daher bei Verarbeitung von 1 Liter Wein a Gramm Quecksilberchlorür, so sind enthalten:
$x = 0,01569 \cdot a$ Gramm Ameisensäureester, als Ameisensäure-Aethylester berechnet, in 100 ccm Wein.

Beispiel. Bei der Bestimmung der Ameisensäureester in 1 Liter Wein wurden 0,0882 g Quecksilberchlorür erhalten. Hier ist $a = 0,0882$, daher wird:
$x = 0,01569 \cdot 0,0882 = 0,00138$ g Ameisensäureester, als Ameisensäure-Aethylester berechnet, in 100 ccm Wein.

39. Bestimmung der Essigsäure, der Buttersäure, der höheren Fettsäuren und der Ester dieser Säuren.

a) Grundzüge des Verfahrens.

Man destillirt aus dem Weine, zuletzt im Wasserdampfstrome, die Alkohole, die flüchtigen Ester und die flüchtigen Säuren vollständig ab. Das Destillat neutralisirt man genau mit verdünnter Alkalilauge und destillirt die Alkohole und Ester ab. Im Rückstande hinterbleiben die Alkalisalze der freien Fettsäuren. Man säuert die Flüssigkeit mit Schwefelsäure an und entzieht ihr durch Schütteln mit Aether die höheren, in Wasser schwer löslichen Fettsäuren; man verdunstet den Aether und wägt die höheren Fettsäuren.

Die wässerige Flüssigkeit wird alkalisch gemacht und durch Erhitzen von dem Aether befreit. Enthält der Wein Ameisensäure, so zerstört man diese durch Kochen der Lösung der Alkalisalze der Fettsäuren mit einer Chromsäuremischung von bestimmter Zusammensetzung und destillirt die übrigen Fettsäuren im Wasserdampfstrome ab; hat man in dem Weine keine Ameisensäure gefunden, so versetzt man die Lösung der Alkalisalze der Fettsäuren mit verdünnter Schwefelsäure und destillirt die Fettsäuren ab. Das Destillat titrirt man mit $^1/_{10}$-Normal-Barytwasser, dampft die Lösung der Baryumsalze ein, führt sie in eine Platinschale über und trocknet sie auf dem Wasserbade und im Trockenschranke vollständig ein. Alsdann bestimmt man den Baryumgehalt der zurückbleibenden Baryumsalze durch Abrauchen mit Schwefelsäure in einem Platintiegel. Aus dem Baryumgehalte der trockenen Salze kann man, in Verbindung mit dem Ergebnisse der Titration der Fettsäuren, die Essigsäure und die Buttersäure berechnen.

Das Destillat, welches die Alkohole und flüchtigen Ester des Weines enthält, wird mit Kalilauge erhitzt und dann destillirt; im Rückstande hinterbleiben die Kalisalze der in den flüchtigen Estern enthaltenen Säuren, während die Alkohole überdestilliren. Die rückständigen Kalisalze behandelt man in gleicher Weise wie die Alkalisalze der freien Fettsäuren. In dem Destillate bestimmt man die höheren Alkohole.

b) **Ausführung des Verfahrens.**

α) **Bestimmung der freien Essigsäure, der freien Buttersäure und der freien höheren Fettsäuren.**

1. **Bestimmung der höheren, in Wasser schwer löslichen Fettsäuren.**

1 Liter Wein (gegebenenfalls auch mehrere Liter Wein) destillirt man etwa zur Hälfte ab und sammelt das Destillat in einem Destillirkolben von etwa $^3/_4$ Liter Inhalt. Alsdann wechselt man die Vorlage, destillirt den Wein möglichst weit ab und· treibt zuletzt die flüchtigen Fettsäuren durch Einleiten eines starken Wasserdampfstromes vollständig über. Man neutralisirt die beiden Destillate genau mit verdünnter Alkalilauge und destillirt das neutralisirte erste Destillat nochmals gut zur Hälfte in einen Destillirkolben von etwa $^1/_2$ Liter Inhalt ab; im Rückstande verbleiben die Alkalisalze der freien Fettsäuren des Weines, während in das Destillat die Alkohole und Ester des Weines übergehen. Das Destillat dient zur

Bestimmung der Ester und der höheren Alkohole nach Nr. 39 b β (S. 211) und Nr. 40 (S. 213)..

Man vereinigt den Destillationsrückstand mit den in dem neutralisirten zweiten Destillate enthaltenen übrigen Alkalisalzen der freien Fettsäuren. Die vereinigte Lösung der Alkalisalze wird in einem Kolben stark eingekocht, in einen Scheidetrichter gespült, mit Schwefelsäure angesäuert und viermal mit Aether ausgeschüttelt; der Aether nimmt die höheren in Wasser schwer löslichen Fettsäuren auf, während Essigsäure und Buttersäure in der wässerigen Lösung verbleiben. Man vereinigt die ätherischen Auszüge in einem Becherglase, lässt den Aether bei gewöhnlicher Temperatur grösstentheils verdunsten, spült den Rest mit Aether in ein gewogenes Wägegläschen, lässt den Aether bei gewöhnlicher Temperatur vollständig verdunsten, trocknet den öligen oder fettigen Rückstand über Schwefelsäure im Exsikkator und wägt ihn.

Berechnung der höheren Fettsäuren. Wurden aus a ccm Wein b Gramm höhere Fettsäuren gewonnen, so sind enthalten:

$$x = 100 \cdot \frac{b}{a} \text{ Gramm höhere Fettsäuren in 100 ccm Wein.}$$

Beispiel: Aus 1 Liter Wein wurden 0,0153 g höhere Fettsäuren gewonnen. Dann ist a = 1000 und b = 0,0153, und es sind enthalten:

x = 0,1 . 0,0153 = 0,00153 g höhere Fettsäuren in 100 ccm Wein.

Die höheren Fettsäuren des Weines bestehen grösstentheils aus Kaprylsäure $C_8 H_{16} O_2$ und Kaprinsäure $C_{10} H_{20} O_2$. Manche Weine sind so arm an freien höheren Fettsäuren, dass man zu deren Bestimmung mehrere Liter anwenden muss.

2. Bestimmung der freien Essigsäure und Buttersäure.

Die unter 1. mit Aether ausgeschüttelte wässerige Lösung wird in einem Destillirkolben mit Alkalilauge alkalisch gemacht und der Aether durch Erhitzen auf dem Wasserbade, und zuletzt auf dem Drahtnetze vollständig verjagt.

Hat man nach Nr. 38 Ameisensäure in dem Weine gefunden, so dampft man die Lösung der Alkalisalze auf etwa 50 ccm ein, fügt 50 ccm einer Chromsäuremischung hinzu, die im Liter 90 g Kaliumbichromat und 400 g konzentrirte Schwefelsäure enthält, und kocht die Mischung 10 Minuten am Rückflusskühler; dadurch wird die Ameisensäure zu Kohlensäure oxydirt, während Essigsäure und Buttersäure nicht angegriffen werden. Alsdann destillirt man die flüchtigen Säuren durch

Einleiten von Wasserdampf vollständig über; durch geeignete Regelung des Wasserdampfstromes und der Flamme unter dem Kochkolben trägt man dafür Sorge, dass das Volumen der Flüssigkeit in dem Kolben während der ganzen Destillation möglichst gleich bleibt.

Enthält der Wein keine Ameisensäure, so ist die Behandlung der Fettsäuren mit der Chromsäuremischung nicht nöthig; man übersättigt die alkalische Lösung der fettsauren Alkalisalze nach dem Erkalten mit Schwefelsäure und destillirt die flüchtigen Fettsäuren, die meist aus viel Essigsäure und wenig Buttersäure bestehen, durch Einleiten eines Wasserdampfstromes vollständig über.

In beiden Fällen titrirt man die übergegangenen Fettsäuren genau mit $^1/_{10}$-Normal-Baryumhydratlösung, kocht die Lösung der Baryumsalze in dem Kolben stark ein, spült sie dann in eine Porzellanschale, dampft sie auf dem Wasserbade weiter ein, filtrirt sie in eine Platinschale und trocknet sie darin auf dem Wasserbade vollständig ein. Sodann trocknet man die Baryumsalze noch mehrere Stunden im Trockenschranke bei 100^0 C., kratzt sie mit einem Spatel zusammen, zerreibt sie mit einem kleinen Achatpistille in der Schale zu einem feinen Pulver und trocknet dieses nochmals mehrere Stunden bei 100^0 C.

Zur Bestimmung des Baryumgehaltes der Salze wägt man einen Theil derselben in einem gewogenen Platintiegel ab, fügt konzentrirte Schwefelsäure hinzu, raucht die Schwefelsäure vorsichtig ab und glüht den Tiegel; dadurch werden die Baryumsalze der Fettsäuren in Baryumsulfat verwandelt. Das Baryumsulfat wird gewogen.

Berechnung der Essigsäure und der Buttersäure. Die Ableitung der Berechnung kann hier nicht mitgetheilt werden, da sie zu umfangreich ist; es muss vielmehr auf die Abhandlung von K. Windisch[1]) verwiesen werden.

Bedeutet:

    a die zur Untersuchung angewandte Menge Wein in Kubikcentimetern,

    b die zur Sättigung der flüchtigen Fettsäuren nach Entfernung der höheren Fettsäuren und gegebenenfalls der Ameisensäure erforderliche Anzahl Kubikcentimeter $^1/_{10}$-Normal-Baryumhydratlösung,

---

[1]) Arbeiten a. d. Kaiserl. Gesundheitsamte 1892. **8.** 267.

c die Gramme Baryumsalz, die zur Baryumbestimmung angewandt wurden,

d die aus c Gramm Baryumsalz erhaltenen Gramme Baryumsulfat,

so sind enthalten:

$$x = \frac{b\,(165{,}2 \cdot d - 123{,}8 \cdot c)}{a\,(53{,}47 \cdot d - 3{,}56 \cdot c)}$$ Gramm Essigsäure in 100 ccm Wein,

und

$$y = \frac{b\,(178{,}4 \cdot c - 195{,}2 \cdot d)}{a\,(53{,}47 \cdot d - 3{,}56 \cdot c)}$$ Gramm Buttersäure in 100 ccm Wein.

Beispiel: Zur Sättigung der von der Ameisensäure und den höheren Fettsäuren befreiten flüchtigen Fettsäuren aus 1000 ccm Wein waren 58,1 ccm $^1/_{10}$-Normal-Baryumhydratlösung erforderlich; aus 0,4287 g der trockenen Baryumsalze wurden 0,3843 g Baryumsulfat erhalten. Hier ist $a = 1000$, $b = 58{,}1$, $c = 0{,}4287$, $d = 0{,}3843$; daher wird:

$$x = \frac{58{,}1\,(165{,}2 \cdot 0{,}3843 - 123{,}8 \cdot 0{,}4287)}{1000\,(53{,}47 \cdot 0{,}3843 - 3{,}56 \cdot 0{,}4287)} = 0{,}0318 \text{ g Essig-}$$

säure in 100 ccm Wein,

$$y = \frac{58{.}1\,(178{,}4 \cdot 0{,}4287 - 195{,}2 \cdot 0{,}3843)}{100\,(53{,}47 \cdot 0{,}3843 - 356 \cdot 0{.}4287)} = 0{,}0045 \text{ g Butter-}$$

säure in 100 ccm Wein.

Der Buttersäuregehalt mancher Weine ist so gering, dass der Baryumgehalt des bei dem vorstehenden Verfahren zur Untersuchung gelangenden Baryumsalzgemisches dem des essigsauren Baryums sehr nahe kommt; dies gilt insbesondere von solchen Weinen, die essigstichig sind. In diesem Falle kocht man eine abgewogene Menge des Baryumsalzes $^1/_2$ Stunde am Rückflusskühler mit so viel wasserfreiem Alkohol, dass auf 1 g Baryumsalz 85 bis 86 g Alkohol kommen. Dann kühlt man das Gemisch auf etwa 30^0 C. ab, filtrirt die Flüssigkeit in eine gewogene Platinschale und wäscht den Rückstand mit wenig kaltem Alkohol. Der Alkohol löst das ganze buttersaure Baryum, aber nur einen kleinen Theil des essigsauren Baryums, so dass der grösste Theil des Baryumsalzgemisches ungelöst zurückbleibt. Die alkoholische Lösung wird bei 60 bis 70^0 C. verdampft, der Rückstand getrocknet und gewogen. Alsdann bestimmt man den Baryumgehalt des Rückstandes durch Abrauchen mit Schwefelsäure. Aus dem Gewichte des angewandten Baryumsalzgemisches, dem Gewichte der mit Alkohol ausgezogenen Baryumsalze und dem Baryumgehalte der letzteren lässt sich der Gehalt des Weines an Essigsäure und Buttersäure berechnen.[1])

β) **Bestimmung der Ester der Essigsäure, der Buttersäure und der höheren Fettsäuren.**

Das unter Nr. 39 α) erhaltene Destillat, das bei Anwendung von 1 Liter Wein etwa 300 ccm beträgt und die flüchtigen Ester und die Alkohole des Weines enthält, aber von den freien Fettsäuren befreit ist, wird in einem Destillirkolben am Rückflusskühler mit Kalilauge erhitzt; dadurch werden die Ester verseift. Man destillirt die Flüssigkeit und sammelt das Destillat in einem Messkölbchen von 250 ccm Inhalt; man destillirt so lange, bis das Kölbchen nahe bis zur Marke mit Flüssigkeit gefüllt ist. Im Rückstande hinterbleiben die Kalisalze der aus den Estern des Weines freigemachten Fettsäuren, im Destillate befinden sich die höheren Alkohole des Weines, die nach dem unter Nr. 40 beschriebenen Verfahren bestimmt werden. Die Kalisalze der Estersäuren behandelt man genau in derselben Weise wie die Kalisalze der freien Fettsäuren des Weines unter Nr. 39 α). Auch hier ist darauf Rücksicht zu nehmen, ob der Wein Ameisensäureester enthält oder nicht.

Berechnung der Ester der höheren Fettsäuren. Die zur Wägung gelangenden, aus den Estern abgeschiedenen höheren Fettsäuren sind ein Gemisch mehrerer Fettsäuren, deren Zusammensetzung schwankt. Meist überwiegt die Kaprinsäure $C_{10}H_{20}O_2$ alle übrigen Fettsäuren; ausserdem kommen noch Kaprylsäure $C_8H_{16}O_2$ und Kapronsäure $C_6H_{12}O_6$ in Betracht. Das mittlere Molekulargewicht der höheren Fettsäuren kommt meist dem der Pelargonsäure $C_9H_{18}O_2$ nahe; es ist daher zweckmässig, die Ester der höheren Fettsäuren auf Pelargonsäureester, und zwar auf den Aethylester zu berechnen. Einer Gramm-Molekel Pelargonsäure $C_9H_{18}O_2 = 157{,}7$ g entspricht 1 Gramm-Molekel Pelargonsäure-Aethylester $C_9H_{17}O_2 - C_2H_5 = 175{,}6$ g; 1 g Pelargonsäure entsprechen somit $\frac{185{,}6}{157{,}7} = 1{,}1769$ g Pelargonsäure-Aethylester. Wurden daher aus a ccm Wein b Gramm höhere, aus den Estern freigemachte Fettsäuren gewonnen, so sind enthalten:

$$x = 117{,}69 \cdot \frac{b}{a} \text{ Gramm Ester höherer Fettsäuren,}$$

als Pelargonsäure-Aethylester berechnet, in 100 ccm Wein.

---

[1]) Vergl. hierüber K. Windisch, Arbeiten a. d. Kaiserl. Gesundheitsamte 1892. 8. 266.

Beispiel: Aus 1000 ccm Wein wurden 0,0174 g höhere, aus den Estern freigemachte Fettsäuren gewonnen. Dann ist a = 1000 und b = 0,0174, und es sind enthalten:

$$x = 117{,}69 \cdot \frac{0{,}0174}{1000} = 0{,}00205 \text{ g Ester höherer Fetttsäuren,}$$

als Pelargonsäure-Aethylester berechnet, in 100 ccm Wein.

Berechnung der Essigsäure- und Buttersäureester. Auch diese Ester werden als Aethylester berechnet. Die Ableitung der Formeln ist zu umfangreich, um hier eine Stelle zu finden.

Bedeutet:
- a die in Arbeit genommene Menge Wein in Kubikcentimetern,
- b die zur Sättigung der aus den Estern freigemachten Fettsäuren nach der Entfernung der höheren Fettsäuren und gegebenenfalls der Ameisensäure erforderlichen Kubikcentimeter $^1/_{10}$-Normal-Baryumhydratlösung,
- c die zur Baryumbestimmung angewandten Gramme Baryumsalz,
- d die aus c Gramm Baryumsalz gewonnenen Gramme Baryumsulfat,

so sind enthalten:

$$x = \frac{b\,(242{,}3 \cdot d - 181{,}6 \cdot c)}{a\,(53{,}47 \cdot d - 3{,}56 \cdot c)} \text{ Gramm Essigsäureester, als Essig-}$$

säure-Aethylester berechnet, in 100 ccm Wein, und

$$y = \frac{b\,(235{,}2 \cdot c - 257{,}3 \cdot d)}{a\,(53{,}47 \cdot d - 3{,}56 \cdot c)} \text{ Gramm Buttersäureester, als Butter-}$$

säure-Aethylester berechnet, in 100 ccm Wein.

Beispiel: Zur Sättigung der aus den Estern freigemachten Fettsäuren ausschliesslich der höheren Fettsäuren und der Ameisensäure von 1000 ccm Wein wurden 34,2 ccm $^1/_{10}$-Normal-Baryumhydratlösung verbraucht; 0,3781 g Baryumsalz gaben 0,3411 g Baryumsulfat. Hier ist a = 1000, b = 34,2, c = 0,3781, d = ,3411; daher sind enthalten:

$$x = \frac{34{,}2\,(242{,}3 \cdot 0{,}3411 - 181{,}6 \cdot 0{,}3781)}{1000\,(53{,}47 \cdot 0{,}3411 - 3{,}56 \cdot 0{,}3781)} = 0{,}0283 \text{ g Essig-}$$

säureester, als Essigsäure-Aethylester berechnet, in 100 ccm Wein,

$$y = \frac{34{,}2\,(235{,}2 \cdot 0{,}3781 - 257{,}3 \cdot 0{,}3411)}{1000\,(53{,}47 \cdot 0{,}3411 - 3{,}56 \cdot 0{,}3781)} = 0{,}0024 \text{ g Butter-}$$

säureester, als Buttersäure-Aethylester berechnet, in 100 ccm Wein.

40. Bestimmung des Fuselöles (der höheren Alkohole).

Die Bestimmung des Fuselöles erfolgt in dem von flüchtigen Säuren und Estern befreiten Weindestillate, das nach Nr. 39 β) erhalten wurde. Man richtet die letzte Destillation unter Nr. 39 β) so ein, dass das auf ein bestimmtes Volumen gebrachte Destillat mindestens 30 Maassprozent Alkohol enthält. Liegt z. B. ein Wein mit 8 Maassprozent Alkohol vor, so trägt man dafür Sorge, dass das letzte Destillat von 1 Liter Wein 250 ccm beträgt; man destillirt nahezu diese Menge in ein 250 ccm-Kölbchen ab, stellt das Kölbchen mit dem Destillate eine Stunde in ein Wasserbad von 15° C. und füllt die Flüssigkeit genau bis zur Marke mit Wasser auf. Aus 1 Liter Wein von 10 Maassprozent Alkohol kann man 300 ccm Destillat gewinnen, aus 1 Liter Wein von mehr als 15 Maassprozent Alkohol kann man 500 ccm Destillat gewinnen u. s. w.

In dem von Fettsäuren und Estern befreiten Weindestillate bestimmt man das Fuselöl nach dem Verfahren von Br. Röse durch Ausschütteln mit Chloroform. Das Destillat wird auf einen Alkoholgehalt von genau 30 Maassprozent bei 15° C. eingestellt und dann in einem besonderen Apparate bei 15° C. mit Chloroform ausgeschüttelt. Die genaue Beschreibung des Verfahrens würde hier zu weit führen; sie findet sich in der Abhandlung von Eug. Sell[1]). Die erforderlichen Tafeln zur Ermittelung der zu dem Destillate zu setzenden Wasser- bezw. Alkoholmengen, um das Destillat auf einen Alkoholgehalt von 30 Maassprozent zu bringen, sind der vom Bundesrathe erlassenen, im Centralblatte für das Deutsche Reich veröffentlichten[2]) amtlichen „Anweisung zur Bestimmung des Fuselöles" beigegeben.

Folgende Punkte sind bei der Fuselölbestimmung besonders zu beachten:

1. Das spezifische Gewicht des Destillates ist stets in der unter Nr. 2 (S. 52) vorgeschriebenen Weise mit der grössten Sorgfalt zu bestimmen.

3. Der Alkoholgehalt muss genau auf 30 Maassprozent gebracht werden; zur Ermittelung des Alkoholgehaltes aus

---

[1]) Arbeiten a. d. Kaiserl. Gesundheitsamte 1888. **4.** 138.
[2]) Centralblatt f. d. Deutsche Reich 1891. **19.** 331; abgedruckt in A. Bujard und E. Baier, Hilfsbuch für Nahrungsmittelchemiker. Berlin 1894 bei Julius Springer. S. 104*.

dem spezifischen Gewichte ist die Alkoholtafel von K. Windisch[1]) zu benutzen.

3. Das Ausschütteln des vorbereiteten Destillates erfolgt in dem von K. Windisch[2]) angegebenen, in Fünfzigstelkubikcentimeter eingetheilten Schüttelapparate.

Berechnung des Fuselöles. Es bedeute:

v den Alkoholgehalt des Weines in Maassprozenten (Volumprozenten, aus der dritten Spalte der Tafel I (S. 333 zu entnehmen),

a das Volumen des Chloroforms nach dem Ausschütteln von reinem Weingeist von 30 Maassprozent Alkohol,

b das Volumen des Chloroforms nach dem Ausschütteln des auf einen Alkoholgehalt von genau 30 Maassprozent eingestellten Weindestillates.

Dann sind enthalten:

$x = 0{,}0222 \cdot v\,(b - a)$ Volumprozent Fuselöl, als Amylalkohol berechnet, in 100 ccm Wein.

Beispiel: Ein Wein von 8,64 Maassprozent Alkohol gab bei der letzten Destillation unter Nr. 39 β) 250 ccm Destillat von mehr als 30 Maassprozent Alkohol; der Alkoholgehalt des Destillates wurde durch Wasserzusatz auf genau 30 Maassprozent eingestellt. Bei dem Ausschütteln des so vorbereiteten Destillates mit Chloroform nahm dieses ein Volumen von 21,78 ccm ein; als dasselbe Chloroform mit reinem Weingeist von 30 Maassprozent geschüttelt wurde, wurde sein Volumen gleich 21,64 ccm gefunden. Hier ist $v = 8{,}64$, $a = 21{,}64$, $b = 21{,}79$, daher sind enthalten:

$x = 0{,}0222 \cdot 8{,}64\,(21{,}79 - 21{,}64) = 0{,}029$ Volumprozent Fuselöl, als Amylalkohol berechnet, in 100 ccm Wein.

41. Nachweis des Aldehydes (Acetaldehydes).

Von 50 ccm Wein werden 20 ccm abdestillirt. Mit dem Destillate stellt man folgende Proben an:

1. Man versetzt 5 ccm Destillat mit 2 Tropfen alkalischer Kalium-Quecksilberjodidlösung (Nessler'schem Reagens); bei Gegenwart von Aldehyd entsteht augenblicklich eine hellgelbe bis rothgelbe Trübung oder ein ebenso gefärbter Niederschlag.[3])

2. Man versetzt 5 ccm Destillat mit einer kleinen Messer-

---

[1]) Karl Windisch, Tafel zur Ermittelung des Alkoholgehaltes aus dem spezifischen Gewichte. Berlin 1893 bei Julius Springer.
[2]) Arbeiten a. d. Kaiserl. Gesundheitsamte 1889. **5.** 390.
[3]) W. Windisch, Zeitschr. Spiritusind. [2]. 1887. **10.** 88.

spitze voll salzsaurem Meta-Phenylendiaminchlorhydrat; ist Aldehyd vorhanden, so färbt sich die Flüssigkeit bald gelb bis roth, und nach einigen Stunden entwickelt sich eine charakteristische grüne Fluorescenz, die beständig ist.[1]). Dieses Verfahren eignet sich auch zur kolorimetrischen Bestimmung des Aldehydes.

3. Man löst 0,2 g Diazobenzolsulfosäure in 12 g Wasser, versetzt die Lösung mit wenig Natronlauge und fügt 5 bis 10 ccm Weindestillat, das man mit Natronlauge schwach alkalisch gemacht hat, und ein Körnchen Natriumamalgam hinzu. Ist Aldehyd vorhanden, so entsteht nach 10 bis 20 Minuten eine rothvioletter, fuchsinähnliche Färbung.[2])

Die Aldehydproben mit Kalilauge (Gelbfärbung) von J. Liebig[3]) und mit ammoniakalischer Silberlösung (Reduktion von metallischem Silber) von J. Liebig[4]) und B. Tollens[5]) sind für das Weindestillat meist nicht empfindlich genug. Die Aldehydprobe mit fuchsinschwefliger Säure (Violettfärbung) von H. Schiff[6]) und U. Gayon[7]) ist nach J. G. Schmidt[8]) und O. F. Müller[9]) nicht ganz sicher, da sie auch mit Aethylalkohol schwach eintritt.

42. Bestimmung der Milchsäure.[10])

$1/_2$ Liter Wein wird mit Natronlauge neutralisirt und dann unter Zusatz von Bimssteinpulver auf dem Wasserbade in einer tiefen Porzellanschale unter häufigem Umrühren eingetrocknet. Den sandigen Rückstand zerreibt man in einem Mörser, bringt ihn dann in eine Schüttelflasche, befeuchtet ihn mit verdünnter Schwefelsäure und schüttelt ihn dreimal mit je 200 ccm Aether aus. Die Auszüge bringt man in einen Kolben, destillirt den Aether grösstentheils ab, giesst den Rückstand in eine Porzellanschale und verdampft den Aether vollständig. Man versetzt

---

[1]) W. Windisch, Zeitschr. Spiritusind. [2]. 1886. 9. 519.
[2]) F. Penzoldt und E. Fischer, Ber. deutsch. chem. Gesellschaft 1883. 16. 657.
[3]) Annal. Chem. Pharm. 1835. 14. 133.
[4]) Annal. Chem. Pharm. 1835. 14. 158.
[5]) Ber. deutsch. chem. Gesellschaft 1881. 14. 1950; 1882. 15. 1635 und 1828.
[6]) Compt. rend. 1867. 64. 482; Zeitschr. f. Chemie 1867. 3. 175.
[7]) Compt. rend. 1887. 105. 1182.
[8]) Ber. deutsch. chem. Gesellschaft 1881. 14. 1848.
[9]) Zeitschr. angew. Chemie 1890. 634.
[10]) E. Mach und K. Portele, Landwirthschaftl. Versuchsstationen 1890. 37. 305.

den Rückstand mit wenig Wasser, setzt den gleichen Raumtheil Alkohol hinzu und erwärmt die Lösung längere Zeit auf dem Wasserbade mit frisch gefälltem Bleikarbonat. Alsdann lässt man die Mischung unter häufigem Umrühren erkalten, filtrirt die Flüssigkeit nach 3 bis 4 Stunden ab und wäscht den Niederschlag mit Weingeist von 95 Maassprozent aus. In das Filtrat leitet man Schwefelwasserstoff ein und filtrirt die Flüssigkeit in einen Destillirkolben. Aus dem Filtrate entfernt man den Schwefelwasserstoff und die flüchtigen Säuren durch Destillation im Wasserdampfstrome, wie dies unter Nr. 7 (S. 70) beschrieben ist. Den Destillationsrückstand neutralisirt man genau mit Natronlauge, dampft die Flüssigkeit auf dem Wasserbade vollständig ein und zieht den Rückstand mit wasserfreiem Alkohol aus, wobei das milchsaure Natrium in Lösung geht. Den alkoholischen Auszug dampft man ein, befeuchtet den Rückstand mit verdünnter Schwefelsäure und zieht ihn dreimal mit Aether aus. Man verdunstet den Aether, löst den Rückstand in Wasser, erwärmt die Lösung mit Bleikarbonat, filtrirt die Flüssigkeit ab, leitet Schwefelwasserstoff in das Filtrat, filtrirt die Flüssigkeit von dem Schwefelblei ab, verjagt den Schwefelwasserstoff durch Erhitzen und titrirt die Flüssigkeit mit $^1/_{10}$-Normal-Alkalilauge. Alsdann dampft man die neutrale Lösung ein, befeuchtet den Rückstand mit Schwefelsäure, zieht ihn wiederholt mit Aether aus, lässt den Aether verdunsten und stellt aus der zurückbleibenden Milchsäure milchsaures Zink dar, dessen charakteristische Krystallform man unter dem Mikroskope prüft.

Berechnung der Milchsäure. Jedem Kubikcentimeter $^1/_{10}$-Normal-Alkalilauge entspricht 1 ccm $^1/_{10}$-Normal-Milchsäure; da das Molekulargewicht der Milchsäure $C_3 H_6 O_3 = 89{,}8$ ist, so sind in 1 ccm $^1/_{10}$-Normal-Milchsäure 0,00898 g Milchsäure. Wurden daher zur Sättigung der Milchsäure aus $^1/_2$ Liter Wein a ccm $^1/_{10}$-Normal-Alkalilauge verbraucht, so sind in dieser Menge Wein $0{,}00898 \cdot a$ Gramm Milchsäure vorhanden; somit sind enthalten

$x = 0{,}001796 \cdot a$ Gramm Milchsäure in 100 ccm Wein.

43. Bestimmung der Dextrose und der Lävulose in Mosten und Süssweinen.

a) Es ist kein Rohrzucker vorhanden.

1. Berechnung der Dextrose und der Lävulose aus den Ergebnissen der Polarisation und der Zuckerbestimmung.

Es bedeute:

x die Gramme Dextrose in 100 ccm Süsswein bezw. Most,
y die Gramme Lävulose in 100 ccm Süsswein bezw. Most,
s die Gramme Invertzucker (reduzirenden Zuckers) in 100 ccm Süsswein bezw. Most (nach Nr. 11, S. 94 bestimmt),
a die Drehung des Süssweines bezw. Mostes im 200 mm langen Rohre bei $15°$ C. in Winkelgraden (nach Nr. 12, S. 110 bestimmt).

Die Menge des nach Nr. 11 (S. 94) bestimmten Invertzuckers ist gleich der Summe der Dextrose und der Lävulose, d. h. es ist:

$$1)\quad x + y = s.$$

Die optische Drehung des Süssweines bezw. Mostes setzt sich im Wesentlichen aus den Drehungen der Dextrose und der Lävulose zusammen. Bezeichnet man mit a_1 bezw. a_2 die durch x Gramm Dextrose bezw. y Gramm Lävulose hervorgerufenen Drehungen im 200 mm langen Rohre bei $15°$ C. in Winkelgraden, so ist

$$2)\quad a_1 + a_2 = a.$$

Zur Berechnung der den x Gramm Dextrose und den y Gramm Lävulose entsprechenden Drehungswinkel nimmt man das spezifische Drehungsvermögen dieser Zuckerarten zu Hülfe. Bezeichnet man mit:

a den Drehungswinkel der Lösung eines optisch wirksamen Stoffes in Kreisgraden für den Strahl D (Natriumlicht) bei $15°$ C.,

L die Länge der angewandten Röhre in Dezimetern,

c die Gramme des optisch wirksamen Stoffes in 100 ccm Lösung,

so ist das spezifische Drehungsvermögen des optisch wirksamen Stoffes für $15°$ C. und den Strahl D:

$$[a]_D^{15} = \frac{100 \cdot a}{L \cdot c}.$$

Aus dem spezifischen Drehungsvermögen berechnet man den Drehungswinkel a der Lösung nach der Gleichung:

$$a = \frac{L \cdot c \cdot [a]_D^{15}}{100}.$$

Die Polarisation des Weines wird auf 200 mm = 2 dm lange Schichten bezogen; es ist also L = 2.

Das spezifische Drehungsvermögen der Dextrose ist $[a]_D^{15} = +53{,}0°$. Wenn daher für eine Lösung von x Gramm Dextrose in 100 ccm Wein der Drehungswinkel gleich a_1 Winkelgraden bestimmt wurde, so ist:

$$a_1 = \frac{2 \cdot x \cdot 53{,}0}{100} = 1{,}06\, x.$$

Das spezifische Drehungsvermögen der Lävulose ist $[\alpha]_D^{15} = -93{,}0°$. Wurde daher für eine Lösung von y Gramm Lävulose in 100 ccm Wein der Drehungswinkel gleich a_2 Winkelgraden gefunden, so ist:

$$a_2 = \frac{2 \cdot y \cdot (-93{,}0)}{100} = -1{,}86\, y.$$

Setzt man diese Werthe von a_1 und a_2 in die Gleichung 2) ein, so wird:

3) $\quad 1{,}06\, x - 1{,}86\, y = a.$

Aus den Gleichungen 1) und 3) lassen sich x und y berechnen. Es ist:

$$x + y = s$$
$$1{,}06\, x - 1{,}86\, y = a.$$

Aus diesen Gleichungen ergiebt sich:

x = (0,637 . s + 0,342 . a) Gramm Dextrose in 100 ccm Süsswein bezw. Most,

y = (s — x) Gramm Lävulose in 100 ccm Süsswein bezw. Most.

Beispiel. Man fand in 100 ccm eines Süssweines nach Nr. 11 (S. 94) 10,13 g Invertzucker; die Polarisation des Weines in 200 mm dicker Schicht ergab bei 15° C. für Natriumlicht den Drehungswinkel — 5,83 Winkelgrade. Hier ist s = 10,13 und $a = -5{,}83$; daher wird:

x = 0,637 . 10,13 — 0,342 . 5,83 = 4,46 g Dextrose in 100 ccm Süsswein,

y = 10,13 — 4,46 = 5,67 g Lävulose in 100 ccm Süsswein.

Das vorstehende von C. Neubauer[1]) herrührende Verfahren giebt nur annähernd richtige Ergebnisse. Denn zu der Drehung des Weines können, wenn auch nur in geringem Maasse (bis zu 0,3 Winkelgraden), auch andere Weinbestandtheile ausser den Zuckerarten beitragen. Ferner ist die spezifische Drehung der Lävulose nicht ganz konstant, sondern ändert sich mit der Konzentration der Lösung nicht unerheblich; die spezifische Drehung der Dextrose ist nahezu konstant. Schliesslich findet man nach dem in Nr. 11 (S. 94) beschriebenen Verfahren nicht immer die Summe von Dextrose und Lävulose genau richtig. Dextrose und Lävulose haben ein Kupferreduktionsvermögen, das unter sich und von dem des Invert-

---

[1]) Ber. deutsch. chem. Gesellschaft 1877. **10.** 827.

zuckers abweicht. Die Tafel III (S. 344), die bei der Zuckerbestimmung im Weine herangezogen wird, gilt nur für den Invertzucker, d. h. für ein Gemisch von gleichen Theilen Dextrose und Lävulose; sobald ein anders zusammengesetztes Gemisch von Dextrose und Lävulose vorliegt, treffen die Voraussetzungen der Tafel III nicht mehr genau zu.

In Süssweinen findet man gewöhnlich nicht genau gleiche Theile Dextrose und Lävulose; trotzdem gestattet das Verfahren, wie noch ganz neuerdings J. König und W. Karsch[1]) feststellten, einen hinreichend genauen Einblick in den Gehalt der Süssweine und Moste an Dextrose und Lävulose.

Sobald der Süsswein Rohrzucker, unreinen Stärkezucker, Dextrin oder dextrinhaltigen Honig enthält, sind die oben abgeleiteten Formeln nicht anwendbar. Bei Gegenwart von Rohrzucker verfährt man nach dem unter 2. oder nach dem unter b) angegebenen Verfahren. Dextrin muss durch Zusatz von viel hochprozentigem Alkohol ausgefällt werden; doch wird dadurch die Genauigkeit des Verfahrens beeinträchtigt. Bei Gegenwart von unreinem Stärkezucker oder grösseren Mengen dextrinhaltigem Honig liefert das Verfahren nach J. König und W. Karsch ganz ungenaue Ergebnisse.

2. **Bestimmung der Dextrose und der Lävulose durch maassanalytische Bestimmung des gesammten reduzirenden Zuckers mit Fehling'scher und mit Sachsse'scher Lösung.**

Während das Reduktionsvermögen von Dextrose und Lävulose gegenüber Fehling'scher Lösung nicht allzusehr verschieden ist, zeigt es gegenüber Sachsse'scher Lösung sehr starke Abweichungen. Titrirt man daher die Summe von Dextrose und Lävulose einerseits mit Fehling'scher Lösung, andererseits mit Sachsse'scher Lösung, so kann man aus diesen Ergebnissen die Menge der Dextrose und der Lävulose berechnen. Hierauf gründete Fr. Soxhlet[2]) ein Verfahren zur Bestimmung dieser beiden Zuckerarten. (Zur Herstellung der Sachsse'schen Lösung löst man 18 g reines und trockenes Quecksilberoxyd mit Hülfe von 25 g Jodkalium in Wasser, fügt eine wässerige Lösung von 80 g Kaliumhydrat hinzu und füllt die Mischung mit Wasser auf 1 Liter auf).

Zur Ausführung des Verfahrens verdünnt man den Süsswein bezw. Most mit Wasser so weit, dass die verdünnte

---

[1]) Zeitschr. analyt. Chemie 1895. **34**. 1.
[2]) Journ. prakt. Chemie [2]. 1880. **21**. 227.

Flüssigkeit nahezu 1 g reduzirenden Zucker in 100 ccm enthält, entfernt den Alkohol und gegebenenfalls den Gerb- und Farbstoff und bestimmt den Zuckergehalt eines bestimmten Volumens der verdünnten Flüssigkeit, z. B. 50 ccm, maassanalytisch mit den beiden Lösungen. Es bedeute:

x die Gramme Dextrose in der angewandten Menge des verdünnten Weines,

y die Gramme Lävulose in der angewandten Menge des verdünnten Weines,

f die Anzahl Kubikcentimeter Fehling'sche Lösung, die für die angewandte Menge des verdünnten Weines verbraucht wurden,

s die Anzahl Kubikcentimeter Sachsse'sche Lösung, die für die angewandte Menge des verdünnten Weines verbraucht wurden,

a die Anzahl Kubikcentimeter Fehling'sche Lösung, die durch 1 g Dextrose reduzirt werden,

b die Anzahl Kubikcentimeter Fehling'sche Lösung, die durch 1 g Lävulose reduzirt werden,

c die Anzahl Kubikcentimeter Sachsse'sche Lösung, die durch 1 g Dextrose reduzirt werden,

d die Anzahl Kubikcentimeter Sachsse'sche Lösung, die durch 1 g Lävulose reduzirt werden.

Wenn 1 g Dextrose a ccm Fehling'sche Lösung reduzirt, so reduziren x Gramm Dextrose $a \cdot x$ ccm Fehling'sche Lösung; wenn 1 g Lävulose b ccm Fehling'sche Lösung reduzirt, so reduziren y Gramm Lävulose $b \cdot y$ ccm Fehling'sche Lösung. x Gramm Dextrose und y Gramm Lävulose reduziren somit $(a \cdot x + b \cdot y)$ ccm Fehling'sche Lösung. Andererseits wurden bei der Ausführung des Versuches f ccm Fehling'sche Lösung für die Summe beider Zuckerarten verbraucht; daher ist:

1) $a \cdot x + b \cdot y = f.$

In derselben Weise erhält man für die Sachsse'sche Lösung:

2) $c \cdot x + d \cdot y = s.$

Aus diesen beiden Gleichungen lassen sich x und y berechnen. Es ist:

$$x = \frac{d \cdot f - b \cdot s}{a \cdot d - b \cdot c}$$ Gramm Dextrose in der angewandten Menge des verdünnten Weines,

$$y = \frac{a \cdot s - c \cdot f}{a \cdot d - b \cdot c}$$ Gramm Lävulose in der angewandten Menge des verdünnten Weines.

Für a, b, c und d sind folgende Werthe festgestellt worden: a = 210,4 ccm, b = 194,4 ccm, c = 302,5 ccm, d = 449,5 ccm. Setzt man diese Werthe in die Gleichungen für x und y ein, so wird:

x = (0,01257 . f — 0,00543 . s) Gramm Dextrose in der angewandten Menge des verdünnten Weines,

y = (0,00585 . s — 0,00845 . f) Gramm Lävulose in der angewandten Menge des verdünnten Weines.

Aus diesen Zahlen berechnet man dann unter Berücksichtigung der Verdünnung die Gramme Dextrose und Lävulose in 100 ccm Wein. Die Gegenwart von Rohrzucker, unreinem Stärkezucker und Dextrin sind bei diesem Verfahren, dessen sich ganz neuerdings J. König und W. Karsch[1]) mit gutem Erfolge bedienten, ohne Einfluss.

b) **Es ist Rohrzucker vorhanden.**

In diesem Falle kann man das unter a) beschriebene Verfahren von Soxhlet ohne Weiteres anwenden. Will man sich des vorher beschriebenen Verfahrens von Neubauer bedienen, so muss man den Einfluss des Rohrzuckergehaltes des Weines auf das Ergebniss der Polarisation berücksichtigen. Der Wein enthalte z Gramm Rohrzucker in 100 ccm (nach Nr. 11b, S. 96 bestimmt), die Drehung des Weines im 200 mm langen Rohre sei gleich a Winkelgraden und die durch die z Gramm Rohrzucker verursachte Drehung gleich a_z Winkelgraden. Für das spezifische Drehungsvermögen des Rohrzuckers gilt wieder die bereits früher angewandte allgemeine Gleichung $[a]_D^{15} = \dfrac{100 . a_z}{L . c}$ oder $a_z = \dfrac{L . c . [a]_D^{15}}{100}$. In dem besonderen hier vorliegenden Falle ist L = 2 Dezimetern, c = z Gramm Rohrzucker in 100 ccm Wein und $[a]_D^{15} = + 66,5°$ (spezifisches Drehungsvermögen des Rohrzuckers). Die durch den Rohrzucker verursachte Drehung ist daher:

$$a_z = \frac{2 . 66,5 . z}{100} = + 1,33 . z \text{ Winkelgraden.}$$

Um daher die durch die reduzirenden Zuckerarten des Weines verursachte Drehung zu erhalten, hat man von der Drehung des Weines a die dem Rohrzucker zukommende Drehung von $a_z = 1,33 . z$ Winkelgraden abzuziehen. Die Differenz $(a - a_z)$ kann man dann weiter zur Berechnung der Menge Dextrose und Lävulose in dem Weine benutzen, wie dies vorher für Weine ohne Rohrzucker beschrieben wurde.

---

[1]) Zeitschr. analyt. Chemie 1895. **34**. 1.

44. Nachweis und Bestimmung des Mannites.

a) Nachweis des Mannites.

Nach U. Gayon und E. Dubourg[1] lässt man einige Kubikcentimeter Wein auf einem Uhrglase bei niederer Temperatur langsam verdunsten. Der Mannit krystallisirt innerhalb 24 Stunden in Gestalt sehr feiner, seidenartiger, nicht zu verkennender Nadeln aus; Weine, die 0,1 g Mannit in 100 ccm enthalten, zeigen diese Erscheinung noch.

b) Bestimmung des Mannites.

Nach Ségou[2] verfährt man folgendermassen. 250 ccm Wein werden längere Zeit gekocht und dann mit einer verdünnten Lösung von Kaliumkarbonat versetzt, bis die Flüssigkeit eine grünliche Farbe annimmt. Man fügt 20 g Thierkohle hinzu, kocht die Mischung und setzt Bleiessig und dann Wasser zu, bis das ursprüngliche Volumen des Weines erreicht ist. Man filtrirt die Flüssigkeit von dem Bleiniederschlage ab, leitet in das Filtrat zur Abscheidung des Bleies Schwefelwasserstoff und filtrirt die Flüssigkeit von dem Schwefelbleiniederschlage ab. Das Filtrat dampft man auf dem Wasserbade zur dickflüssigen Beschaffenheit ein und lässt den Rückstand in der Kälte stehen. Der Mannit krystallisirt alsbald in charakteristischen, spiessigen Krystallen aus; man trocknet sie zwischen Filtrirpapier ab, wäscht sie auf einem gewogenen Filter mit einigen Kubikcentimetern einer gesättigten Lösung von Mannit in Alkohol von 75 Maassprozent, trocknet Filter und Krystalle bei 100° und wägt sie. Enthält der Wein erhebliche Mengen Invertzucker, so entfernt man diesen vor der Bestimmung des Mannites durch Vergähren.

P. Carles[3] verdampft 100 ccm oder mehr Wein bis zur dickflüssigen Beschaffenheit und lässt den Rückstand an einem kühlen Orte stehen. Nach 24 Stunden ist der Mannit auskrystallisirt und bildet getrennte Krystallgruppen. Man wäscht die Krystalle zur Entfernung der übrigen Extraktstoffe mit kaltem Alkohol von 85 Maassprozent, mischt den Rückstand mit Thierkohle und zieht ihn mit heissem Weingeiste von 85 Maassprozent aus. Beim Verdampfen der alkoholischen Lösung hinterbleibt krystallisirter Mannit, den man trocknet und wägt.

---

[1] Annal. de l' Institut Pasteur 1894. 8. 109.
[2] Journ. pharm. chim. [5]. 1893. 28. 103.
[3] Compt. rend. 1891. 112. 811.

45. Nachweis des Inosites.

1 Liter Wein wird auf dem Wasserbade auf die Hälfte eingedampft und zur theilweisen Abscheidung der Säuren mit Barytwasser neutralisirt. Man filtrirt die Flüssigkeit ab, versetzt das Filtrat mit einer Lösung von neutralem Bleiacetat, filtrirt die Flüssigkeit von dem Bleiniederschlage ab, fällt das überschüssige Blei aus dem Filtrate durch Einleiten von Schwefelwasserstoff, filtrirt die Flüssigkeit von dem Schwefelbleiniederschlage ab und trocknet das Filtrat auf dem Wasserbade vollständig ein. Der trockene Rückstand wird mehrere Mal mit wasserfreiem Alkohol ausgekocht, alsdann in heissem Wasser gelöst und mit einer Lösung von basischem Bleiacetat versetzt; dadurch wird der Inosit gefällt. Man trennt den Bleiniederschlag durch Filtriren von der Flüssigkeit, vertheilt ihn in Wasser und zerlegt ihn durch Einleiten von Schwefelwasserstoff. Man filtrirt die Flüssigkeit von dem Schwefelblei ab, dampft sie stark ein und versetzt sie mit einer Mischung von 10 Raumtheilen wasserfreiem Alkohol und 1 Raumtheil Aether, bis eine Ausscheidung erfolgt. Nach fünf- bis sechstägigem Stehen bei niedriger Temperatur (am besten in Eis) scheidet sich der Inosit in blumenkohlartig gruppirten Formen krystallinisch aus. Die noch schwach gefärbten, mit anderen organischen Stoffen verunreinigten Inositkrystalle werden durch wiederholtes Auflösen und Fällen mit der oben angegebenen Alkohol-Aethermischung gereinigt; schliesslich hinterbleiben farblose Krystalle von reinem Inosit.

Das blumenkohlartige Aussehen der Krystalle ist ein sicheres Erkennungszeichen für den Inosit. Zur näheren Kennzeichnung führt man noch die folgende Reaktion aus. Eine kleine Menge der noch verunreinigten krystallinischen Abscheidung wird auf dem Deckel eines Platintiegels in wenig Wasser gelöst, die Lösung mit einigen Tropfen Salpetersäure versetzt und auf dem Wasserbade vollständig eingetrocknet. Man übergiesst den Rückstand mit etwas Ammoniak und Chlorcalciumlösung und trocknet die Mischung vorsichtig ein. Bei Gegenwart von Inosit hinterbleibt ein rosenrother Fleck.

Das vorstehende Verfahren zum Nachweise des Inosites in Most und Wein wurde von A. Hilger[1]) angegeben. Die Reaktion auf Inosit rührt von J. Scherer[2]) her; sie ist sehr charakteristisch und dabei empfindlich (sie tritt mit 0,5 mg Inosit noch ein).

---

[1]) Annal. Chem. Pharm. 1871. 160. 333.
[2]) Verhandl. d. physikal.-mediz. Gesellschaft in Würzburg 1851. 2. 212; Annal. Chem. Pharm. 1852. 81. 375.

46. Nachweis des Dulcins.

Das Dulcin, ähnlich wie das Saccharin ein künstlicher Süssstoff, ist Para-Phenetolkarbamid $CO {<}{{NH \cdot C_6H_4\text{-}O\text{-}C_2H_5} \atop {NH_2}}$. Es wurde im Jahre 1884 von J. Berlinerblau[1]) entdeckt und wird gegenwärtig von der Firma J. D. Riedel in Berlin dargestellt. Dasselbe Präparat wurde früher auch von der Firma Dr. F. von Heyden Nachfolger in Radebeul bei Dresden unter dem Namen Sucrol vertrieben, gegenwärtig kommt aber nur noch das Riedel'sche Dulcin in den Handel. Das Dulcin bildet nach H. Thoms[2]) und L. Wenghöffer[3]) farblose glänzende Krystalle, die bei 173 bis 174° C. schmelzen; 1 Theil Dulcin löst sich in 800 Theilen Wasser von 15° C., in 50 Theilen kochendem Wasser und in 25 Theilen kaltem Alkohol von 20 Maassprozent. Sein Geschmack ist rein süss und 200mal süsser als der des Rübenzuckers. Nach den Versuchen von A. Kossel und Ewald[4]), J. Stahl[5]) und H. Paschkis[6]) ist das Dulcin in den Mengen, die zur Versüssung von Nahrungs- und Genussmitteln Anwendung finden können, ganz unschädlich.

Zum Nachweise des Dulcins im Weine verfährt man nach G. Morpurgo[7]) wie folgt. Man versetzt $1/2$ Liter Wein mit 25 g Bleikarbonat, verdampft die Mischung auf dem Wasserbade zu einem dicken Brei und zieht diesen mehrmals mit Alkohol aus. Die Auszüge trocknet man vollständig ein, zieht den Rückstand mit Aether aus und verdunstet den Aether. Der Rückstand besteht grösstentheils aus Dulcin, das man an seinem süssen Geschmack und seinen physikalischen Eigenschaften erkennt. Zum sicheren Nachweise des Dulcins versetzt man nach dem von H. Paschkis[6]) empfohlenen Verfahren von J. Berlinerblau[1]) den Rückstand oder einen Theil des Rückstandes mit zwei bis drei Tropfen reiner Karbolsäure und ebensoviel konzentrirter Schwefelsäure und erhitzt die Mischung kurze Zeit zum Sieden. Nach dem Erkalten giesst man die dicke Flüssigkeit in ein Probirröhrchen, das zur Hälfte mit Wasser gefüllt ist, mischt die Flüssigkeiten

---

[1]) Journ. prakt. Chemie [2]. 1884. **30**. 103.
[2]) Ber. pharm. Gesellschaft 1893. **3**. 133.
[3]) Apoth.-Ztg. 1894. **9**. 200.
[4]) Sitzungsber. d. Berliner physiol. Gesellschaft 1893, Nr. 11, S. 5.
[5]) Ber. pharm. Gesellschaft 1893. **3**. 141.
[6]) Therapeut. Blätter 1893. 66.
[7]) Selmi 1893. **3.** 87.

gut durch und schichtet die Mischung nach dem Erkalten vorsichtig mit Natronlauge oder Ammoniakflüssigkeit. An der Berührungsfläche der Schichten entsteht ein blauer Ring, der allmählich stärker wird und einige Stunden anhält. Die Färbung theilt sich allmählich der Natronlauge bezw. dem Ammoniak mit; die Natronlauge wird dabei violettblau, das Ammoniak reinblau. Die Reaktion wird nach H. Thoms[1]) durch abgespaltenes Phenetidin bedingt.

47. Nachweis des Abrastols
(Asaprols, β-naphtolsulfosauren Calciums).

Das Calciumsalz der β-Naphtolsulfosäure: $\mathrm{C_{10}H_6}{<}{\mathrm{OH} \atop \mathrm{SO_3}}{>}\mathrm{Ca}$
$\mathrm{C_{10}H_6}{<}{\mathrm{SO_3} \atop \mathrm{OH}}$

wird neuerdings unter dem Namen Abrastol oder Asaprol als Konservirungsmittel für Wein empfohlen; es soll geeignet sein, den Gyps zu ersetzen.[2]) Nach Sinibaldi[3]) werden auf 1 Hektoliter Wein 10 g Abrastol zugesetzt.

Nachweis des Abrastols nach Sanglé-Ferrière.[4])

Grundzüge des Verfahrens. Das Abrastol (β-naphtolsulfosaure Calcium) wird durch längeres Kochen mit Salzsäure in β-Naphtol, Calciumsulfat und Schwefelsäure zerlegt:

$$[\mathrm{C_{10}H_6(OH)SO_3}]_2\mathrm{Ca} + 2\,\mathrm{H_2O} = 2\,\underline{\mathrm{C_{10}H_7OH}} + \mathrm{CaSO_4} + \mathrm{H_2SO_4}$$
$\underline{\hphantom{[\mathrm{C_{10}H_6(OH)SO_3}]_2\mathrm{Ca}}}$
Abrastol $\qquad\qquad\qquad\ \ \beta$-Naphtol

Das β-Naphtol wird nachgewiesen.

Ausführung des Verfahrens. 200 ccm Wein werden nach Zusatz von 8 ccm Salzsäure eine Stunde am Rückflusskühler oder nach dem Verdampfen des Alkohols $^1/_2$ Stunde über freier Flamme gekocht oder drei Stunden auf dem Wasserbade erhitzt; hierdurch wird das Abrastol zerlegt. Nach dem Erkalten schüttelt man die Flüssigkeit mit 50 ccm Petroleumäther aus, filtrirt den Auszug in ein Schälchen und verdunstet den Petroleumäther bei möglichst niedriger Temperatur. Den Verdunstungsrückstand löst man in 10 ccm Chloroform, führt die Lösung in eine Probirröhre über, versetzt sie mit einem Stückchen Aetzkali und einigen Tropfen Alkohol und erhitzt das Ganze zwei Minuten zum Sieden. Bei Gegenwart

---

[1]) Chem.-Ztg. 1893. **17.** 1487.
[2]) Scheurer-Kestner, Compt. rend. 1894. **118.** 74.
[3]) Monit. scientif. [4]. 1893. **7.** 842.
[4]) Compt. rend. 1893. **117.** 796; Rev. internat. falsific. 1894. **7.** 15.

von Abrastol in dem Weine bezw. von β-Naphtol in der Chloroformlösung tritt eine dunkelblaue Farbe auf, die rasch in Grün und dann in Gelb übergeht. Enthält der Wein sehr kleine Mengen Abrastol, so ist das Chloroform grünlich und nur das Stückchen Aetzkali blau gefärbt.[1]

Weitere Verfahren zum Nachweise des Abrastols wurden von Sinibaldi[2]), L. Briand[3]) und Bellier[4]) angegeben.

48. Bestimmung des Stickstoffes.

a) Allgemeines.

Zur Bestimmung des Stickstoffes, der in der Form von Eiweissstoffen und Amidverbindungen vorhanden ist, hat man drei Verfahren: 1. Das Verfahren von Dumas, bei welchem der Stickstoff durch Verbrennen der Substanz mit Kupferoxyd in elementarem Zustande abgeschieden und sein Volumen gemessen wird. 2. Das Verfahren von Will und Varrentrapp, bei dem der Stickstoff durch Glühen der Substanz mit Natronkalk in Ammoniak übergeführt und dieses durch Titriren oder durch Ueberführen in Platinsalmiak bestimmt wird. 3. Das Verfahren von Kjeldahl[5]), bei dem der Stickstoff durch Kochen der Substanz mit konzentrirter Schwefelsäure in Ammoniak übergeführt und dieses bestimmt wird. Von diesen drei Verfahren hat sich das Kjeldahl'sche in Folge seiner Genauigkeit und bequemen Ausführbarkeit in den Laboratorien für angewandte Chemie ganz allgemein eingebürgert; zur Bestimmung des Eiweiss- und Amidstickstoffes dürfte nur noch höchst selten ein anderes Verfahren Anwendung finden.

Das Kjeldahl'sche Verfahren zur Bestimmung des Stickstoffes ist zwar nur wenig mehr als 10 Jahre alt, es hat aber bereits eine überaus grosse Zahl von Bearbeitern gefunden. Die Zahl der Abänderungen, die vorgeschlagen worden sind, ist in Folge dessen nicht gering. Mit der Anwendung des Kjeldahl'schen Verfahrens der Stickstoffbestimmung auf Wein und Most haben sich P. Kulisch,[6]) Leop. Lenz[7]) und L. Weigert[8]) beschäftigt.

---

[1]) Vergl. auch O. Wolff, Pharm. Ztg. 1895. **40.** 44.
[2]) Monit. scientif. [4]. 1893. **7.** 842.
[3]) Compt. rend. 1894. **118.** 925.
[4]) Monit. scientif. [4]. 1895. **9.** 191.
[5]) Zeitschr. analyt. Chemie 1883. **22.** 366.
[6]) Ebd. 1886. **25.** 149.
[7]) Ebd. 1887. **26.** 590.
[8]) Mittheil. Versuchsstation Klosterneuburg 1888. Heft **5.** 88.

b) **Grundzüge des Kjeldahl'schen Verfahrens.**

Die stickstoffhaltige Substanz wird mit konzentrirter Schwefelsäure gekocht, bis eine farblose oder nahezu farblose gleichmässige Flüssigkeit entstanden ist und die organischen Stoffe vollständig zerstört sind. Durch das Kochen mit konzentrirter Schwefelsäure werden die eiweiss-, amid- und alkaloïdartigen Stickstoffbestandtheile in Ammoniak übergeführt, das sich mit der Schwefelsäure verbindet. Durch Zusatz von überschüssigem Alkali wird das Ammoniak freigemacht; man destillirt es in eine gemessene Menge einer titrirten Säurelösung und titrirt den Säureüberschuss zurück.

c) **Ausführung des Verfahrens.**

α) **In gewöhnlichen ausgegohrenen Weinen.**

50 ccm Wein werden mit Hülfe einer Pipette in ein Rundkölbchen aus schwerschmelzbarem Kaliglase von 100 bis 150 ccm Inhalt mit langem Halse gebracht und, anfangs über einer kleinen Flamme, zuletzt auf dem Wasserbade, eingetrocknet; das Eindampfen auf dem Wasserbade wird wesentlich beschleunigt, wenn man den sich entwickelnden Wasserdampf aus dem Kölbchen unter Anwendung einer Saugpumpe aussaugt. Den Verdampfungsrückstand des Weines versetzt man mit 25 ccm konzentrirter Schwefelsäure und trägt durch sanftes Umschwenken des Kölbchens dafür Sorge, dass der ganze Rückstand von der Schwefelsäure durchtränkt wird. Hierauf fügt man, um die Zerstörung der organischen

Figur 29.

Stoffe zu beschleunigen, etwa 0,1 bis 0,2 ccm metallisches Quecksilber zu der Mischung, verschliesst die Mündung des Kölbchens lose durch Auflegen einer an zwei entgegengesetzten Seiten in

Spitzen ausgezogenen Glaskugel und stellt das Kölbchen in einer etwas geneigten Lage auf ein Drahtnetz (s. Figur 29). Man erhitzt die Mischung anfangs gelinde und dann bis zum Sieden der Schwefelsäure; die Schwefelsäuredämpfe verdichten sich im Halse des Kölbchens und an dem lose aufgelegten Glasverschlusse. Die organischen Stoffe werden durch die konzentrirte Schwefelsäure zunächst verkohlt, und dann wird die Kohle weiter zu Kohlensäure oxydirt, wobei Ströme von schwefliger Säure entweichen; durch zeitweiliges Umdrehen oder sanftes Umschütteln trägt man dafür Sorge, dass die an den Wänden haftenden Kohlentheilchen von der verdichteten und zurückfliessenden Schwefelsäure heruntergespült werden. Die Flüssigkeit wird allmählich immer heller gefärbt; man fährt mit dem Erhitzen fort, bis die Flüssigkeit vollständig oder nahezu farblos geworden ist. Wenn dieser Punkt erreicht ist, ist der gesammte Stickstoff in Ammoniak und einfache Aminbasen übergeführt.

Man lässt die Flüssigkeit nunmehr erkalten und verdünnt

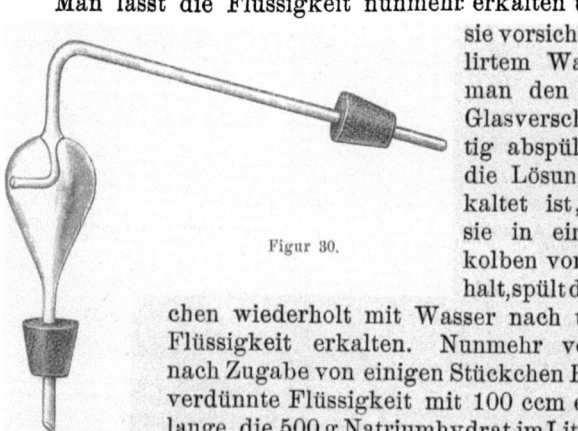

Figur 30.

sie vorsichtig mit destillirtem Wasser, wobei man den aufgesetzten Glasverschluss sorgfältig abspült. Nachdem die Lösung wieder erkaltet ist, giesst man sie in einen Destillirkolben von $^3/_4$ Liter Inhalt, spült das Rundkölbchen wiederholt mit Wasser nach und lässt die Flüssigkeit erkalten. Nunmehr versetzt man, nach Zugabe von einigen Stückchen Bimsstein, die verdünnte Flüssigkeit mit 100 ccm einer Natronlauge, die 500 g Natriumhydrat im Liter enthält, sodann, zur Zersetzung der Quecksilberamidverbindungen, sofort mit 25 ccm einer Kaliumsulfidlösung, die 250 g Kaliumsulfid im Liter enthält, setzt rasch einen Gummistopfen mit einem Kugelaufsatze auf und verbindet diesen mit der Röhre des Destillirapparates. Um das Ueberspritzen von Natronlauge zu verhindern, ist in die Kugel des Destilliraufsatzes ein kleines, gegen die seitliche Wandung der Kugel gebogenes Röhrchen eingeschmolzen (s. Figur 30). Zur Verdichtung der bei der Destillation entstehenden Dämpfe kann man sich eines Liebig'schen Kühlers bedienen. Man kann aber auch eine einfache weite Röhre ohne Wasserkühlung benutzen; die meist gebräuchliche Vorrichtung ist in der Figur 31 dargestellt. Als Destillirvorlage dienen 30 ccm $^1/_{10}$-Normal-Schwefelsäure, die man mittelst einer Pipette in ein geräumiges Erlenmeyerkölbchen misst; das Ende der Kühler- bezw. Destillirröhre taucht man in die $^1/_{10}$-Normal-Schwefelsäure. Man erhitzt die alkalische Flüssigkeit, anfangs mit einer kleinen Flamme, zum lebhaften Sieden. Das durch den Zusatz von Natronlauge und Kaliumsulfid frei gemachte Ammoniak ver-

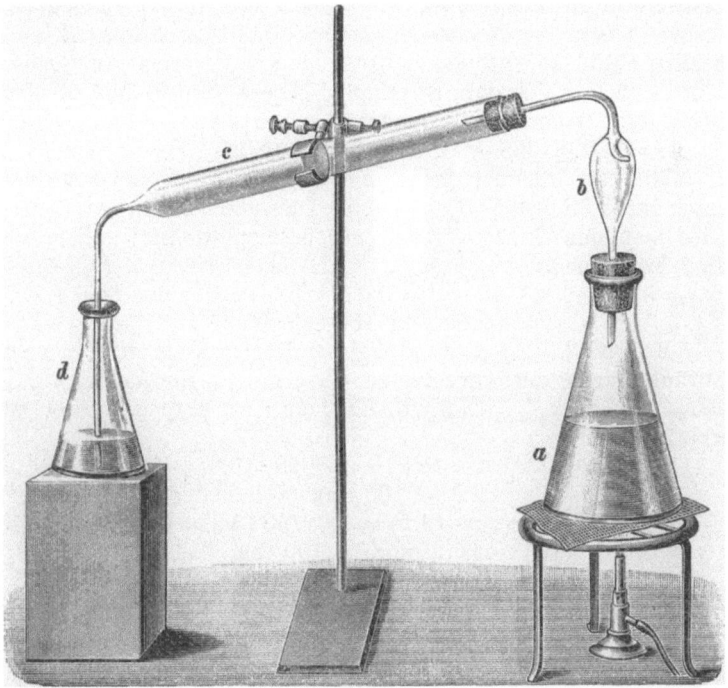

Figur 31.

dampft und destillirt in die vorgelegte Schwefelsäure, mit der es sich verbindet. Wenn etwa die Hälfte der Flüssigkeit überdestillirt ist, stellt man die Vorlage so auf, dass das Ende der Kühlröhre nicht mehr in die vorgelegte $^1/_{10}$-Normal-Schwefelsäure taucht, und lässt die inneren Wände der Destillir- bezw. Kühlerröhre durch die übergehenden, kein Ammoniak mehr enthaltenden Wasserdämpfe abspülen. Dann spült man das eingetaucht gewesene Ende der Röhre äusserlich mit Wasser ab, versetzt die vorgelegte Schwefelsäure mit empfindlicher Lackmuslösung und titrirt den Ueberschuss von Schwefelsäure mit $^1/_{10}$-Normal-Kalilauge zurück.

Berechnung des Stickstoffgehaltes. Es seien zum Zurücktitriren der 30 ccm $^1/_{10}$-Normal-Schwefelsäure a ccm $^1/_{10}$-Normal-Kalilauge verbraucht worden. Dann sind durch das aus den Stickstoffbestandtheilen des Weines entstandene und abdestillirte Ammoniak (30—a) ccm $^1/_{10}$-Normal-Schwefelsäure neutralisirt worden. Diesen (30—a) ccm $^1/_{10}$-Normal-Schwefelsäure entsprechen (30—a) ccm $^1/_{10}$-Normal-Ammoniak; da in 1 ccm $^1/_{10}$-Normal-Ammoniak 0,0014 g Stickstoff enthalten sind, so enthalten (30—a) ccm $^1/_{10}$-Normal-Ammoniak 0,0014 (30—a) Gramm Stickstoff. Diese rühren aus 50 ccm Wein her; daher sind enthalten:

x = 0,0028 (30—a) Gramm Stickstoff in 100 ccm Wein.

Mitunter rechnet man den Stickstoff auf Eiweiss oder sogenannte Stickstoffsubstanz um. Dies geschieht in der Weise, dass man den Stickstoffgehalt mit 6,25 multiplizirt. Hiernach sind enthalten:

y = 6,25 . 0,0028 (30—a) = 0,0175 (30—a) Gramm Stickstoffsubstanz in 100 ccm Wein.

Beispiel. Bei Anwendung von 50 ccm Wein wurden zum Zurücktitriren der vorgelegten 30 ccm $^1/_{10}$-Normal-Schwefelsäure 13,2 ccm $^1/_{10}$-Normal-Kalilauge verbraucht. Hier ist a = 13,2 und

x = 0,0028 (30—13,2) = 0,0028 . 16,8 = 0,047 g
Stickstoff in 100 ccm Wein, oder
y = 0,0175 (30—13,2) = 0,0175 . 16,8 = 0,294 g
Stickstoffsubstanz in 100 ccm Wein.

β) In Süssweinen.

Von Weinen, die erhebliche Mengen Zucker enthalten, wendet man nur 10 bis 25 ccm an, versetzt den Verdampfungsrückstand mit 25 ccm konzentrirter Schwefelsäure und 0,2 ccm Quecksilber und kocht die Mischung, wie vorher beschrieben, bis zum Farbloswerden. Hat man genügend Zeit, so lässt man die Süssweine am besten vergähren. 50 ccm Süsswein werden in das vorher beschriebene Rundkölbchen gebracht und durch Erhitzen entgeistet; der Rückstand wird so weit mit Wasser verdünnt, dass die verdünnte Flüssigkeit nicht mehr als 15 g Zucker in 100 ccm enthält. Die entgeistete Flüssigkeit wird mit einer Spur Hefe „geimpft", d. h. man säet in ihr eine Spur Weinhefe aus, indem man einen Platindraht erst in eine gährende Flüssigkeit oder in flüssige Weinhefe und dann in den entgeisteten Süsswein taucht. Man hält die Flüssigkeit am besten bei 25 bis 30° C. Die Gährung beginnt bald und ist nach 8 bis 10 Tagen beendet. Alsdann dampft man den trüben Kolbeninhalt, ohne ihn von der am Boden sitzenden Hefe zu trennen, ein und behandelt ihn wie den Rückstand gewöhnlicher ausgegohrener Weine. Moste lässt man, wenn es die Zeit erlaubt, ebenfalls vor der Bestimmung des Stickstoffes vergähren; ein Aussäen von Hefe ist in diesem Falle nicht nöthig. Ein Verlust an Stickstoff findet bei der Gährung nicht statt, wie aus folgenden Versuchen von P. Kulisch[1]) zu ersehen ist. Kulisch fand in einem Moste folgende Stickstoffmengen.

Most, direkt untersucht:
0,1212   0,1229 g Stickstoff in 100 ccm Most.

Most, nach der Vergährung untersucht:
0,1222   0,1223   0,1229 g Stickstoff in 100 ccm Most.

Bemerkungen zu der Stickstoffbestimmung nach Kjeldahl.

1. An Stelle von konzentrirter Schwefelsäure verwenden Manche ein Gemisch von konzentrirter und rauchender Schwefelsäure. Andere setzen auch noch Phosphorsäureanhydrid hinzu; P. Kulisch[1]) bediente sich z. B. eines Gemisches gleicher Raumtheile konzentrirter und rauchender Schwefelsäure, das im Liter 100 g Phosphorsäureanhydrid enthielt. Die Anwendung solcher Gemische ist indessen nicht nothwendig, da man mit konzentrirter Schwefelsäure allein auch zum Ziele kommt.

2. Der Zusatz von Quecksilber zu dem mit Schwefelsäure versetzten Rückstande hat den Zweck, die Oxydation der organischen Stoffe zu erleichtern und zu beschleunigen; das bei der Auflösung des Quecksilbers entstehende schwefelsaure Quecksilberoxyd wirkt dabei als Sauerstoffüberträger. An Stelle von Quecksilber, statt dessen auch oft Quecksilberoxyd genommen wird, kann man auch andere Metalle oder Metalloxyde oder Metallsalze anwenden. Sehr oft wird ein kleiner Krystall Kupfervitriol oder auch ein Stückchen Kupferblech zugegeben; die Verwendung eines Kupfersalzes hat den Vorzug, dass man nicht nöthig hat, nach dem Alkalischmachen der sauren Flüssigkeit noch Kaliumsulfidlösung zuzusetzen. Zahlreiche Versuche haben indessen ergeben, dass die Oxydation der organischen Stoffe am raschesten bei einem Zusatz von Quecksilber erfolgt. Man kommt sogar ganz ohne Zugabe von Metallsalzen zum Ziele, es dauert aber erheblich längere

---

[1]) Zeitschr. analyt. Chemie 1886. **25.** 149.

Zeit, bis die Flüssigkeit farblos wird; nach Versuchen von P. Kulisch[1]) und H. Kremla[2]) sind die Zusätze von Metallen nur von verschwindend kleinem Einflusse auf die Ergebnisse (meist findet man bei Zusatz von Quecksilber ein wenig mehr Stickstoff).

3. Wenn die Schwefelsäuremischung nach längerem Erhitzen farblos oder nahezu farblos geworden ist, sind die stickstoffhaltigen Bestandtheile des Weines noch nicht vollständig in Ammoniak übergeführt; ein kleiner Theil des Stickstoffes ist vielmehr in der Form von organischen Aminbasen (Methylamin, Trimethylamin u. s. w.) vorhanden. Um die Oxydation zu beendigen, setzen viele Chemiker zu der farblosen oder schwach gelb gefärbten, heissen Flüssigkeit kleine Mengen fein gepulvertes Kaliumpermanganat, bis die Flüssigkeit roth gefärbt ist. Aus Kulisch's Versuchen ergiebt sich, dass man bei der Anwendung von Kaliumpermanganat stets etwas mehr Stickstoff findet als bei der Unterlassung dieses Zusatzes. Andererseits haben B. Proskauer und M. Zülzer[3]) gefunden, dass bei der Oxydation mit Kaliumpermanganat leicht Stickstoffverluste eintreten können. Die durch den Zusatz von Kaliumpermanganat verursachten Unterschiede in dem Ergebnisse der Stickstoffbestimmung sind so gering, dass man ihn ohne Bedenken unterlassen kann. Selbst nach der Oxydation mit Kaliumpermanganat ist nicht der gesammte Stickstoff in Ammoniak übergeführt, sondern es sind noch immer in der Lösung die schwefelsauren Salze kleiner Mengen organischer Aminbasen vorhanden.

4. Bei der Zugabe von Natronlauge zu der schwefelsauren Lösung erwärmt sich die Mischung nicht unerheblich; daher kann leicht ein Verlust an Ammoniak durch Entweichen von Dämpfen eintreten, auch wenn man den Kugelaufsatz rasch aufsetzt. Besonders leicht kann dies vorkommen, wenn man der Schwefelsäure Quecksilber zugegeben hat und nach dem Alkalischmachen noch Schwefelkaliumlösung zusetzen muss. Es ist daher zweckmässig, den die schwefelsaure Lösung enthaltenden Destillirkolben mit einem doppelt durchbohrten Gummistopfen zu verschliessen, durch dessen eine Bohrung der Kugelaufsatz führt; durch die zweite Bohrung führt die passend gebogene Röhre eines Hahntrichters. Nachdem man diesen Aufsatz auf den Destillirkolben gesetzt hat, verbindet

---

[1]) Zeitschr. analyt. Chemie 1886. **25.** 149.
[2]) Mittheil. Versuchsstation Klosterneuburg 1889. Heft **5.** 92.
[3]) Arch. Hyg. 1890. **7.** 186.

man die Kugelröhre mit dem Kühler, füllt den Hahntrichter mit der erforderlichen Menge Natronlauge, lässt diese durch Oeffnen des Hahnes in den Kolben fliessen und fügt in derselben Weise die Kaliumsulfidlösung hinzu. Das Entweichen von Ammoniakdämpfen ist hier ausgeschlossen.

5. Hat man bei der Oxydation der organischen Stoffe Quecksilber zugegeben, so muss man vor der Destillation des Ammoniaks der alkalischen Flüssigkeit Kaliumsulfidlösung zusetzen. Das Quecksilbersulfat bildet nämlich mit Ammoniak Quecksilberamidverbindungen, die durch Natronlauge nicht vollständig zerlegt werden; dies geschieht erst durch das Kaliumsulfid, welches das Quecksilber als Quecksilbersulfid fällt. Würde man den Zusatz von Kaliumsulfidlösung unterlassen, so fände man zu wenig Stickstoff.

6. Wenn ein Theil der Flüssigkeit abdestillirt und die zurückbleibende Natriumsulfatlösung sehr konzentrirt wird, pflegt sie häufig stark zu stossen, wobei der Kolben leicht platzt. Um Siedeverzüge zu verhindern giebt man einige Stückchen Bimsstein zu, die in Folge ihrer rauhen Oberfläche die Dampfentwickelung befördern. Vielfach giebt man in die alkalische Flüssigkeit auch ein Stückchen Zink oder Aluminium, um während der ganzen Destillation eine schwache Wasserstoffentwickelung in der Flüssigkeit zu unterhalten, welche die Siedeverzüge verhindern soll. Trotz dieser Vorsichtsmassregeln kommt es doch nicht selten vor, dass der Destillirkolben platzt, meist allerdings erst, wenn das Ammoniak vollständig überdestillirt und die zurückbleibende Natriumsulfatlösung sehr konzentrirt geworden ist. Ganz sicher geht man, wenn man nach dem Vorschlage von L. Weigert[1]) das Ammoniak mit Wasserdampf überdestillirt. Ein hierzu geeigneter, von E. Ludwig herrührender Destillirkolben ist von Weigert beschrieben und abgebildet worden.

7. Man destillirt das Ammoniak stets direkt in die vorgelegte Schwefelsäure, so dass das Ende der Destillirröhre in die Schwefelsäure taucht. Bei der Destillation kann man sich eines Liebig'schen Kühlers bedienen, um die Ammoniak- und Wasserdämpfe zu verdichten, ehe sie in die vorgelegte Schwefelsäure gelangen. Nothwendig ist dies indessen nicht; man kann auch die Dämpfe ohne Kühlung durch ein weites Rohr in die Schwefelsäure leiten (s. Fig. 31, S. 229). Diese wird dabei sehr heiss und kann sogar ins Kochen gerathen; ein

---

[1]) Mittheil. Versuchsstation Klosterneuburg 1888. Heft 5. 93.

Verlust an Ammoniak ist dabei nicht zu befürchten, da das Ammoniumsulfat bei 100° C. nicht flüchtig ist.

8. Die vorgelegten 30 ccm $^1/_{10}$-Normal-Schwefelsäure genügen bei der Anwendung von 50 ccm Wein zur Bindung von so-

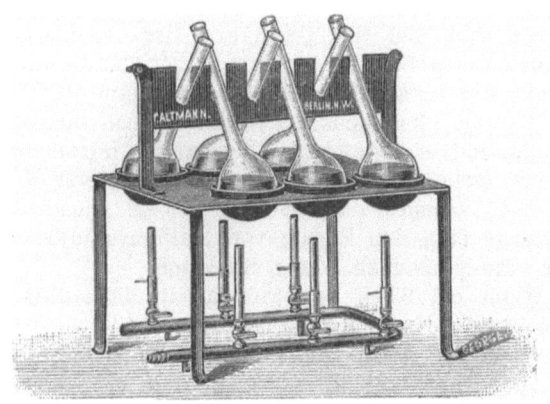

Figur 32.

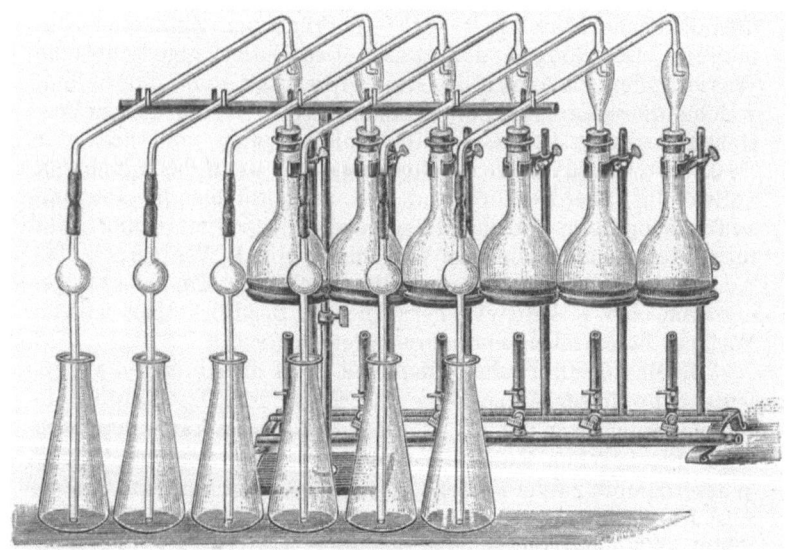

Figur 33.

viel Ammoniak, als aus 0,084 g Stickstoff in 100 ccm Wein entsteht. Mehr als 0,084 g Stickstoff in 100 ccm findet sich nur ausnahmsweise in normalem Weine. Dagegen ist der Stickstoffgehalt von Mosten und auch von Hefenweinen häufig höher. Bei der Untersuchung dieser Flüssigkeiten nimmt man daher zur Bestimmung des Stickstoffes nur 25 ccm in Arbeit oder legt 50 ccm $^1/_{10}$-Normal-Schwefelsäure vor; selbst 50 ccm $^1/_{10}$-Normal-Schwefelsäure reichen hier mitunter noch nicht aus.

9. Die Titration der Ammoniumsulfat enthaltenden Schwefelsäure mit $^1/_{10}$-Normal-Kalilauge unter Verwendung von Lackmus- oder Rosolsäurelösung wird dadurch nicht beeinflusst, dass das Ammoniak mit kleinen Mengen einfacher organischer Aminbasen gemischt ist. Denn die Aminbasen sättigen ebenso viel Schwefelsäure, als das in ihnen enthaltene Ammoniak sättigen würde; eine Molekel Trimethylamin z. B., das Ammoniak darstellt, in dem die drei Wasserstoffatome durch drei Methylgruppen ersetzt sind: $(CH_3)_3N$, sättigt genau so viel Schwefelsäure wie eine Molekel Ammoniak. Es ist daher bei der Titration ganz gleichgiltig, ob ein Theil des Ammoniaks in der Form von Aminbasen vorhanden ist. Auch wenn man das Ammoniak gewichtsanalytisch, durch Ueberführen in Platinsalmiak, Glühen desselben und Wägen des hinterbleibenden metallischen Platins bestimmt, ist die Anwesenheit von Aminbasen in dem Ammoniak ohne Bedeutung; denn die Aminbasen verbinden sich mit derselben Menge Platinchlorid, wie das darin enthaltene Ammoniak thun würde, wenn es in freiem Zustande vorhanden wäre.

10. In vielen Laboratorien für angewandte Chemie müssen häufig sehr viele Stickstoffbestimmungen gleichzeitig ausgeführt werden. Um diese Massenuntersuchungen zu erleichtern, sind zahlreiche Vorrichtungen angegeben worden, die eine Reihe von Stickstoffbestimmungen neben einander auszuführen gestatten. Zwei Vorrichtungen für sechs gleichzeitige Bestimmungen sind hierneben abgebildet (s. Figuren 32 und 33, S. 234). Die Einrichtung derselben ist ohne Weiteres verständlich.

49. Nachweis und Bestimmung der Borsäure.

a) Nachweis der Borsäure.[1]

50 ccm Wein werden in einer Platinschale eingedampft und verascht. Die Asche nimmt man mit 10 ccm Wasser auf, versetzt die Lösung mit 2 ccm Salzsäure, taucht dann einen Streifen gelbes Kurkumapapier in die Lösung und trocknet

---

[1] M. Ripper, Weinbau und Weinhandel 1888. 6. 331.

das Papier auf einem Uhrglase bei 100°C. Zeigt das Papier nach 4 bis 5 Minuten an der eingetauchten Stelle eine braunrothe Färbung, die durch Auftragen eines Tropfens verdünnter Natriumkarbonatlösung in Blauschwarz übergeht, so ist Borsäure in dem Weine enthalten.

b) Bestimmung der Borsäure.

α) **Bestimmung der Borsäure durch Destillation derselben mit Methylalkohol.**

Grundzüge des Verfahrens. Die freie Borsäure destillirt mit Methylalkoholdämpfen bei 120° C. über. Man leitet die Borsäuredämpfe in Ammoniak und giesst dieses auf geglühten Kalk, wodurch man borsauren Kalk erhält. Die Salzsäure würde ebenfalls mit den Methylalkoholdämpfen überdestilliren und mit dem Kalke Chlorcalcium bilden; man fällt daher vorher die Salzsäure mit Silbernitrat.

Ausführung des Verfahrens. 150 ccm Wein werden mit Natriumkarbonatlösung deutlich alkalisch gemacht, eingedampft und verascht. Die Asche wird mit wenig Wasser versetzt und mit Salpetersäure vom spezifischen Gewichte 1,18 vorsichtig neutralisirt; nach Zusatz von weiteren 2 ccm Salpetersäure wird die Flüssigkeit mit Wasser auf 50 ccm aufgefüllt.

20 ccm der Lösung werden in ein Fraktionirkölbchen von 200 bis 300 ccm Inhalt gegossen und zur Ausfällung der Salzsäure mit Silbernitratlösung versetzt. Man verschliesst den Hals des Kölbchens mit einem durchbohrten Stopfen, durch dessen Bohrung ein mit Methylalkohol beschickter Scheidetrichter führt. Das Kölbchen verbindet man alsdann mit einem Liebig'schen Kühler, dessen Röhre in eine wässerige Ammoniaklösung mit einem Gehalte von 27 Prozent NH_3 taucht. Man erhitzt das Fraktionirkölbchen in einem Oel- oder Glycerinbade auf 120°C. und lässt dann aus dem Scheidetrichter Methylalkohol in das Kölbchen fliessen, zuerst tropfenweise, dann 1 bis 2 ccm auf einmal. Nachdem 15 ccm Methylalkohol zugeflossen sind, destillirt man bis zur Trockne, lässt dann wieder Methylalkohol hinzutropfen, destillirt nach Zusatz von 15 ccm von Neuem zur Trockne und wiederholt dies so lange, bis eine Probe des Destillates nach dem Ansäuern mit Salzsäure keine Borsäurereaktion mit Kurkumapapier und verdünnter Sodalösung mehr giebt. Alsdann lässt man noch 3 ccm Wasser in das Fraktionirkölbchen fliessen und destillirt nochmals zur Trockne.

Die in der Vorlage befindliche ammoniakalische Flüssigkeit wird in eine Platinschale, die mit einer gewogenen Menge (etwa 0,5 g) frisch geglühtem Aetzkalk beschickt ist, übergeführt, zur Trockne verdampft, bei 160° C. getrocknet, dann vorsichtig unter allmählicher Steigerung der Temperatur bis zu gleichbleibendem Gewichte geglüht und der Glührückstand gewogen.

Berechnung der Borsäure. Neben Methylalkohol und Wasser sind nur Borsäure und Salpetersäure überdestillirt, die mit dem vorgelegten Ammoniak borsaures bezw. salpetersaures Ammonium bilden. Wird die Flüssigkeit dann auf Aetzkalk gegossen und erhitzt, so entweichen Ammoniak und Methylalkohol, und beim Glühen entweicht auch die Salpetersäure vollständig; das borsaure Ammonium wird dagegen in borsauren Kalk übergeführt, der beim Glühen nicht verändert wird. Der borsaure Kalk hat die Formel B_2O_4Ca, die man auch in der Form $B_2O_3 \cdot CaO$ schreiben kann. Hiernach ist die Gewichtszunahme des geglühten Aetzkalkes gleich der Menge Borsäureanhydrid in der zu dem Versuche benutzten Flüssigkeit. Die Gewichtszunahme des Kalkes betrage a Gramm. Die Asche von 150 ccm Wein wurde auf 50 ccm Flüssigkeit gelöst; hiervon wurden 20 ccm oder $^2/_5$ zur Borsäurebestimmung benutzt, und darin a Gramm Borsäureanhydrid gefunden. In den 50 ccm Aschenlösung sind somit $^5/_2 \cdot a$ Gramm Borsäureanhydrid enthalten. Die $^5/_2 \cdot a$ Gramm Borsäureanhydrid sind in 150 ccm Wein enthalten, auf 100 ccm Wein kommen daher
$$\frac{5}{2} \cdot \frac{100}{150} \cdot a = {^5/_3} \cdot a \text{ Gramm Borsäureanhydrid, d. h. es sind enthalten:}$$

x = $^5/_3 \cdot$ a Gramm Borsäure (B_2O_3) in 100 ccm Wein.

Das vorstehende, fast gleichzeitig von Th. Rosenbladt[1]) und F. A. Gooch[2]) angegebene, von S. L. Penfield und E. S. Sperry,[3]) sowie von H. Moissan[4]) etwas abgeänderte Verfahren ist namentlich zur Bestimmung kleiner Mengen Borsäure geeignet. Ein Uebelstand besteht darin, dass es schwer ist, eine völlige Gewichtskonstanz des geglühten Aetzkalkes zu erreichen, da dieser leicht Wasser und Kohlensäure anzieht. Wenn grössere Mengen Borsäure vorhanden sind, ist

---

[1]) Zeitschr. analyt. Chemie 1887. **26.** 18.
[2]) Analyst 1887. **12.** 92 und 132.
[3]) Chem. News. 1887. **56.** 264.
[4]) Compt. rend. 1893. **116.** 1087; Bull. soc. chim. [3]. 1894. **11/12.** 955.

es auch bei häufig wiederholter Destillation schwierig, sie vollständig überzutreiben.[1])

β) **Bestimmung der Borsäure als Borfluorkalium.**
1 Liter Wein wird mit Kaliumkarbonatlösung schwach alkalisch gemacht, filtrirt, eingedampft und verascht. Die Asche wird mit Wasser aufgenommen und die Lösung filtrirt. Den Rückstand löst man, da er noch Borsäure enthalten kann, in wenig Salzsäure, setzt Wasser hinzu, erhitzt die Lösung zum Sieden und versetzt sie mit Kaliumkarbonatlösung; man filtrirt die Flüssigkeit von dem Niederschlage ab und vereinigt das Filtrat mit dem wässerigen Aschenauszuge. Die vereinigte Lösung wird fast vollständig eingedampft, die Borsäure durch Ansäuern mit Salzsäure frei gemacht und mit Alkohol von 96 Maassprozent vollständig ausgezogen. Den alkoholischen, alle Borsäure enthaltenden Auszug macht man mit Kalilauge schwach alkalisch, destillirt den Alkohol ab, dampft die zurückbleibende Flüssigkeit stark ein, säuert den Rückstand mit Salzsäure an, zieht ihn mit Alkohol von 96 Maassprozent aus, macht den alkoholischen Auszug schwach alkalisch, verdampft die Lösung auf einen kleinen Rest, säuert den Rückstand mit Salzsäure an und zieht ihn zum dritten Male mit Alkohol aus. Den Auszug macht man mit Kalilauge schwach alkalisch, verdampft den Alkohol, erhitzt die wässerige Flüssigkeit zum Sieden, filtrirt sie ab und wäscht den unbedeutenden Niederschlag mit heissem Wasser aus. Das Filtrat enthält die Hauptmenge der Borsäure. Da auch in dem Niederschlage noch kleine Mengen Borsäure enthalten sein können, löst man ihn in Salzsäure, fällt die Lösung mit Kalilauge und etwas Kaliumkarbonatlösung, filtrirt die Flüssigkeit ab, wäscht den Niederschlag mit Wasser aus und vereinigt das Filtrat mit dem ersten Borsäure enthaltenden Filtrate.

Die Lösung enthält nun neben borsaurem Kalium und etwas Kali nur noch Alkalisalze, darunter kieselsaures Alkali, aber keine Erdalkalien. Man dampft sie in einer Platinschale ein, versetzt sie mit einem Ueberschusse von Flusssäure und trocknet die Mischung vollständig ein. Der trockene Rückstand besteht aus Fluorwasserstoff-Fluorkalium HKF_2 und aus Borfluorkalium KBF_4. Man übergiesst den Rückstand mit einer Lösung von 1 Gewichtstheil Kaliumacetat in 4 Gewichtstheilen Wasser und lässt die Mischung unter öfterem Umrühren 12 Stunden stehen; in der Kaliumacetatlösung löst

---

[1]) A. K. Reischle, Zeitschr. anorgan. Chemie 1893. **4.** 111.

sich das Fluorwasserstoff-Fluorkalium auf, während das Borfluorkalium vollständig ungelöst bleibt. Man giesst die Flüssigkeit durch ein Filter und wäscht den Niederschlag mit der Kaliumacetatlösung aus, bis das Filtrat mit Chorcalcium keinen Niederschlag mehr giebt. Alsdann wäscht man den Niederschlag mit Alkohol von 94 Maassprozent, wodurch das Kaliumacetat gelöst wird. Der Niederschlag besteht hauptsächlich aus Borfluorkalium, dem gewöhnlich noch kleine Mengen Kieselfluorkalium K_2SiF_6 beigemischt sind. Um diese abzuscheiden, löst man den Niederschlag in siedendem Wasser, setzt Ammoniak hinzu, trocknet die Mischung vollständig ein, löst den Rückstand wieder in siedendem Wasser, fügt abermals Ammoniak hinzu, verdampft die Flüssigkeit vollständig und wiederholt dies im Ganzen sechs- bis achtmal. Dadurch wird das Silicium als Kieselsäure abgeschieden.

Berechnung der Borsäure. 2 Gramm-Molekeln Borfluorkalium 2 $KBF_4 = 252,3$ g entspricht 1 Gramm-Molekel Borsäureanhydrid $B_2O_3 = 69,7$ g; 1 g Borfluorkalium entsprechen daher 0,2763 g Borsäureanhydrid. Wurden aus 1 Liter Wein a Gramm Borfluorkalium gewonnen, so sind enthalten:

$x = 0,02763 \cdot a$ Gramm Borsäure (B_2O_3) in 100 ccm Wein.

Das vorstehende Verfahren der Borsäurebestimmung, das sehr häufig angewandt wird, rührt von A. Stromeyer[1]) her; die Abscheidung der Erdalkalien und sonstigen bei der Borsäurebestimmung schädlich wirkenden Stoffe wurde von R. Fresenius[2]) für die Mineralwasseruntersuchung empfohlen. Auf die Bestimmung der Borsäure im Weine wurde es von M. Ripper[3]) angewandt. Die Ergebnisse des Verfahrens sind ziemlich befriedigend.

50. Nachweis und Bestimmung des Schwefelwasserstoffes.

a) Nachweis des Schwefelwasserstoffes.

50 ccm Wein werden zur Hälfte abdestillirt. Zu dem Destillate setzt man zwei Tropfen einer alkalischen Bleilösung; bei Gegenwart von Schwefelwasserstoff im Weine entsteht eine braune Färbung oder ein dunkelbrauner Niederschlag von Schwefelblei. Die alkalische Bleilösung erhält man durch Auflösen von 1 Gewichtstheil neutralem Bleiacetat in 10 Ge-

---

[1]) Annal. Chem. Pharm. 1856. 100. 82.
[2]) Zeitschr. analyt. Chemie 1886. 25. 204.
[3]) Weinbau und Weinhandel 1888. 6. 331.

wichtstheilen Wasser und Zusatz von soviel Natronlauge, dass der anfangs entstehende Niederschlag sich wieder gelöst hat.

Zum Nachweise des Schwefelwasserstoffes in dem Weindestillate kann man sich auch der übrigen Proben auf Schwefelwasserstoff bedienen. Sehr geeignet sind die beiden folgenden Verfahren.

Die Nitroprussidprobe auf Schwefelwasserstoff. Man macht das Weindestillat mit Alkalilauge alkalisch und setzt einen Tropfen einer Lösung von Nitroprussidnatrium hinzu. Das Auftreten einer unbeständigen violetten Färbung, die bald missfarbig wird, zeigt Schwefelwasserstoff an.

Die Methylenblauprobe von E. Fischer.[1]) Man versetzt das Weindestillat mit 0,5 ccm rauchender Salzsäure, löst in der Mischung einige Körnchen schwefelsaures Para-Amidodimethylanilin (ein käuflich zu habendes Präparat) und fügt 1 bis 2 Tropfen verdünnte Eisenchloridlösung hinzu. Bei Gegenwart von Schwefelwasserstoff färbt sich die Mischung durch die Bildung von Methylenblau nach einiger Zeit rein blau.

b) Bestimmung des Schwefelwasserstoffes.

α) Enthält der Wein neben Schwefelwasserstoff keine schweflige Säure, so bestimmt man den Schwefelwasserstoff in derselben Weise, wie dies unter Nr. 16 (S. 133) für die schweflige Säure vorgeschrieben worden ist[2]), mit dem Unterschiede, dass man statt Jodlösung salzsäurehaltiges Bromwasser vorlegt und dass das Einleiten von Kohlensäure unterbleiben kann. Der Schwefelwasserstoff destillirt über und wird durch das in der Vorlage befindliche Brom zu Schwefelsäure oxydirt:

$$H_2S + 8Br + 4H_2O = H_2SO_4 + 8HBr.$$

Die Schwefelsäure wird mit Chlorbaryumlösung gefällt und das Baryumsulfat gewogen.

Berechnung des Schwefelwasserstoffes. Einer Gramm-Molekel Baryumsulfat $= 232,7$ g entspricht 1 Gramm-Molekel Schwefelwasserstoff $H_2S = 34,0$ g; 1 g Baryumsulfat entsprechen somit $\frac{34,0}{232,7} = 0,1461$ g Schwefelwasserstoff. Wurden daher bei Verarbeitung von 100 ccm Wein a Gramm Baryumsulfat gewonnen, so sind enthalten:

x $= 0,1461 \cdot a$ Gramm Schwefelwasserstoff in 100 ccm Wein.

---

[1]) Ber. deutsch. chem. Gesellschaft 1883. **16.** 2234.
[2]) K. Portele, Weinlaube 1885. **17.** 409 und 423.

β) Enthält der Wein neben Schwefelwasserstoff auch schweflige Säure, so ist das vorstehende Verfahren zur Bestimmung des Schwefelwasserstoffes nicht anwendbar, da auch die schweflige Säure durch salzsäurehaltiges Bromwasser zu Schwefelsäure oxydirt und diese zugleich mit der aus dem Schwefelwasserstoffe entstandenen Schwefelsäure bestimmt wird. Schwefelwasserstoff und freie schweflige Säure können nur ganz kurze Zeit neben einander im Weine bestehen, da sie sich unter Abscheidung von Schwefel gegenseitig zersetzen:

$$2\,H_2S + SO_2 = 3\,S + 2\,H_2O.$$

Hierauf beruht z. B. das Verfahren zur Entfernung des Schwefelwasserstoffes aus Weinen mit Böcksergeruch (s. S. 39). Ob auch die aldehydschweflige Säure sich mit Schwefelwasserstoff umsetzt, ist bisher nicht festgestellt worden; da sie durch Jod nicht oxydirt wird, ist es nicht unmöglich, dass sie auch gegen Schwefelwasserstoff beständig ist. Sollte sich dies bewahrheiten, so könnten Weine vorkommen, die neben schwefliger Säure Schwefelwasserstoff enthalten. Derartige Weine scheinen bisher allerdings nicht beobachtet worden zu sein, wenigstens finden sich in der Literatur keine Angaben darüber.

51. Bestimmung des Kalkes und der Magnesia.

a) Grundzüge des Verfahrens.

Von den Bestandtheilen der Weinasche sind bei der Fällung des Kalkes und der Magnesia nur die Phosphorsäure, das Eisenoxyd und die Thonerde im Wege, die beim Zusatze von Ammoniak gefällt werden. Man entfernt diese Stoffe in der Weise, dass man die mit sehr verdünnter Salzsäure aufgenommene Weinasche nach dem Uebersättigen mit Ammoniak mit Essigsäure ansäuert; in verdünnter Essigsäure sind die Phosphate des Eisenoxydes und der Thonerde unlöslich. Im Filtrate wird der Kalk mit Ammoniumoxalat gefällt, und in dem Filtrate von dem Calciumoxalatniederschlage fällt man die Magnesia mit einer Lösung von Natriumphosphat als Ammonium-Magnesiumphosphat $Mg(NH_4)PO_4$, das beim Glühen in Magnesiumpyrophosphat $Mg_2P_2O_7$ übergeführt wird:

$$2\,Mg(NH_4)PO_4 = Mg_2P_2O_7 + 2\,NH_3 + H_2O.$$

b) Ausführung des Verfahrens.

α) Bestimmung des Kalkes. 50 ccm Wein werden in der unter Nr. 4 (S. 63) vorgeschriebenen Weise verascht. Die Asche wird mit Wasser und Salzsäure aufgenommen und in ein kleines Becherglas filtrirt. Zu der Lösung setzt man Ammoniak bis zur stark alkalischen Reaktion und dann Essigsäure, bis der durch Zugabe des Ammoniaks entstandene Niederschlag sich zum grössten Theil wieder gelöst hat und saure Reaktion eingetreten ist. Der meist sehr geringe verbleibende Niederschlag von phosphorsaurem Eisenoxyd und phosphorsaurer Thonerde wird abfiltrirt und ausgewaschen. Man erhitzt das Filtrat zum Sieden und setzt eine Lösung von Ammoniumoxalat (1 Theil Ammoniumoxalat in 20 Theilen Wasser gelöst) hinzu, bis kein Niederschlag von Calciumoxalat mehr entsteht. Nach mehrstündigem Stehen wird die Flüssigkeit abfiltrirt und der Niederschlag mit heissem Wasser ausgewaschen. Das Filtrat dient zur Bestimmung der Magnesia nach β). Der Niederschlag wird auf dem Filter getrocknet, in einem gewogenen Platintiegel stark geglüht, wodurch das Calciumoxalat in Aetzkalk übergeführt wird, und nach dem Erkalten im Exsikkator gewogen.

Berechnung des Kalkes. Wurden aus 50 ccm Wein a Gramm Kalk erhalten, so sind enthalten:

$x = 2 \cdot a$ Gramm Kalk (CaO) in 100 ccm Wein.

β) Bestimmung der Magnesia. Das Filtrat von dem unter α) erhaltenen Niederschlage von Calciumoxalat dampft man in einem kleinen Becherglase auf etwa 10 ccm ein, setzt nach dem Erkalten unter beständigem Umrühren, ohne die Wände zu berühren, etwa 3 ccm Natriumphosphatlösung (1 Theil Natriumphosphat in 10 Theilen Wasser gelöst) und 40 ccm Ammoniak zu, bedeckt das Becherglas mit einem Uhrglase und lässt es 24 Stunden stehen. Den entstandenen Niederschlag von Ammonium-Magnesiumphosphat behandelt man genau in der bei der Bestimmung der Phosphorsäure unter Nr. 22 (S. 149) angegebenen Weise.

Berechnung der Magnesia. Die zur Wägung gelangende Substanz besteht aus Magnesiumpyrophosphat. In 1 Gramm-Molekel Magnesiumpyrophosphat $Mg_2P_2O_7 = 222{,}2$ g sind 2 Gramm-Molekeln Magnesia $2MgO = 80{,}5$ g enthalten; 1 g Magnesiumpyrophosphat entsprechen daher $0{,}3623$ g Magnesia. Wurden aus 50 ccm Wein a Gramm Magnesiumpyrophosphat erhalten, so entsprechen diesen $0{,}3623 \cdot a$ Gramm Magnesia; dann sind enthalten:

$x = 0{,}7246 \cdot a$ Gramm Magnesia (MgO) in 100 ccm Wein.

52. Bestimmung der Alkalien.
a) Grundzüge des Verfahrens.

Bei der Bestimmung der Alkalien müssen alle übrigen Bestandtheile der Weinasche, insbesondere Schwefelsäure, Phosphorsäure, Eisen, Thonerde, Kalk, Magnesia zunächst entfernt werden. Die Schwefelsäure wird mit Chlorbaryum gefällt, die Phosphate werden durch Zusatz von Eisenchlorid und Kalkmilch und die übrigen Bestandtheile durch Zusatz von Ammoniak und Ammoniumkarbonat entfernt. Nach dem Abrauchen hinterbleiben die Alkalichloride (Chlorkalium und Chlornatrium), deren Gewicht festgestellt wird. Zur Trennung des Chlorkaliums von dem Chlornatrium versetzt man die Lösung der Alkalichloride mit Platinchloridlösung, konzentrirt die Lösung und versetzt sie mit starkem Weingeiste. Nur das Kaliumplatinchlorid scheidet sich unlöslich aus, während das Natriumplatinchlorid in Lösung bleibt; das Kaliumplatinchlorid wird gewogen. Aus dem Gewichte der Summe von Kaliumchlorid und Natriumchlorid und aus dem Gewichte des Kaliumplatinchlorids kann man den Gehalt des Weines an Kali (K_2O) und Natron (Na_2O) berechnen.

b) Ausführung des Verfahrens.

100 ccm Wein werden in der unter Nr. 4 (S. 63) angegebenen Weise verascht. Die vollkommen kohlenfreie Asche wird mit wenig Salzsäure befeuchtet, mit heissem Wasser aufgenommen und in eine Porzellanschale gespült. Die Lösung versetzt man, um die Schwefelsäure abzuscheiden, mit einigen Tropfen Baryumchloridlösung und dann mit einigen Tropfen Eisenchloridlösung (1 Theil Eisenchlorid in 20 Theilen Wasser gelöst). Zur Verjagung der Salzsäure wird die Mischung vollkommen eingetrocknet. Man fügt zu dem Rückstande etwas Wasser und einige Tropfen Kalkmilch bis zur alkalischen Reaktion; wird dadurch die Farbe des Gemisches nicht röthlichbraun, so müssen noch einige Tropfen Eisenchlorid zugegeben werden. Man filtrirt die Flüssigkeit in ein kleines Becherglas und wäscht den auf dem Filter verbleibenden Niederschlag so lange mit heissem Wasser nach, bis das Filtrat in einer mit Salpetersäure angesäuerten Silbernitratlösung keine Trübung mehr erzeugt.

Das Filtrat wird auf einem Drahtnetze zum Sieden erhitzt, mit etwas Ammoniak und so lange tropfenweise mit einer Lösung von Ammoniumkarbonat versetzt, bis kein Niederschlag mehr entsteht. Nach einstündigem Stehen wird die

Flüssigkeit in eine Platinschale filtrirt und der Niederschlag mit stark verdünntem Ammoniak ausgewaschen, bis das Filtrat nach dem Ansäuern mit Salpetersäure mit Silbernitratlösung keine Trübung mehr zeigt. Man verdampft das Filtrat in der Platinschale auf dem Wasserbade, trocknet die zurückbleibende Salzmasse und erhitzt sie, anfangs zur Verhütung von Verlusten mit einem aufgelegten Uhrglase, durch eine kleine Flamme, die man unter der Platinschale hin- und herbewegt, bis die Ammoniumsalze vollständig verjagt sind. Den Rückstand löst man in Wasser, setzt nochmals einige Tropfen Ammoniak und Ammoniumkarbonat zu, filtrirt die Flüssigkeit nach einstündigem Stehen ab, wäscht den Niederschlag sorgfältig aus, verdampft das Filtrat in einer gewogenen Platinschale, trocknet den Rückstand, verjagt die Ammoniumsalze mit einer kleinen Flamme, erhitzt die zurückbleibenden Alkalichloride mit kleiner Flamme, bis sie eben anfangen zu schmelzen, lässt sie im Exsikkator erkalten und wägt sie. Lösen sich die Alkalichloride nicht vollständig in Wasser, so ist die Fällung mit Ammoniak und Ammoniumkarbonat nochmals vorzunehmen und weiter zu verfahren, wie vorher angegeben wurde.

Hierauf löst man die Chloralkalien in Wasser, bringt die Lösung in eine kleine Porzellanschale, setzt Platinchloridlösung in starkem Ueberschusse hinzu und trocknet die Lösung auf einem nicht kochenden Wasserbade fast vollständig ein. Den Rückstand übergiesst man mit Alkohol von 96 Maassprozent und lässt die Mischung unter häufigem Umrühren einige Stunden stehen. Man filtrirt die Flüssigkeit ab und wäscht das auf dem Filter gesammelte ungelöste Kaliumplatinchlorid mit Alkohol von 96 Maassprozent aus, bis das Filtrat nicht mehr gelb gefärbt ist. Man trocknet das Filter sammt Niederschlag, löst das Kaliumplatinchlorid auf dem Filter in heissem Wasser, sammelt die Lösung in einer gewogenen Platinschale, verdampft sie auf dem Wasserbade, trocknet den Rückstand bei 120^0 in einem Trockenschranke bis zu gleich bleibendem Gewichte und wägt ihn.

c) Berechnung der Alkalien.

Es bedeute
- a das Gewicht der Chloralkalien aus 100 ccm Wein in Grammen,
- b das Gewicht des Kaliumplatinchlorids aus 100 ccm Wein in Grammen.

In einer Molekel Kaliumplatinchlorid $K_2PtCl_6 = 484{,}6$ g sind 2 Molekeln Chlorkalium $2\,KCl = 148{,}8$ g enthalten, in b Gramm Kaliumplatinchlorid sind daher $\dfrac{148{,}8}{484{,}6}$. b Gramm Chlorkalium. Diese aus 100 ccm Wein erhaltene Menge Chlorkalium ist noch auf Kali (Kaliumoxyd, K_2O) umzurechnen. 2 Molekeln Chlorkalium $2\,KCl = 148{,}8$ g entspricht 1 Molekel Kali $K_2O = 94{,}0$ g; $\dfrac{148{,}8}{484{,}6}$. b Gramm Chlorkalium entsprechen daher $\dfrac{94{,}0}{148{,}8} \cdot \dfrac{148{,}8}{484{,}6} \cdot b = \dfrac{94}{484{,}6} \cdot b = 0{,}194 \cdot b$ Gramm Kali, d. h. es sind enthalten:

$x = 0{,}194 \cdot b$ Gramm Kali (K_2O) in 100 ccm Wein.

Vorher wurde berechnet, dass aus 100 ccm Wein $\dfrac{148{,}8}{484{,}6} \cdot b$ Gramm Chlorkalium erhalten wurden. Andererseits betrug das Gewicht der gesammten Chloralkalien, d. h. der Summe von Chlorkalium und Chlornatrium aus 100 ccm Wein, a Gramm. Hiernach wurden aus 100 ccm Wein $\left(a - \dfrac{148{,}8}{484{,}6} \cdot b\right)$ Gramm Chlornatrium gewonnen. 2 Molekeln Chlornatrium $2\,NaCl = 116{,}7$ g entspricht 1 Molekel Natron (Natriumoxyd) $Na_2O = 62{,}0$ g. $\left(a - \dfrac{148{,}8}{484{,}6} \cdot b\right)$ Gramm Chlornatrium entsprechen daher $\dfrac{62}{116{,}7}\left(a - \dfrac{148{,}8}{484{,}6} \cdot b\right) = (0{,}5313 \cdot a - 0{,}1632 \cdot b)$ Gramm Natron, d. h. es sind enthalten:

$y = (0{,}5313 \cdot a - 0{,}1632 \cdot b)$ Gramm Natron (Na_2O)
in 100 ccm Wein.

Beispiel. Aus 100 ccm Wein wurden 0,1522 g Chloralkalien und 0,4257 g Kaliumplatinchlorid gewonnen. In diesem Falle ist a = 0,1522 und b = 0,4257. Daher sind enthalten:
$x = 0{,}194 \cdot 0{,}4257 = 0{,}0826$ g Kali (K_2O) in 100 ccm Wein,
$y = 0{,}5313 \cdot 0{,}1522 - 0{,}1632 \cdot 0{,}4257 = 0{,}0114$ g Natron
(Na_2O) in 100 ccm Wein.

Die sonst noch vorgeschlagenen Methoden zur Bestimmung des Kalis im Weine, wie das Verfahren von R. Kayser[1]), der das Kali mit Weinsteinsäure fällt, und andere kommen dem gewichtsanalytischen Verfahren an Genauigkeit nicht gleich.

---

[1]) Repert. analyt. Chemie 1881. 1. 258.

Von ihrer Beschreibung ist daher hier Abstand genommen worden.

53. Bestimmung der Kieselsäure, des Eisenoxydes und der Thonerde.

a) Grundzüge des Verfahrens.

Man schmilzt die Asche aus einer grösseren Menge Wein mit Kalium-Natriumkarbonat, löst die Schmelze in Wasser, säuert sie mit Salzsäure an und trocknet die Lösung mehrmals vollständig ein. Dadurch wird die Kieselsäure in den unlöslichen Zustand übergeführt; sie wird auf einem Filter gesammelt und nach dem Verbrennen des Filters gewogen. Das Filtrat von der Kieselsäure wird mit Ammoniak übersättigt und dann mit Essigsäure angesäuert; der hierbei verbleibende Niederschlag besteht aus Eisen- und Thonerdephosphat. Er wird in Salzsäure gelöst und die Lösung mit Kalilauge alkalisch gemacht; durch diesen Zusatz fällt das Eisenphosphat unlöslich aus, während die Thonerde gelöst bleibt. Das Eisenphosphat wird in Salzsäure gelöst, das Eisen mit Schwefelammonium als Schwefeleisen gefällt, das Schwefeleisen in Salzsäure gelöst, die Lösung mit Ammoniak versetzt, das entstandene Eisenoxydhydrat geglüht und das auf diese Weise gewonnene Eisenoxyd gewogen. Die in der Kalilauge gelöste Thonerde wird nach dem Ansäuern mit Salzsäure durch Natriumphosphatlösung gefällt und das entstandene Thonerdephosphat gewogen.

b) Ausführung des Verfahrens.

α) Bestimmung der Kieselsäure. 250 ccm Wein werden nach und nach in einer Platinschale eingedampft und der Rückstand in der unter Nr. 4 (S. 63) angegebenen Weise verascht. Zu der Asche setzt man das vierfache Gewicht Kalium-Natriumkarbonat und erhitzt das Gemenge, bis die Masse geschmolzen ist und ruhig fliesst. Nach dem Erkalten löst man die Schmelze in heissem Wasser, spült die Lösung in ein geräumiges Becherglas, erwärmt sie auf dem Drahtnetze und fügt vorsichtig verdünnte Salzsäure bis zur sauren Reaktion zu; um Verspritzen in Folge der starken Kohlensäureentwickelung zu vermeiden, hält man das Becherglas mit einem Uhrglase bedeckt. Man bringt die saure Lösung in eine Porzellanschale, trocknet sie behufs Abscheidung der Kieselsäure auf dem Wasserbade vollständig ein, nimmt den Rückstand mit verdünnter Salzsäure auf und

trocknet die Lösung nochmals vollständig ein. In gleicher
Weise verfährt man noch ein drittes Mal. Den Rückstand
befeuchtet man mit Salzsäure, löst ihn in heissem Wasser,
filtrirt die Flüssigkeit durch ein kleines Filter von bekanntem
geringem Aschengehalte in ein Becherglas und wäscht den
auf dem Filter gesammelten Niederschlag mit heissem Wasser
aus, bis das Filtrat nicht mehr sauer reagirt. Das Filtrat
dient zur Bestimmung des Eisenoxydes und der Thonerde
nach β) und γ). Der Niederschlag, der aus Kieselsäure besteht, wird mit dem Filter getrocknet, in einem gewogenen
Platintiegel geglüht und gewogen.

Berechnung der Kieselsäure. Wurden aus 250 ccm
Wein a Gramm Kieselsäure erhalten, so sind enthalten:
$x = 0,4 \cdot a$ Gramm Kieselsäure (SiO_2) in 100 ccm Wein.

β) Bestimmung des Eisenoxydes. Das Filtrat von
der Kieselsäurebestimmung unter α) versetzt man nach dem
Erkalten mit Ammoniak, so lange noch ein Niederschlag entsteht, und dann mit Essigsäure bis zur sauren Reaktion. Der
verbleibende, aus Eisenoxydphosphat und Thonerdephosphat
bestehende Niederschlag wird durch Filtriren von der Flüssigkeit getrennt und mit kaltem Wasser vollständig ausgewaschen.
Man löst den Niederschlag auf dem Filter in Salzsäure,
sammelt die Lösung in einer Platinschale, wäscht das Filter
sorgfältig aus und verdampft die Lösung auf dem Wasserbade
auf einen kleinen Raum. Hierzu fügt man reine, von Thonerde freie Kalilauge bis zur stark alkalischen Reaktion, kocht
die Mischung einige Zeit, filtrirt die Flüssigkeit ab und wäscht
den verbleibenden Rückstand vollständig aus. Das Filtrat,
welches alle Thonerde in Lösung enthält, dient zur Bestimmung
der Thonerde nach γ). Der auf dem Filter verbliebene Niederschlag von Eisenoxydphosphat wird in Salzsäure gelöst, die
Lösung in einem Becherglase gesammelt und das Filter sorgfältig
ausgewaschen. Die Lösung wird mit 3 Tropfen konzentrirter
Weinsteinsäurelösung versetzt, dann mit Ammoniak übersättigt
und mit Schwefelammonium das Eisen vollständig ausgefällt.
Den Niederschlag von Schwefeleisen trennt man durch Filtriren
von der Flüssigkeit, wäscht ihn mit kaltem Wasser, dem man
etwas Schwefelammonium zugesetzt hat, aus, löst ihn auf dem
Filter in Salzsäure, versetzt das Filtrat in einem Becherglase
mit einigen Tropfen Salpetersäure und erhitzt die Lösung
kurze Zeit. Ist die Flüssigkeit durch abgeschiedenen Schwefel
trübe, so filtrirt man sie. Die klare Lösung versetzt man
mit Ammoniak bis zur alkalischen Reaktion, filtrirt die Flüssig-

keit durch ein kleines Filter von geringem bekanntem Aschengehalte, wäscht den auf dem Filter gesammelten Niederschlag von Eisenoxydhydrat sorgfältig aus, glüht ihn in einem Platintiegel mit Deckel und wägt das hinterbleibende Eisenoxyd.

Berechnung des Eisenoxydes. Wurden aus 250 ccm Wein a Gramm Eisenoxyd erhalten, so sind enthalten:

$x = 0,4 \cdot a$ Gramm Eisenoxyd ($Fe_2 O_3$) in 100 ccm Wein.

γ) Bestimmung der Thonerde. Die von dem Eisenoxydphosphatniederschlage abfiltrirte alkalische Flüssigkeit wird mit Salzsäure angesäuert, mit 5 Tropfen Natriumphosphatlösung und so lange mit Ammoniak versetzt, als noch ein Niederschlag entsteht. Den Niederschlag, der aus Thonerdephosphat besteht, bringt man auf ein kleines Filter von geringem bekanntem Aschengehalte, wäscht ihn mit kaltem Wasser aus, trocknet, glüht und wägt ihn.

Berechnung der Thonerde. Es seien aus 250 ccm Wein a Gramm Thonerdephosphat erhalten worden. 2 Molekeln Thonerdephosphat $2 \, Al \, PO_4 = 243,7$ g entspricht 1 Molekel Thonerde $Al_2 O_3 = 102,0$; a Gramm Thonerdephosphat entsprechen daher $\frac{102}{243,7} \cdot a$ Gramm Thonerde. Diese wurden in 250 ccm Wein gefunden; es sind daher enthalten:

$$x = \frac{102}{243,7} \cdot \frac{100}{250} \cdot a = 0,1674 \cdot a \text{ Gramm Thonerde } (Al_2 O_3)$$

in 100 ccm Wein.

Beispiel. Aus 250 ccm Wein erhielt man 0,0085 g Thonerdephosphat. Dann sind enthalten:

$x = 0,1674 \cdot 0,0085 = 0,0014$ g Thonerde ($Al_2 O_3$)
in 100 ccm Wein.

Nach L. L'Hôte[1]) kann man die Thonerde des Weines auch in folgender Weise bestimmen. 250 ccm Wein werden in einer Platinschale eingedampft; der Verdampfungsrückstand wird nach Zusatz von Schwefelsäure verascht und die Asche mit 15 ccm Salpetersäure aufgenommen. Man versetzt die salpetersaure Lösung behufs Abscheidung der Phosphorsäure in einem Kölbchen mit 100 ccm einer Ammoniummolybdatlösung, die im Liter 50 g Molybdänsäure enthält, und erhitzt die Mischung zum Sieden, wobei ein gelber Niederschlag von Ammoniumphosphomolybdat entsteht. Man filtrirt die Flüssigkeit ab, wäscht den Niederschlag mit stark verdünnter Sal-

---

[1]) Compt. rend. 1887. **104.** 853.

petersäure (1 : 100) aus und versetzt das Filtrat mit Ammoniak im Ueberschusse und mit Schwefelammonium. Während Eisen und Thonerde gefällt werden, bleibt das Molybdän in Lösung. Der aus Schwefeleisen und Thonerdehydrat bestehende Niederschlag wird gesammelt und in einem Platinschiffchen zunächst, zur Reduktion des Schwefeleisens, im Wasserstoffstrome und dann in einem Strome von trockenem Chlorwasserstoffgas zur dunklen Rothgluth erhitzt. Das Eisen wird dabei in Eisenchlorid verwandelt, das sich bei dieser Temperatur verflüchtigt. Der Rückstand wird zum Zwecke der Entfernung etwa vorhandener kleiner Mengen Kieselsäure mit Fluorwasserstoffsäure und mit einem Tropfen Schwefelsäure gemischt und geglüht. Die im Glührückstande hinterbleibende Thonerde wird gewogen.

Es ist bisher nichts darüber bekannt geworden, ob das Verfahren von L'Hôte nachgeprüft worden ist. In Bezug auf leichte Ausführbarkeit hat es vor dem zuerst beschriebenen Verfahren keine Vorzüge. Zur Zeit kann das Verfahren von L'Hôte noch nicht empfohlen werden.

54. Bestimmung des Mangans.

Für die Bestimmung des Mangans giebt es eine ganze Anzahl geeigneter und bewährter Verfahren. Zur Bestimmung des Mangans in Nahrungs- und Genussmitteln, insbesondere auch im Weine, wurde von Gottl. Stein[1]) das nachstehende, rasch ausführbare und doch genaue Verfahren von Gust. Weissmann[2]) empfohlen. $1/2$ bis 1 Liter Wein wird auf dem Wasserbade eingedampft und sorgfältig verascht. Die Asche wird vorsichtig mit einem kleinen Ueberschusse verdünnter Schwefelsäure versetzt und die Mischung zum Austreiben der Salzsäure zuerst auf dem Wasserbade und dann über einer kleinen Flamme erhitzt. Der Rückstand wird in 30 ccm einer Mischung von 10 Theilen konzentrirter Salpetersäure, 10 Theilen Wasser und 2 Theilen konzentrirter Schwefelsäure gelöst. Zu der Lösung giebt man sofort unter kräftigem Umschütteln 4 bis 5 g chemisch reines Bleisuperoxyd, kocht die Mischung 2 bis 3 Minuten, setzt alsdann nochmals 4 bis 5 g Bleisuperoxyd zu und kocht 2 bis 3 Minuten; das Bleisuperoxyd muss durchaus rein und namentlich vollkommen frei von Chlor sein. Nachdem der unlösliche Rückstand sich abgesetzt hat, filtrirt

---

[1]) Chem.-Ztg. 1888. **12**. 446.
[2]) Ebd. 1888. **12**. 205.

man die Flüssigkeit, welche die durch Oxydation des Mangans entstandene Uebermangansäure enthält, unter Anwendung der Saugpumpe durch ausgeglühten Asbest, übergiesst den Rückstand mit Wasser, bringt dieses auf das Asbestfilter und fährt damit fort, bis das Waschwasser keine Spur einer rosarothen Färbung mehr zeigt. Die Lösung von Uebermangansäure wird sofort mit einer Lösung von Eisenoxydul-Ammoniumsulfat titrirt. Man lässt eine gemessene, überschüssige Menge Eisen-Ammoniumsulfatlösung, deren Wirkungswerth gegenüber Kaliumpermanganatlösung man bestimmt hat, in die Lösung von Uebermangansäure fliessen, so dass die Lösung völlig entfärbt wird, und titrirt den Ueberschuss an Eisenoxydulsalz mit einer verdünnten Kaliumpermanganatlösung von bekanntem Gehalte zurück. Die Reaktion verläuft nach der Gleichung:

$$2\,HMnO_4 + 10\,Fe(NH_4)_2(SO_4)_2 + 7\,H_2SO_4 = 5\,Fe_2(SO_4)_3 + 10\,(NH_4)_2SO_4 + 2\,MnSO_4 + 8\,H_2O.$$

10 Gramm-Molekeln krystallisirtem Eisenoxydul-Ammoniumsulfat $10\,[Fe(NH_4)_2(SO_4)_2 + 6\,H_2O] = 3913$ g entsprechen somit 2 Gramm-Molekeln Uebermangansäure oder auch 1 Molekel Manganoxyd $Mn_2O_3 = 157{,}5$ g; 1 Gramm bei dem Titriren verbrauchtes krystallisirtes Eisenoxydul-Ammoniumsulfat zeigt daher $\frac{157{,}5}{3913} = 0{,}04025$ g Manganoxyd an. Die Einzelheiten der Ausführung dürfen als bekannt vorausgesetzt werden.

55. Bestimmung der Schwermetalle (ausser Kupfer) und des Arsens.

Von den Schwermetallen sind im Weine ausser Kupfer noch Blei, Zinn und Zink gefunden worden. Am häufigsten wurde ein Bleigehalt des Weines beobachtet, da früher dem Weine zum Entsäuern mitunter Bleioxyd, auch wohl Bleizucker zugesetzt wurde; G. Posetto[1] fand z. B. italienische Weine häufig bleihaltig. A. Deros[2] beobachtete in einem Wermuthweine einen Bodensatz von weinsteinsaurem Zink. Zur Bestimmung der Schwermetalle (ausser Kupfer) verascht man eine grössere Menge Wein und verfährt mit der Aschenlösung nach den Regeln der Mineralanalyse. Nach H. Hager[3] und L. Liebermann[4] kann man Blei und Zink auch in dem

---

[1] Zeitschr. Nahrungsm.-Unters. u. Hyg. 1889. **3.** 212.
[2] Revue internat. falsific. 1888/89. **2.** 88.
[3] Pharm. Centralh. 1885. **26.** 78.
[4] Chem.-Ztg. 1890. **14.** 633.

Weine direkt nachweisen, das vorherige Veraschen des Weinrückstandes ist indessen entschieden vorzuziehen. Neben den genannten Schwermetallen können durch Zufall alle möglichen anderen Metalle in den Wein gelangen. Man bestimmt sie in der Weinasche nach den Regeln der Mineralanalyse. Liegt der Verdacht auf die Anwesenheit solcher Stoffe vor, die sich beim Veraschen des Weines verflüchtigen (z. B. Arsen, Antimon, Quecksilber), so müssen die organischen Stoffe des Weines durch Behandeln mit Kaliumchlorat und Salzsäure zerstört werden. Zur Bestimmung des Arsens, das wiederholt im Weine gefunden wurde[1]), kann das Verfahren von E. Polenske[2]) empfohlen werden. Nach diesem Verfahren wird der Weinrückstand mit konzentrirter Schwefelsäure verkohlt, die Kohle mit verdünnter Schwefelsäure ausgezogen, die organischen Bestandtheile des Auszuges durch Kochen mit konzentrirter Schwefelsäure nach Zusatz kleiner Mengen konzentrirter Salpetersäure (ähnlich wie bei dem Kjeldahl'schen Verfahren der Stickstoffbestimmung) zerstört, das in der nahezu farblosen Flüssigkeit enthaltene Arsen in Arsenwasserstoff übergeführt, dieser durch Glühen in seine Bestandtheile zerlegt und das abgeschiedene Arsen gewogen. Die von Polenske angegebenen Versuchsbedingungen müssen genau eingehalten werden.

---

[1]) Weinlaube 1888. **20.** 342; E. List, Weinlaube 1889. **21.** 304.
[2]) Arb. a. d. Kaiserl. Gesundheitsamte 1889. **5.** 357.

III. Die Beurtheilung des Weines auf Grund der chemischen Untersuchung.

A. Allgemeines.

Die chemische Untersuchung des Weines kann zu verschiedenen Zwecken ausgeführt werden. Sie kann z. B. den Zweck haben, die Bestandtheile des Weines so weit festzustellen, als dies zur Vornahme einer rationellen Verbesserung desselben erforderlich ist. Hier begnügt man sich meist mit der Bestimmung der Bestandtheile, die bei der betreffenden Verbesserung u. s. w. in Frage kommen. Beispielsweise kann gefragt werden, wieviel kohlensaurer Kalk zum vernunftgemässen Entsäuern eines Weines anzuwenden ist; in diesem Falle bestimmt man nur die Gesammtsäure des Weines. Derartige Fragen werden seitens der Weinproduzenten und Weinhändler sehr häufig an den Chemiker gestellt; fast in allen Fällen ist der Chemiker im Stande, diese Frage auf Grund der chemischen Untersuchung in zufriedenstellender Weise zu beantworten.

Viel wichtiger ist die Aufgabe des Chemikers, festzustellen, ob ein ihm zur Untersuchung gestellter Wein reiner Naturwein oder verfälscht ist. Der Wein ist eine ausserordentlich komplizirt zusammengesetzte Flüssigkeit, deren Bestandtheile keineswegs alle bekannt sind. Man findet zwar die Mehrzahl der Weinbestandtheile in allen Weinen, aber die Mengen der einzelnen Bestandtheile sind in den einzelnen Weinen häufig ausserordentlich verschieden. Die Art der Reben, die Lage und die Bodenart des Standortes, die Art und Menge der Düngung, die klimatischen und meteorologischen Verhältnisse, die Behandlung der Reben, das Auftreten von Rebenschädlingen, der Reifezustand und zahlreiche andere Verhältnisse beeinflussen in hohem Maasse die Zusammensetzung der Weintrauben; namentlich ist der Grad der Reife der Trauben von grösster Bedeutung. Es ist klar, dass sich die Unterschiede in der Zusammensetzung der Weintrauben auch in den Mosten wiederfinden; bei den Mosten kommt ferner noch die Art ihrer Herstellung und ihrer Behandlung in Betracht. Von grossem Einflusse auf die Zusammensetzung der Weine ist weiter der Verlauf der Gährung der Moste. Je nach der Temperatur, der Gegenwart gewisser gährungshemmender Verbindung (namentlich der Essigsäure und der schwefligen Säure), der grösseren oder kleineren Menge der vorhandenen Hefenährstoffe u. s. w. verläuft die Gährung verschieden energisch. Je nach dem Verlaufe der Gährung ist nicht allein die Menge, sondern wahrscheinlich zum Theil auch die Art der Gährprodukte eine verschiedene. Der vergohrene Traubensaft ist, wie in dem ersten Abschnitte gezeigt wurde, noch lange kein fertiger Wein. Es bedarf kaum des Hinweises darauf, dass die verschiedenen Arten der Kellerbehandlung der Weine, wie sie im ersten Abschnitte kurz angeführt wurden, im Stande sind, die Zusammensetzung der Weine in sehr verschiedenem Maasse und mitunter ganz erheblich zu verändern. Dasselbe gilt auch von der Art und Dauer des Lagerns und der sonstigen Behandlung der Weine, bis sie flaschenreif sind; selbst in der Flasche sind die Weine noch Veränderungen in ihrer Zusammensetzung unterworfen.

Bei der Beurtheilung der Weine für gerichtlich-chemische Fälle sind zwei Fälle zu unterscheiden:

1) **Dem Weine sind Stoffe zugesetzt worden, die dem normalen Weine vollständig fremd sind**, z. B. Theerfarbstoffe, gewisse Konservirungsmittel, Saccharin, Dulcin u. s. w. Diese Stoffe sind fast ausnahmslos leicht und sicher nachweisbar, und ihre Beurtheilung macht nach dem Erlasse des Weingesetzes vom 20. April 1892 meist keine Schwierigkeiten.

2) **Dem Weine sind Stoffe oder Gemische von Stoffen zugesetzt worden, die sich bereits im Weine vorfinden**, z. B. Glycerin, Weinstein, Alkohol u. s. w. Hier genügt es natürlich nicht, die betreffenden Stoffe im Weine nachzuweisen, um daraus auf den künstlichen Zusatz dieser Stoffe zu schliessen. Es ist vielmehr dazu nothwendig, dass man die Menge dieser Stoffe im Weine feststellt. Um sich aus der gefundenen Menge dieser Stoffe ein Urtheil darüber bilden zu können, ob ein Zusatz derselben zum Weine stattgefunden hat oder nicht, muss bekannt sein, wie gross die Mengen des Stoffes sind, die sich in unverfälschten Weinen

vorfinden. Wie schon erwähnt wurde, ist die Zusammensetzung der reinen Weine eine ausserordentlich schwankende und deshalb der Nachweis des Zusatzes eines Stoffes, der im Weine bereits von Natur enthalten ist, sehr schwierig. Man kam sehr bald zu der Einsicht, dass man nur zum Ziele kommen könne, wenn man in jedem Falle, wo ein Wein zu beurtheilen war, nur ein verhältnissmässig eng begrenztes Weinbaugebiet ins Auge fasste und die Schwankungen in der Zusammensetzung unzweifelhaft reiner Weine dieses Weinbaugebietes an einer möglichst grossen Anzahl von Proben feststellte.

Derartige systematische Untersuchungen der Weine einzelner Weinbaugebiete sind bisher nur in Deutschland ausgeführt worden. Bereits im Jahre 1886 trat eine Anzahl anerkannt tüchtiger deutscher Weinchemiker zu einer „Kommission zur Bearbeitung einer Weinstatistik für Deutschland" zusammen; der Kommission gehörten Chemiker aus allen bedeutenderen Weinbaugebieten Deutschlands an. Diese Vereinigung von Fachmännern stellte sich die Aufgabe, eine möglichst grosse Anzahl unzweifelhaft reiner und unverfälschter Most- und Weinproben jedes einzelnen deutschen Weinbaugebietes chemisch zu untersuchen und durch langjährige Fortsetzung dieser Untersuchungen ein einwandfreies Analysenmaterial zu sammeln, um aus diesem die Schwankungen in der Zusammensetzung der reinen Weine der einzelnen Weinbaugebiete festzustellen und dadurch sichere und einwandfreie Grundlagen für die Beurtheilung zu schaffen.

Die private „Kommission zur Bearbeitung einer Weinstatistik für Deutschland" hat in den Jahren 1887 bis 1894 eine grosse Anzahl von Mosten und Weinen aus den deutschen Weinbaugebieten untersucht und die Ergebnisse veröffentlicht.[1]) Die Untersuchungen der Kommissionsmitglieder bieten ein überaus werthvolles Material für die Beurtheilung der Zusammensetzung der deutschen Weine. Eine vergleichende Besprechung der Ergebnisse der Weinstatistik für die Jahrgänge 1886 bis 1890 ist von M. Barth[2]) geliefert worden. Im Jahre 1892 haben die einzelnen Bundesregierungen, in deren Gebieten Weinbau betrieben wird, die Weinstatistik in die Hand genommen; die Ergebnisse der Untersuchungen, die von der privaten Kommis-

---

[1]) Zeitschr. analyt. Chemie 1888. **27.** 729; 1889. **28.** 525; 1890. **29.** 509; 1891. **30.** 533; 1892. **31.** 607; 1893. **32.** 647; 1894. **33.** 629.

[2]) Zeitschr. analyt. Chemie 1892. **31.** 129.

sion auch weiterhin in der Zeitschrift für analytische Chemie veröffentlicht werden, laufen im Kaiserlichen Gesundheitsamte zusammen und werden dort weiter verarbeitet. Eine Zusammenstellung und Besprechung der Ergebnisse der Weinstatistik für 1892 und 1893 von J. Moritz[1]) ist bereits veröffentlicht worden. Nähere Angaben über die Einrichtung der amtlichen Weinstatistik werden später (S. 318) gegeben werden.

Einzelne Untersuchungen von Weinen eines Weinbaugebietes haben für die Beurtheilung dieser Weine nur geringe Bedeutung, zumal da die Einzeluntersuchungen sich häufig auf Weine besserer Qualität zu erstrecken pflegen. Es kommt aber in erster Linie gerade darauf an, die Zusammensetzung geringerer Weine aus ungünstigen Lagen kennen zu lernen, denn gerade diese zeigen oft, trotzdem sie unverfälscht sind, eine Zusammensetzung, bei der ein Wein aus besserer Lage desselben Weingebietes ohne Zweifel verfälscht sein würde. Bei der Auswahl der Weine für die deutsche Weinstatistik wird darauf geachtet, dass auch Weine aus geringen, ungünstigen Lagen zur Untersuchung gelangen. Die älteren Weinuntersuchungen sind vielfach deshalb für die Beurtheilung der Weine von geringem oder gar keinem Werthe, weil die Untersuchungsverfahren häufig mit den heute üblichen nicht übereinstimmen, und weil aus diesem Grunde auch die Ergebnisse der Untersuchung öfters andere sind, als sie nach den neueren Verfahren erhalten werden. Erst nachdem im Jahre 1884 von einer im Kaiserlichen Gesundheitsamte versammelten Kommission von Weinchemikern einheitliche Verfahren für die Weinanalyse vereinbart worden waren, nach denen von da ab die Weine untersucht wurden, sind die Ergebnisse in dieser Hinsicht einwandfrei.

Noch ein anderer Punkt erschwerte bis vor kurzer Zeit die Beurtheilung der Weine auf Grund der chemischen Untersuchung in recht erheblichem Maasse: die Unsicherheit in Betreff dessen, was als Verfälschung des Weines und was als zulässige Behandlung des Weines anzusehen sei. Da das Gesetz vom 14. Mai 1879, betreffend den Verkehr mit Nahrungsmitteln, Genussmitteln und Gebrauchsgegenständen, ganz allgemein gehalten ist und auf die einzelnen Nahrungsmittel nicht eingeht, war es Sache der Gerichte, in jedem Einzelfalle zu entscheiden, ob eine Verfälschung des Weines vorliege oder nicht. So kam es, dass die Entscheidungen der Gerichts-

---

[1]) Arbeiten a. d. Kaiserl. Gesundheitsamte 1894. **9.** 541; 1895. **11.** 451.

höfe in den verschiedenen Theilen des Deutschen Reiches nicht gleichmässig ergingen; insbesondere wurde das Zuckern der Moste in einzelnen Gegenden als unzulässig, in anderen als zulässig erachtet. Diesem unerquicklichen Zustande wurde durch das Gesetz vom 20. April 1892, betreffend den Verkehr mit Wein, weinhaltigen und weinähnlichen Getränken, beseitigt. Durch dieses Gesetz ist klar festgestellt, was als zulässige Behandlung des Weines bezw. als erlaubter Zusatz zu dem Weine und was als Verfälschung des Weines anzusehen ist.

Trotzdem durch das Weingesetz vom 20. April 1892 eine sichere Grundlage für die Beurtheilung der Weine geschaffen worden ist, und trotzdem von den Bearbeitern der Weinstatistik für Deutschland schon ein reiches einwandfreies Analysenmaterial zusammengebracht worden ist, darf die Beurtheilung der Weine auf Grund der chemischen Untersuchung keineswegs als eine leichte Aufgabe betrachtet werden. In vielen Fällen ist es dem Chemiker nicht möglich, mit Sicherheit festzustellen, ob eine Verfälschung des Weines vorliegt oder nicht; häufig wird er die Vermuthung aussprechen können, dass der Wein verfälscht sei, mitunter wird er aber auch trotz eingehender Untersuchung keine Anhaltspunkte dafür finden, und doch kann der Wein verfälscht sein. Dies gilt namentlich von rationell gallisirten Weinen, sowie von Verschnitten von Weinen mit Tresterweinen, Rosinenweinen und Obstweinen. Abgesehen von den Fällen, wo dem Weine ein Stoff zugesetzt wurde, der im reinen Naturweine nicht vorkommt, kann durch die Bestimmung eines einzelnen Bestandtheiles fast niemals eine Verfälschung des Weines festgestellt werden. Meist sind dazu mehrere Bestimmungen, und in vielen Fällen ist eine sehr eingehende Untersuchung des Weines erforderlich. Auch dann noch können dem Chemiker Verfälschungen entgehen; es giebt noch genug Verfälschungsarten des Weines, die, rationell ausgeführt, durch die chemische Analyse zur Zeit nicht bestimmt nachgewiesen werden können.

Weit bedauerlicher als die Unfähigkeit der chemischen Untersuchung, alle Verfälschungen des Weines mit Sicherheit nachzuweisen, sind die Fälle, in denen ein unveränderter Naturwein als verfälscht bezeichnet worden ist. Die bisher beobachteten Grenzzahlen für die einzelnen Bestandtheile der Weine sind keineswegs als feststehend zu betrachten; unter anderen Verhältnissen können sehr wohl reine Naturweine entstehen, welche in ihren Bestandtheilen von den bisher gewonnenen Grenzzahlen gewisse Abweichungen zeigen. Die schablonenhafte Anwendung der Grenzzahlen kann daher bei der Beurtheilung der Weine zu verhängnissvollen Irrthümern führen und hat thatsächlich schon dazu geführt. Es sei hervorgehoben, dass die bisher ermittelten Grenzzahlen dem Chemiker nur als Anhaltspunkte für die Beurtheilung der Weine dienen sollen; der Chemiker hat weiterhin alle übrigen Verhältnisse, welche die Zusammensetzung des Weines beeinflussen konnten, gewissenhaft zu berücksichtigen, und unter Zugrundelegung aller einschlägigen Umstände sein Urtheil zu fällen.

B. Beurtheilung der Weine unter Zugrundelegung des Weingesetzes vom 20. April 1892.

Durch das Gesetz, betreffend den Verkehr mit Wein, weinhaltigen und weinähnlichen Getränken, vom 20. April 1892, ist der Zusatz einer ganzen Anzahl von Stoffen verboten worden. Diese sollen zunächst besprochen werden.

1. Lösliche Aluminiumsalze (Alaun und dergl.).

Von löslichen Aluminiumsalzen kommt als Zusatz zum Weine fast nur der Alaun in Betracht; die Klärerden (Koolin, spanische Erde) fallen als unlösliche Aluminiumverbindungen nicht unter das Verbot. Alaun wurde mitunter beim Schönen des Weines, namentlich beim Klären des Schaumweines, benutzt (nach L. Röseler[1]) enthält z. B. die Kraus'sche Krystallschöne Alaun) und als Mittel gegen das Umschlagen des Weines angewandt; auch bildet der Alaun einen Bestandtheil gewisser künstlicher Weinfärbemittel.

Der Nachweis des Alauns im Weine ist meist schwierig, da bei den vorher erwähnten Zusätzen gewöhnlich nur sehr kleine Mengen Alaun in den Wein gelangen. Es ist nicht möglich, den Alaun als solchen im Wein nachzuweisen; die zu diesem Zwecke vorgeschlagenen Verfahren führen nicht zum Ziele. Der einzige Weg, den Zusatz von Alaun oder vielmehr von löslichen Thonerdeverbindungen zu dem Weine festzustellen, beruht auf der Bestimmung des Thonerdegehaltes des Weines (vergl. Nr. 53, S. 245); aber auch dieses Verfahren ist unsicher. Die Thonerde kann als normaler Bestandtheil der Weintrauben und des Weines angesehen werden, sie fehlt aber auch mitunter. Bisher ist der Thonerdegehalt der Weine

---

[1] Mittheil. Versuchsstation Klosterneuburg 1885. Heft 4. 49.

verhältnissmässig selten bestimmt worden; die Grenzen, innerhalb deren er schwankt, sind daher fast nicht bekannt. L. L'Hôte[1]) fand in acht Weinproben 0 bis 0,0036 g Thonerde in 100 ccm, andere Chemiker fanden 0,001 bis 0,002 g Thonerde in 100 ccm Wein. Wenn die zum Keltern gelangenden Weintrauben stark mit Erde beschmutzt sind, kann eine gewisse Menge Thonerde in den Wein gelangen, ebenso bei der Verwendung ungeeigneter Klärerden (s. S. 15). Eine Grenzzahl für den Gehalt an Thonerde, deren Ueberschreitung einen Zusatz von löslichen Aluminiumsalzen auch nur wahrscheinlich macht, kann nicht angegeben werden.

2. Baryum- und Strontiumverbindungen.

Zum Entgypsen der Weine, d. h. richtiger zur Verminderung des hohen Schwefelsäuregehaltes gegypster Weine, ist vorgeschlagen worden, den gegypsten Wein mit Baryumverbindungen (Chlorbaryum, weinsteinsaurem Baryum, kohlensaurem Baryum) oder mit Strontiumverbindungen zu versetzen (s. S. 22). Dabei ist nicht zu vermeiden, dass gewisse Mengen Baryum und Strontium im Weine gelöst bleiben. Thatsächlich hat man in „entgypsten" Weinen wiederholt Baryum- bezw. Strontiumverbindungen beobachtet; Ch. Girard[2]) fand z. B. in 1 Liter eines nach dem Strontiumverfahren „entgypsten" Weines 0,036 g Strontiumoxyd, entsprechend 0,063 g Strontiumsulfat. Baryum und Strontium sind stets leicht und sicher spektroskopisch nachzuweisen (s. S. 153).

3. Borsäure.

Borsäure oder Borsäure enthaltende Gemische sind mitunter zur Konservirung des Weines empfohlen und angewandt worden. Für die Beurtheilung der Weine ist die Thatsache von Wichtigkeit, dass die Borsäure ein normaler Bestandtheil des Weines zu sein scheint. Wie Lespiau[3]), E. Robinet[3]), P. Soltsien[4]), M. Ripper[5]), G. Baumert[6]), S. Weinwurm[7]),

---

[1]) Compt. rend. 1887. **104.** 853.
[2]) Annal. d'hyg. publ. 1892. **27.** 45.
[3]) Allgem. Wein-Ztg. 1884. **1.** 60.
[4]) Pharm. Ztg. 1888. **33.** 312.
[5]) Weinbau u. Weinhandel 1888. **6.** 331.
[6]) Landwirthschaftl. Versuchsstationen 1886. **33.** 39; Ber. deutsch. chem. Gesellschaft 1888. **21.** 3290.
[7]) Zeitsch. Nahrungsm.-Unters. u. Hyg. 1889. **3.** 186.

C. A. Crampton[1]), E. Hotter[2]), A. Jorissen[3]) und F. Schaumann[4]) fanden, enthielten alle von ihnen untersuchten Weine kleine Mengen Borsäure. Von zahlreichen anderen Seiten wurde dies bestätigt; alle im Kaiserlichen Gesundheitsamte daraufhin geprüften Weine erwiesen sich z. B. als borsäurehaltig. Daneben wurden freilich von einigen Analytikern auch Weine beobachtet, die angeblich keine Borsäure enthielten. Die Menge der im Weine normal vorkommenden Borsäure ist nur gering; hierüber liegt indessen nur eine Bestimmung von M. Ripper vor, der in 1 Liter Wein 0,00152 g Borsäure (B_2O_3) fand. Zur Feststellung eines Zusatzes von Borsäure zum Weine genügt es daher nicht, sie qualitativ in dem Weine nachzuweisen; man muss vielmehr eine quantitative Bestimmung derselben ausführen. Da der Zusatz von Borsäure zu dem Weine, wenn diese wirklich konservirend wirken soll, ziemlich beträchtlich sein muss, denn kleine Mengen Borsäure haben keine konservirende Wirkung, so wird es meist möglich sein, durch die quantitative Bestimmung festzustellen, ob ein Zusatz von Borsäure stattgefunden hat oder ob nur der normale Borsäuregehalt vorliegt. Auch nur annähernde Grenzzahlen für den normalen Borsäuregehalt der Weine können indessen bei dem Fehlen jeder Erfahrung nicht angegeben werden.

4. Glycerin.

Das Glycerin ist ein stets auftretendes Produkt der Gährung und findet sich daher in jedem Weine. Um daher einen Zusatz von Glycerin zum Weine feststellen zu können, muss man den Glyceringehalt unversetzter Weine kennen. Dieser schwankt innerhalb weiter Grenzen. Da das Glycerin ein Erzeugniss der Gährung ist, wird es in um so grösserer Menge entstehen, je mehr Zucker zur Vergährung gelangt; es ist daher vorauszusehen, dass eine gewisse Beziehung zwischen dem bei der Gährung entstehenden Alkohol und dem dabei entstehenden Glycerin besteht. Zahlreiche Versuche haben ergeben, dass bei der Gährung des Mostes auf 100 Gewichtstheile Alkohol meist 7 bis 14 Gewichtstheile Glycerin entstehen. Die Weinchemiker drücken diese er-

---

[1]) Ber. deutsch. chem. Gesellschaft 1889. **22.** 1072.
[2]) Landwirtschaftl. Versuchsstationen 1890. **37.** 437.
[3]) Bull. Assoc. Belge des Chimistes 1890. **4.** 21.
[4]) Zeitschr. f. Naturwissensch. 1891. **64.** 270.

fahrungsmässige Regel in der Weise aus, dass sie sagen, das Alkohol-Glycerinverhältniss schwanke meist zwischen 100:7 und 100:14. Ein Wein mit 8 g Alkohol in 100 ccm müsste hiernach 0,56 bis 1,12 g Glycerin in 100 ccm enthalten; würde er weniger als 0,56 g Glycerin enthalten, so wäre der Verdacht eines Alkoholzusatzes vorhanden, enthielte er mehr als 1,12 g Glycerin, so wäre auf einen Glycerinzusatz zu schliessen.

Die genannten, für die meisten Weine zutreffenden Grenzzahlen haben indessen, wie namentlich die Erfahrungen der letzten Jahre lehrten, keine allgemeine Gültigkeit. Die Menge des bei der Gährung entstehenden Glycerins ist von vielen Umständen abhängig, die bisher nur wenig erforscht sind. Ganz allgemein gilt der Satz, dass um so mehr Glycerin entsteht, je energischer und flotter die Gährung verläuft. Unter den gewöhnlichen deutschen Weinen sind indessen nur wenige beobachtet worden, bei deren Gährung auf 100 Gewichtstheile Alkohol mehr als 14 Gewichtstheile Glycerin entstanden waren; nur wenn die Gährung unter ganz besonders günstigen Umständen verläuft (bei den gewöhnlichen Weinen trifft dies fast nie zu), kann mehr Glycerin entstehen. Die obere Grenze des Alkohol-Glycerinverhältnisses entspricht somit im Allgemeinen recht gut den thatsächlichen Verhältnissen. Es kommen aber doch Fälle vor, wo auch bei reinen Weinen die obere Grenze des Alkohol-Glycerinverhältnisses überschritten wird. Dies tritt, wenigstens scheinbar, immer dann ein, wenn ein Theil des bei der Gährung entstandenen Alkohols aus dem Weine verschwunden ist. Ein Wein enthalte z. B. 9 g Alkohol und 1,17 g Glycerin in 100 ccm, er habe also das Alkohol-Glycerinverhältniss 100:13. Nun verschwinde auf irgend eine Weise ein Theil des Alkohols, etwa 1 g in 100 ccm Wein; wird der Wein jetzt untersucht, so findet man das Alkohol-Glycerinverhältniss gleich 100:14,6, und wenn 2 g Alkohol in 100 ccm Wein verschwunden sind, gleich 100:16,7.

Ein Theil des Alkohols kann namentlich durch zwei Umstände aus dem Weine verschwinden: 1) Beim langen Lagern verdunstet aus den porösen Holzfässern fortwährend ein Theil der flüchtigen Stoffe, insbesondere Alkohol und Wasser, während die Menge des Glycerins nur verhältnissmässig wenig vermindert wird. Beim Auffüllen des Weines gelangen immer neue Mengen Alkohol und Glycerin in denselben, von denen der Alkohol wieder theilweise verdunstet, während das Glycerin fast unverändert bleibt. So kommt es, dass die Weine sich beim Lagern stark mit Glycerin anreichern. Thatsächlich hat man ganz allgemein die Beobachtung gemacht, dass die alten, lange lagernden Weine abnorm reich an Glycerin sind; man vergleiche hierüber die Untersuchungen von E. Winkelmann[1]), E. Borgmann[2]), J. Moritz[3]), W. Thomas[4]) und C. Schmitt[5]).

2) Unter der Einwirkung des Kahmpilzes kann ein Theil des Alkohols des Weines zu Kohlensäure oxydirt werden. Auch in diesem Falle kann man mitunter ein zu hohes Alkohol-Glycerinverhältniss finden. Es ist daher von Wichtigkeit, wenn irgend möglich, festzustellen, ob und in wie hohem Maasse ein Wein vom Kahmpilz befallen ist (s. S. 35 und 45).

Für die Beurtheilung des Glyceringehaltes der Weine ergiebt sich demnach Folgendes. Die Weine enthalten auf 100 g Alkohol nur sehr selten mehr als 14 g Glycerin. Wird in einem Weine mehr Glycerin gefunden, so darf indessen nicht ohne Weiteres auf einen Glycerinzusatz geschlossen werden. Dann ist zunächst zu prüfen, ob Umstände vorliegen, die einen Alkoholverlust hervorrufen und dadurch ein abnorm erhöhtes Alkohol-Glycerinverhältniss verursachen konnten. Sind diese Umstände nachweislich ausgeschlossen, so hat bei den gewöhnlichen deutschen Weinen ein Glycerinzusatz mit grosser Wahrscheinlichkeit stattgefunden. Es ist indessen zu beachten, dass gerade unter den feinsten Weinen solche mit einem höheren natürlichen Glyceringehalte vorkommen können, wenn die Gährung von an Hefenährstoffen sehr reichen Mosten unter besonders günstigen Verhältnissen verlief. Erst eine erhebliche Ueberschreitung des höchsten gewöhnlich beobachteten Glyceringehaltes lässt bei solchen Weinen einen Glycerinzusatz als sicher erscheinen. Die Ungenauigkeit des Verfahrens der Glycerinbestimmung ist hierbei ohne Bedeutung, wenn man es nur genau nach der Vorschrift ausführt; denn die Grenzzahlen sind nach eben diesem Verfahren festgestellt worden.

Da das Alkohol-Glycerinverhältniss innerhalb sehr weiter Grenzen schwanken kann (wie bei Besprechung des Alkoholzusatzes näher dargelegt werden wird, kann es bis unter

---

[1]) Blätter f. Weinkunde 1886 Nr. 1 u. 2; Weinbau u. Weinhandel 1886. **3.** 115.
[2]) Weinbau u. Weinhandel 1886. **3.** 115.
[3]) Chem.-Ztg. 1886. **10.** 779 u. 1370.
[4]) Pharm. Ztg. 1886. **31.** 307.
[5]) C. Schmitt. Die Weine des Herzoglich Nassauischen Kabinetskellers. Wiesbaden 1892. S. 31.

100:6 sinken), können unter Umständen einem Weine sehr grosse Mengen Glycerin zugesetzt werden, ohne dass die chemische Analyse diesen Zusatz nachzuweisen im Stande ist. Dies ist immer dann möglich, wenn der natürliche Glyceringehalt des Weines sehr gering ist. Einem Weine, der auf 100 Gewichtstheile Alkohol nur 7 Gewichtstheile Glycerin enthält, kann man mitunter fast ebensoviel Glycerin künstlich zusetzen, als er von Natur enthält, ohne dass der Glyceringehalt ausserhalb der bei unversetzten Naturweinen beobachteten Grenzen liegt. Wird ein Wein gleichzeitig mit Alkohol und Glycerin derart versetzt, dass auf 100 Gewichtstheile Alkohol immer 7 bis 14 Gewichtstheile Glycerin zugesetzt werden, so ist der Glycerinzusatz aus dem Alkohol-Glycerinverhältnisse überhaupt nicht nachweisbar.

Im Allgemeinen findet man ein höheres Alkohol-Glycerinverhältniss (10 bis 14 Gewichtstheile Glycerin auf 100 Gewichtstheile Alkohol) nur bei Weinen mit einem höheren Gehalte an sonstigen neutralen Extraktstoffen. Die private „Kommission zur Bearbeitung einer Weinstatistik für Deutschland" hat daher am 7. Juli 1894 folgenden (selbstverständlich nicht massgebenden) Beschluss gefasst[1]):

„Eine Beanstandung wegen Glycerinzusatzes ist dann angezeigt, wenn bei einem 0,5 g in 100 ccm Wein übersteigenden Gesammtglyceringehalte

1. der Extraktrest (Extrakt vermindert um die nichtflüchtigen Säuren) zu mehr als $^2/_3$ aus Glycerin besteht, oder

2. bei einem Verhältnisse von Glycerin zu Alkohol von mehr als 10:100 der Gesammtextrakt nicht mindestens 1,8 g in 100 ccm oder der nach Abzug des Glycerins vom Extrakte verbleibende Rest nicht 1 g in 100 ccm beträgt."

5. Kermesbeeren.

In Deutschland kommen die Kermesbeeren (die Früchte von Phytolacca decandra) als Rothweinfärbemittel nicht in Betracht; dagegen finden sie in Frankreich, Spanien, Portugal u. s. w., auch im Kaukasus, Verwendung. In Deutschland wird man daher nur bei den aus südlichen Ländern eingeführten Rothweinen und den daraus hergestellten Verschnitten auf den Kermesbeerfarbstoff Rücksicht zu nehmen haben. Es ist bisher noch nicht festgestellt worden, ob mit Kermesbeeren gefärbte Rothweine einen längeren Transport in Kesselwagen auf

---

[1]) Zeitschr. analyt. Chemie 1894. **33.** 630.

der Eisenbahn, wo sie in Folge der Erschütterungen innig mit der Luft in Berührung kommen, aushalten, ohne dass der Kermesbeerfarbstoff sich zersetzt. Man hält nämlich nach Ausweis der Literatur den Kermesbeerfarbstoff für sehr leicht veränderlich. Im Kaiserlichen Gesundheitsamte gemachte Erfahrungen haben indessen gelehrt, dass dies nicht in so hohem Maasse der Fall ist, als man bis jetzt annahm.

Der Nachweis des Kermesbeerfarbstoffes kann, wenn der Farbstoff noch unzersetzt ist, in den damit aufgefärbten Rothweinen mit Sicherheit geführt werden (s. S. 159).

6. Magnesiumverbindungen.

Ein Zusatz von Magnesiumverbindungen zum Weine dürfte nur selten vorkommen, es sei denn, dass beim Klären des Weines mit kieselsaurer Magnesia, die mitunter vorgenommen werden mag, sich ein Theil der Magnesia auflöst[1]). Auch mag es hier und da vorgekommen sein, dass man den Wein mit gebrannter Magnesia entsäuerte; dabei gehen erhebliche Mengen Magnesia in den Wein über. Die Magnesia ist ein normaler Bestandtheil des Weines, doch kommt sie immer nur in kleinen, aber ausserordentlich verschiedenen Mengen vor. Der Gehalt der darauf untersuchten 1892er Weine schwankte zwischen 0,0062 und 0,0320 g in 100 ccm; diese Zahlen sind aber keineswegs als Grenzzahlen aufzufassen.

7. Salicylsäure.

Salicylsäure wird dem Weine mitunter zugesetzt, um ihn zu konserviren. Wenn der Zusatz seinen Zweck erfüllen soll, darf er nicht zu gering bemessen werden. Man hat die Beobachtung gemacht, dass die Salicylsäure im Weine sich allmählich zersetzt und ihre konservirende Wirkung einbüsst; man muss daher den Salicylsäurezusatz nach einer gewissen Zeit erneuern. Der Nachweis der Salicylsäure gelingt leicht nach dem vorgeschriebenen Verfahren (Nr. 18, S. 143).

Bemerkenswerth ist eine Beobachtung von L. Medicus[2]), dass auch manche reinen Weine die Salicylsäurereaktion mit Eisenchlorid geben, wenn man 100 ccm derselben dem vor-

---

[1]) J. Bersch, Die Praxis der Weinbereitung. Berlin 1888 bei Paul Parey. S. 356.
[2]) Bericht 9. Versamml. d. fr. Verein. bayer. Vertreter d. angew. Chemie in Erlangen. Berlin 1890 bei Julius Springer. S. 42.

geschriebenen Verfahren unterwirft; die Reaktion wird durch einen Bestandtheil der Traubenkämme hervorgerufen, dessen Identität mit Salicylsäure bisher nicht erwiesen ist. Wenn man nur 50 ccm Wein mit dem Aether-Petroleumäthergemische ausschüttelt und den Verdunstungsrückstand mit mindestens 10 ccm Wasser aufnimmt, gibt der Bestandtheil der Traubenkämme nach Medicus die Salicylsäurereaktion nicht mehr. Immerhin könnte der Fall eintreten, dass ein Wein abnorm viel von diesem Bestandtheil enthält und dass er, obwohl frei von Salicylsäure, doch die Salicylsäurereaktion nach dem vorgeschriebenen Verfahren giebt; dadurch verliert der Salicylsäurenachweis einen Theil der Sicherheit. Die Medicus'sche Beobachtung scheint von keiner anderen Seite eingehender erforscht worden zu sein.

8. Unreiner (freien Amylalkohol enthaltender) Sprit.

Nach § 3 Nr. 1 des Weingesetzes darf der Wein bei der Kellerbehandlung einen Zusatz von Alkohol bis zu 1 Maassprozent (1 Raumtheil Alkohol auf 100 Raumtheile Wein) erhalten. Der dem Weine zuzusetzende Alkohol soll gereinigt und frei von Fuselöl sein. Der Nachweis des Zusatzes von ungereinigtem, fuselölhaltigem Spiritus zum Weine ist innerhalb der erlaubten Grenze des Zusatzes nicht möglich. Selbst wenn der zugesetzte Spiritus 1 Volumprozent Fuselöl enthält, eine sehr hohe Zahl, die bei dem Rohspiritus kaum je erreicht wird, so kommen durch den Zusatz des Spiritus nur 0,01 Volumprozent Fuselöl in den Wein. Da der reine Wein ebenfalls Fuselöl enthält und die Grenzen, innerhalb deren der Fuselölgehalt der Weine schwankt, noch fast völlig unbekannt sind (wahrscheinlich liegen sie ziemlich weit auseinander), ist es nicht möglich, einen kleinen Zusatz von fuseligem Alkohol zum Weine chemisch nachzuweisen. Dasselbe gilt zur Zeit auch von grösseren Zusätzen; erst wenn in einer grossen Anzahl von Weinen nach dem unter Nr. 40 (S. 213) beschriebenen Verfahren der Fuselölgehalt (Gehalt an höheren Alkoholen) bestimmt sein wird, wird es vielleicht möglich sein, einen grösseren Zusatz von stark fuseligem Spiritus zu erkennen. Es ist übrigens sehr unwahrscheinlich, dass Jemand den Wein mit stark fuseligem Spiritus versetzt, da hierdurch der Geruch und Geschmack des Weines erheblich leiden könnte.

9. Unreiner (nicht technisch reiner) Stärkezucker.

Fast der gesammte in den Handel kommende Stärkezucker ist nicht reine Dextrose, sondern enthält, je nach der Qualität, mehr oder weniger, meist sehr grosse Mengen von Stoffen, die als Zwischenglieder zwischen der Stärke und dem Traubenzucker aufzufassen sind; man hat diese Stoffe Amylin, Gallisin oder auch „die unvergährbaren Bestandtheile des Stärkezuckers" genannt, weil man annahm, dass sie durch Hefe nicht vergohren würden. Diese Annahme hat sich nicht bestätigt, da durch Versuche von E. von Raumer[1]), L. Medicus und C. Immerheiser[2]), sowie W. Fresenius[3]) dargethan wurde, dass die sogenannten „unvergährbaren Bestandtheile" des unreinen Stärkezuckers sich gegen verschiedene Hefenarten verschieden verhalten: durch Presshefe werden sie vollständig vergohren, gegen Bierhefe sind sie widerstandsfähig.

Der Nachweis des Zusatzes von unreinem Stärkezucker zu dem Weine beruht auf dem Gehalte des Stärkezuckers an diesen Bestandtheilen, die durch die Hefen des Weines nicht vergohren werden. Das vorgeschriebene Verfahren (Nr. 13, S. 112) ist rein empirisch und nur zum qualitativen Nachweise des Zusatzes von unreinem Stärkezucker geeignet; Schlüsse auf die Grösse des Zusatzes lassen sich daraus kaum annähernd ziehen. Zusätze kleiner Mengen unreinen Stärkezuckers können dem Nachweise entgehen.

Nachdem es auf Grund zahlreicher Analysen viele Jahre als feststehend betrachtet wurde, dass reine Weine bei der Untersuchung nach dem unter Nr. 13 (S. 112) vorgeschriebenen Verfahren niemals ein ähnliches Verhalten zeigten wie die mit unreinem Stärkezucker versetzten Weine, ist in neuerer Zeit eine Beobachtung gemacht worden, die geeignet ist, die bisher geltende Annahme bis zu einem gewissen Grade einzuschränken. C. Schmitt[4]) fand nämlich, dass die hochfeinen Ausleseweine des Herzoglich Nassauischen Kabinetskellers sich genau so verhielten wie mit unreinem Stärkezucker versetzte Weine. Schmitt hat die Weine nicht nach dem unter Nr. 13d (S. 112) vorgeschriebenen Alkohol-Aus-

---

[1]) Zeitschr. angew. Chemie 1890. 421.
[2]) Zeitschr. analyt. Chemie 1891. **30.** 665.
[3]) Ebendort 1891. **30.** 669.
[4]) C. Schmitt, Die Weine des Herzoglich Nassauischen Kabinetskellers. Wiesbaden 1892. S. 45.

zugverfahren geprüft, so dass eine sehr fühlbare Lücke in der Beweisführung blieb. Untersuchungen, die im Kaiserlichen Gesundheitsamte mit Ausleseweinen des Herzoglich Nassauischen Kabinetskellers ausgeführt wurden, ergaben, dass auch der Alkoholauszug dieser Weine sich genau so verhält wie bei Weinen, die mit unreinem Stärkezucker versetzt waren. Da kaum angenommen werden kann, dass diese hochfeinen Weine einen Zusatz von unreinem Stärkezucker erhalten haben, so ist damit die Thatsache festgestellt, dass es Weine giebt, die, nach dem vorgeschriebenen Verfahren untersucht, als mit unreinem Stärkezucker versetzt anzusehen sind, ohne dass sie diesen enthalten. Welcher Art diese Stoffe sind, ist noch nicht festgestellt worden. Soweit die bisherigen Untersuchungen reichen, muss man annehmen, dass sich solche Stoffe nur in den Ausleseweinen, nicht aber in den gewöhnlichen Handelsweinen finden; bei der Untersuchung der letzteren auf unreinen Stärkezucker treten sie nach den bisherigen Erfahrungen nicht störend in Erscheinung. Immerhin ist die Thatsache des Vorhandenseins dieser Stoffe in den rheinischen Ausleseweinen sehr bemerkenswerth. So lange man ihre Natur, die Bedingungen ihres Entstehens und Vorkommens nicht kennt, darf man den Fall nicht von der Hand weisen, dass sie auch einmal in gewöhnlichen Handelsweinen vorkommen können. Das nähere Studium der unvergohrenen rechtsdrehenden Bestandtheile der Ausleseweine ist deshalb dringend wünschenswerth.

Eine andere, von E. List[1]) gemachte Beobachtung, welche das Ergebniss des Nachweises von unreinem Stärkezucker in Frage zu stellen schien, fand bald ihre Erklärung. List ermittelte in fünf Weinen die unvergohrenen Bestandtheile des unreinen Stärkezuckers, stellte aber fest, dass diese Stoffe durch kräftige Presshefe vergohren wurden; da man dieselben für unvergährbar hielt, nahm List an, dass hier eine schwer vergährbare Dextrose vorliege. Durch den Nachweis der Vergährbarkeit der sogenannten „unvergährbaren" Bestandtheile des unreinen Stärkezuckers durch Presshefe fand diese Beobachtung ihre Erledigung.

Die Rechtsdrehung des Alkoholauszuges kann auch durch gewisse Bestandtheile mancher Honigsorten hervorgerufen sein. Wie zahlreiche Analytiker[2]) nachgewiesen haben, enthalten

---

[1]) Chem.-Ztg. 1890. **14**. 804.
[2]) Ein ausführliches Literaturverzeichniss s. S. 132.

viele Honigsorten, namentlich die sogenannten Koniferenhonige, einen dextrinartigen Bestandtheil, der sich genau wie die unvergohrenen Bestandtheile des unreinen Stärkezuckers verhält. Findet man daher in einem Weine nach dem vorgeschriebenen Verfahren die unvergohrenen Bestandtheile des unreinen Stärkezuckers, so ist es, um alle Möglichkeiten zu decken, zweckmässig, anzugeben, dass dem Weine unreiner Stärkezucker oder vielleicht auch dextrinhaltiger Honig zugesetzt worden sei. Ein Honigzusatz zum Weine wird wegen des hohen Preises des Honigs nur selten vorkommen; auch unreiner Stärkezucker wird gegenwärtig nur noch wenig zum Verbessern und Vermehren des Weines benutzt.

10. Theerfarbstoffe.

Theerfarbstoffe werden im Rothweine, der stets darauf geprüft werden muss, nach den früher (Nr. 27, S. 155) beschriebenen Verfahren immer mit Sicherheit erkannt. Da der Zusatz aller Theerfarbstoffe zu dem Weine verboten ist, ist es nicht nothwendig, dass man im Einzelnen feststellt, welcher bestimmte Farbstoff in jedem Falle vorliegt; bei der grossen Zahl von Farbstoffen und Farbstoffmischungen, die zur Färbung des Rothweines benutzt werden können, ist das meist gar nicht möglich. Es genügt nachzuweisen, dass irgend ein Theerfarbstoff vorhanden ist. Dass auch bei Weissweinen gegebenenfalls auf Theerfarbstoffe Rücksicht zu nehmen ist, wurde bereits erwähnt (S. 164).

11. Schwefelsäure in Rothweinen.

Nach § 2 Absatz 2 des Weingesetzes vom 20. April 1892 dürfen Rothweine, mit Ausnahme der Dessertweine (Süd-, Süssweine) ausländischen Ursprungs, im Liter nicht mehr Schwefelsäure enthalten, als sich in 2 g neutralem schwefelsaurem Kalium vorfindet, d. h. nicht mehr als 0,9186 g Schwefelsäure (SO_3) in 1 Liter. Für sämmtliche in den Apotheken feilgehaltenen Weine, auch Dessertweine und Weissweine, schreibt der Nachtrag zu dem Deutschen Arzneibuche (dritte Ausgabe) dieselbe Grenze des Schwefelsäuregehaltes vor[1]). Die Grenze von 2 g Kaliumsulfat für den Schwefelsäuregehalt der Weine, die eingeführt wurde, um übermässiges

---

[1]) Arzneibuch f. d. Deutsche Reich (dritte Ausgabe). Neudruck mit Berücksichtigung des Nachtrages. Berlin 1895. S. 348.

Gypsen zu verhindern, ist auch von verschiedenen anderen Ländern angenommen worden. Der Schwefelsäuregehalt der Weine, der von Natur meist gering ist, kann durch häufiges und starkes Schwefeln beträchtlich erhöht werden; da Rothweine gar nicht oder nur ganz schwach geschwefelt werden dürfen, wird durch die Kellerbehandlung der Schwefelsäuregehalt derselben gar nicht oder nur unwesentlich erhöht. Für die rothen Dessertweine (Süd-, Süssweine) ist ein höherer Schwefelsäuregehalt zugelassen; auch für die Weissweine gilt die gesetzlich festgesetzte Grenze des Schwefelsäuregehaltes nicht. Der Schwefelsäuregehalt der Weine kann nach dem vorgeschriebenen Verfahren (Nr. 5, S. 66) stets mit Sicherheit festgestellt werden.

12. Zusatz von Alkohol zum Weine.

Nach § 3 Nr. 1 des Weingesetzes darf dem Weine bei der Kellerbehandlung höchstens 1 Raumtheil Alkohol auf 100 Raumtheile Wein zugesetzt werden. Der Nachweis eines grösseren Alkoholzusatzes ist häufig nicht nachweisbar. Der Alkoholgehalt der Weine richtet sich in erster Linie nach der Menge des vergohrenen Zuckers, der entweder aus dem Moste herrührt oder künstlich zugesetzt wurde; in Folge des schwankenden Zuckergehaltes der Moste ist der Alkoholgehalt der Weine sehr verschieden.

Zum Nachweise eines Alkoholzusatzes benutzt man das Verhältniss des vorhandenen Alkohols zum Glycerin. Dieses Verhältniss wurde bereits unter Nr. 4 (S. 259) zum Nachweise eines Glycerinzusatzes herangezogen. Dort wurde mitgetheilt, dass bei der Gährung des Mostes auf 100 Gewichtstheile Alkohol gewöhnlich 7 bis 14 Gewichtstheile Glycerin gebildet werden, und dass um so weniger Glycerin entsteht, je träger die Gährung verläuft. Alle Umstände, welche die Gährung ungünstig beeinflussen oder hemmen, wirken daher auch hemmend auf die Glycerinbildung; als solche ungünstig wirkenden Ursachen sind hervorzuheben: niedrige Temperatur des Gährraumes, Mangel an Nährstoffen für die Hefe, Gegenwart gährungshemmender Stoffe, insbesondere von Essigsäure und schwefliger Säure, und zahlreiche andere, die man zum Theil noch nicht näher erforscht hat.

Die früher angenommene Grenze, dass bei der Gährung des Mostes auf 100 Gewichtstheile Alkohol mindestens 7 Gewichtstheile Glycerin entstehen, kann nicht mehr als allgemein gültig angesehen werden. Die bei der Weinstatistik an unversetzten, reinen Weinen gemachten Beobachtungen lehren, dass auch solche Weine mitunter auf 100 g Alkohol weniger als 7 g Glycerin enthalten. Auffällig häufig sind z. B. unter den 1892er Weinen solche mit abnorm geringem Glyceringehalte gefunden worden. In den meisten Weinbaugebieten kommen solche Weine vor; bei einzelnen Proben ging das Alkohol-Glycerinverhältniss unter 100:5 herab. Auf Grund dieser Erfahrungen muss man die untere Grenze des Alkohol-Glycerinverhältnisses bei normalen Weinen auf 100:6 herabsetzen.

Bei den Handelsweinen ist weiter zu berücksichtigen, dass nach § 3 Nr. 1 des Weingesetzes ein Zusatz von 1 Maassprozent Alkohol zu dem Weine zulässig ist. Liegt daher z. B. ein Wein von 8 g Alkohol in 100 ccm vor, so brauchen nur 7,2 g des Alkohols bei der Gährung entstanden zu sein, während 0,8 g (entsprechend 1 Maassprozent) Alkohol nachträglich zugesetzt worden sein können. Bei der Ableitung des Alkohol-Glycerinverhältnisses darf man selbstverständlich nur den bei der Gährung entstandenen Alkohol berücksichtigen. Da man nun niemals wissen kann, ob ein zur Untersuchung vorliegender Handelswein den zulässigen Alkoholzusatz von 1 Maassprozent erhalten hat oder nicht, muss man stets den gefundenen Alkoholgehalt um 1 Maassprozent vermindern und den Unterschied zur Berechnung des Alkohol-Glycerinverhältnisses benutzen. Ein Wein mit 8 g Alkohol in 100 ccm sollte unter der Voraussetzung des kleinsten Alkohol-Glycerinverhältnisses von 100:7 mindestens 0,56 g Glycerin in 100 ccm enthalten. Von den 8 g Alkohol in 100 ccm Wein können aber 0,8 g (entsprechend 1 Maassprozent) dem Weine nachträglich zugesetzt worden sein, so dass bei der Gährung des Weines nur 7,2 g Alkohol entstanden sind. Unter Berücksichtigung dieses Umstandes und unter Zugrundelegung des kleinsten Alkohol-Glycerinverhältnisses von 100:7 würde der kleinste noch zulässige Glyceringehalt des Weines von 0,56 g auf 0,504 g in 100 ccm Wein sinken. Vorher wurde schon erwähnt, dass der Glyceringehalt noch geringer werden kann, ohne dass eine Verfälschung stattgefunden zu haben braucht.

Sinkt schon der Glyceringehalt unversetzter Naturweine bisweilen unter die früher festgesetzte Grenze, so ist dies in erhöhtem Maasse von den gallisirten Weinen zu erwarten. Das Gallisiren besteht in einem Zusatze einer reinen wässerigen Zuckerlösung zu dem Weine; dadurch werden einerseits die in dem Weine vorhandenen Hefenährstoffe verdünnt und andererseits erwächst der Hefe eine erweiterte Thätigkeit, insofern als sie auch den zugesetzten Zucker vergähren muss. Die Umstände der Gährung sind daher beim gallisirten Weine meist nicht günstig, und es ist zu erwarten, dass die Glycerinerzeugung dabei unter der normalen Menge bleibt. Trotz eines abnorm niedrigen Glyceringehaltes braucht somit eine Verfälschung des Weines nicht vorzuliegen, da nach § 3 Nr. 4 das Gallisiren der Weine innerhalb gewisser Grenzen erlaubt ist.

Da die Werthe des Alkohol-Glycerinverhältnisses innerhalb weiter Grenzen schwanken, können, selbst wenn die bisher angenommene untere Grenze (100:7) allgemeine Gültigkeit hätte, dem Weine mitunter, nämlich wenn er reich an Glycerin ist, sehr erhebliche Mengen Alkohol zugesetzt werden, ohne dass das Alkohol-Glycerinverhältniss ein abnormes zu werden braucht; wird neben Alkohol gleichzeitig Glycerin zugesetzt, so verliert das Alkohol-Glycerinverhältniss jeden Werth für die Beurtheilung des Weines.

Der Alkoholgehalt der Weine schwankt je nach der Art, der Herkunft u. s. w. sehr erheblich. Die deutschen Weine enthalten meist 5 bis 10 g Alkohol in 100 ccm. Weine mit geringerem Alkoholgehalte kommen seltener in den Handel. Einen natürlichen hohen Alkoholgehalt haben meist nur sehr feine Weine guter Jahrgänge und Lagen. Weine, die mehr als 18 Maassprozent Alkohol enthalten, haben mit Sicherheit einen Zusatz von Alkohol erhalten, da nach den bisherigen Erfahrungen bei der Gährung des Mostes auch unter den günstigsten Bedingungen nicht mehr als 18 Maassprozent Alkohol gebildet werden. Die Dessertweine (Likörweine) enthalten stets sehr grosse Mengen Alkohol, da man ihnen erhebliche Mengen rektifizirten Sprit zusetzt. Der Alkoholgehalt der Weine wird durch den Kahmpilz und den Essigpilz verringert; auch durch Oxydation zu Aldehyd und Essigsäure und durch die Bildung von Estern nichtflüchtiger und flüchtiger Säuren geht ein Theil des Alkohols als solcher verloren. Beim Lagern der Weine vermindert sich der Alkoholgehalt durch Verdunstung; sehr alte Weine enthalten daher wenig Alkohol. Ein starker Zusatz von Alkohol zu dem fertigen Weine macht diesen unharmonisch, so dass ein solcher Zusatz kurze Zeit nach der Vornahme durch die Geschmacksprobe erkannt werden kann; beim Lagern gleichen sich Geruch und Geschmack wieder vollkommen aus.

13. Gallisirter Wein.

Nach § 3 Nr. 4 des Weingesetzes vom 20. April 1892 ist der Zusatz von technisch reinem Rohr-, Rüben- oder Invertzucker, technisch reinem Stärkezucker, auch in wässeriger Lösung, erlaubt; jedoch darf durch den Zusatz wässeriger Zuckerlösung der Gehalt des Weines an Extraktstoffen und Mineralbestandtheilen nicht unter die bei ungezuckertem Weine des Weinbaugebietes, dem der Wein nach seiner Benennung entsprechen soll, in der Regel beobachteten Grenzen herabgesetzt werden. Durch § 11 unter b) des Weingesetzes ist der Bundesrath ermächtigt worden, die Grenzen festzustellen, welche für die Herabsetzung des Gehaltes an Extraktstoffen und Mineralbestandtheilen im Falle des § 3 Nr. 4 massgebend sein sollen. Auf Grund dieser Ermächtigung hat der Bundesrath durch Bekanntmachung vom 29. April 1892 die Grenzen folgendermassen festgesetzt: Bei Wein, welcher nach seiner Benennung einem inländischen Weinbaugebiete entsprechen soll, darf durch den Zusatz wässeriger Zuckerlösung

a) der Gesammtgehalt an Extraktstoffen nicht unter 1,5 g, der nach Abzug der nichtflüchtigen Säuren verbleibende Extraktgehalt nicht unter 1,1 g, der nach Abzug der freien Säuren verbleibende Extraktgehalt nicht unter 1 g,

b) der Gehalt an Mineralbestandtheilen nicht unter 0,14 g in einer Menge von 100 ccm Wein herabgesetzt werden.

Durch § 7 Nr. 2 des Weingesetzes wird derjenige mit Strafe bedroht, der wissentlich Wein, welcher einen Zusatz der im § 3 Nr. 4 bezeichneten Art (Zucker bezw. wässerige Zuckerlösung) erhalten hat, unter Bezeichnungen feilhält oder verkauft, welche die Annahme hervorzurufen geeignet sind, dass ein derartiger Zusatz nicht gemacht ist.

Für den Verkehr mit gallisirtem Weine ergiebt sich nach dem Weingesetze vom 20. April 1892 folgende Rechtslage:

1) Gallisirter Wein, dessen Gehalt an Extraktstoffen, Mineralbestandtheilen u. s. w. sich innerhalb der in der Bekanntmachung vom 29. April 1892 angegebenen Grenzen hält, gilt als unverfälscht, er kann daher ohne unterscheidenden Zusatz unter den für Wein üblichen Bezeichnungen feilgehalten und verkauft werden.

2) Das vorsätzliche Verkaufen und Feilhalten von gallisirtem Wein unter Bezeichnungen, welche die Annahme zu erwecken geeignet sind, der Wein sei nicht gallisirt, ist verboten.

3) Gallisirter Wein, bei welchem die vorgeschriebenen Grenzen bezüglich des Extraktes, der Mineralbestandtheile u. s. w. nicht eingehalten sind, gilt als verfälscht im Sinne des § 10 des Nahrungsmittelgesetzes; demgemäss ist die Herstellung eines solchen Getränkes in der Absicht, es demnächst als Wein ohne Kennzeichnung der Zuckerung in den Verkehr zu bringen, sowie der Verkauf desselben unter Verschweigung der Zuckerung strafbar.

4) Wein, der einen Zusatz von Zuckerwasser nicht erhalten hat, kann unter den für Wein üblichen Bezeichnungen auch dann feilgehalten und verkauft werden, wenn sein Gehalt an Extrakt u. s. w. die vorgeschriebenen Grenzen nicht erreicht.

Die von dem Bundesrathe durch die Bekanntmachung vom 29. April 1892 festgesetzten Grenzen bezüglich des Extrakt- und Aschengehaltes der gallisirten Weine gelten für alle Weine, die ihrer Bezeichnung nach irgend einem deutschen Weinbaugebiete entsprechen sollen. Diese Grenzzahlen sind nur als vorläufige zu betrachten. Falls die planmässig ausgeführten Untersuchungen reiner Weine aus den einzelnen deutschen Weinbaugebieten, die sogenannte Weinstatistik für Deutschland, ergeben sollten, dass die Erzeugnisse der einzelnen Gebiete dauernde, von Zufälligkeiten unabhängige Unterschiede in der Zusammensetzung zeigen, ist vorgesehen, für die Weine aus den verschiedenen deutschen Weinbaugebieten verschiedene Grenzzahlen vorzuschreiben. Die bisher vorliegenden Untersuchungen reichen noch nicht aus, um eine derartige Spezialisirung schon jetzt als zulässig erscheinen zu lassen.

In Betreff des Begriffes „Extrakt (Gesammtgehalt an Extraktstoffen)" im Sinne der Bekanntmachung des Bundesrathes vom 29. April 1892 ist im Eingange zu Nr. 3 der Untersuchungsverfahren (S. 56) eine massgebende Erklärung gegeben worden. Danach bezieht sich der der Beurtheilung der Weine zu Grunde liegende Begriff „Extrakt" nur auf völlig ausgegohrene Weine, nicht aber auf solche, die noch mehr oder weniger unvergohrenen Zucker enthalten. Würde man einen etwaigen Zuckergehalt eines Weines dem Extrakte zurechnen, so würden dadurch ganz erhebliche Missstände hervorgerufen werden. Denn dann könnte man einen jeden stark gallisirten Wein durch Zusatz von kleinen Mengen Zucker kurz vor dem Verkaufe auf den gesetzlich vorgeschriebenen Extraktgehalt bringen. Weiter kann der Fall vorkommen, dass der dem Weine beim Gallisiren zugesetzte Zucker in Folge ungünstiger Verhältnisse (zu niedriger Temperatur, Mangel an Hefenährstoffen, Gegenwart von grösseren Mengen Essigsäure oder schwefliger Säure u. s. w.), sei es absichtlich, sei es zufällig, zum Theil unvergohren bleibt, so dass der Wein, wenn man den unvergohrenen Zucker mitrechnet, den vorgeschriebenen Extraktgehalt enthält; ein solcher Wein könnte dann unbeanstandet in den Handel gebracht werden. Später, wenn der Wein bereits in dritter Hand ist, können die gährungshemmenden Umstände, auch ohne Zuthun des Besitzers, beseitigt werden und die noch vorhandenen Zuckerreste vergähren; wenn dadurch, was oft genug vorkommen kann, der Extraktgehalt unter die vorgeschriebene Grenze sinkt, ist der Wein zu beanstanden. Es würde somit der Fall vorliegen, dass ein Wein zu einem bestimmten Zeitpunkte den Anforderungen des Gesetzes genügte, in einem späteren Stadium der Entwickelung aber, ohne dass mit dem Weine irgend eine Manipulation vorgenommen worden wäre, beanstandet werden müsste.

Eine solche Inkonsequenz liegt natürlich nicht in der Absicht des Gesetzes. Dies ist schon daraus ersichtlich, dass sowohl in dem Gesetze als auch in der Bundesrathsverordnung stets von einer Herabsetzung des Extraktes durch den Zusatz von wässerigen Zuckerlösungen gesprochen wird; da wohl niemals oder doch äusserst selten beim Gallisiren dem Weine Zuckerlösungen von einem so geringen Gehalte als 1,5 bis 2 Prozent, sondern fast ausnahmslos viel konzentrirtere Zuckerlösungen zugesetzt zu werden pflegen, so könnte, wenn man den Zuckergehalt der gallisirten Weine dem Extraktgehalte zurechnen wollte, nicht von einer Herabsetzung des Extraktes gesprochen werden.

Thatsächlich ist daher auch von den Weinchemikern von jeher bei der Beurtheilung des Extraktgehaltes der Weine stets nur der zuckerfreie Extrakt, allerdings mit einer kleinen Einschränkung, herangezogen worden. Die Erfahrung hat nämlich gelehrt, dass die völlig ausgegohrenen Weine fast ausnahmslos noch eine kleine Menge unvergohrenen reduzirenden Zucker oder wenigstens einen Bestandtheil enthalten, der bei der Zuckerbestimmung als Zucker gefunden wird. Bei deutschen Weinen beträgt der Zuckergehalt ausgegohrener Weine erfahrungsgemäss nicht mehr als 0,10 g in 100 ccm; diese Zuckermenge pflegte man dem Extrakte der Weine noch zuzurechnen, einen darüber hinausgehenden Zuckergehalt aber unberücksichtigt zu lassen.

Dasselbe Verfahren ist jetzt für die Beurtheilung der Weine durch den letzten Absatz der unter Nr. 3 (S. 57) beschriebenen Verfahren zur Bestimmung des Extraktes amtlich vorgeschrieben worden. Zur Beurtheilung des Extraktgehaltes der Weine im Sinne der Bundesrathsverordnung vom 29. April 1892 hat man hiernach folgendermassen zu verfahren. Man bestimmt den Extraktgehalt nach Nr. 3 (S. 56) und hierauf den Zuckergehalt (Invertzucker sowohl wie Rohrzucker) nach Nr. 11 (S. 94). Ergiebt die Zuckerbestimmung weniger als 0,10 g Gesammtzucker in 100 ccm Wein, so ist der nach Nr. 3 (S. 56) bestimmte Extraktgehalt ohne Weiteres der Beurtheilung zu Grunde zu legen. Findet man dagegen mehr als 0,10 g Zucker in 100 ccm Wein, so zieht man von dem ermittelten Zuckergehalte 0,10 g ab, und zieht den dann verbleibenden Zuckergehalt von dem nach Nr. 3 (S. 56) gefundenen Extraktgehalte ab; der alsdann verbleibende Extraktgehalt ist der Beurtheilung des Weines zu Grunde zu legen. Man habe z. B. in einem Weine 2,14 g Extrakt und 0,58 g Zucker in 100 ccm gefunden. Man hat den Zuckergehalt um 0,10 g zu vermindern: $0,58 - 0,10 = 0,48$, und den Unterschied von dem gefundenen Extraktgehalte abzuziehen: $2,14 - 0,48 = 1,66$, d. h. der Wein entspricht bezüglich des Extraktgehaltes den Anforderungen des Gesetzes. Bedeutet allgemein e den nach Nr. 3 (S. 56) gefundenen Extraktgehalt, z den nach Nr. 11 (S. 94) gefundenen Zuckergehalt (beide in 100 ccm Wein) und E den der Beurtheilung zu Grunde zu legenden Extraktgehalt, so ist für den Fall, dass z grösser als 0,10 ist:

$E = e - z + 0,10$ Gramm in 100 ccm Wein.

Ist z kleiner als 0,10, so ist einfach $E = e$.

Über die allgemeine Gültigkeit der für gallisirten Wein festgesetzten Grenzzahlen ist folgendes zu bemerken.

a) Der Extraktgehalt der unversetzten Naturweine ist meist erheblich höher als 1,5 g in 100 ccm. Von 1047 reinen deutschen Weinen aus den Jahren 1886 bis 1890 hatten nur 2 Proben einen geringeren Extraktgehalt; einer enthielt 1,45 g, der andere 1,48 g Extrakt in 100 ccm, also nur sehr kleine Mengen weniger als 1,5 g. Von 437 reinen deutschen Weinen (meist aus dem Jahre 1892) hatten nur 4 weniger als 1,5 g Extrakt in 100 ccm; darunter befanden sich ein 1891er Wein aus der bayerischen Pfalz mit 1,24 g, ein 1891er württembergischer Wein mit 1,32 g, ein unterfränkischer Wein mit 1,496 g und ein badischer Seewein mit 1,486 g Extrakt in 100 ccm. Die beiden letzten Weine sind so nahe an der vorgeschriebenen Grenze, dass der Unterschied sehr wohl durch Versuchsfehler verursacht sein kann; auch die beiden anderen abnormen Extraktwerthe sind nicht durch eine zweite Bestimmung kontrollirt worden. Die meisten Weine haben ganz erheblich mehr als 1,5 g Extrakt in 100 ccm; bei 1009 Weinen aus den Jahren 1886 bis 1890 betrug der mittlere Extraktgehalt 2,28 g in 100 ccm. **Die vorgeschriebene unterste Grenze des Extraktgehaltes wird somit nur in verschwindend wenigen Fällen unterschritten.**

Da die Rothweine auf den Trestern vergähren und die letzteren dabei vollständiger ausgelaugt werden, sind die Rothweine gewöhnlich reicher an Extraktbestandtheilen, namentlich auch an neutralen Extraktstoffen. Aus diesem Grunde halten die Mitglieder der privaten „Kommission zur Bearbeitung einer Weinstatistik für Deutschland" die untere Grenze für den Extraktgehalt von 1,5 g in 100 ccm und für den Extraktrest (Extrakt vermindert um die Gesammtsäure) von 1 g in 100 ccm bei Rothweinen für sehr niedrig; nach ihren Erfahrungen sind 1,6 g Extrakt und 1,1 g Extraktrest bei unversetzten Rothweinen die untersten Grenzwerthe[1].

b) **Der Extraktgehalt nach Abzug der nichtflüchtigen Säuren** ist ebenfalls meist höher als 1,1 g in 100 ccm. Doch kommen hier immerhin mehr Ausnahmen vor als bei dem Gehalte an Gesammtextrakt. Mitunter sind Weine mit einem bedeutend geringeren Gehalte an Extrakt nach Abzug der nichtflüchtigen Säuren beobachtet worden; doch auch hier ist der Mittelwerth für alle Weinbaugebiete meist bedeutend höher als 1,1 g in 100 ccm.

c) **Der Extraktgehalt nach Abzug der freien Säuren** (der sogenannte **Extraktrest**) soll mindestens 1,0 g in 100 ccm Wein betragen. Dies trifft in den allermeisten Fällen zu. Unter 1047 Weinen aus den Jahren 1886 bis 1890 waren nur 23 mit weniger als 1 g Extraktrest (Gesammtextrakt vermindert um die freien Säuren). Von 437 unversetzten Weinen (meist aus dem Jahre 1892) zeigten 15 einen Extraktrest von weniger als 1 g in 100 ccm; einzelne Weine unterschritten die vorgeschriebene Grenze ganz erheblich. Im Allgemeinen ist aber der mittlere Extraktrest der unversetzten deutschen Weine er-

---

[1] Zeitschr. analyt. Chemie 1894. **33.** 630.

heblich grösser als 1,0 g in 100 ccm; die Weissweine aus den Jahren 1886 bis 1890 hatten im Durchschnitt einen Extraktrestgehalt von etwa 1,25 bis 2,00 g in 100 ccm, die Rothweine, die in Folge ihrer Darstellung reicher an Extraktstoffen und namentlich auch an neutralen Extraktstoffen sind, aus denselben Jahren hatten einen durchschnittlichen Extraktrestgehalt von 1,44 bis 2,10 g in 100 ccm. Ein geringerer Extraktrestgehalt als 1,0 g in 100 ccm Wein ist nur als Ausnahme zu betrachten; meist liegen besondere Gründe (starkes Auftreten der Blattfallkrankheit, mangelhafte Reife der Trauben u. s. w.) für diese Anomalie vor. Auch bei Gegenwart erheblicher Mengen flüchtiger Säuren (Essigsäure) kann der Extraktrest kleiner als 1 g in 100 ccm werden, da die Essigsäure, die unabhängig von der Zusammensetzung des ursprünglichen Mostes aus dem Alkohol entsteht, die Gesammtsäure des Weines bedeutend erhöhen kann.

d) Der Gehalt an Mineralbestandtheilen soll mindestens 0,14 g in 100 ccm Wein betragen. Von 1047 unversetzten deutschen Weinen aus den Jahren 1886 bis 1890 hatten nur 10 einen Gehalt an Mineralbestandtheilen von weniger als 0,14 g in 100 ccm; bei 1009 von diesen Weinen war der mittlere Gehalt gleich 0,21 g in 100 ccm. Während hier die abnorm geringen Gehalte an Mineralbestandtheilen zu den Ausnahmen gehören, zeigen die Weine aus dem Jahre 1892 ein ganz anderes Bild. Bei den 1892er Weinen aus einigen Weinbaugebieten wird die durch den Bundesrath festgesetzte Grenze für die Mineralbestandtheile nicht nur ausnahmsweise, sondern in der Regel und nicht nur wenig, sondern sehr erheblich unterschritten. Bei den 1892er Weinen aus dem Flussgebiete der Mosel, aus dem Rheinthale unterhalb des Rheingaues, aus dem mittel- und ostdeutschen Weinbaugebiete und aus Baden blieb sogar der durchschnittliche (mittlere) Gehalt an Mineralbestandtheilen unter der vorgeschriebenen Grenze von 0,14 g in 100 ccm; auch unter den 1892er Weinen des Rhein- und Maingaues, des Nahe- und Glanthales, aus Unterfranken und aus Baden fanden sich solche mit weniger als 0,14 g in 100 ccm.

Mit diesen Verhältnissen muss man bei der Beurtheilung der Weine rechnen. Wenn ein Wein mit so geringem Gehalte an Mineralbestandtheilen, der bisweilen nahe bis auf 0,1 g in 100 ccm sinkt, nicht gallisirt ist, kann er nicht beanstandet werden; ist er dagegen gallisirt, so ist er als verfälscht anzusehen. Die Ursache des abnorm geringen Gehaltes vieler

Weine an Mineralbestandtheilen ist nicht völlig aufgeklärt; meist wird angenommen, dass die aussergewöhnliche Trockenheit des Sommers 1892 die Aschenarmuth der Weine in einigen Gegenden mit bedingt habe.

Häufig ist der Gehalt der Weine an Mineralbestandtheilen ungefähr gleich dem zehnten Theile des Extraktgehaltes; erhebliche Abweichungen von diesem Verhältnisse, namentlich geringere Gehalte an Mineralbestandtheilen, sind aber keineswegs selten.

14. Erkennung gallisirter Weine.

Die Erkennung gallisirter Weine ist in zweifacher Hinsicht von Bedeutung: 1) Es kommt bei der Beurtheilung der Weine, die in Bezug auf ihren Gehalt an Extraktstoffen und Mineralbestandtheilen den Anforderungen des Gesetzes nicht entsprechen, einzig und allein darauf an, ob der Wein unversetzt oder gallisirt worden ist. 2) Der Verkauf und das Feilhalten von gallisirtem Weine unter Bezeichnungen, welche die Annahme hervorzurufen geeignet sind, der Wein sei nicht gallisirt, sind nach § 7 Nr. 2 des Weingesetzes verboten. In diesen beiden Fällen ist es von Wichtigkeit, festzustellen, ob der Wein gallisirt ist oder nicht. Die bei reinen Naturweinen beobachteten untersten Grenzen für den Gehalt an Extrakt und an Mineralbestandtheilen können hier bloss in letzter Linie herangezogen werden, da ein Wein diese untersten Grenzen ganz erheblich übersteigen und doch gallisirt sein kann.

a) **Der zugesetzte Zucker ist noch nicht vergohren, sondern noch ganz oder zum Theil vorhanden.**

In diesem Falle lässt sich häufig der Nachweis führen, dass der Wein gallisirt worden ist. Wurde hierzu Rohrzucker verwendet, so kann sich dieser zum Theil unverändert vorfinden, da er durch die Säuren des Weines bei gewöhnlicher Temperatur nur allmählich invertirt wird. Da in unversetztem Naturweine noch niemals Rohrzucker gefunden wurde, so beweist das Vorhandensein von Rohrzucker in einem Weine mit Sicherheit, dass dieser Stoff dem Weine künstlich zugesetzt worden ist; ob er als solcher oder in wässeriger Lösung zugesetzt wurde, lässt sich meist nicht entscheiden. Sobald der zugesetzte Rohrzucker in Gährung übergegangen ist, lässt er sich nicht mehr nachweisen, da er durch das Enzym der Hefe, das Invertin, rasch und vollständig invertirt wird. Dann liegt der Fall genau so, als wenn dem Weine Invertzucker zugesetzt worden wäre.

Wurde bei dem Gallisiren des Weines technisch reiner Traubenzucker benutzt, so kann, wenn dieser noch nicht vergohren ist, die Zuckerbestimmung zusammen mit dem Ergebnisse der Polarisation mitunter zur Entdeckung dieses Stoffes führen. Das in dem theilweise vergohrenen Weine zurückbleibende Zuckergemisch ist stark linksdrehend, da die Dextrose des Invertzuckers, der selbst linksdrehend ist, rascher vergährt als die linksdrehende Lävulose, die in Folge dessen bei unterbrochener Gährung vornehmlich zurückbleibt. Der zugesetzte Traubenzucker ist dagegen rechtsdrehend. Kleine Mengen Traubenzucker lassen sich indessen in Folge der schwankenden Drehung normaler, unversetzter Weine neben einem Reste unvergohrenen natürlichen Zuckers nicht erkennen; noch schwieriger wird dies, wenn der Traubenzucker bereits angefangen hat zu gähren.

Ein Zusatz von Invertzucker zum Weine ist am schwierigsten zu erkennen, da auch der natürliche Zucker des Mostes aus Invertzucker besteht. Auch zum Nachweise des Zusatzes von Invertzucker kann man die Zuckerbestimmung in Gemeinschaft mit der Polarisation heranziehen. Da die Dextrose des Invertzuckers rascher vergährt als die Lävulose, dreht das bei der Unterbrechung der Gährung hinterbleibende Zuckergemisch, das vorwiegend aus Lävulose besteht, stärker nach links als die gleiche Menge künstlich zugesetzten, also unveränderten Invertzuckers. Noch bessere Ergebnisse wird hier die getrennte Bestimmung der Dextrose und der Lävulose (vergl. Nr. 43, S. 216) liefern; während man im unveränderten Invertzucker nahezu gleiche Theile Dextrose und Lävulose findet, enthält das bei der Unterbrechung der Gährung hinterbleibende Zuckergemisch mehr Lävulose als Dextrose. Nach den neuesten Untersuchungen von J. König und W. Karsch[1]) ist indessen das Verhältniss der Dextrose und Lävulose in dem bei der Gährung des Invertzuckers zurückbleibenden Zuckergemische so schwankend, namentlich auch abhängig von dem Vergährungsgrade des Invertzuckers, dass sich zahlenmässige Schlussfolgerungen daraus bis jetzt nicht ziehen lassen. Sobald die Gährung des zugesetzten Invertzuckers schon weiter fortgeschritten ist, lässt sich der Zusatz überhaupt nicht mehr nachweisen.

---

[1]) Zeitschr. analyt. Chemie 1895. **34.** 1.

b) Der zugesetzte Zucker ist ganz oder bis auf Spuren vergohren.

Wenn der dem Weine zugesetzte Zucker bereits vergohren ist, lässt sich der Nachweis des Gallisirens oft nicht mehr mit Sicherheit führen; hier kann indessen mitunter die Beschaffenheit des zugesetzten Wassers gewisse Anhaltspunkte geben. Zahlreiche Wässer, insbesondere Brunnenwässer, enthalten Salpetersäure in mehr oder weniger grossen Mengen, die man leicht und sicher nachweisen (vergl. Nr. 23, S. 152) und gegebenenfalls bestimmen kann (vergl. Nr. 30, S. 173); im reinen unversetzten Naturweine hat man dagegen Salpetersäure noch nicht gefunden. Der Gehalt eines Weines an Salpetersäure deutet daher darauf hin, dass er einen Zusatz von Wasser erhalten hat. Dabei ist aber folgendes zu beachten: 1) Nicht jedes Wasser enthält Salpetersäure; ein Wein kann daher sehr wohl gallisirt sein, ohne dass er Salpetersäure enthält. 2) Der Salpetersäuregehalt der Weine vermindert sich, wie J. Herz[1]) und E. Borgmann[2]) fanden, allmählich und verschwindet schliesslich, wahrscheinlich in Folge einer Bakterienwirkung, vollständig aus dem Weine. 3) Aus einem geringen Salpetersäuregehalte eines Weines allein darf noch nicht auf einen absichtlichen Wasserzusatz geschlossen werden, da die Salpetersäure aus dem Wasser herrühren kann, das zum Reinigen und Ausspülen der Fässer und Bottiche benutzt wurde;[3]) ein solcher Fall ist thatsächlich schon vorgekommen.[4]) Ein verhältnissmässig hoher Salpetersäuregehalt eines Weines zeigt dagegen mit Sicherheit einen Wasserzusatz an. Mitunter wird sich feststellen lassen, welches Wasser zur Vermehrung des Weines voraussichtlich benutzt worden ist (wohl meist das Wasser aus dem Brunnen des betr. Weinproduzenten). Durch Bestimmung des Salpetersäuregehaltes dieses Wassers und des Weines wird sich bisweilen die Grösse des Wasserzusatzes feststellen lassen.

Wenn man die Gemarkung, die Lage und den Jahrgang kennt, denen ein Wein entstammt oder entstammen soll, ist es häufig möglich, durch den Vergleich der Zusammensetzung des zu untersuchenden Weines mit der Zusammensetzung reiner Weine derselben Gemarkung, Lage und desselben Jahrganges

---

[1]) Repert. analyt. Chemie 1886. **6.** 360.
[2]) Zeitschr. analyt. Chemie 1888. **27.** 184.
[3]) E. Egger, Arch. Hyg. 1884. **2.** 373; Bericht über d. 7. Versamml. d. fr. Verein. bayer. Vertreter d. angewandten Chemie S. 75.
[4]) E. Pollak, Chem.-Ztg. 1887. **11.** 1465 und 1623.

nachzuweisen, ob ein Wasserzusatz stattgefunden hat oder nicht. Die Weinstatistik für Deutschland bietet hierfür ein werthvolles, einwandfreies Vergleichsmaterial.

Noch schwieriger ist ein Zusatz von Zucker zum Moste bezw. Weine nachzuweisen. Je mehr Säure ein Most enthält, desto ärmer pflegt er in der Regel an Zucker zu sein, denn beides sind Folgen mangelhafter Reife. Die aus solchen Mosten entstehenden Weine sind daher meist sehr sauer und arm an Alkohol. Hoher Alkoholgehalt (mehr als 9 g in 100 ccm) neben hohem Säuregehalte (mehr als 0,9 g Gesammtsäure in 100 ccm) lässt daher einen Zuckerzusatz (ohne Wasser) vermuthen. Dieses Merkmal ist aber durchaus nicht sicher; es giebt vielmehr auch alkoholreiche unversetzte Weine mit hohem Säuregehalte.

15. Tresterwein (petiotisirter Wein).

Nach § 4 Nr. 1 des Weingesetzes ist die Herstellung von Wein unter Verwendung eines Aufgusses von Zuckerwasser auf ganz oder theilweise ausgepresste Trauben als Verfälschung im Sinne des § 10 des Nahrungsmittelgesetzes vom 14. Mai 1879 anzusehen. Die Unterschiede, die zwischen den Tresterweinen und den normalen Traubenweinen bestehen, sind in der Darstellungsweise der Tresterweine begründet (s. S. 30). Die Tresterweine sind arm an Extraktstoffen und freien Säuren, weil diese Stoffe zum grössten Theile in dem abgepressten Moste enthalten sind. Da bei der Herstellung der Tresterweine die Zuckerlösungen auf den Trestern vergähren, sind sie stets reich an Gerbstoff und oft auch an Mineralbestandtheilen, insbesondere an Kalk und Kali; mitunter sind die Tresterweine aber auch arm an Mineralbestandtheilen. Ferner sind die Tresterweine immer arm an Stickstoff.

Die nachstehenden, von L. Weigert[1]) veröffentlichten Ergebnisse der Untersuchung eines Weines und der aus den Trestern dieses Weines durch viermaligen Aufguss von Zuckerwasser hergestellten Tresterweinen zeigen deutlich die abnorme Zusammensetzung der Tresterweine (s. das Täfelchen S. 281).

Bei der Herstellung der Tresterweine ist die Beschaffenheit des zur Herstellung der Zuckerlösungen benutzten Wassers von grösserer Bedeutung als beim Gallisiren des Weines, weil

---

[1]) Mittheilungen Versuchsstation Klosterneuburg 1888. Heft 5. Tabelle XXXV.

der gesammte Wassergehalt der Tresterweine künstlich zugesetzt wird. Durch Verwendung eines harten Brunnenwassers können erhebliche Mengen Mineralbestandtheile in den Tresterwein gelangen; auch sind sie häufig reich an Salpetersäure.

Bezeichnung	Extrakt	Freie Säuren (Gesammtsäure)	Weinstein	Gerbstoff	Stickstoff	Mineralbestandtheile	Kali (K_2O)	Kalk (CaO)	Phosphorsäure (P_2O_5)
				Gramm in 100 ccm					
Mostabzug	2,11	0,78	0,388	0,0122	0,0341	0,222	0,1086	0,0094	0,0205
1. Aufguss	1,63	0,49	0,273	0,0165	0,0107	0,217	0,1011	0,0098	0,0109
2. Aufguss	1,22	0,39	0,203	0,0288	0,0025	0,162	0,0846	0,0111	0,0038
3. Aufguss	0,91	0,34	0,158	0,0273	0,0022	0,138	0,0618	0,0131	0,0030
4. Aufguss	0,88	0,33	0,063	0,0316	0,0003	0,100	0,0397	0,0160	0,0020

Während reine Tresterweine, die bisweilen auch einen Zusatz von Weinsteinsäure erhalten, gewöhnlich mit einiger Sicherheit erkannt werden können, ist der Nachweis eines Zusatzes von Tresterwein zu Traubenwein, das Petiotisiren der Weine, meist sehr schwierig, weil hier die Unterschiede der beiden Weinarten durch den Verschnitt zu sehr verwischt werden. Der Extraktgehalt solcher petiotisirten Weine braucht keineswegs abnorm gering zu sein. Auch der Gerbstoffgehalt ist allein kein sicheres Kennzeichen petiotisirter Weine. Denn durch starkes Schönen mit leim- oder eiweissartigen Schönungsmitteln kann man den grössten Theil des Gerbstoffes der Tresterweine entfernen. Ferner ist der Gerbstoffgehalt der weissen Traubenweine mitunter nicht unerheblich, nämlich dann, wenn der Most längere Zeit mit den Trestern in Berührung geblieben und auf ihnen theilweise vergohren ist; in diesem Falle ist aber auch der Extraktgehalt des Weines verhältnissmässig hoch, da der gährende Most den Trestern bei längerer Berührung mehr Extraktbestandtheile zu entziehen vermag. Ferner kann der Gerbstoffgehalt durch einen zu grossen Tanninzusatz beim Schönen (s. S. 13), der durch das Schönungsmittel nicht ganz ausgefällt wird, erhöht werden. Aus einem hohen Gerbstoffgehalte allein darf daher niemals auf einen Verschnitt mit Tresterwein geschlossen werden; vielmehr müssen hierzu auch die anderen oben mitgetheilten Anhaltspunkte herangezogen werden.[1]

---

[1] Vergl. über den Nachweis von Tresterwein: J. Stern, Zeitschr. Nahrungsm.-Unters. u. Hyg. 1893. 7. 409.

16. Hefenwein.

Der Hefenwein ist fast schon ein reiner Kunstwein, da bei seiner Darstellung (s. S. 31) verschiedene künstliche Zusätze sehr wesentlicher Art gemacht werden müssen, um ihm einen weinähnlichen Charakter zu geben; der Verkauf von Hefenwein oder Verschnitten mit demselben unter der Bezeichnung „Wein" ist nach § 4 Nr. 2 des Weingesetzes verboten. Die Hefenweine sind gewöhnlich arm an Extrakt, Säuren und Gerbstoff, sie enthalten aber oft verhältnissmässig viel Mineralbestandtheile. Sie erhalten häufig einen Zusatz von Weinsteinsäure und von Tannin. Hefenpressweine sind meist sehr reich an Stickstoffbestandtheilen und wahrscheinlich auch an Fuselöl.

17. Rosinenwein.

Die Herstellung von Wein unter Verwendung von Rosinen oder Korinthen ist nach § 4 Nr. 3 des Weingesetzes als Verfälschung des Weines anzusehen; der blosse Zusatz von Rosinen zu Most oder Wein ist dagegen bei Weinen, die als Dessertweine (Süd-, Süssweine) ausländischen Ursprungs in den Verkehr kommen, gestattet. Der rationell hergestellte Rosinenwein (s. S. 31) kann nach dem bisherigen Stande der Forschung durch die chemische Analyse nicht von Wein aus frischen Trauben unterschieden werden; zwar ist in dem städtischen Laboratorium zu Paris ein Verfahren zur Unterscheidung dieser Weine in Anwendung[1]), dasselbe ist aber so unsicher (die Grundsätze, auf denen es beruht, sind gar nicht bekannt), dass es sich nicht lohnt, es hier mitzutheilen. Zwischen den Rosinenweinen und den Weinen aus frischen Trauben bestehen sehr charakteristische Unterschiede im Geruche und Geschmacke, die ohne Zweifel durch Unterschiede in der chemischen Zusammensetzung bedingt sind; die Kenntniss der Geruch- und Geschmackstoffe der Weine ist aber noch so mangelhaft, dass zur Zeit an eine Bestimmung derselben im Einzelnen noch nicht gedacht werden kann.

18. Zusatz von Saccharin und anderen künstlichen Süssstoffen zum Weine.

Der Zusatz von Saccharin und anderen künstlichen Süssstoffen, von denen vorläufig nur noch das Dulcin in Frage

---

[1]) Monit. vinicole 1887. **32.** 146.

kommt, zum Weine ist nach § 4 Nr. 3 des Weingesetzes verboten; nach § 6 desselben Gesetzes dürfen diese Stoffe auch nicht zu Schaumweinen und Obstweinen, einschliesslich der Beerenweine, gesetzt werden. Der Nachweis von Saccharin (nach Nr. 17, S. 138) und Dulcin (nach Nr. 46, S. 224) ist stets leicht und mit Sicherheit zu führen.

19. Zusatz von Säuren oder säurehaltigen Körpern zum Weine.

Nach § 4 Nr. 4 des Weingesetzes ist der Zusatz von Säuren und säurehaltigen Körpern zum Weine bezw. die Verwendung dieser Stoffe bei der Herstellung von Wein als Verfälschung anzusehen.

a) Gesammtsäure.

Der Gehalt der Weine an Gesammtsäure ist in erster Linie von dem Reifegrade der Trauben abhängig; je reifer die Trauben sind, desto ärmer pflegen sie und auch der daraus gewonnene Wein an Säuren zu sein. Der Most ist stets erheblich reicher an Säuren als der daraus entstehende Wein, da bei der Gährung ein Theil des Weinsteines abgeschieden wird und auf andere Weise ein Theil der Säuren verschwindet. Bei dem Lagern und der Kellerbehandlung kann der Säuregehalt des Weines mitunter nicht unerheblich verändert werden; durch das Entsäuern des Weines (s. S. 26) wird der Säuregehalt mehr oder weniger herabgesetzt. Der Gehalt der reinen Weine an Gesammtsäure schwankt innerhalb weiter Grenzen, im Allgemeinen zwischen 0,4 und 1,5 g in 100 ccm; man hat aber auch Weine beobachtet, die nur 0,30 g, und solche, die 1,70 Gesammtsäure, als Weinsteinsäure berechnet, in 100 ccm enthielten.

Auch durch das Gallisiren wird (in Folge der Volumvermehrung) der Säuregehalt der Weine herabgesetzt; gleichzeitig nimmt aber auch der Extraktgehalt solcher Weine ab. Weine, die einen natürlichen geringen Säuregehalt haben, pflegen meist einen verhältnissmässig hohen Gehalt an neutralen Extraktstoffen zu besitzen. Nach den Erfahrungen der Mitglieder der privaten „Kommission zur Bearbeitung einer Weinstatistik für Deutschland" haben reine unversetzte deutsche Weissweine mit weniger als 0,4 g Gesammtsäure, einschliesslich höchtens 0,06 g flüchtigen Säuren, d. h. mit weniger als 0,325 g nichtflüchtigen Säuren in 100 ccm, in der Regel einen [Extraktgehalt von mindestens 1,7 g in 100 ccm.[1])

b) Weinsteinsäure.

Unversetzte Weine enthalten in den meisten Fällen keine freie Weinsteinsäure. Wie schon früher (S. 3) erwähnt wurde, wächst der Kaligehalt der Weintraube während des Reifens ganz erheblich, und das Kali verbindet sich in erster Linie mit der vorhandenen Weinsteinsäure zu Weinstein; wenn alle Weinsteinsäure in Weinstein verwandelt ist, verbindet sich das Kali mit den übrigen Säuren des Weines. Auf diese Weise erklärt es sich, dass Weine aus reifen Trauben keine Spur freier Weinsteinsäure enthalten; in ihnen ist diese Säure vollständig an Kali in der Form von Weinstein gebunden. In sehr sauren Weinen aus unreifen Trauben reicht dagegen häufig das vorhandene Kali nicht aus, um alle freie Weinsteinsäure in Weinstein überzuführen; solche Weine können daher freie Weinsteinsäure enthalten. Aber auch Weine aus reifen Trauben, die ursprünglich keine freie Weinsteinsäure enthalten, können durch die Kellerbehandlung einen gewissen Gehalt an freier Weinsteinsäure bekommen. Die beim Schwefeln in den Wein gelangende schweflige Säure wird zum Theil zu Schwefelsäure oxydirt. Die Schwefelsäure wirkt, sofern Kalisalze anderer organischer Säuren im Weine nicht enthalten sind, auf den Weinstein zersetzend ein, indem freie Weinsteinsäure und Kaliumsulfat entstehen. Durch wiederholtes Schwefeln kann auf diese Weise eine nicht unerhebliche Menge freier Weinsteinsäure entstehen. Zahlreiche Versuche haben aber ergeben, dass die freie Weinsteinsäure in Weinen mit höchstens 0,8 g Gesammtsäure in 100 ccm nicht mehr als $1/6$ bis höchstens $1/5$ der gesammten nichtflüchtigen Säuren des Weines ausmacht; ein reiner Wein mit 0,5 g nichtflüchtigen Säuren in 100 ccm enthält somit nach den bisherigen Erfahrungen nicht mehr als 0,10 g freie Weinsteinsäure. Dagegen soll in Weinen mit mehr als 0,8 g Gesammtsäure in 100 ccm der Gehalt an freier Weinsteinsäure oft viel höher sein[2]).

Bei der Herstellung von Kunstwein, auch von Trester-

---

[1]) Zeitschr. analyt. Chemie 1894. **33.** 629.
[2]) Bericht über die beim internationalen land- und forstwirthschaftlichen Kongresse in Wien (2. bis 6. September 1890) in der Sektion V c für land- und forstwirthschaftliches Untersuchungswesen, Gruppe C: Wein, gefassten Beschlüsse. Im Auftrage des Kongress-Komitees erstattet von B. Haas, Zeitschr. Nahrungsm.-Unters. u. Hyg. 1890. **4.** 258.

und Hefenwein, wird ihrer verhältnissmässigen Billigkeit wegen meist freie Weinsteinsäure verwendet; auch sonst benutzt man sie fast ausschliesslich, wenn es darauf ankommt, den Säuregehalt eines Weines durch künstliche Zusätze zu erhöhen. Das Verhalten der zugesetzten Weinsteinsäure in dem Weine ist je nach der Zusammensetzung des Weines eine verschiedene. Enthält der Wein nicht mehr Kali, als dem darin vorhandenen Weinsteine entspricht, so bleibt die Weinsteinsäure zum grössten Theile in freiem Zustande erhalten; nur ein Theil wird sich mit dem vorhandenen Kalk zu sehr schwer löslichem weinsteinsaurem Kalk vereinigen und ausfallen. Enthält dagegen der Wein ausser Weinstein noch andere Kalisalze, so setzt sich die Weinsteinsäure mit diesen unter Bildung von Weinstein um. Ist der Wein bereits vorher mit Weinstein gesättigt gewesen, was oft vorkommt, so wird der neu gebildete Weinstein unlöslich ausfallen; ist der Wein dagegen nicht mit Weinstein gesättigt, so bleibt so viel von dem neu gebildeten Weinsteine gelöst, bis der Wein damit gesättigt ist. In diesem Falle, der namentlich bei Tresterweinen, die sehr oft reich an Kali- und Kalksalzen sind, eintrifft, lässt sich der Zusatz von freier Weinsteinsäure häufig nicht mehr nachweisen. Dass das Entsäuern des Weines von erheblichem Einflusse auf die etwa vorhandene freie Weinsteinsäure ist, wurde bereits früher (S. 27) angeführt; die freie Weinsteinsäure wird dabei stets zuerst in Weinstein bezw. in weinsteinsauren Kalk übergeführt. Es möge noch bemerkt werden, dass die vorher angegebene Grenzzahl für den Gehalt der reinen Weine an Weinsteinsäure ($1/_6$ der gesammten freien Säuren) mit Hülfe der früher üblichen, nicht ganz fehlerfreien Verfahren von Berthelot und A. de Fleurieu[1]) bezw. von J. Nessler und M. Barth[2]) gewonnen wurde; nach dem in der Anweisung vorgeschriebenen Verfahren von Halenke und Möslinger (s. Nr. 7, S. 73) sind bisher nur wenige Weinsteinsäurebestimmungen ausgeführt worden.

c) Weinstein.

Der Weinsteingehalt der Weine schwankt innerhalb weiter Grenzen. Während der Most stets reich an diesem Salze ist, fällt bei der Gährung ein erheblicher Theil des Weinsteines aus. Unter sonst gleichen Umständen ist der Weinsteingehalt eines Weines um so geringer, je niedriger die Temperatur,

---

[1]) Zeitschr. analyt. Chemie 1864. **3**. 216.
[2]) Zeitschr. analyt. Chemie 1883. **22**. 160.

je höher der Alkoholgehalt und je weniger sauer der Wein ist. Soeben ausgegohrene Weine stellen oft eine gesättigte Lösung von Weinstein dar; wird der Wein abgekühlt, so scheidet sich ein Theil des Weinsteines ab; bei Erhöhung der Temperatur löst sich der einmal ausgeschiedene Weinstein nur sehr schwer und langsam wieder auf. Beim Entsäuern des Weines mit Kalisalzen wird, wenn der Wein freie Weinsteinsäure enthielt, Weinstein gebildet. Beim Entsäuern des Weines mit kohlensaurem Kalk wird der Weinstein mehr oder weniger in weinsteinsauren Kalk verwandelt, der sich grösstentheils abscheidet; durch starken Zusatz von kohlensaurem Kalk zum Weine kann der Weinstein fast ganz zum Verschwinden gebracht werden, so dass es unverfälschte Weine geben kann, die fast frei von Weinstein sind. Auch durch gewisse Weinkrankheiten, namentlich das „Umschlagen", kann der Weinstein völlig zerstört werden (s. S. 36); durch das Gypsen und Phosphatiren des Weines wird er erheblich vermindert (s. S. 19 und 21). Weine, die, ohne vollständig verdorben zu sein, ganz frei von Weinstein wären, können nur unter ganz besonders ungünstigen Umständen vorkommen; solche Weine enthalten aber stets noch kleine Mengen an alkalische Erden gebundene Weinsteinsäure, die man nach Nr. 9 d (S. 75) bestimmen kann. M. Petrowitsch[1]) fand einen Karlowitzer Ausbruchwein vollständig frei von Weinstein; V. G. Ackermann[2]) wies aber nach, dass dieses Ergebniss nur durch die mangelhaften Verfahren der Weinsteinbestimmung nach Berthelot und Fleurieu[3]) bezw. Nessler und Barth[4]), die namentlich bei der Untersuchung von Süssweinen sehr unsicher sind, verursacht wurde. Trotz des negativen Ergebnisses der Untersuchung enthalten solche Weine Weinstein.

Weinstein wird dem Weine nur selten zugesetzt. Ein solcher Zusatz kommt aber doch mitunter vor, z. B. bei Weinen, die so arm an Weinstein sind, dass sie sich mit den leimartigen Schönungsmitteln nicht schönen lassen (s. S. 11). In diesem Falle pflegt man ein mit fein gepulvertem Weinstein gefülltes Leinwandsäckchen in den Wein zu hängen. Der Zusatz von Weinstein zum Weine kann durch die chemische Untersuchung nicht festgestellt werden.

---

[1]) Zeitschr. analyt. Chemie 1886. **25.** 44.
[2]) Ebd. 1892. **31.** 405.
[3]) Ebd. 1864. **3.** 216.
[4]) Ebd. 1883. **22.** 160.

d) Aepfelsäure.

Die Aepfelsäure macht fast stets die Hauptmenge der freien Säuren des Mostes und Weines aus; in Weinen, die keine freie Weinsteinsäure enthalten, kann auch saures äpfelsaures Kali vorkommen. Die Bestimmung der Aepfelsäure im Weine ist bisher verhältnissmässig selten ausgeführt worden, weil die Verfahren nur wenig zuverlässig sind (vergl. Nr. 32, S. 182); ihre Menge schwankt aber jedenfalls innerhalb recht erheblicher Grenzen. Ein Zusatz von reiner Aepfelsäure zum Weine findet wegen ihres verhältnissmässig hohen Preises nicht statt.

e) Bernsteinsäure.

Die Bernsteinsäure ist als normales Gährungsprodukt ein konstanter Bestandtheil aller Weine. Ueber die Mengen, in denen sich die Bernsteinsäure im Weine vorfindet, sind in Folge der Mangelhaftigkeit der Verfahren (vergl. Nr. 33, S. 191) nur wenige Untersuchungen angestellt worden. Sie sind in jedem Falle nur gering; J. Bersch[1]) giebt an, dass in 100 ccm Wein 0,05 bis 0,12 g Bernsteinsäure enthalten seien. Ein absichtlicher Zusatz von Bernsteinsäure zu dem Weine findet nicht statt.

f) Citronensäure.

Ob die Citronensäure ein normaler Weinbestandtheil ist, scheint noch nicht mit Sicherheit festgestellt zu sein. E. Borgmann[2]) giebt an, in 100 ccm Wein seien ungefähr 0,003 g Citronensäure gefunden worden; nach M. Barth[3]) kommt die Citronensäure nur in sehr geringen Mengen, nach H. von der Lippe[4]) nur sehr selten in Naturweinen vor. J. Bersch[5]) hält das Vorkommen von Citronensäure im reinen Weine für fraglich, A. von Babo[6]) erklärt, dass sie nur durch künst-

---

[1]) J. Bersch, Die Praxis der Weinbereitung. Berlin 1889 bei Paul Parey. S. 182.
[2]) E. Borgmann, Anleitung zur chemischen Analyse des Weines. Wiesbaden 1884 bei C. W. Kreidel. S. 142.
[3]) M. Barth, Die Weinanalyse. Hamburg und Leipzig 1884 bei Leopold Voss. S. 55.
[4]) H. von der Lippe, Die Weinbereitung und die Kellerwirthschaft. Weimar 1894 bei Bernh. Friedr. Voigt. S. 120.
[5]) J. Bersch, Die Praxis der Weinbereitung. Berlin 1889 bei Paul Parey. S. 180.
[6]) A. von Babo und E. Mach, Handbuch des Weinbaues und der Kellerwirthschaft. 2. Band: Kellerwirthschaft. Berlin 1883 bei Paul Parey. S. 617.

lichen Zusatz in den Wein gelange. Dem Verfasser ist keine Originalabhandlung bekannt geworden, in welcher der Nachweis der Citronensäure im unversetzten Weine mit Sicherheit nachgewiesen worden wäre. Jedenfalls kann sie nur in äusserst geringen Mengen vorkommen; der Nachweis grösserer Mengen Citronensäure im Weine zeigt daher mit Sicherheit eine Verfälschung des Weines an. Leider sind die Verfahren zur Bestimmung der Citronensäure, soweit sie bisher geprüft worden sind, noch sehr mangelhaft, so dass leicht Citronensäure irrthümlich gefunden werden kann, wenn sie gar nicht vorhanden ist. Die Citronensäure wird mitunter in reinem, krystallisirtem Zustande dem Weine an Stelle von Weinsteinsäure zugesetzt. Auch citronensäurehaltige Materialien, namentlich Tamarindenmus, werden hier und da als Zusätze zum Weine benutzt.

g) **Nachweis eines Zusatzes von Obstwein**[1]).

Unter den in § 4 Nr. 4 des Weingesetzes genannten „säurehaltigen Körpern" sind in erster Linie die Obstweine, hauptsächlich Aepfel- und Birnenwein, zu verstehen. Diese Obstweine unterscheiden sich in reinem Zustande von dem Traubenweine in der chemischen Zusammensetzung nicht unerheblich; der wichtigste Unterschied ist der, dass alle Obstweine vollkommen frei von Weinsteinsäure und deren Salzen sind. Alle übrigen Unterschiede sind nur graduell; z. B. hat der Aepfelwein in der Regel weniger Alkohol, weniger Säuren, mehr säurefreien Extrakt (sogen. Extraktrest), mehr Mineralbestandtheile und mehr durch Alkohol fällbare sog. Pektinstoffe, als die Traubenweine gewöhnlich zeigen. Sobald Verschnitte von Traubenweinen mit Obstweinen vorliegen, verschwinden diese Unterschiede in der chemischen Zusammensetzung so weit, dass die Mengen der einzelnen Bestandtheile in die Grenzen fallen, die man auch bei reinen Naturweinen beobachtet hat. Selbst der Weinsteingehalt ist hier nicht mehr massgebend, da auch reine Weine mit sehr geringem Weinsteingehalte vorkommen können und thatsächlich beobachtet worden sind. Alle übrigen Unterschiede sind noch viel weniger geeignet, Gewissheit über den Zusatz von Obstwein zu dem Traubenweine zu geben. Dagegen unterscheiden sich die Obstweine durch einen besonderen Ge-

---

[1]) Vergl. hierüber insbesondere P. Kulisch, Landwirthschaftl. Jahrb. 1890. **19.** 93, und W. Seifert, Zeitschr. Nahrungsm.-Unters. u. Hyg. 1892. **6.** 120.

ruch und Geschmack von den Traubenweinen; diese gestatten leicht, die reinen Obstweine von den Traubenweinen mit Sicherheit zu unterscheiden. Auch bei Verschnitten wird es geübten Sachverständigen mitunter möglich sein, einen starken Zusatz von Obstwein durch den Geruch und Geschmack zu erkennen. Der Zusatz von vergohrenen Steinobstsäften, z. B. von vergohrenem Kirschsaft zum Rothweine, giebt sich durch die Blausäure zu erkennen, die aus dem Kirschsafte herrührt und, wenn der Zusatz auch ziemlich geringfügig ist, in dem Gemische leicht nachgewiesen werden kann.[1]

20. Zusatz von Bouquetstoffen zum Weine.

Unter den Bouquetstoffen, deren Zusatz zum Weine nach § 4 Nr. 4 des Weingesetzes verboten ist, sind nicht nur künstliche Fruchtäther, Essenzen, Gewürze u. s. w. zu verstehen, sondern auch solche Pflanzenstoffe (namentlich Blüthen und Blätter), die dem Weine einen besonderen, bestimmten Weingattungen eigenthümlichen Geruch verleihen. Die Zahl der künstlichen Bouquetstoffe ist sehr gross[2], und sie werden gewiss auch nicht selten in kleinen Mengen dem Moste oder dem Weine zugesetzt. Durch die chemische Untersuchung gelingt es fast niemals, einen solchen Zusatz nachzuweisen. Denn die Kenntniss der normalen Bouquetstoffe der Weine, die bei den verschiedenen Weinsorten keineswegs übereinstimmen werden, ist noch überaus gering; gerade die wichtigsten, die einzelnen Weingattungen kennzeichnenden Geruchstoffe, sind noch völlig unbekannt. Aber selbst wenn diese Stoffe einmal bekannt sein werden, wird es doch noch überaus schwierig, fast unmöglich sein, den Zusatz der künstlichen Bouquetstoffe stets festzustellen, weil diese selbst, soweit sie Bestandtheile wohlriechender Pflanzen sind, zum grössten Theil noch nicht erforscht sind, und weil die zugesetzte Menge stets ausserordentlich klein ist.

---

[1] Vergl. Karl Windisch, Arbeiten a. d. Kaiserl. Gesundheitsamte 1895. **11.** 369.
[2] Vergl. hierüber: A. von Babo und E. Mach, Handbuch des Weinbaues und der Kellerwirthschaft. Zweiter Band: Kellerwirthschaft. 2. Aufl. Berlin 1885 bei Paul Parey. S. 374.

21. Zusatz von Gummi, Dextrin und anderen, den Extraktgehalt der Weine erhöhenden Körpern zum Weine.

§ 4 Nr. 5 des Weingesetzes verbietet den Zusatz von Gummi und anderen Körpern, durch welche der Extraktgehalt der Weine erhöht wird; ausgenommen hiervon sind die bei der anerkannten Kellerbehandlung in kleinen Mengen in den Wein gelangenden Stoffe, nämlich mechanisch wirkende Klärmittel, wie Eiweiss, Gelatine, Hausenblase u. s. w., ferner Kochsalz und Tannin und die bei der Vergährung des dem Weine zugesetzten Zuckers entstehenden Extraktstoffe (Glycerin, Bernsteinsäure). Als solche den Extraktgehalt der Weine erhöhenden Zusätze sind neben Gummi und Dextrin auch unreiner Stärkezucker und dextrinhaltige Naturhonige zu nennen, die bei der Gährung beträchtliche Mengen Extraktstoffe hinterlassen. Gummi und Dextrin sind nach dem vorgeschriebenen Verfahren (Nr. 19, S. 144) leicht nachzuweisen.

C. Beurtheilung des Weines ausserhalb des Rahmens des Weingesetzes vom 20. April 1892.

Durch das Weingesetz vom 20. April 1892 sind zwar bezüglich der meisten und wichtigsten Fragen der Weinvermischung gesetzliche Normen für die Beurtheilung festgestellt worden; immerhin harren einige Punkte, die für die Beurtheilung des Weines von Bedeutung sein können, noch ihrer massgebenden Erledigung. Hierher gehört der Gehalt der Weine an flüchtigen Säuren, an schwefliger Säure und an Kochsalz. Die beiden letztgenannten Stoffe gelangen bei der anerkannten Kellerbehandlung (im Sinne des § 3 Nr. 1 des Weingesetzes) in den Wein. Durch § 11 unter a) des Weingesetzes ist der Bundesrath ermächtigt worden, die Grenzen festzustellen, welche für die bei der Kellerbehandlung in den Wein gelangenden Mengen der in § 3 Nr. 1 bezeichneten Stoffe, soweit das Gesetz selbst die Menge nicht festsetzt, massgebend sein sollen. Die hier in Frage kommenden Stoffe sind mechanisch wirkende Klärmittel (Eiweiss, Gelatine, Hausenblase u. s. w.), Kochsalz, Tannin, Kohlensäure und schweflige Säure. Der Bundesrath hat bisher von der ihm beigelegten Ermächtigung keinen Gebrauch gemacht, so dass für die genannten Stoffe bis jetzt keine gesetzlich vorgeschriebenen Grenzzahlen bestehen. Der Beurtheilung der Menge der genannten Stoffe, die sich im Weine vorfinden darf, muss daher zur Zeit das allgemeine Nahrungsmittelgesetz vom 14. Mai 1879 zu Grunde gelegt werden. Dasselbe gilt auch für Zusätze zum Weine, die in dem Weingesetze nicht vorgesehen worden sind, z. B. Arsen, Schwermetalle u. s. w. Im Folgenden soll der Werth der einzelnen Bestimmungen für die Beurtheilung des Weines erörtert werden, soweit dies nicht schon in den vorhergehenden Abschnitten geschehen ist.

22. Specifisches Gewicht.

Das spezifische Gewicht der Weine ist fast ohne Bedeutung für die Beurtheilung. Es ist abhängig von dem Gehalte des Weines an Extrakt und an Alkohol: der Extrakt erhöht, der Alkohol erniedrigt das spezifische Gewicht. Gewöhnliche ausgegohrene Weine haben meist nahezu das spezifische Gewicht des Wassers 1,00. Erheblich unter 0,99 sinkt das spezifische Gewicht des Weines nur selten, weil die alkoholreichen Weine meist gleichzeitig ziemlich extraktreich sind. Süssweine haben in Folge ihres hohen Zuckergehaltes ein sehr hohes spezifisches Gewicht; dasselbe kann bis über 1,10 steigen, doch kommt dies seltener vor. Das spezifische Gewicht dient zur vorläufigen annähernden Berechnung des Extraktes und bei Weinen mit mehr als 4 g Extrakt in 100 ccm auch zur endgültigen Extraktbestimmung. Ferner ermöglicht es die Umrechnung der Gramme gefundener Bestandtheile in 100 ccm Wein auf Gewichtsprozente; man erhält die Gewichtsprozente, indem man die Gramme eines Bestandtheiles in 100 ccm Wein durch das spezifische Gewicht dividirt.

Die Bestimmung des spezifischen Gewichtes s. unter Nr. 1, S. 48.

23. Flüchtige Säuren.

Die flüchtigen Säuren, die in jedem Weine in geringer Menge enthalten sind, bestehen gewöhnlich grösstentheils aus Essigsäure; daneben enthalten alle Weine kleine Mengen Buttersäure und höhere Fettsäuren (Kapronsäure, Kaprylsäure, Pelargonsäure, Kaprinsäure u. s. w.) und die meisten Weine kleine Mengen Ameisensäure. In kranken Weinen hat man auch Propionsäure und Baldriansäure beobachtet.

Schon in den Trauben kann Essigsäure entstehen, wenn sie, theilweise zerdrückt, auf einandergeschichtet einige Zeit lagern. Bei der Gährung entsteht stets Essigsäure, auch wenn die Gährung in einer Atmosphäre von Wasserstoff verläuft;

die Essigsäure ist daher ein eigentliches Gährungsprodukt und nicht ausschliesslich ein sekundäres Oxydationsprodukt des Alkohols. Die grösste Menge der Essigsäure des Weines entsteht jedoch durch Oxydation des Alkohols. Bei der Gährung der Rothweine auf den Trestern liegen, wenn die Trester die gährende Flüssigkeit überragen, die Verhältnisse für die Oxydation des Alkohols besonders günstig; die Rothweine enthalten daher gewöhnlich mehr Essigsäure als die Weissweine. Besonders grosse Mengen Essigsäure werden durch den Essigpilz (Mycoderma aceti) erzeugt, der den Alkohol des Weines zu Essigsäure oxydirt; Weine, die von dem Essigpilz befallen sind, werden essigstichig (s. S. 35). Bei Weinen mit geringem Alkoholgehalte ist die Gefahr der Essigbildung grösser als bei solchen mit hohem Alkoholgehalte.

Nach J. Nessler[1]) sollen gewöhnliche Weissweine nicht mehr als 0,07 g und Rothweine nicht mehr als 0,1 g flüchtige Säure, als Essigsäure berechnet, in 100 ccm enthalten. Weissweine mit 0,08 g und Rothweine mit 0,12 g flüchtigen Säuren in 100 ccm bezeichnet Nessler als „zum Essigstiche geneigt"; Weissweine mit 0,12 g und mehr flüchtigen Säuren und Rothweine mit 0,16 g und mehr flüchtigen Säuren in 100 ccm sieht Nessler als „essigstichig" an.

Bei der Beurtheilung der Weine hinsichtlich ihres Gehaltes an flüchtigen Säuren ist die Bestimmung der letzteren insofern nicht allein massgebend, als keine Grenzzahl angegeben werden kann, bei deren Ueberschreitung ein Wein unter allen Umständen beanstandet werden muss. Die Beanstandung eines Weines wegen eines zu hohen Gehaltes an flüchtigen Säuren erfolgt auf Grund des § 10 Nr. 2 und § 11 des Nahrungsmittelgesetzes vom 14. Mai 1879, der das Verdorbensein des Weines zur Voraussetzung hat. Man muss daher feststellen, ob ein Wein durch Essigstich wirklich verdorben und ungeniessbar geworden ist, und dies lässt sich nur durch die Geschmacksprobe feststellen; die Bestimmung der flüchtigen Säuren ist nur als ein weiteres Beweismoment oder als Bestätigung des Befundes der Gsechmacksprobe anzusehen. Saure und alkoholarme Weine sind oft schon bei 0,1 g flüchtigen Säuren in 100 ccm ungeniessbar, während die alkohol- und zuckerreichen Süssweine 0,2 g und mehr flüchtige Säuren in 100 ccm enthalten können, ohne irgendwie verdorben zu

---

[1]) J. Nessler, Die Bereitung, Pflege und Untersuchung des Weines. 6. Aufl. Stuttgart 1894 bei Eugen Ulmer. S. 448.

sein, und ohne dass der Geschmack die Anwesenheit dieser Säuren verräth; auch die von C. Schmitt[1]) untersuchten hochfeinen Herzoglich Nassauischen Kabinetsweine waren reich an flüchtigen Säuren. Es ist sehr wahrscheinlich, wenn auch noch nicht erwiesen, dass nicht allein die Menge, sondern auch die Art der flüchtigen Säuren den Geschmack der Weine wesentlich beeinflusst; es unterliegt z. B. keinem Zweifel, dass bedeutend kleinere Mengen der ranzig schmeckenden Buttersäure hinreichen, einen Wein ungeniessbar zu machen, als von Essigsäure. Durch die Bestimmung der einzelnen Fettsäuren in essigstichigen Weinen nach den unter Nr. 38 und 39 (S. 204 und 206) beschriebenen Verfahren können hierüber nähere Erfahrungen gesammelt werden.

Die Bestimmung der flüchtigen Säuren s. unter Nr. 7, S. 70.

24. Fremde Pflanzenfarbstoffe (ausser dem Kermesbeerfarbstoffe).

Von den Pflanzenfarbstoffen ist nur der Kermesbeerfarbstoff als Zusatz zum Weine durch das Weingesetz vom 20. April 1892 verboten worden; die übrigen Pflanzenfarbstoffe müssen demnach als zulässig zum Färben der Weine angesehen werden. Dieselbe Ansicht findet sich auch in den, für die Auslegung des Gesetzes allerdings nicht massgebenden „Technischen Materialien" zu dem Weingesetze[2]) in folgenden Worten ausgesprochen: „Diesen Stoffen (den verbotenen Theerfarbstoffen) von unbekannten physiologischen Eigenschaften stehen zahlreiche Pflanzenfarbstoffe gegenüber, von deren Unschädlichkeit man überzeugt sein kann, und welche sich mindestens ebenso gut zum Aufbessern der Farbe des Weines eignen; einer derselben, der Heidelbeerfarbstoff, wird sogar mit dem Weinfarbstoffe für identisch gehalten."

Während der Zusatz fremder Pflanzenfarbstoffe zum Weine gestattet ist, kommt bei einigen dieser Zusätze noch ein anderer Umstand in Betracht. Beim Auffärben eines Weines kommen niemals die reinen Farbstoffe der Pflanzen in Betracht, sondern es werden Pflanzensäfte benutzt, die noch zahlreiche andere Stoffe enthalten, darunter zum Theil

---

[1]) C. Schmitt, Die Weine des Herzoglich Nassauischen Kabinetskellers. Wiesbaden 1892. S. 38.

[2]) Textausgabe des Weingesetzes vom 20. April 1892 nebst der amtlichen Begründung, den Ausführungsbestimmungen und den im Kaiserlichen Gesundheitsamte bearbeiteten technischen Erläuterungen. Berlin 1892 bei Julius Springer. S. 41.

auch **Säuren**; der Heidelbeersaft, der zum Färben des Weines benutzt wird, enthält z. B. 1,1 bis 1,6 Prozent Säuren, als Aepfelsäure berechnet. Gleichzeitig mit dem Farbstoffe gelangen daher auch Säuren in den Wein; der Heidelbeersaft und andere Pflanzensäfte sind „säurehaltige Körper", deren Zusatz nach § 4 Nr. 4 des Weingesetzes verboten ist. Hiernach kann der Zusatz von Heidelbeersaft und anderen säurehaltigen Pflanzensäften doch Veranlassung zur Beanstandung geben, wenn auch der Farbstoff dieser Säfte als Weinfärbemittel gestattet ist. Gerichtliche Entscheidungen in Betreff dieses Punktes liegen indessen noch nicht vor, und es ist zweifelhaft, ob sich die Gerichte auf diesen Standpunkt stellen werden.

Den Nachweis fremder Pflanzenfarbstoffe s. unter Nr. 27, S. 159.

25. Schweflige Säure,

Für den zulässigen Gehalt der Weine an schwefliger Säure sind schon wiederholt Grenzzahlen festgesetzt bezw. vereinbart worden. Ein Gutachten der medizinischen Fakultät der Universität Wien[1]) vom 19. März 1887 erklärt einen Gehalt von 8 mg schwefliger Säure (SO_2) in 1 Liter Wein (0,0008 g in 100 ccm) für die höchste zulässige Menge. Die freie Vereinigung bayerischer Vertreter der angewandten Chemie[2]) beschloss auf ihrer 9. Versammlung zu Erlangen am 16. und 17. Mai 1890, dass Weine, die mehr als 80 mg schweflige Säure im Liter (0,008 g in 100 ccm) enthalten, als stark geschwefelt zu bezeichnen seien. Die Schweizerischen analytischen Chemiker[3]) schlossen sich der von der Wiener medizinischen Fakultät festgesetzten Grenzzahl (8 mg schweflige Säure in 1 Liter Wein) an. Nach einer Verordnung der Königlich serbischen Regierung soll der Wein nicht mehr als 20 mg, nach einem Gutachten des Königlich ungarischen Landes-Sanitätsrathes nicht mehr als 30 mg schweflige Säure im Liter enthalten.

Die Frage nach dem zulässigen Gehalte der Weine an schwefliger Säure ist durch die in neuester Zeit von C. Schmitt[4])

---

[1]) Mittheil. Versuchsstation Klosterneuburg 1888. Heft 5. 33.
[2]) Bericht 9. Versammlung d. fr. Vereinig. bayer. Vertreter d. angew. Chemie in Erlangen am 16. und 17. Mai 1890. Berlin 1890 bei Julius Springer. S. 62.
[3]) Schweiz. Wochenschr. Chem. Pharm. 1887. 25. 110.
[4]) C. Schmitt, Die Weine des Herzogl. Nassauischen Kabinetskellers. Wiesbaden 1892. S. 34.

und M. Ripper[1]) gemachten, von zahlreichen anderen Seiten[2]) bestätigte Beobachtung, dass die schweflige Säure in älteren Weinen nur zum kleinen Theile in freiem Zustande enthalten ist, auf einen ganz anderen Standpunkt gestellt worden (s. S. 17). Es darf als bewiesen angesehen werden, dass sich die schweflige Säure ganz oder theilweise mit den in dem Weine enthaltenen Aldehyden verbindet; ob sie sich auch mit anderen Weinbestandtheilen zu verbinden vermag, muss vorläufig dahingestellt bleiben. Ueber die physiologische Wirkung der aldehydschwefligen Säure liegen Angaben von C. Schmitt[3]) und von Leuch[4]) vor; die im Einzelnen mitgetheilten, zahlreichen physiologischen Versuche an Menschen wurden von Leuch im Anschlusse an die umfangreichen Untersuchungen von F. Schaffer und A. Bertschinger über die schweflige Säure im Weine angestellt. Nach Schmitt[3]) ist die aldehydschweflige Säure ganz unschädlich, nach Leuch bedeutend weniger schädlich als die freie schweflige Säure. Auf Grund der Leuch'schen Untersuchungen beschlossen die Schweizerischen analytischen Chemiker[5]), die zulässige Grenzzahl für die gesammte (an Aldehyd gebundene und freie) schweflige Säure auf 200 mg und für die freie schweflige Säure auf 20 mg in 1 Liter Wein festzusetzen. Nach C. Schmitt[3]) und M. Ripper[6]) ist die aldehydschweflige Säure ein sehr wesentlicher Bestandtheil der Bouquetstoffe der Weine.

Die Beurtheilung des Gehaltes der Weine an schwefliger Säure ist durch die neueren Beobachtungen erheblich erschwert worden. Eine gesetzliche Grenzzahl ist bisher hierfür nicht festgesetzt worden; vielmehr haben die Gerichte von Fall zu Fall zu entscheiden, ob ein Wein wegen seines Gehaltes an schwefliger Säure zu beanstanden ist oder nicht. Eine Beanstandung kann nur aus § 12 Nr. 1 und § 14 des Nahrungsmittelgesetzes vom 14. Mai 1879 erfolgen, also nur, wenn eine gesundheitsschädliche Beschaffenheit des Weines vorliegt. Welche Menge

---

[1]) Weinbau u. Weinhandel 1890. **8.** 168; Journ. prakt. Chemie [2]. 1892. **46.** 427.
[2]) Vergl. die Literaturangaben S. 17, ferner B. Haas, Zeitschr. Nahr.-Unters. u. Hyg. 1895. **9.** 37; ganz neuerdings hat M. Ripper (Forschungsber. Lebensm., Hyg. 1895. **2.** 12 und 35) die Ergebnisse zahlreicher Untersuchungen über die schweflige Säure im Weine veröffentlicht.
[3]) C. Schmitt, Die Weine des Herzoglich Nassauischen Kabinetskellers. Wiesbaden 1892. S. 90.
[4]) Schweiz. Wochenschr. Chem. Pharm. 1894. **32.** 397 und 409.
[5]) Ebd. 1894. **32.** 389.
[6]) Forschungsber. Lebensm. Hyg. 1895. **2.** 36.

freier schwefliger Säure im Weine als unschädlich, welche als gesundheitsschädlich anzusehen ist, lässt sich nach den bis jetzt vorliegenden Gutachten nicht zahlenmässig angeben. Noch weit schwieriger ist die Beurtheilung der aldehydschwefligen Säure im Weine; hier kommen bloss die Versuche von Leuch[1]) in Betracht, und diese können als endgültig und abschliessend keineswegs angesehen werden. Der Chemiker hat sich daher darauf zu beschränken, anzugeben, wieviel freie und aldehydschweflige Säure ein untersuchter Wein enthält; die Beurtheilung der Frage, ob die gefundenen Mengen freie bezw. aldehydschweflige Säure gesundheitsschädlich sind, ist Aufgabe des Arztes.

Die Bestimmung der freien und der an Aldehyd gebundenen schwefligen Säure s. unter Nr. 16, S. 133.

26. Gerbstoff.

Weissweine, bei deren Bereitung der Most sogleich von den Trestern abgepresst wurde, enthalten nur sehr geringe Mengen Gerbstoff (höchstens einige Tausendstel bis Hundertstel Gramm in 100 ccm); wenn der Most längere Zeit mit den Trestern in Berührung bleibt, wird erheblich mehr Gerbstoff (bis zu 0,15 und sogar 0,2 g in 100 ccm Wein) gelöst. Rothweine, die stets auf den Trestern vergähren, sind stets reich an Gerbstoff; doch hat man auch solche beobachtet, die nur 0,05 g Gerbstoff in 100 ccm enthielten. Namentlich die südländischen Rothweine sind oft ausserordentlich reich an Gerbstoff (mitunter mehr als 0,5 g Gerbstoff in 100 ccm). Der Gerbstoffgehalt der Weine kann durch Schönen erheblich vermindert, durch Zusatz von Tannin oder Traubenkernauszug bedeutend erhöht werden, ohne dass es möglich wäre, diese Veränderungen durch die chemische Untersuchung festzustellen. Dass die Tresterweine in Folge ihrer Bereitungsweise reich an Gerbstoff zu sein pflegen, wurde bereits erwähnt (s. S. 280).

Die Bestimmung des Gerbstoffes s. unter Nr. 29, S. 165.

27. Chlor bezw. Kochsalz.

Der Chlorgehalt normaler Weine ist unter gewöhnlichen Verhältnissen gering; er beträgt meist etwa 0,002 bis 0,009 g in 100 ccm, entsprechend 0,0035 bis 0,016 g Kochsalz in 100 ccm Wein. Weine, die auf kochsalzreichem Boden, z. B.

---

[1]) Schweiz. Wochenschr. Chem. Pharm. 1894. **32.** 397 und 409.

an der Meeresküste, gewachsen sind, können erheblich mehr Kochsalz enthalten; neuerdings fand Fr. Turié[1]) in solchen Weinen 0,111 bis 0,451 g Kochsalz in 100 ccm. Der Kochsalzgehalt der Weine kann durch verschiedene Umstände erhöht werden, z. B. durch Verwendung einer kochsalzhaltigen Eiweiss- oder Hausenblasenschöne (s. S. 12) und durch Gallisiren mit kochsalzreichem Brunnenwasser; auch beim Entgypsen der Weine mit Chlorbaryum gelangt reichlich Chlor in den Wein. Schliesslich wird auch Kochsalz als solches mitunter dem Weine zugesetzt, um den durch Gallisiren u. s. w. verminderten Aschengehalt zu erhöhen.

Eine gesetzliche Grenzzahl für den Kochsalzgehalt der Weine besteht zur Zeit im Deutschen Reiche nicht. Die im Jahre 1884 von dem Kaiserlichen Gesundheitsamte einberufene Kommission von Weinchemikern beschloss, Weine mit mehr als 0,05 g Kochsalz in 100 ccm zu beanstanden. Diesem Beschlusse kann nur bedingt und mit der Einschränkung beigestimmt werden, dass Weine mit einem höheren natürlichen Kochsalzgehalte davon ausgeschlossen sind. In allen anderen Fällen kann man ziemlich sicher sein, dass ein absichtlicher Kochsalzzusatz stattgefunden hat, um den Aschengehalt zu erhöhen. In jedem Falle muss man von einem gewöhnlichen Weine mit abnorm hohem Kochsalzgehalte einen Gesammtaschengehalt fordern, der die niedrigste zulässige Menge (0,14 g in 100 ccm) um einen entsprechenden Betrag übersteigt; denn sonst würde die für gallisirten Wein festgesetzte Mindestmenge an Mineralbestandtheilen vollständig ihren Zweck verfehlen, da es leicht wäre, den Aschengehalt des Weines auch bei stärkster Verdünnung mit Wasser durch einen Zusatz von Kochsalz auf das gesetzliche Mindestmaass zu bringen. In Frankreich ist die höchste zulässige Menge Kochsalz im Weine auf 0,1 g, in Spanien auf 0,2 g in 100 ccm festgesetzt.

Die Bestimmung des Chlors s. unter Nr. 21, S. 148.

28. Phosphorsäure.

Der Phosphorsäuregehalt der Weine ist sehr schwankend; er beträgt im Mittel 0,02 bis 0,04 g in 100 ccm. Rothweine enthalten meist mehr Phosphorsäure als Weissweine, weil die Trester bei der Gährung des Rothweines vollständiger ausgelaugt werden. Während man einerseits Weine beobachtet hat, die 0,06 bis 0,07 g, Rothweine sogar bis 0,09 g Phosphor-

---

[1]) Journ. pharm. chim. [5]. 1894. **30.** 151.

säure enthielten, ging bei anderen reinen Naturweinen der Gehalt an Phosphorsäure unter 0,01 g, ja bis zu 0,004 g in 100 ccm herab. Die sogenannten phosphatirten Weine sind sehr reich an Phosphorsäure (s. S. 21). Der Phosphorsäuregehalt allein ist hiernach für die Beurtheilung der Weine ohne Bedeutung, zumal da man den Phosphorsäuregehalt durch Zusatz von Kaliumphosphat (oder auch von Calciumphosphat) beliebig erhöhen kann. Die Annahme, dass bessere Weine stets mehr Phosphorsäure enthielten als geringere, hat sich nicht bestätigt.

Die Bestimmung der Phosphorsäure s. unter Nr. 12, S. 149.

29. Kupfer.

Zur Bekämpfung gewisser Rebenkrankheiten werden die Weinstöcke mit Kupferlösungen bespritzt. Hierbei gelangt Kupfer auf die Weintrauben und beim Keltern auch in den Most. Zahlreiche Versuche haben aber gelehrt, dass das im Moste gelöste Kupfer bei der Gährung vollständig oder nahezu vollständig in unlöslichem Zustande abgeschieden wird; selbst aus stark gekupferten Trauben entstehen Weine, die meist nur einige Zehntelmilligramme Kupfer im Liter enthalten. Derartig kleine Mengen Kupfer sind, namentlich im Hinblick auf die neuesten Forschungen über die physiologische Wirkung der Kupfersalze, nicht zu beanstanden. Wenn sich grössere Mengen Kupfer in einem Weine finden sollten, die aber erst nach beendeter Gährung in den Wein gelangen können, so ist es Aufgabe des ärztlichen Sachverständigen, festzustellen, ob diese als gesundheitsschädlich anzusehen sind und demgemäss der Wein zu beanstanden ist oder nicht.

Die Bestimmung des Kupfers s. unter Nr. 31, S. 180.

30. Die Riechstoffe des Weines.

Von den Riechstoffen des Weines, die man nach dem jetzigen Stande der chemischen Forschung bestimmen kann, sind hier zu nennen: die gesammten flüchtigen Ester, die Ameisensäure, die Essigsäure, die Buttersäure, die höheren Fettsäuren, die Ester der genannten Fettsäuren, die höheren Alkohole (das Fuselöl) und die Aldehyde.

Alle die genannten Stoffe sind für die Beurtheilung der Echtheit der Weine bis jetzt ohne jede Bedeutung. C. Schmitt[1])

---

[1]) C. Schmitt, Die Weine des Herzoglich Nassauischen Kabinetskellers. Wiesbaden 1892. S. 61.

giebt an, die Menge der flüchtigen Ester sei ein Maassstab für die Feinheit des Aromas der Weine, und die Bestimmung dieser Ester sei eine werthvolle Ergänzung der Kostprobe. Der Verfasser kann dies nicht bestätigen; er hat z. B. in den billigsten Moselweinen erheblich mehr flüchtige Ester gefunden als Schmitt in den feinsten Kabinetsweinen. Ein so naher Zusammenhang zwischen der Menge der flüchtigen Ester und der Feinheit des Aromas ist auch von vornherein höchst unwahrscheinlich. Denn die flüchtigen Ester des Weines bestehen zum grössten Theile aus Essigäther, und gerade die Weine, die sich vor anderen durch einen hohen Gehalt an flüchtigen Estern auszeichnen, verdanken ihn fast ausschliesslich einem besonders hohen Gehalte an Essigäther, während die Ester der übrigen Fettsäuren daran fast nicht betheiligt sind. Der Essigäther trägt zwar auch zu dem Aroma der Weine sehr erheblich bei, der Wohlgeruch der hervorragend feinen Weine ist aber doch ein ganz anderer und sicher nicht durch den Essigäther bedingt. Im Gegentheil macht sich der Essigäther mitunter, wenn er in grösserer Menge anwesend ist, in unangenehmer Weise fühlbar, da er das eigentliche Weinaroma merklich verdeckt. Diese Beobachtung kann man an Weinen machen, die von dem Essigpilze befallen sind und anfangen, essigstichig zu werden, sowie an billigen Rothweinen, die sich nach des Verfassers Untersuchungen, die allerdings nur wenig zahlreich sind, durch einen höheren Gehalt an flüchtigen Estern und insbesondere an Essigäther auszuzeichnen pflegen.

Einen etwas tieferen Einblick in die Riechstoffe des Weines kann man durch Bestimmung der einzelnen Fettsäuren und Fettsäureester erlangen. Die diesbezüglichen Untersuchungen des Verfassers, die allerdings nur gering an Zahl sind, haben indessen zu einem bestimmten Ergebnisse nicht geführt. Offenbar spielen bei dem Bouquet der Weine andere Stoffe unbekannter Art, die bis jetzt der chemischen Untersuchung noch nicht zugänglich sind, eine bedeutende Rolle; so lange die Natur dieser Stoffe nicht erforscht ist und Verfahren zur Bestimmung derselben nicht gefunden sind, wird es ein eitles Bemühen bleiben, den Wohlgeruch der Weine durch die chemische Untersuchung bestimmen und bewerthen zu wollen.

Bezüglich des Fuselölgehaltes (Gehaltes an höheren Alkoholen) der Weine wurde bereits vorher (S. 264) erwähnt, dass er innerhalb ziemlich weiter Grenzen zu schwanken scheint; acht von dem Verfasser untersuchte Weine enthielten 0,018 bis

0,055 Volumprozent Fuselöl, auf Amylalkohol berechnet. Aldehyd scheint in jedem Weine enthalten zu sein, wenigstens fehlte er in keinem von dem Verfasser daraufhin geprüften Weine. Seine Menge schwankt, soweit man dies aus der Stärke der Reaktionen schliessen kann, ebenfalls sehr erheblich; quantitative Bestimmungen des Aldehyds im Weine wurden bisher noch nicht ausgeführt. Der Aldehydgehalt der Weine hat dadurch an Bedeutung gewonnen, dass der Aldehyd die schweflige Säure zu binden vermag, und zwar um so rascher und vollkommener, in je grösserer Menge er vorhanden ist; die Kenntniss der Menge des Aldehydes in den Weinen würde hiernach sehr werthvoll sein. Dass auch die aldehydschweflige Säure zu den Riechstoffen des Weines zu zählen ist, wurde bereits erwähnt (S. 19).

Die Bestimmung der gesammten flüchtigen Ester s. unter Nr. 26, S. 200, der einzelnen Fettsäuren und ihrer Ester unter Nr. 38 und 39, S. 204 und 206, des Fuselöles (der höheren Alkohole) unter Nr. 40, S. 213 und den Nachweis des Aldehydes unter Nr. 41, S. 214.

31. Milchsäure.

Auf die Milchsäure scheint man bisher hauptsächlich nur bei kranken (milchsäurestichigen und zickenden) Weinen geachtet zu haben (s. S. 36). Es ist aber möglich und zu einem gewissen Grade sogar wahrscheinlich, dass die Milchsäure in kleinen Mengen ein normaler Weinbestandtheil ist. Untersuchungen hierüber liegen indessen bis jetzt nicht vor.

Die Bestimmung der Milchsäure s. unter Nr. 42, S. 215.

32. Mannit.

Mannit kommt in normalen Weinen nicht vor, er findet sich aber in kleinen Mengen (einige Centigramme in 100 ccm) in Weinen, die „zäh" oder „lang" geworden sind; er ist ein Erzeugniss der schleimigen Gährung, bei der ein Theil des Zuckers in Mannit verwandelt wird (s. S. 46). Wie zahlreiche französische Chemiker feststellten, sind algerische Weine häufig reich an Mannit; da P. Carles[1]) beobachtet hatte, dass der Feigenwein stets verhältnissmässig grosse Mengen Mannit (im Mittel 0,6 bis 0,8 g in 100 ccm) enthält, nahm er mit Anderen an, dass die mannithaltigen algerischen Weine einen starken Zusatz von Feigenwein erhalten hätten. Dagegen fanden

---

[1]) Compt. rend. 1891. **112.** 811.

Ségou,[1] Lebanneur[2] und Andere auch in unversetzten algerischen Weinen reichliche Mengen Mannit. Dieser Befund wurde durch die Untersuchungen von U. Gayon und E. Dubourg[3] über die Ursache des Mannitgehaltes der algerischen Weine bestätigt. Gayon und Dubourg stellten fest, dass der Mannit bei einer besonderen Gährung, der Mannitgährung, die durch einen bestimmten Gährungserreger hervorgerufen wird, aus dem Invertzucker gebildet wird; dieses Ferment wurde aus algerischen Weinen gezüchtet. Hiernach sind mannithaltige Weine nicht als verfälscht anzusehen, sie sind aber nur wenig haltbar und verderben leicht.

Den Nachweis und die Bestimmung des Mannites s. unter Nr. 44, S. 222.

33. Inosit.

Ueber den Gehalt des Weines an Inosit ist nichts Näheres bekannt; auch ist noch nicht festgestellt, ob alle Weine Inosit enthalten. Falls letzteres der Fall sein sollte, könnte vielleicht der Nachweis des Inosites dazu dienen, reine Kunstweine, bei deren Herstellung gar kein Naturwein verwendet wurde, als vollkommene Kunstprodukte zu erweisen; denn es wird wohl kein Kunstweinfabrikant auf den Gedanken kommen, seinem Fabrikate Inosit zuzusetzen.

Den Nachweis des Inosites s. unter Nr. 45, S. 223.

34. Abrastol.

Ueber die Beurtheilung des Zusatzes von Abrastol (Asaprol, β-naphtolsulfosaurem Calcium) zum Weine finden sich in dem Weingesetze vom 20. April 1892 keine besonderen Vorschriften. In dem § 3 Nr. 1 des Gesetzes, der von der anerkannten Kellerbehandlung einschliesslich der Haltbarmachung der Weine handelt, sind nur die zur Zeit am meisten vorkommenden Zusätze zum Weine genannt; dabei ist ausdrücklich festgesetzt, dass diese Zusätze nicht als Verfälschung des Weines anzusehen sind. Das Abrastol ist hier nicht erwähnt. Gemäss § 10 des Weingesetzes, nach welchem die Vorschriften des Gesetzes vom 14. Mai 1879 unberührt bleiben, soweit die §§ 3 bis 6 des Weingesetzes nicht entgegenstehende

---

[1] Journ. pharm. chim. [5]. 1893. **28.** 103.
[2] Répert. pharm. 1893. **49.** 10.
[2] Annal. de l'Institut Pasteur 1894. **8.** 109.

Bestimmungen enthalten, ist für die Beurtheilung des Zusatzes von Abrastol zum Weine das Nahrungsmittelgesetz vom 14. Mai 1879 massgebend. Dasselbe gilt von anderen, im Weingesetze nicht genannten Konservirungsmitteln, von denen in neuerer Zeit noch Fluorverbindungen in Betracht kommen.[1])

Den Nachweis des Abrastols s. unter Nr. 47, S. 225.

35. Stickstoff.

Ueber den Stickstoffgehalt der Weine liegt eine ausführliche zusammenfassende Abhandlung von L. Weigert[2]) vor. Aus den zahlreichen hierüber ausgeführten Untersuchungen geht hervor, dass der Stickstoffgehalt der Weine innerhalb ausserordentlich weiter Grenzen schwankt. Im Moste sind 0,018 bis 0,137 g Stickstoff in 100 ccm gefunden worden. Bei der Gährung wird ein Theil der Stickstoffverbindungen unlöslich abgeschieden und ein Theil von der Hefe verbraucht; auch beim Lagern und Erwärmen des Weines fallen unlösliche Stickstoffverbindungen aus. Ferner haben fast alle übrigen Verfahren der Kellerbehandlung, sowie zahlreiche andere Umstände einen mehr oder weniger grossen Einfluss auf den Stickstoffgehalt des Weines. Der Stickstoffgehalt der Weine schwankt gewöhnlich zwischen 0,007 und 0,09 g in 100 ccm; diese Grenzzahlen werden indessen mitunter sowohl überschritten als auch unterschritten. Tresterweine sind meist arm, Hefenweine und namentlich Hefenpressweine oft sehr reich an Stickstoff. Sehr hohen Stickstoffgehalt (mehr als 0,08 g in 100 ccm) findet man meist nur in feineren, extraktreichen Weinen; geringere Weine mit so hohem Stickstoffgehalt legen den Verdacht auf Hefen- bezw. Hefenpressweine nahe. Weine mit weniger als 0,007 g Stickstoff in 100 ccm sind eines Wasserzusatzes verdächtig. Sichere Schlüsse lassen sich aus dem Stickstoffgehalte der Weine nicht ziehen; doch kann er bei der Beurtheilung als bestätigendes Moment von Werth sein.

Die Bestimmung des Stickstoffes s. unter Nr. 48, S. 226.

---

[1]) Ueber den Nachweis von Fluor in Getränken vergl. G. Nivière und A. Hubert, Monit. scientif. [4]. 1895. **9.** 324; R. Hefelmann, Pharm. Centralh. 1895. **36.** 249; J. Brand, Zeitschr. ges. Brauwesen [2]. 1895. **18.** 317; W. Windisch, Wochenschr. f. Brauerei 1896. **13.** 449.

[2]) Mittheil. Versuchsstation Klosterneuburg 1888. Heft **5.** 87.

36. Schwefelwasserstoff.

Durch verschiedene Umstände kann der Wein schwefelwasserstoffhaltig und dadurch ungeniessbar werden (vergl. S. 38). Da es leicht ist, einen solchen Wein von Schwefelwasserstoff zu befreien und wieder geniessbar zu machen (er wird häufig schon bei wiederholtem Abziehen wieder normal), so giebt ein Schwefelwasserstoffgehalt im Allgemeinen nur insoweit Veranlassung zur Beanstandung eines Weines, als darauf hinzuwirken ist, dass er so lange dem Genusse entzogen wird, als er schwefelwasserstoffhaltig ist.

Den Nachweis und die Bestimmung des Schwefelwasserstoffes s. unter Nr. 50, S. 239.

37. Kalk.

Der Kalkgehalt der Weine unterliegt sehr grossen Schwankungen; er beträgt etwa 0,003 bis 0,05 g in 100 ccm Wein.

Die Bestimmung des Kalkes s. unter Nr. 51, S. 241.

38. Kali.

Unter den Mineralbestandtheilen sowohl des Mostes als auch des Weines überwiegt das Kali stets ganz erheblich. Das Kali ist zum grossen Theile an Weinsteinsäure in der Form von Weinstein gebunden; jede Verringerung des Weinsteingehaltes ist daher auch mit einer Verminderung des Kaligehaltes verknüpft. Da sich bei der Gährung beträchtliche Mengen Weinstein abscheiden, ist der Most stets reicher an Kali als der daraus entstehende Wein; auch beim Abkühlen des Weines tritt ein Verlust an Weinstein und Kali ein. Durch das Gypsen (s. S. 19), das Phosphatiren (s. S. 21) und das Entsäuern des Weines mit kohlensaurem Kali (s. S. 27) wird der Kaligehalt mehr oder weniger, oft sehr stark erhöht. Der Kaligehalt normaler Weine schwankt etwa zwischen 0,025 und 0,16 g in 100 ccm. Diese Werthe sollen indessen keineswegs als Grenzzahlen gelten; namentlich in südländischen Weinen findet man mitunter noch mehr Kali.

Die Bestimmung des Kalis s. unter Nr. 52, S. 243.

39. Natron.

Im Gegensatz zum Kali ist der Natrongehalt der Weine stets gering; er beträgt etwa 0,002 bis 0,015 g in 100 ccm. Durch Zusatz von Kochsalz zu dem Weine wird er erhöht.

Die Bestimmung des Natrons s. unter Nr. 52, S. 243.

40. Kieselsäure.

Der Kieselsäuregehalt der Weine ist nur gering; nach den bis jetzt vorliegenden, nicht allzu zahlreichen Untersuchungen beträgt er etwa 0,003 bis 0,007 g in 100 ccm. Die Bestimmung der Kieselsäure s. unter Nr. 53, S. 246.

41. Eisenoxyd.

Auch Eisenoxyd ist nur in kleinen Mengen im Weine enthalten; im Mittel hat man etwa 0,001 bis 0,003 g Eisenoxyd (Fe_2O_3) in 100 ccm Wein gefunden. Mitunter ist der Eisengehalt der Weine bedeutend höher; namentlich scheint dies bei Rothweinen öfter der Fall zu sein. Man hat Weine mit mehr als 0,02 g Eisenoxyd in 100 ccm beobachtet. Der Eisengehalt der Weine wird nicht nur durch den Weinbergsboden bedingt, sondern ist auch von vielen Zufälligkeiten (Berührung des Mostes und Weines mit eisernen Gegenständen und Geräthschaften) abhängig.

Die Bestimmung des Eisenoxydes s. unter Nr. 53, S. 247.

42. Mangan.

Das Mangan kann als normaler Weinbestandtheil angesehen werden; doch scheint es mitunter auch zu fehlen. C. Neubauer[1]) fand 0,00097 g metallisches Mangan in 100 ccm Wein; E. Ostermayer[2]) fand in 9 Weinen 0,00012 bis 0,00027 g, im Mittel 0,00018 g metallisches Mangan in 100 ccm. Drei von E. J. Maumené[3]) untersuchte Weine enthielten 0,0005 bis 0,0007 g metallisches Mangan in 100 ccm; bei einer späteren Untersuchung von 31 Weinen fand Maumené[4]) 0 bis 0,0002 g, im Mittel 0,00006 g metallisches Mangan in 100 ccm. Von 33 von A. Hasterlik[5]) untersuchten Weinen waren 13 manganfrei; 20 Proben enthielten 0,001 bis 0,005 g, im Mittel 0,0023 g metallisches Mangan in 100 ccm. In ungarischen Rothweinen[6]) wurden 0,00010 bis 0,00016 g metallisches Mangan in 100 ccm gefunden. Nach diesen Untersuchungen ist der Mangangehalt der Weine sehr gering und schwankend.

---

[1]) Annal. Oenol. 1875. **4.** 102.
[2]) Pharm. Ztg. 1882. **27.** 92.
[3]) Compt. rend. 1884. **98.** 845.
[4]) Ebd. 1884. **98.** 1056.
[5]) Mittheil. a. d. pharm. Inst. u. Labor. f. angew. Chemie d. Univ. Erlangen 1889. Heft 2. 122.
[6]) Mittheil. Versuchsstation Klosterneuburg 1888. Heft **5.** Tabelle X.

Demgegenüber sind die Heidelbeeren stets reicher an Mangan. R. Kayser[1]) fand z. B. in getrockneten Heidelbeeren (mit 9,14 Prozent Wasser und 2,48 Prozent Mineralbestandtheilen) 0,026 Prozent metallisches Mangan; auf frische Heidelbeeren (mit etwa 78 Prozent Wasser) berechnet, kämen hiernach auf 100 g Heidelbeeren 0,0062 g metallisches Mangan. R. Kayser[2]) fand ferner in frischen Heidelbeeren 0,0062 Prozent metallisches Mangan, in frischem Heidelbeersafte 0,0039 g Mangan in 100 ccm und in dem Pressrückstande von frischen Heidelbeeren 0,0046 Prozent, Th. Omeis[3]) in reifen Heidelbeeren 0,0053 Prozent Mangan. L. Medicus[4]) ermittelte in 3 Proben Heidelbeerwein 0,0117, 0,0319 und 0,0118 g und in einem Heidelbeerlikör 0,0202 g metallisches Mangan in 100 ccm. Hiernach enthält der Heidelbeersaft meist erheblich mehr Mangan als der Wein. Ehe aber der Vorschlag von L. Medicus,[4]) diesen Umstand zum Nachweise eines Zusatzes von Heidelbeersaft zum Weine heranzuziehen, zugestimmt werden kann, müssen noch mehr Erfahrungen über den Mangangehalt des Weines und des Heidelbeersaftes gesammelt werden (s. S. 161).

Die Bestimmung des Mangans s. unter Nr. 54, S. 249.

43. Schwermetalle und Arsen.

Bei Anwesenheit von Schwermetallen oder Arsen im Weine hat der ärztliche Sachverständige zu entscheiden, ob ein solcher Wein als gesundheitsschädlich anzusehen ist oder nicht.

D. Die Beurtheilung der Süssweine.

Bei der Beurtheilung der Süssweine ist zu unterscheiden, ob es sich um sogenannte konzentrirte Süssweine oder um andere Süssweine handelt. Bei der Herstellung der konzentrirten Süssweine findet eine Konzentration der Mostbestandtheile statt, sei es durch Auslaugen von Trockenbeeren mit

---

[1]) Repert. analyt. Chemie 1882. 2. 182.
[2]) Ebd. 1882. 2. 89.
[3]) Mittheil. a. d. pharm. Instit. u. Labor. f. angew. Chemie d. Univ. Erlangen 1889. Heft 2. 276.
[4]) Repert. analyt. Chemie 1885. 5. 63.

Wein oder durch Zusatz von eingekochtem oder im luftverdünnten Raume eingedicktem Moste (s. S. 32). An solche konzentrirten Süssweine sind in Folge ihrer besonderen Herstellungsart andere, und zwar höhere Anforderungen bezüglich ihres Gehaltes an Extrakt- und Mineralbestandtheilen zu stellen als an gewöhnliche Weine. Wenn z. B. ein Most 20 g Zucker in 100 ccm enthält und nach der Gährung einen Wein mit 2 g zuckerfreiem Extrakt und 0,2 g Mineralbestandtheilen in 100 ccm liefert, so wird man, wenn der Most vor der Gährung auf die Hälfte eingeengt wurde, einen Wein gewinnen, der erheblich mehr als 2 g zuckerfreien Extrakt und 0,2 g Mineralbestandtheile in 100 ccm enthält.

Andererseits kann man auch zucker- und alkoholreiche Weine darstellen, indem man Most, bevor er zu gähren begonnen hat, oder der noch im Anfang der Gährung steht, mit so viel Alkohol versetzt, dass die weitere Vergährung hintangehalten wird; auch durch Zusatz von Zucker (an Stelle von Trockenbeerenextrakt) und gegebenenfalls von Alkohol zu gewöhnlichem Weine kann man Süssweine herstellen. Solche nicht konzentrirten Süssweine enthalten nicht mehr zuckerfreien Extrakt bezw. Mineralbestandtheile als der zu ihrer Herstellung verwendete Most bezw. Wein.

Mit der Beurtheilung der konzentrirten Süssweine hat sich die freie Vereinigung bayerischer Vertreter der angewandten Chemie in zwei Versammlungen befasst, zuerst im Jahre 1886 auf der fünften Versammlung[1]) in Würzburg, wo E. List Referent war, und im Jahre 1894 auf der dreizehnten Versammlung[2]) in Aschaffenburg, wo W. Fresenius über diesen Gegenstand berichtete. Auf der fünften Versammlung der freien Vereinigung bayerischer Vertreter der angewandten Chemie wurde folgender Beschluss gefasst: „Alle konzentrirten Süssweine und Ausbruchweine, die nach Abzug des Zuckers noch 4 Prozent Extraktrest und 40 mg Phosphorsäure (P_2O_5) enthalten, sind als reine Weine zu erachten." Statt „4 Prozent Extraktrest und 40 mg Phosphorsäure (P_2O_5)" sollte es exakter heissen: „4 g Extraktrest und 0,04 g Phosphorsäure in 10 ccm". Ausserdem wurde beschlossen, dass alle Süssweine auf Rohrzucker, und zwar durch Inversion mit Salzsäure, zu prüfen seien.

---

[1]) Bericht über die 5. Versamml. d. fr. Verein. bayer. Vertreter d. angew. Chemie zu Würzburg am 6. und 7. August 1886. Berlin 1887 bei Julius Springer. S. 41.

[2]) Forschungsber. Lebensm., Hyg. 1894. **1.** 449.

Hierzu ist Folgendes zu bemerken:

1. Die vorstehenden Grenzzahlen beziehen sich nur auf die konzentrirten Süssweine, die mindestens etwa 20 g zuckerhaltigen Extrakt in 100 ccm enthalten. Dies geht zwar nicht aus dem oben mitgetheilten Beschlusse, wohl aber aus den dem Beschlusse vorhergehenden Berathungen und Besprechungen hervor. Für Süssweine mit geringerem zuckerhaltigem Extrakte haben die Grenzzahlen somit nicht ohne Weiteres Gültigkeit.

2. Die Grenzzahlen, die für einen bestimmten Bestandtheil einer zusammengesetzten Substanz festgestellt werden, sind von dem Verfahren abhängig, das bei der Bestimmung dieses Bestandtheiles zur Anwendung kommt; dieser Umstand wird dann von besonderer Bedeutung, wenn das betreffende Verfahren keine absolut genauen, sondern nur konventionell richtige Ergebnisse liefert. Dieser Fall trifft bei der oben mitgetheilten Grenzzahl für den zuckerfreien Extraktrest der konzentrirten Süssweine zu. Zur Ermittelung des zuckerfreien Extraktrestes sind zwei Bestimmungen nothwendig: die Bestimmung des Gesammtextraktes und des Zuckers. Zur Zeit, als die oben mitgetheilten Grenzzahlen vereinbart wurden, bestimmte man den Extrakt indirekt aus dem spezifischen Gewichte des entgeisteten Weines und den reduzirenden Zucker gewichtsanalytisch oder titrimetrisch mit Fehling'scher Lösung; zur Ermittelung des dem spezifischen Gewichte des entgeisteten Weines entsprechenden Extraktgehaltes diente die Extrakttafel von W. Schultze, und den Zucker berechnete man als Traubenzucker.

Gegenwärtig müssen auch für die Untersuchung der Süssweine die amtlich vorgeschriebenen Verfahren angewandt werden. Man hat sich daher zur Bestimmung des Extraktgehaltes bei den Süssweinen des unter Nr. 3 c (S. 57) beschriebenen Verfahrens und der Tafel II (S. 338) zu bedienen; der reduzirende Zucker ist als Invertzucker nach Massgabe der Tafel III (S. 344) zu berechnen.

Durch diese Veränderungen wird der Zahlenwerth der vereinbarten Grenzzahlen für den zuckerfreien Extrakt der konzentrirten Süssweine ganz erheblich geändert, wie sich aus dem folgenden Beispiele ergiebt.[1]

---

[1] Vergl. Seyda und Woy, Zeitschr. angew. Chemie 1895. 286.

a) Bestimmung des zuckerfreien Extraktes eines konzentrirten Süssweines nach dem jetzt vorgeschriebenen Verfahren.

Das spezifische Gewicht des entgeisteten Süssweines wurde nach der unter Nr. 3 (S. 56) angegebenen Formel zu $x = 1{,}0821$ berechnet; diesem Werthe entspricht nach der Tafel II (S. 342) ein Extraktgehalt von 21,33 g in 100 ccm Süsswein. Nach der unter Nr. 10 (S. 82) gegebenen Vorschrift hat man den Süsswein zur Zuckerbestimmung auf das $21{,}33 - 2 = 19{,}33$fache oder, nach oben abgerundet, auf das 20fache Maass mit Wasser zu verdünnen; man füllte demgemäss 5 ccm Süsswein auf 100 ccm mit Wasser auf. 25 ccm der verdünnten Lösung schieden aus der Fehling'schen Lösung bei der Zuckerbestimmung nach Nr. 10 (S. 82) 0,4093 g metallisches Kupfer ab. Nach der Tafel III (S. 346) entsprechen den 0,4093 g Kupfer 0,2316 g Invertzucker. In 100 ccm der verdünnten Lösung waren somit $4 \cdot 0{,}2316$ g und in 100 ccm des ursprünglichen Weines $4 \cdot 20 \cdot 0{,}2316 = 18{,}53$ g Invertzucker enthalten. Der zuckerfreie Extraktrest beträgt hiernach $21{,}33 - 18{,}53 = 2{,}80$ g in 100 ccm Süsswein.

b) Bestimmung des zuckerfreien Extraktes desselben konzentrirten Süssweines nach dem früher üblichen Verfahren.

Dem spezifischen Gewichte des entgeisteten Süssweines $x = 1{,}0821$ entspricht nach der Tafel von W. Schultze[1]) ein Extraktgehalt von 21,83 g in 100 ccm Süsswein. Den bei zwanzigfacher Verdünnung des Süssweines bei der Zuckerbestimmung gefundenen 0,4093 g Kupfer entsprechen nach der Tafel von F. Allihn[2]) 0,2183 g Traubenzucker. In 100 ccm des ursprünglichen Weines sind daher $4 \cdot 20 \cdot 0{,}2183 = 17{,}56$ g Traubenzucker enthalten. Der Süsswein enthält hiernach $21{,}83 - 17{,}46 = 4{,}37$ g zuckerfreien Extraktrest.

Während der Süsswein, nach dem früher üblichen Verfahren untersucht, 4,37 g zuckerfreien Extrakt in 100 ccm enthält und somit die vereinbarte Grenzzahl übersteigt, erreicht der nach dem jetzt vorgeschriebenen Verfahren ermittelte zuckerfreie Extrakt (2,80 g in 100 ccm) die vereinbarte Grenzzahl nicht, sondern bleibt ganz erheblich dahinter zurück.

---

[1]) Vergl. A. Bujard und E. Baier, Hilfsbuch für Nahrungsmittelchemiker. Berlin 1894 bei Julius Springer. S. 157.
[2]) Vergl. E. Wein, Tabellen zur quantitativen Bestimmung der Zuckerarten. Stuttgart 1888 bei Max Waag. S. 2, Tabelle I.

Dieses Verhalten wird sich bei allen vergleichenden Berechnungen nach den beiden Verfahren ergeben: man findet nach dem jetzt vorgeschriebenen Verfahren stets weniger Gesammtextrakt und mehr Zucker als nach dem früher üblichen Verfahren; der zuckerfreie Extrakt der Süssweine wird daher nach dem neuen Verfahren stets erheblich kleiner gefunden als nach dem früheren.

Diese Verhältnisse müssen bei der Beurtheilung der konzentrirten Süssweine unter Zugrundelegung der von den bayerischen Chemikern vereinbarten Grundsätze berücksichtigt werden. Je nach dem Zuckergehalte der Süssweine und auch dem Verhältnisse von Dextrose und Lävulose in diesen Weinen wird der Unterschied im zuckerfreien Extrakte, den man nach dem früher üblichen und dem jetzt vorgeschriebenen Verfahren findet, mehr oder weniger gross sein.

Bei der künftigen neuen Festsetzung der Grenzzahl für den zuckerfreien Extraktgehalt konzentrirter Süssweine unter Zugrundelegung der jetzt vorgeschriebenen Untersuchungsverfahren wird es nothwendig sein, die Ergebnisse der bis jetzt vorliegenden Untersuchungen hierüber umzurechnen, um festzustellen, wie gross die Unterschiede zwischen den beiden Berechnungsweisen werden. Auch wird dabei in Erwägung zu ziehen sein, ob man bei der Ermittelung des zuckerfreien Extraktes nicht statt des gesammten, als Invertzucker berechneten reduzirenden Zuckers die einzeln bestimmten Mengen von Dextrose und Lävulose in Rechnung ziehen soll. Insbesondere wird zu prüfen sein, ob man sich dabei zur Bestimmung der Dextrose und Lävulose des unter Nr. 43 S. 216 beschriebenen Verfahrens von Neubauer bedienen kann, nach welchem der Gehalt des Süssweines an Dextrose und Lävulose aus den Ergebnissen der Zuckerbestimmung und der Polarisation ohne Ausführung irgend eines Versuches berechnet wird. Nach den Versuchen von J. König und W. Karsch,[1]) M. Barth,[2]) sowie A. Halenke und W. Möslinger[3]) giebt dieses Verfahren bei Mosten und Süssweinen gute Ergebnisse.

Bezüglich des von den bayerischen Chemikern vereinbarten Phosphorsäuregehaltes der konzentrirten Süssweine (0,04 g P_2O_5 in 100 ccm) liegt eine derartige, durch das Bestimmungsverfahren verursachte Schwierigkeit nicht vor. Zwar

---

[1]) Zeitschr. analyt. Chemie 1895. **34.** 1; vergl. auch J. König, Chem.-Ztg. 1895. **19.** 999.
[2]) Forschungsber. Lebensmittel 1894. **1.** 205.
[3]) Zeitschr. analyt. Chemie 1895. **34.** 263.

wurde früher die Phosphorsäure vielfach mit Uranlösung titrirt, während sie jetzt gewichtsanalytisch mit Molybdänlösung bestimmt werden muss; es ist aber nicht anzunehmen, dass diese beiden Verfahren einen wesentlichen grundsätzlichen Unterschied in den Ergebnissen zeigen werden.

Was die allgemeine Gültigkeit der von den bayerischen Chemikern vereinbarten Grenzzahlen für den Gehalt der konzentrirten Süssweine an zuckerfreiem Extrakt und an Phosphorsäure anbelangt, so lässt sich dieselbe an der Hand der in der Literatur vorliegenden Untersuchungsergebnisse nicht beurtheilen. Die Zahl der bisher veröffentlichten eingehenden Untersuchungen echter konzentrirter Süssweine ist nicht gross; welche davon wirklich echt und welche irgend einen Zusatz erhalten haben, lässt sich in vielen Fällen nicht feststellen. Unter den bisher untersuchten Weinen, deren Unechtheit wenigstens nicht ausdrücklich erwiesen zu sein scheint, befinden sich auch solche, welche die Grenzzahlen der bayerischen Chemiker nicht erreichen. Andererseits hat weitaus die grösste Mehrzahl der Nahrungsmittel-Chemiker diesen Grenzzahlen zugestimmt, so dass man annehmen darf, dass sie durch die Zusammensetzung der konzentrirten Süssweine gerechtfertigt sind und sich im Allgemeinen bewährt haben.

Ob thatsächlich die Grenzzahlen der bayerischen Chemiker für den zuckerfreien Extrakt und die Phosphorsäure in konzentrirten Süssweinen mit etwa 20 g Gesammtextrakt in 100 ccm in allen Fällen erreicht werden, muss somit dahingestellt bleiben. Um die Beurtheilung der Süssweine unter Zugrundelegung dieser Grenzzahlen einwand- und irrthumfrei zu machen, müsste ein Merkmal dafür angegeben werden, ob ein zur Untersuchung stehender Süsswein ein konzentrirter Süsswein ist oder nicht. Der Extraktgehalt von etwa 20 g in 100 ccm ist dafür allein kein Beweis; denn einerseits kann man einen Süsswein von diesem Extraktgehalte auch durch Zusatz von Alkohol zu Most herstellen, und andererseits giebt es auch konzentrirte Süssweine, die weniger als 20 g Gesammtextrakt in 100 ccm enthalten. Das einzige sichere Merkmal der konzentrirten Süssweine ist eben ihr hoher Gehalt an zuckerfreiem Extrakt und an Phosphorsäure. Man kann daher nur sagen: Ein Süsswein von etwa 20 g Gesammtextrakt mit weniger als 4 g zuckerfreiem Extrakt und 0,04 g Phosphorsäure (P_2O_5) in 100 ccm ist kein konzentrirter Süsswein; ein reiner Süsswein kann er, wenn man von dem Alkoholzusatze absieht, sehr wohl sein. Aber noch weiter: Ein Süsswein mit 20 g Gesammtextrakt in 100 ccm kann auch ein konzentrirter Süsswein sein, ohne die Grenzzahlen vollständig zu erreichen; es kommt hier nur auf den Grad der Konzentration an. Man kann daher in Wirklichkeit nur sagen: Ein Süsswein, der die vereinbarten Grenzzahlen bezüglich des Gehaltes an zuckerfreiem Extrakt und an Phosphorsäure nicht erreicht, ist nicht genügend konzentrirt, um als konzentrirter Süsswein nach dem üblichen Sprachgebrauche zu gelten.

Auch die positive Form, in welche die Vereinbarung der bayerischen Chemiker gekleidet ist, scheint nicht glücklich gewählt zu sein. Ein Süsswein, der den Anforderungen der bayerischen Chemiker genügt, braucht keineswegs echt zu sein, sondern kann verschiedene Zusätze erhalten haben, die in solchen Grenzen gehalten wurden, dass der Wein die vereinbarten Grenzzahlen noch erreicht. Die Fassung der Vereinbarung lässt nicht erkennen, dass man dabei die stillschweigende Voraussetzung machte, dass der Süsswein keine künstlichen Zusätze erhalten hat. Es ist nichts leichter, als einen Wein durch Zusatz von Glycerin, Dextrin, Gummi u. s. w. auf einen Gehalt an zuckerfreiem Extrakt von 4 g in 100 ccm und durch Zusatz von Kaliumphosphat auf einen Phosphorsäuregehalt von 0,04 g in 100 ccm zu bringen. Durch die vereinbarten Grenzzahlen könnte vielleicht ein Chemiker veranlasst werden, bei der Untersuchung von Süssweinen nur den Extraktgehalt, den Zucker und die Phosphorsäure zu bestimmen und daraufhin sein Urtheil über die „Echtheit" des Süssweines zu begründen: genügt er den vereinbarten Grenzzahlen, so ist er „echt", anderenfalls wird er beanstandet. Ein solches Verfahren ist selbstverständlich unzulässig. Vielmehr muss auch bei Süssweinen die Beurtheilung auf eine eingehende Untersuchung der Weine gegründet werden. Namentlich ist dabei auf solche Zusätze zu achten, die den zuckerfreien Extrakt erhöhen; einen Zusatz von Kaliumphosphat kann man gegebenenfalls durch eine Bestimmung der einzelnen Mineralbestandtheile nachweisen.

Die Frage der Untersuchung und Beurtheilung der Süssweine ist in den letzten Jahren sehr eingehend bearbeitet worden und in Folge dessen haben sich die Ansichten der Fachgenossen, insbesondere über die Auslegung der Grenzzahlen der bayerischen Chemiker, in erfreulicher Weise geklärt.[1]

---

[1] F. Elsner, Ber. pharm. Gesellschaft. 1895. 5. 151; J. Pinette, Zeitschr. angew. Chemie 1894. 433; Seyda und Woy, ebd. 1895. 286;

Es ist festgestellt worden,[1]) dass die Grenzzahlen sich nur auf solche Süssweine beziehen sollen, die unter der Bezeichnung „Medizinalweine" in den Handel kommen. Als „Medizinalweine" sollen nur solche Süssweine zugelassen werden, welche wirklich konzentrirt und zwar in solchem Grade konzentrirt sind, dass ihr Gehalt an zuckerfreiem Extrakt und Phosphorsäure die vereinbarte Höhe erreicht. Wenn ein Süsswein somit diese Grenzzahlen nicht erreicht, so kann er zwar rein und auch konzentrirt sein und sich zur Verwendung als Dessertwein vorzüglich eignen, er soll aber nach der Ansicht zahlreicher Nahrungsmittel-Chemiker nicht als „Medizinalwein" bezeichnet werden dürfen. Inwieweit dieser Standpunkt gerechtfertigt erscheint, soll hier nicht näher erörtert werden.

Neuerdings scheint man auf manchen Seiten geneigt zu sein, die Anwendung der Grenzzahlen auf solche konzentrirten Süssweine beschränken zu wollen, welche nach Art der Tokayerweine, d. h. durch Auslaugen von Trockenbeeren mit Wein und Vergähren des Auszuges, hergestellt sind; auf die nach der Art des Malagaweines, d. h. durch Zusatz von konzentrirtem Moste und Alkohol zum Weine, hergestellten konzentrirten Süssweine wären hiernach die Grenzzahlen nicht anzuwenden Bei der Beurtheilung von Süssweinen, deren Herstellungsweise nicht sicher bekannt ist, wird man daher vorsichtig zu Werke gehen müssen; in neuerer Zeit werden sehr häufig solche Süssweine, z. B. griechische und kleinasiatische, in den Handel gebracht, über deren Bereitungsweise nur wenige oder gar keine sicheren Nachrichten vorliegen.

Weiter hat man bereits jetzt, wo die Kenntniss der konzentrirten Süssweine noch so lückenhaft ist, versucht, für die Erzeugnisse einzelner Weinbaugebiete oder Länder besondere Grenzzahlen festzusetzen; M. Barth[2]) hat z. B. vorgeschlagen, für die griechischen Süssweine die allgemeinen Grenzzahlen herabzusetzen. Späterhin wird man wohl dahin kommen, dass man nicht alle konzentrirten Süssweine gleich behandelt, sondern je nach der Herkunft und Bereitungsweise verschiedene Beurtheilungsnormen aufstellt. Zur Zeit dürfte eine derartige Spezialisirung indessen noch nicht angängig sein; E. List[3]) hat dem denn auch entschieden widersprochen.

J. König und W. Karsch, Zeitschr. analyt. Chemie 1895. **34.** 1; J. König, Chem.-Ztg. 1895. **19.** 999.

[1]) A. Hilger, Apoth.-Ztg. 1894. 425; E. List, Forschungsber. Lebensmittel 1896. **3.** 81.

[2]) Forschungsber. Lebensmittel 1896. **3.** 20.

[3]) Ebd. 1896. **3.** 81.

Nur für eine bestimmte Klasse von konzentrirten Süssweinen scheint man schon jetzt in der Lage zu sein, eine besondere Forderung bezüglich eines Bestandtheiles stellen zu dürfen: in Bezug auf den Phosphorsäuregehalt der Tokayerweine und der übrigen österreichisch-ungarischen konzentrirten Süssweine. Auf dem internationalen Nahrungsmittelchemiker-Kongresse zu Wien im Jahre 1891 wurde auf Antrag von L. Röseler der Beschluss gefasst, dass von gut bereiteten österreichisch-ungarischen Süssweinen ein Phosphorsäuregehalt von nahezu 0,06 g in 100 ccm zu fordern sei. Diesem Beschlusse sind zahlreiche Chemiker beigetreten, da er nach ihren Erfahrungen den Thatsachen entspricht; andererseits hat es auch nicht an Widerspruch gefehlt. Neuerdings hat L. Röseler[1]) an der Hand zahlreicher Untersuchungen festgestellt, dass der Phosphorsäuregehalt dieser Weine in der Regel mindestens nahezu 0,055 g in 100 ccm beträgt. Hier liegen die Verhältnisse insofern günstiger, als es sich nur um ein begrenztes Produktionsgebiet handelt, das verhältnissmässig gut erforscht ist. Auch hier lässt sich aus der Literatur feststellen, dass dieser Phosphorsäuregehalt in den genannten Weinen nicht immer gefunden wird; nur die eigentlichen Tokayerweine scheinen sich fast ausnahmslos durch einen hohen Phosphorsäuregehalt, der bis zu 0,127 g in 100 ccm gefunden wurde, bei einem verhältnissmässig nicht hohen Gehalte an Gesammt-Mineralbestandtheilen auszuzeichnen.

Der Glycerinbestimmung in Süssweinen hat man wiederholt jeden Werth abgesprochen. Diese Annahme dürfte indessen doch zu weit gehen. Die Glycerinbestimmung bietet die einzige Möglichkeit, einen künstlichen Glycerinzusatz zu dem Süssweine (zum Zwecke der Erhöhung des zuckerfreien Extraktes) nachzuweisen. Ferner gestattet der Glyceringehalt der Süssweine festzustellen, wie weit bei der Herstellung der Süssweine die Vergährung des Mostes stattgefunden hat und ob dem Süssweine Alkohol zugesetzt worden ist, vorausgesetzt, dass man die Gährungsverhältnisse dieser Moste hinreichend erforscht hat. Zur Zeit lässt sich freilich aus dem Glyceringehalte der Süssweine nicht viel ersehen. Denn abgesehen davon, dass die Glycerinbestimmung in zuckerreichen Weinen erheblich ungenauer ist als in ausgegohrenen Weinen, sind die Verhältnisse der Glycerinbildung bei der Gährung der zuckerreichen südländischen Moste fast ganz unbekannt. Die Um-

---

[1]) Zeitschr. analyt. Chemie 1895. **34**. 354.

stände, unter denen hier die Gährung verläuft, sind ganz andere als bei den deutschen Mosten; man darf annehmen, dass bei der langsamen, unter günstigen Bedingungen verlaufenden Gährung vieler konzentrirten Süssweine, z. B. der Tokayerweine, verhältnissmässig viel Glycerin im Vergleich zum Alkohol entsteht.

Von Bedeutung für die Beurtheilung der Süssweine verspricht die getrennte Bestimmung der Dextrose und der Lävulose zu werden. Gegenwärtig können aus dem Verhältnisse von Dextrose zu Lävulose allerdings noch keine sicheren Schlüsse gezogen werden, da es an Erfahrungen hierüber vollständig mangelt. Zwar haben C. Neubauer,[1]) R. Kayser,[2]) die Chemiker der Versuchsstation zu Klosterneuburg,[3]) sowie ganz neuerdings J. König und W. Karsch[4]) den Gehalt einiger Süssweine an Dextrose und Lävulose bestimmt; diese Versuche reichen indessen lange nicht aus, um hierauf ein sicheres Verfahren der Beurtheilung der Süssweine zu gründen. Selbst über den Gehalt des Mostes an diesen Zuckerarten ist noch nicht völlige Klarheit geschaffen; während Einige[5]) im Moste aus reifen Trauben fast gleiche Mengen Dextrose und Lävulose oder einen Ueberschuss an Lävulose fanden, stellten J. König und W. Karsch[4]) einen beträchtlichen Ueberschuss an Dextrose im Moste fest. Alle Untersuchungen stimmen indessen darin überein, dass bei der Gährung des Mostes die Dextrose rascher zersetzt wird als die Lävulose und dass in theilweise vergohrenen Mosten und in den echten Ausbruchweinen die Lävulose stets überwiegt. Da die Beurtheilung der Süssweine auf Grund ihres Gehaltes an Dextrose und Lävulose noch in den ersten Anfängen der Entwickelung steht, soll hier nicht weiter darauf eingegangen werden; was bisher darüber festgestellt worden ist, lässt sich in folgenden Sätzen zusammenfassen: Enthält ein Süsswein bedeutend mehr Lävulose als Dextrose, so liegt die Wahrschein-

---

[1]) Ber. deutsch. chem. Gesellschaft. 1877. **10.** 827.
[2]) Bericht 5. Versamml. d. fr. Vereinigung bayer. Vertreter d. angew. Chemie. Berlin 1887 bei Julius Springer. S. 55.
[3]) Mittheil. Versuchsstation Klosterneuburg 1885. Heft **4.** Tabellen.
[4]) Zeitschr. analyt. Chemie 1895. **34.** 1; vergl. auch J. König, Chem.-Ztg. 1895. **19.** 999.
[5]) P. Palladini, Le stazioni speriment. agrar. ital. 1891. **21.** 574; H. Müller-Thurgau, Landwirthschaftl. Jahrb. 1888. **17.** 142; K. Portele, Annal. Oenol. 1877. **6.** 54; M. Barth, Forschungsber. Lebensmittel 1894. **1.** 205; A. Halenke und W. Möslinger, Zeitschr. analyt. Chemie 1895. **34.** 263.

lichkeit vor, dass der Wein durch Gährung gewonnen worden ist; überwiegt dagegen die Dextrose bedeutend, so hat wahrscheinlich keine Gährung stattgefunden. Bei annähernd gleichem Gehalte an Dextrose und Lävulose lässt sich nicht eher ein Schluss ziehen, als bis die Schwankungen im Verhältniss der Dextrose zur Lävulose im natürlichen Moste durch zahlreiche Untersuchungen festgestellt sind. Ein Zusatz von Rohrzucker vor oder während der Gährung ist nicht nachweisbar, da er unter diesen Umständen rasch invertirt wird. Wurde einem Süssweine nach der Gährung Rohrzucker zugesetzt, so ist dieser so lange nachweisbar, als er nicht invertirt ist; nach der Inversion, die bei längerem Lagern (nach etwa zwei Monaten) stattfindet, ist der Rohrzuckerzusatz zur Zeit kaum nachweisbar.

Im Uebrigen ist über die Süssweine nur wenig zu bemerken. In Folge der günstigen klimatischen Verhältnisse, unter denen die zu ihrer Herstellung dienenden Weintrauben reifen, enthalten sie oft nur wenig Säuren. Die daraus dargestellten Süssweine sind dagegen häufig sehr reich an flüchtigen Säuren; W. Fresenius[1]) geht so weit, dass er Süssweine mit geringem Gehalte an flüchtigen Säuren von vornherein für verdächtig hält, Kunstprodukte zu sein. Demgegenüber hat man auch echte Süssweine, z. B. Tokayerweine[2]) gefunden, die nur verhältnissmässig kleine Mengen flüchtige Säuren enthielten. Da die Moste, die zur Herstellung von südländischen Süssweinen dienen, vielfach gegypst werden, ist ein Theil der Süssweine reich an Schwefelsäure.

Wie man aus den vorstehenden Darlegungen ersieht, ist unsere Kenntniss der Süssweine im Ganzen noch gering; die Beurtheilung dieser Weine ist daher eine keineswegs leichte Aufgabe. Welche Gesichtspunkte bei dem weiteren Ausbau der Grundsätze, nach denen die Süssweine zu beurtheilen sind, in erster Linie Berücksichtigung verdienen, wurde im Vorhergehenden angedeutet. Es ist zu hoffen und muss als dringend nothwendig bezeichnet werden, dass weitere Versuche in dieser Richtung angestellt werden, und zwar mit Proben, deren Echtheit einwandfrei und ohne Zweifel ist. Die Unmöglichkeit, schon jetzt feste Normen für die Beurtheilung der Süssweine aufzustellen, wird fast allseitig anerkannt. Die freie Vereinigung bayerischer Vertreter der angewandten Chemie hat auf ihrer dreizehnten Versammlung im Jahre 1894 den

---

[1]) Forschungsber. Lebensmittel. 1894. 1. 449.
[2]) R. Kayser, ebd. 1895. 2. 58.

Beschluss über die Beurtheilung der Süssweine ausgesetzt und eine Kommission zur weiteren Berathung dieser Angelegenheit ernannt. Es war auch beabsichtigt, für die Süssweine, soweit sie in den Apotheken als Heilmittel (Medizinalweine) feilgehalten werden, im deutschen Arzneibuche Grenzzahlen bezüglich des Gehaltes an zuckerfreiem Extrakt, Mineralbestandtheilen und Phosphorsäure festzusetzen. Diese Absicht wurde aber ebenfalls in Folge Mangels an Erfahrungen vorläufig aufgegeben.

Sieht man von den besonderen Abmachungen über die sogenannten Medizinalweine ab, so sind für die Beurtheilung der Süssweine in ihrer Eigenschaft als Dessertweine das Weingesetz vom 20. April 1892 und das Nahrungsmittelgesetz vom 14. Mai 1879 massgebend. In dem Weingesetze ist nur an zwei Stellen ausdrücklich von den Süssweinen (und Südweinen) die Rede, und zwar an beiden Stellen in Gestalt von Ausnahmebestimmungen. Nach § 2 Absatz 2 des Weingesetzes gilt die allgemeine Vorschrift für den Schwefelsäuregehalt der Rothweine nicht für rothe Süssweine, und nach § 4 Absatz 3 ist bei der Herstellung von Süssweinen der Zusatz von Rosinen zu Most oder Wein gestattet. Ferner ist bei den durchweg aus dem Auslande kommenden Süssweinen ein grösserer Zusatz von Alkohol gestattet; denn die im § 3 Nr. 1 ausgesprochene Beschränkung des Alkoholzusatzes bezieht sich nur auf Weine, die als deutsche in den Verkehr kommen. Thatsächlich erhalten viele Süssweine einen erheblichen Alkoholzusatz.

Die Vorschriften des § 1 des Weingesetzes gelten ohne Zweifel auch für die Süssweine, ebenso die Bestimmungen des § 4 mit der vorher erwähnten Ausnahme bezüglich des Zusatzes von Rosinen. Hiernach dürfen den Süssweinen die im § 1 genannten Stoffe überhaupt nicht, und Tresterwein, Hefenwein, Saccharin und ähnliche Süssstoffe, Säuren oder säurehaltige Körper, Bouquetstoffe, Gummi oder andere den Extraktgehalt erhöhende Körper nur unter der Voraussetzung einer entsprechende Bezeichnung zugesetzt werden. Ferner ist auch bei Süssweinen der Verschnitt mit anderen Weinen und die Entsäurung mit kohlensaurem Kalk, die allerdings hier ohne Bedeutung ist, gestattet.

Nur in einem Punkte könnte man im Zweifel darüber sein, ob nicht die Süssweine im Rahmen des Weingesetzes eine Ausnahmestellung gegenüber den gewöhnlichen Weinen einnehmen. Nach § 3 Nr. 4 des Gesetzes ist der Zusatz von technisch reinem Rohr-, Rüben- oder Invertzucker, technisch reinem Stärkezucker, auch in wässriger Lösung, zum Weine, letzteres bis zu einem gewissen Grade, gestattet. Aus der Begründung des Weingesetzes und den technischen Erläuterungen zu demselben ergiebt sich, dass man den Zusatz von Zucker und Zuckerlösungen hauptsächlich zu dem Zwecke zugelassen hat, um zu saure und zu zuckerarme Moste so zu verbessern, dass man aus ihnen einen trinkbaren Wein gewinnen kann. Bei der Herstellung der Süssweine kommen Verhältnisse, die eine Verbesserung des Mostes oder Weines in diesem Sinne nothwendig oder wünschenswerth machen, nicht vor. Bei den Süssweinen verfolgt man mit dem Zuckerzusatze nur den Zweck, die Süssigkeit des Weines zu erhöhen. Durch den Zusatz von Zucker kann man in einem Weine nur den Zuckergehalt des Weinmostes bezw. der Trockenbeeren ersetzen, nicht aber die anderen werthvollen Extraktbestandtheile des Traubensaftes. Hier kann insofern in gewissem Sinne eine Täuschung des Käufers vorliegen, als derselbe annimmt, dass mit dem hohen Zuckergehalte des Süssweines ein entsprechend hoher Gehalt an sonstigen Extraktstoffen des Traubensaftes verbunden sei. Einer Beanstandung von Süssweinen, die mit Zucker versetzt sind, auf Grund des § 10 des Nahrungsmittelgesetzes vom 14. Mai 1879 steht indessen der klare Wortlaut des § 3 Nr. 4 des Weingesetzes entgegen, nach welchem der Zusatz von Zucker zu allen Weinen bedingungslos gestattet ist. Hierbei ist jedoch zu beachten, dass der § 7 Nr. 2 auch auf Süssweine Anwendung findet; danach wird derjenige bestraft, der Weine, welcher einen Zusatz der in § 3 Nr. 4 bezeichneten Art erhalten hat, unter Bezeichnungen feilhält oder verkauft, welche die Annahme hervorzurufen geeignet sind, dass ein derartiger Zusatz nicht gemacht worden ist.

Weitere Bestimmungen enthält das Weingesetz vom 20. April 1892 nicht. Bezüglich der im Weingesetze nicht vorgesehenen Punkte hat die Beurtheilung der Süssweine nach Massgabe des Nahrungsmittelgesetzes vom 14. Mai 1879 zu erfolgen.

Grundsätze,
nach welchen bei den Erhebungen über die Beschaffenheit deutscher Weine zu verfahren ist.

I. Entnahme der Proben.

1. Es sollen nur Proben zuverlässig reiner, durch Wasser oder andere Zusätze nicht veränderter Weine entnommen werden.
2. Die Entnahmen haben sich zu erstrecken auf
    a) Most, d. h. noch nicht in Gährung übergegangenen Traubensaft,
    b) Jungwein, d. h. von der Hefe abgelassenen Wein nach dem ersten Abstich,
    c) älteren Wein,
       zu b) und c) auch wenn seiner Zeit Proben des Mostes, aus welchem der Wein entstanden ist, nicht untersucht worden sind.
3. Die Proben sind in allen Theilen des Weinbaugebietes, in thunlichst zahlreichen Gemarkungen und in den verschiedenen Lagen dieser Gemarkungen, insbesondere auch bei kleinen Weinbauern, jedoch unter Bevorzugung der durch die Menge des Ertrages oder die Ausdehnung des Anbaues überwiegenden Arten zu entnehmen.
4. Von jeder Probe ist mindestens 1 Liter unter Benutzung vollkommen reiner (am besten neuer) Glasflaschen und Korke zu entnehmen. Moste sind durch Filtriren oder in anderer Weise in der Gährung zurückzuhalten.
5. Nach Bezettelung und Kennzeichnung der gefüllten und sorgsam verschlossenen Flaschen sind dieselben so schnell als möglich — namentlich Moste immer sofort — an die betreffende Untersuchungsstelle zu senden, bis zum Abgange aber an einem vor Sonnenlicht geschützten kühlen Orte zu verwahren.
6. Bei der Erhebung der Mostproben und, soweit möglich,

auch der Weinproben ist zu ermitteln, und demnächst bei der Uebersendung an die Untersuchungsstelle mitzutheilen:
   a) Gemarkung und Lage, sowie Bodenart des Weinberges,
   b) Art des etwa angewendeten Kunstdüngers,
   c) Traubensorte,
   d) Jahrgang,
   e) Bezeichnung der Schädlinge oder Krankheiten, von denen die Reben etwa befallen waren und Bezeichnung der dagegen angewendeten Mittel,
   f) Zeit der Traubenlese,
   g) Art der etwa vorhanden gewesenen Fäule (Edelfäule, Sauerfäule)

7. Bei dem Einsenden von Jungweinen und älteren Weinen ist, soweit möglich, eine nähere Bezeichnung des Mostes, aus dem der Wein durch Gährung entstanden ist, zu geben. Bei älteren Weinen ist auch mitzutheilen, ob und wie oft der Wein abgestochen, geschwefelt, geschönt und womit er geschönt worden ist, endlich wie gross und wie weit gefüllt das Fass war, aus dem die Probe entnommen wurde, und wie weit etwa Kahmbildung eingetreten war.

II. Untersuchung der Proben.

A. Most.

Mostproben sind immer sofort zu untersuchen. Sollten einzelne Proben schon in Gährung übergegangen sein, so ist der Alkoholgehalt zu bestimmen und als solcher anzugeben. Abgesehen hiervon ist im Moste zu bestimmen:
   Spezifisches Gewicht des filtrirten Mostes bei 15^0 mit der Mostwaage von Oechsle,
   Extrakt aus dem spezifischen Gewichte mit Hülfe der Extrakttabelle,
   Freie Säuren, als Weinsteinsäure berechnet,
   Zucker, gewichtsanalytisch,
   Polarisation,
   Mineralbestandtheile, insbesondere auch
   Borsäure, qualitativ.

Soweit es die Verhältnisse gestatten, sollen auch folgende Stoffe bestimmt werden:
   Schwefelsäure,
   Phosphorsäure,
   Magnesium,
   Kalium.

B. Jungwein und älterer Wein.

Es ist zu bestimmen:
Spezifisches Gewicht bei 15^0 C.,
Alkohol,
Extrakt,
Freie Säuren, als Weinsteinsäure berechnet,
Nichtflüchtige Säuren, als Weinsteinsäure berechnet,
Glycerin,
Zucker, gewichtsanalytisch,
Polarisation,
Mineralbestandtheile,
Schwefelsäure,
Chlor,
Phosphorsäure,
Schweflige Säure,
Kalk,
Magnesium,
Kalium,
Borsäure, qualitativ,
Salpetersäure, qualitativ.

Gesetz,

betreffend den Verkehr mit Wein, weinhaltigen und weinähnlichen Getränken.[1])

Vom 20. April 1892.

Wir Wilhelm, von Gottes Gnaden Deutscher Kaiser, König von Preussen etc.

verordnen im Namen des Reichs, nach erfolgter Zustimmung des Bundesraths und des Reichstags, was folgt:

§ 1.

Die nachbenannten Stoffe, nämlich:
lösliche Aluminiumsalze (Alaun und dergl.),
Baryumverbindungen,
Borsäure,
Glycerin,
Kermesbeeren,
Magnesiumverbindungen,
Salicylsäure,
unreiner (freien Amylalkohol enthaltender) Sprit,
unreiner (nicht technisch reiner) Stärkezucker,
Strontiumverbindungen,
Theerfarbstoffe,

oder Gemische, welche einen dieser Stoffe enthalten, dürfen Wein, weinhaltigen und weinähnlichen Getränken, welche bestimmt sind, Anderen als Nahrungs- oder Genussmittel zu dienen, bei oder nach der Herstellung nicht zugesetzt werden.

§ 2.

Wein, weinhaltige und weinähnliche Getränke, welchen, den Vorschriften des § 1 zuwider, einer der dort bezeichneten Stoffe zugesetzt ist, dürfen weder feilgehalten, noch verkauft werden.

---

[1]) Reichs-Gesetzblatt 1892 S. 597.

Dasselbe gilt für Rothwein, dessen Gehalt an Schwefelsäure in 1 Liter Flüssigkeit mehr beträgt, als sich in 2 g neutralen schwefelsauren Kaliums vorfindet. Diese Bestimmung findet jedoch auf solche Rothweine nicht Anwendung, welche als Dessertweine (Süd-, Süssweine) ausländischen Ursprungs in den Verkehr kommen.

§ 3.

Als Verfälschung oder Nachahmung des Weines im Sinne des § 10 des Gesetzes, betreffend den Verkehr mit Nahrungsmitteln, Genussmitteln und Gebrauchsgegenständen, vom 14. Mai 1879 (Reichs-Gesetzbl. S. 145) ist nicht anzusehen:

1. die anerkannte Kellerbehandlung einschliesslich der Haltbarmachung des Weines, auch wenn dabei Alkohol oder geringe Mengen von mechanisch wirkenden Klärungsmitteln (Eiweiss, Gelatine, Hausenblase und dergl.), von Kochsalz, Tannin, Kohlensäure, schwefliger Säure oder daraus entstandener Schwefelsäure in den Wein gelangen; jedoch darf die Menge des zugesetzten Alkohols bei Weinen, welche als deutsche in den Verkehr kommen, nicht mehr als 1 Raumtheil auf 100 Raumtheile Wein betragen;

2. die Vermischung (Verschnitt) von Wein mit Wein;

3. die Entsäuerung mittelst reinen gefällten kohlensauren Kalks;

4. der Zusatz von technisch reinem Rohr-, Rüben- oder Invertzucker, technisch reinem Stärkezucker, auch in wässeriger Lösung; jedoch darf durch den Zusatz wässeriger Zuckerlösung der Gehalt des Weines an Extraktstoffen und Mineralbestandtheilen nicht unter die bei ungezuckertem Wein des Weinbaugebiets, dem der Wein nach seiner Benennung entsprechen soll, in der Regel beobachteten Grenzen herabgesetzt werden.

§ 4.

Als Verfälschung des Weines im Sinne des § 10 des Gesetzes vom 14. Mai 1879 ist insbesondere anzusehen die Herstellung von Wein unter Verwendung

1. eines Aufgusses von Zuckerwasser auf ganz oder theilweise ausgepresste Trauben;

2. eines Aufgusses von Zuckerwasser auf Weinhefe;

3. von Rosinen, Korinthen, Saccharin oder anderen als den im § 3 Nr. 4 bezeichneten Süssstoffen, jedoch unbeschadet der Bestimmung im Absatz 3 dieses Paragraphen;

4. von Säuren oder säurehaltigen Körpern oder von Bouquetstoffen;

5. von Gummi oder anderen Körpern, durch welche der Extraktgehalt erhöht wird, jedoch unbeschadet der Bestimmungen im § 3 Nr. 1 und 4.

Die unter Anwendung eines der vorbezeichneten Verfahren hergestellten Getränke oder Mischungen derselben mit Wein dürfen nur unter einer ihre Beschaffenheit erkennbar machenden oder einer anderweiten, sie von Wein unterscheidenden Bezeichnung (Tresterwein, Hefenwein, Rosinenwein, Kunstwein oder dergl.) feilgehalten oder verkauft werden.

Der blosse Zusatz von Rosinen zu Most oder Wein gilt nicht als Verfälschung bei Herstellung von solchen Weinen, welche als Dessertweine (Süd-, Süssweine) ausländischen Ursprungs in den Verkehr kommen.

§ 5.

Die Vorschriften in den §§ 3 und 4 finden auf Schaumwein nicht Anwendung.

§ 6.

Die Verwendung von Saccharin und ähnlichen Süssstoffen bei der Herstellung von Schaumwein oder Obstwein einschliesslich Beerenobstwein ist als Verfälschung im Sinne des § 10 des Gesetzes vom 14. Mai 1879 anzusehen.

§ 7.

Mit Gefängniss bis zu sechs Monaten und mit Geldstrafe bis zu eintausendfünfhundert Mark oder mit einer dieser Strafen wird bestraft:

1. wer den Vorschriften der §§ 1 oder 2 vorsätzlich zuwiderhandelt;

2. wer wissentlich Wein, welcher einen Zusatz der im § 3 Nr. 4 bezeichneten Art erhalten hat, unter Bezeichnungen feilhält oder verkauft, welche die Annahme hervorzurufen geeignet sind, dass ein derartiger Zusatz nicht gemacht ist.

§ 8.

Ist die im § 7 Nr. 1 bezeichnete Handlung aus Fahrlässigkeit begangen worden, so tritt Geldstrafe bis zu einhundertfünfzig Mark oder Haft ein.

§ 9.

In den Fällen des § 7 Nr. 1 und § 8 kann auf Einziehung der Getränke erkannt werden, welche diesen Vorschriften zuwider hergestellt, verkauft oder feilgehalten sind, ohne Unterschied, ob sie dem Verurtheilten gehören oder nicht. Ist die Verfolgung oder Verurtheilung einer bestimmten Person nicht ausführbar, so kann auf die Einziehung selbständig erkannt werden.

§ 10.

Die Vorschriften des Gesetzes vom 14. Mai 1879 bleiben unberührt, soweit die §§ 3 bis 6 des gegenwärtigen Gesetzes nicht entgegenstehende Bestimmungen enthalten. Die Vorschriften in den §§ 16, 17 des Gesetzes vom 14. Mai 1879 finden auch bei Zuwiderhandlungen gegen die Vorschriften des gegenwärtigen Gesetzes Anwendung.

§ 11.

Der Bundesrath ist ermächtigt, die Grenzen festzustellen, welche
    a) für die bei der Kellerbehandlung in den Wein gelangenden Mengen der im § 3 Nr. 1 bezeichneten Stoffe, soweit das Gesetz selbst die Menge nicht festsetzt, sowie
    b) für die Herabsetzung des Gehalts an Extraktstoffen und Mineralbestandtheilen im Falle des § 3 Nr. 4
massgebend sein sollen.

§ 12.

Der Bundesrath ist ermächtigt, Grundsätze aufzustellen, nach welchen die zur Ausführung dieses Gesetzes, sowie des Gesetzes vom 14. Mai 1879 in Bezug auf Wein, weinhaltige und weinähnliche Getränke erforderlichen Untersuchungen vorzunehmen sind.

§ 13.

Die Bestimmungen des § 2 treten erst am 1. Oktober 1892 in Kraft.

Urkundlich unter Unserer Höchsteigenhändigen Unterschrift und beigedrucktem Kaiserlichen Insiegel.

Gegeben im Schloss zu Berlin, den 20. April 1892.

(L. S.)   **Wilhelm.**

                                                         von Boetticher.

Bekanntmachung,
betreffend
die Ausführung des Gesetzes über den Verkehr mit Wein, weinhaltigen und weinähnlichen Getränken.

Vom 29. April 1892.

Auf Grund des § 11 des Gesetzes, betreffend den Verkehr mit Wein, weinhaltigen und weinähnlichen Getränken, vom 20. April 1892 (Reichs-Gesetzbl. S. 597) hat der Bundesrath beschlossen, die Grenzen für die Herabsetzung des Gehalts an Extraktstoffen und Mineralbestandtheilan (§ 3 Nr. 4 des Gesetzes), wie folgt, festzustellen:

Bei Wein, welcher nach seiner Benennung einem inländischen Weinbaugebiet entsprechen soll, darf durch den Zusatz wässeriger Zuckerlösung

a) der Gesammtgehalt an Extraktstoffen nicht unter 1,5 g, der nach Abzug der nichtflüchtigen Säuren verbleibende Extraktgehalt nicht unter 1,1 g der nach Abzug der freien Säuren verbleibende Extraktgehalt nicht unter 1 g,

b) der Gehalt an Mineralbestandtheilen nicht unter 0,14 g

in einer Menge von 100 ccm Wein herabgesetzt werden.

Berlin, den 29. April 1892.

Der Stellvertreter des Reichskanzlers.

von Boetticher.

Gesetz,

betreffend den Verkehr mit Nahrungsmitteln, Genussmitteln und Gebrauchsgegenständen.[1])

Vom 14. Mai 1879.

Wir Wilhelm, von Gottes Gnaden Deutscher Kaiser, König von Preussen etc.
verordnen im Namen des Reichs, nach erfolgter Zustimmung des Bundesraths und des Reichstags, was folgt:

§ 1.

Der Verkehr mit Nahrungs- und Genussmitteln, sowie mit Spielwaaren, Tapeten, Farben, Ess-, Trink- und Kochgeschirr und mit Petroleum unterliegt der Beaufsichtigung nach Massgabe dieses Gesetzes.

§ 2.

Die Beamten der Polizei sind befugt, in die Räumlichkeiten, in welchen Gegenstände der in § 1 bezeichneten Art feilgehalten werden, während der üblichen Geschäftsstunden oder während die Räumlichkeiten dem Verkehr geöffnet sind, einzutreten.

Sie sind befugt, von den Gegenständen der in § 1 bezeichneten Art, welche in den angegebenen Räumlichkeiten sich befinden, oder welche an öffentlichen Orten, auf Märkten, Plätzen, Strassen oder im Umherziehen verkauft oder feilgehalten werden, nach ihrer Wahl Proben zum Zwecke der Untersuchung gegen Empfangsbescheinigung zu entnehmen. Auf Verlangen ist dem Besitzer ein Theil der Probe amtlich verschlossen oder versiegelt zurückzulassen. Für die entnommene Probe ist Entschädigung in Höhe des üblichen Kaufpreises zu leisten.

---

[1]) Reichs-Gesetzblatt 1879 S. 145.

§ 3.

Die Beamten der Polizei sind befugt, bei Personen, welche auf Grund der §§ 10, 12, 13 dieses Gesetzes zu einer Freiheitsstrafe verurtheilt sind, in den Räumlichkeiten, in welchen Gegenstände der in § 1 bezeichneten Art feilgehalten werden, oder welche zur Aufbewahrung oder Herstellung solcher zum Verkaufe bestimmter Gegenstände dienen, während der in § 2 angegebenen Zeit Revisionen vorzunehmen.

Diese Befugniss beginnt mit der Rechtskraft des Urtheils und erlischt mit dem Ablauf von 3 Jahren von dem Tage an gerechnet, an welchem die Freiheitsstrafe verbüsst, verjährt oder erlassen ist.

§ 4.

Die Zuständigkeit der Behörden und Beamten zu den in §§ 2 und 3 bezeichneten Massnahmen richtet sich nach den einschlägigen landesrechtlichen Bestimmungen.

Landesrechtliche Bestimmungen, welche der Polizei weitergehende Befugnisse als die in §§ 2 und 3 bezeichneten geben, bleiben unberührt.

§ 5.

Für das Reich können durch Kaiserliche Verordnung mit Zustimmung des Bundesraths zum Schutze der Gesundheit Vorschriften erlassen werden, welche verbieten:

1. bestimmte Arten der Herstellung, Aufbewahrung und Verpackung von Nahrungs- und Genussmitteln, die zum Verkaufe bestimmt sind;
2. das gewerbsmässige Verkaufen und Feilhalten von Nahrungs- und Genussmitteln von einer bestimmten Beschaffenheit oder unter einer der wirklichen Beschaffenheit nicht entsprechenden Bezeichnung;
3. das Verkaufen und Feilhalten von Thieren, welche an bestimmten Krankheiten leiden, zum Zwecke des Schlachtens, sowie das Verkaufen und Feilhalten des Fleisches von Thieren, welche mit bestimmten Krankheiten behaftet waren;
4. die Verwendung bestimmter Stoffe und Farben zur Herstellung von Bekleidungsgegenständen, Spielwaaren, Tapeten, Ess-, Trink- und Kochgeschirr, sowie das gewerbsmässige Verkaufen und Feilhalten von Gegenständen, welche diesem Verbote zuwider hergestellt sind;
5. das gewerbsmässige Verkaufen und Feilhalten von Petroleum von einer bestimmten Beschaffenheit.

§ 6.

Für das Reich kann durch Kaiserliche Verordnung mit Zustimmung des Bundesraths das gewerbsmässige Herstellen, Verkaufen und Feilhalten von Gegenständen, welche zur Fälschung von Nahrungs- oder Genussmitteln bestimmt sind, verboten oder beschränkt werden.

§ 7.

Die auf Grund der §§ 5, 6 erlassenen Kaiserlichen Verordnungen sind dem Reichstag, sofern er versammelt ist, sofort, anderenfalls bei dessen nächstem Zusammentreten vorzulegen. Dieselben sind ausser Kraft zu setzen, soweit der Reichstag dies verlangt.

§ 8.

Wer den auf Grund der §§ 5, 6 erlassenen Verordnungen zuwiderhandelt, wird mit Geldstrafe bis zu einhundertfünfzig Mark oder mit Haft bestraft.

Landesrechtliche Vorschriften dürfen eine höhere Strafe nicht androhen.

§ 9.

Wer den Vorschriften der §§ 2 bis 4 zuwider den Eintritt in die Räumlichkeiten, die Entnahme einer Probe oder die Revision verweigert, wird mit Geldstrafe von fünfzig bis zu einhundertfünfzig Mark oder mit Haft bestraft.

§ 10.

Mit Gefängniss bis zu sechs Monaten und mit Geldstrafe bis zu eintausendfünfhundert Mark oder mit einer dieser Strafen wird bestraft:

1. wer zum Zwecke der Täuschung im Handel und Verkehr Nahrungs- oder Genussmittel nachmacht oder verfälscht;

2. wer wissentlich Nahrungs- oder Genussmittel, welche verdorben oder nachgemacht oder verfälscht sind, unter Verschweigung dieses Umstandes verkauft oder unter einer zur Täuschung geeigneten Bezeichnung feilhält.

§ 11.

Ist die im § 10 Nr. 2 bezeichnete Handlung aus Fahrlässigkeit begangen worden, so tritt Geldstrafe bis zu einhundertfünfzig Mark oder Haft ein.

§ 12.

Mit Gefängniss, neben welchem auf Verlust der bürgerlichen Ehrenrechte erkannt werden kann, wird bestraft:

1. wer vorsätzlich Gegenstände, welche bestimmt sind, Anderen als Nahrungs- oder Genussmittel zu dienen, derart herstellt, dass der Genuss derselben die menschliche Gesundheit zu beschädigen geeignet ist, ingleichen wer wissentlich Gegenstände, deren Genuss die menschliche Gesundheit zu beschädigen geeignet ist, als Nahrungs- oder Genussmittel verkauft, feilhält oder sonst in Verkehr bringt;

2. wer vorsätzlich Bekleidungsgegenstände, Spielwaaren, Tapeten, Ess-, Trink- oder Kochgeschirre oder Petroleum derart herstellt, dass der bestimmungsgemässe oder vorauszusehende Gebrauch dieser Gegenstände die menschliche Gesundheit zu beschädigen geeignet ist, ingleichen wer wissentlich solche Gegenstände verkauft, feilhält oder sonst in Verkehr bringt.

Der Versuch ist strafbar.

Ist durch die Handlung eine schwere Körperverletzung oder der Tod eines Menschen verursacht worden, so tritt Zuchthausstrafe bis zu fünf Jahren ein.

§ 13.

War in den Fällen des § 12 der Genuss oder Gebrauch des Gegenstandes die menschliche Gesundheit zu zerstören geeignet und war diese Eigenschaft dem Thäter bekannt, so tritt Zuchthausstrafe bis zu zehn Jahren und, wenn durch die Handlung der Tod eines Menschen verursacht worden ist, Zuchthausstrafe nicht unter zehn Jahren oder lebenslängliche Zuchthausstrafe ein.

Neben der Strafe kann auf Zulässigkeit von Polizeiaufsicht erkannt werden.

§ 14.

Ist eine der in den §§ 12, 13 bezeichneten Handlungen aus Fahrlässigkeit begangen worden, so ist auf Geldstrafe bis zu eintausend Mark oder Gefängnissstrafe bis zu sechs Monaten und, wenn durch die Handlung ein Schaden an der Gesundheit eines Menschen verursacht worden ist, auf Gefängnissstrafe bis zu einem Jahre, wenn aber der Tod eines Menschen verursacht worden ist, auf Gefängnissstrafe von einem Monat bis zu drei Jahren zu erkennen.

§ 15.

In den Fällen der §§ 12 bis 14 ist neben der Strafe auf Einziehung der Gegenstände zu erkennen, welche den bezeichneten Vorschriften zuwider hergestellt, verkauft, feilgehalten oder sonst in Verkehr gebracht sind, ohne Unterschied, ob sie dem Verurtheilten gehören oder nicht; in den Fällen der §§ 8, 10, 11 kann auf die Einziehung erkannt werden.

Ist in den Fällen der §§ 12 bis 14 die Verfolgung oder die Verurtheilung einer bestimmten Person nicht ausführbar, so kann auf die Einziehung selbständig erkannt werden.

§ 16.

In dem Urtheil oder dem Strafbefehl kann angeordnet werden, dass die Verurtheilung auf Kosten des Schuldigen öffentlich bekannt zu machen sei.

Auf Antrag des freigesprochenen Angeschuldigten hat das Gericht die öffentliche Bekanntmachung der Freisprechung anzuordnen; die Staatskasse trägt die Kosten, insofern dieselben nicht dem Anzeigenden auferlegt worden sind.

In der Anordnung ist die Art der Bekanntmachung zu bestimmen.

§ 17.

Besteht für den Ort der That eine öffentliche Anstalt zur technischen Untersuchung von Nahrungs- und Genussmitteln, so fallen die auf Grund dieses Gesetzes auferlegten Geldstrafen, soweit dieselben dem Staate zustehen, der Kasse zu, welche die Kosten der Untersuchung der Anstalt trägt.

Urkundlich unter Unserer Höchsteigenhändigen Unterschrift und beigedrucktem Kaiserlichen Insiegel.

Gegeben Berlin, den 14. Mai 1879.

(L.S.) **Wilhelm.**
Fürst v. Bismarck.

Tafeln.

Tafel I.
Ermittelung des Alkoholgehaltes.
Nach **K. Windisch.**
Alkoholtafel. Berlin 1893.

Spezifisches Gewicht des Destillates.	Gramm Alkohol in 100 ccm.	Volumprozente Alkohol.	Spezifisches Gewicht des Destillates.	Gramm Alkohol in 100 ccm.	Volumprozente Alkohol.
1,0000	0,00	0,00			
0,9999	0,05	0,07	0,9969	1,66	2,09
8	0,11	0,13	8	1,71	2,16
7	0,16	0,20	7	1,77	2,23
6	0,21	0,27	6	1,82	2,30
5	0,26	0,33	5	1,88	2,37
4	0,32	0,40	4	1,93	2,44
3	0,37	0,47	3	1,99	2,51
2	0,42	0,53	2	2,04	2,58
1	0,47	0,60	1	2,10	2,65
0	0,53	0,67	0	2,16	2,72
0,9989	0,58	0,73	0,9959	2,21	2,79
8	0,64	0,80	8	2,27	2,86
7	0,69	0,87	7	2,32	2,93
6	0,74	0,93	6	2,38	3,00
5	0,80	1,00	5	2,43	3,07
4	0,85	1,07	4	2,49	3,14
3	0,90	1,14	3	2,55	3,21
2	0,96	1,20	2	2,60	3,28
1	1,01	1,27	1	2,66	3,35
0	1,06	1,34	0	2,72	3,42
0,9979	1,12	1,41	0,9949	2,77	3,49
8	1,17	1,48	8	2,82	3,56
7	1,22	1,54	7	2,88	3,64
6	1,28	1,61	6	2,94	3,71
5	1,33	1,68	5	3,00	3,78
4	1,39	1,75	4	3,06	3,85
3	1,44	1,82	3	3,12	3,93
2	1,50	1,88	2	3,17	4,00
1	1,55	1,95	1	3,23	4,07
0	1,60	2,02	0	3,29	4,14
0,9969	1,66	2,09	0,9939	3,35	4,22

Alkoholtafel nach K. Windisch.

Spezifisches Gewicht des Destillates.	Gramm Alkohol in 100 ccm.	Volumprozente Alkohol.	Spezifisches Gewicht des Destillates.	Gramm Alkohol in 100 ccm.	Volumprozente Alkohol.
0,9939	**3,35**	**4,22**	**0,9899**	**5,76**	**7,26**
8	3,40	4,29	8	5,83	7,34
7	3,46	4,36	7	5,89	7,42
6	3,52	4,43	6	5,95	7,50
5	3,58	4,51	5	6,02	7,58
4	3,64	4,58	4	6,08	7,66
3	3,69	4,65	3	6,14	7,74
2	3,75	4,73	2	6,21	7,82
1	3,81	4,80	1	6,27	7,90
0	3,87	4,88	0	6,34	7,99
0,9929	**3,93**	**4,95**	**0,9889**	**6,40**	**8,07**
8	3,99	5,03	8	6,47	8,15
7	4,05	5,10	7	6,53	8,23
6	4,11	5,18	6	6,59	8,31
5	4,17	5,25	5	6,66	8,40
4	4,23	5,33	4	6,73	8,48
3	4,29	5,40	3	6,79	8,56
2	4,35	5,48	2	6,86	8,64
1	4,41	5,55	1	6,93	8,73
0	4,47	5,63	0	6,99	8,81
0,9919	**4,53**	**5,70**	**0,9870**	**7,06**	**8,89**
8	4,59	5,78	8	7,12	8,98
7	4,65	5,86	7	7,19	9,06
6	4,71	5,93	6	7,26	9,15
5	4,77	6,01	5	7,33	9,23
4	4,83	6,09	4	7,39	9,32
3	4,89	6,16	3	7,46	9,40
2	4,95	6,24	2	7,53	9,48
1	5,01	6,32	1	7,60	9,57
0	5,08	6,40	0	7,66	9,66
0,9909	**5,14**	**6,47**	**0,9869**	**7,73**	**9,74**
8	5,20	6,55	8	7,80	9,83
7	5,26	6,63	7	7,87	9,91
6	5,32	6,71	6	7,94	10,00
5	5,38	6,79	5	8,00	10,09
4	5,45	6,86	4	8,07	10,17
3	5,51	6,94	3	8,14	10,26
2	5,57	7,02	2	8,21	10,35
1	5,64	7,10	1	8,28	10,43
0	5,70	7,18	0	8,35	10,52
0,9899	**5,76**	**7,26**	**0,9859**	**8,42**	**10,61**

Alkoholtafel nach K. Windisch.

Spezifisches Gewicht des Destillates.	Gramm Alkohol in 100 ccm.	Volumprozente Alkohol.	Spezifisches Gewicht des Destillates.	Gramm Alkohol in 100 ccm.	Volumprozente Alkohol.
0,9859	**8,42**	**10,61**	**0,9819**	**11,34**	**14,29**
8	8,49	10,70	8	11,42	14,39
7	8,56	10,79	7	11,49	14,48
6	8,63	10,88	6	11,57	14,58
5	8,70	10,96	5	11,65	14,68
4	8,77	11,05	4	11,72	14,77
3	8,84	11,14	3	11,80	14,87
2	8,91	11,23	2	11,88	14,97
1	8,98	11,32	1	11,96	15,07
0	9,06	11,41	0	12,03	15,16
0,9849	**9,13**	**11,50**	**0,9809**	**12,11**	**15,26**
8	9,20	11,59	8	12,19	15,36
7	9,27	11,68	7	12,27	15,46
6	9,34	11,77	6	12,34	15,55
5	9,42	11,86	5	12,42	15,65
4	9,49	11,95	4	12,50	15,75
3	9,56	12,05	3	12,58	15,85
2	9,63	12,14	2	12,65	15,95
1	9,70	12,23	1	12,73	16,04
0	9,78	12,32	0	12,81	16,14
0,9839	**9,85**	**12,41**	**0,9799**	**12,89**	**16,24**
8	9,92	12,50	8	12,97	16,34
7	9,99	12,59	7	13,05	16,44
6	10,07	12,69	6	13,13	16,54
5	10,14	12,78	5	13,20	16,64
4	10,22	12,88	4	13,28	16,74
3	10,29	12,97	3	13,36	16,84
2	10,36	13,06	2	13,44	16,94
1	10,44	13,16	1	13,52	17,04
0	10,52	13,25	0	13,60	17,14
0,9829	**10,59**	**13,34**	**0,9789**	**13,68**	**17,24**
8	10,66	13,44	8	13,76	17,34
7	10,74	13,53	7	13,84	17,44
6	10,81	13,63	6	13,92	17,54
5	10,89	13,72	5	14,00	17,64
4	10,96	13,82	4	14,08	17,74
3	11,04	13,91	3	14,15	17,84
2	11,12	14,01	2	14,23	17,94
1	11,19	14,10	1	14,31	18,04
0	11,27	14,20	0	14,39	18,14
0,9819	**11,34**	**14,29**	**0,9779**	**14,47**	**18,24**

Alkoholtafel nach K. Windisch.

Spezifisches Gewicht des Destillates.	Gramm Alkohol in 100 ccm.	Volumprozente Alkohol.	Spezifisches Gewicht des Destillates.	Gramm Alkohol in 100 ccm.	Volumprozente Alkohol.
0,9779	14,47	18,24	0,9739	17,66	22,26
8	14,55	18,34	8	17,74	22,35
7	14,63	18,44	7	17,82	22,45
6	14,71	18,54	6	17,90	22,55
5	14,79	18,64	5	17,98	22,65
4	14,87	18,74	4	18,05	22,75
3	14,95	18,84	3	18,13	22,85
2	15,03	18,94	2	18,21	22,95
1	15,11	19,04	1	18,29	23,05
0	15,19	19,14	0	18,37	23,14
0,9769	15,27	19,24	0,9729	18,45	23,24
8	15,35	19,34	8	18,52	23,34
7	15,43	19,44	7	18,60	23,44
6	15,51	19,55	6	18,68	23,54
5	15,59	19,65	5	18,76	23,63
4	15,67	19,75	4	18,84	23,73
3	15,75	19,85	3	18,91	23,83
2	15,83	19,95	2	18,99	23,93
1	15,91	20,05	1	19,07	24,02
0	15,99	20,15	0	19,14	24,12
0,9759	16,07	20,25	0,9719	19,22	24,22
8	16,15	20,35	8	19,30	24,32
7	16,23	20,45	7	19,37	24,41
6	16,31	20,55	6	19,45	24,51
5	16,39	20,65	5	19,53	24,60
4	16,47	20,75	4	19,60	24,70
3	16,55	20,86	3	19,68	24,80
2	16,63	20,96	2	19,76	24,89
1	16,71	21,06	1	19,83	24,99
0	16,79	21,16	0	19,91	25,08
0,9749	16,87	21,26	0,9709	19,98	25,18
8	16,95	21,36	8	20,06	25,27
7	17,03	21,46	7	20,13	25,37
6	17,11	21,56	6	20,21	25,47
5	17,19	21,66	5	20,28	25,56
4	17,27	21,76	4	20,36	25,66
3	17,35	21,86	3	20,43	25,75
2	17,42	21,96	2	20,51	25,84
1	17,50	22,06	1	20,58	25,94
0	17,58	22,16	0	20,66	26,03
0,9739	17,66	22,26	0,9699	20,73	26,13

Alkoholtafel nach K. Windisch.

Spezifisches Gewicht des Destillates.	Gramm Alkohol in 100 ccm.	Volumprozente Alkohol.	Spezifisches Gewicht des Destillates.	Gramm Alkohol in 100 ccm.	Volumprozente Alkohol.
0,9699	**20,73**	**26,13**	**0,9659**	**23,59**	**29,72**
8	20,81	26,22	8	23,65	29,81
7	20,88	26,31	7	23,72	29,89
6	20,96	26,41	6	23,79	29,98
5	21,03	26,50	5	23,86	30,06
4	21,10	26,59	4	23,93	30,15
3	21,18	26,69	3	23,99	30,23
2	21,25	26,78	2	24,06	30,32
1	21,32	26,87	1	24,13	30,40
0	21,40	26,96	0	24,19	30,49
0,9689	**21,47**	**27,05**	**0,9649**	**24,26**	**30,57**
8	21,54	27,14	8	24,33	30,66
7	21,61	27,24	7	24,39	30,74
6	21,69	27,33	6	24,46	30,82
5	21,76	27,42	5	24,53	30,91
4	21,83	27,51	4	24,59	30,99
3	21,90	27,60	3	24,66	31,07
2	21,98	27,69	2	24,73	31,16
1	22,05	27,78	1	24,79	31,24
0	22,12	27,87	0	24,85	31,32
0,9679	**22,19**	**27,96**	**0,9639**	**24,92**	**31,41**
8	22,26	28,05	8	24,99	31,49
7	22,33	28,14	7	25,05	31,57
6	22,40	28,23	6	25,12	31,65
5	22,47	28,32	5	25,18	31,73
4	22,54	28,41	4	25,25	31,81
3	22,61	28,50	3	25,31	31,89
2	22,68	28,59	2	25,37	31,98
1	22,75	28,67	1	25,44	32,06
0	22,82	28,76	0	25,50	32,14
0,9669	**22,89**	**28,85**	**0,9629**	**25,56**	**32,22**
8	22,96	28,94	8	25,63	32,30
7	23,03	29,03	7	25,69	32,38
6	23,10	29,11	6	25,76	32,46
5	23,17	29,20	5	25,82	32,54
4	23,24	29,29	4	25,88	32,62
3	23,31	29,38	3	25,95	32,70
2	23,38	29,46	2	26,01	32,78
1	23,45	29,55	1	26,07	32,85
0	23,52	29,64	0	26,13	32,93
0,9659	**23,59**	**29,72**	**0,9619**	**26,20**	**33,01**

Windisch, Untersuchung des Weines.

Tafel II.

Zur Ermittelung der Zahl E, welche für die Wahl des bei der Extraktbestimmung des Weines anzuwendenden Verfahrens massgebend ist; nach den Angaben der Kaiserlichen Normal-Aichungs-Kommission berechnet im Kaiserlichen Gesundheitsamte.

(Extrakttafel.)

x	E	x	E	x	E	x	E
1,0000	**0,00**	**1,0040**	**1,03**	**1,0080**	**2,07**	**1,0120**	**3,10**
1	0,03	1	1,06	1	2,09	1	3,12
2	0,05	2	1,08	2	2,12	2	3,15
3	0,08	3	1,11	3	2,14	3	3,18
4	0,10	4	1,13	4	2,17	4	3,20
5	0,13	5	1,16	5	2,19	5	3,23
6	0,15	6	1,18	6	2,22	6	3,26
7	0,18	7	1,21	7	2,25	7	3,28
8	0,20	8	1,24	8	2,27	8	3,31
9	0,23	9	1,26	9	2,30	9	3,33
1,0010	**0,26**	**1,0050**	**1,29**	**1,0090**	**2,32**	**1,0130**	**3,36**
1	0,28	1	1,32	1	2,35	1	3,38
2	0,31	2	1,34	2	2,38	2	3,41
3	0,34	3	1,37	3	2,40	3	3,43
4	0,36	4	1,39	4	2,43	4	3,46
5	0,39	5	1,42	5	2,45	5	3,49
6	0,41	6	1,45	6	2,48	6	3,51
7	0,44	7	1,47	7	2,50	7	3,54
8	0,46	8	1,50	8	2,53	8	3,56
9	0,49	9	1,52	9	2,56	9	3,59
1,0020	**0,52**	**1,0060**	**1,55**	**1,0100**	**2,58**	**1,0140**	**3,62**
1	0,54	1	1,57	1	2,61	1	3,64
2	0,57	2	1,60	2	2,63	2	3,67
3	0,59	3	1,63	3	2,66	3	3,69
4	0,62	4	1,65	4	2,69	4	3,72
5	0,64	5	1,68	5	2,71	5	3,75
6	0,67	6	1,70	6	2,74	6	3,77
7	0,69	7	1,73	7	2,76	7	3,80
8	0,72	8	1,76	8	2,79	8	3,82
9	0,75	9	1,78	9	2,82	9	3,85
1,0030	**0,77**	**1,0070**	**1,81**	**1,0110**	**2,84**	**1,0150**	**3,87**
1	0,80	1	1,83	1	2,87	1	3,90
2	0,82	2	1,86	2	2,89	2	3,93
3	0,85	3	1,88	3	2,92	3	3,95
4	0,87	4	1,91	4	2,94	4	3,98
5	0,90	5	1,94	5	2,97	5	4,00
6	0,93	6	1,96	6	3,00	6	4,03
7	0,95	7	1,99	7	3,02	7	4,06
8	0,98	8	2,01	8	3,05	8	4,08
9	1,00	9	2,04	9	3,07	9	4,11
1,0040	**1,03**	**1,0080**	**2,07**	**1,0120**	**3,10**	**1,0160**	**4,13**

Extrakttafel.

x	E	x	E	x	E	x	E
1,0160	**4,13**	**0,0210**	**5,43**	**1,0260**	**6,72**	**1,0310**	**8,02**
1	4,16	1	5,45	1	6,75	1	8,04
2	4,19	2	5,48	2	6,77	2	8,07
3	4,21	3	5,51	3	6,80	3	8,09
4	4,24	4	5,53	4	6,82	4	8,12
5	4,26	5	5,56	5	6,85	5	8,14
6	4,29	6	5,58	6	6,88	6	8,17
7	4,31	7	5,61	7	6,90	7	8,20
8	4,34	8	5,64	8	6,93	8	8,22
9	4,37	9	5,66	9	6,95	9	8,25
1,0170	**4,39**	**1,0220**	**5,69**	**1,0270**	**6,98**	**1,0320**	**8,27**
1	4,42	1	5,71	1	7,01	1	8,30
2	4,44	2	5,74	2	7,03	2	8,33
3	4,47	3	5,77	3	7,06	3	8,35
4	4,50	4	5,79	4	7,08	4	8,38
5	4,52	5	5,82	5	7,11	5	8,40
6	4,55	6	5,84	6	7,13	6	8,43
7	4,57	7	5,87	7	7,16	7	8,46
8	4,60	8	5,89	8	7,19	8	8,48
9	4,63	9	5,92	9	7,21	9	8,51
1,0180	**4,65**	**1,0230**	**5,94**	**1,0280**	**7,24**	**1,0330**	**8,53**
1	4,68	1	5,97	1	7,26	1	8,56
2	4,70	2	6,00	2	7,29	2	8,59
3	4,73	3	6,02	3	7,32	3	8,61
4	4,75	4	6,05	4	7,34	4	8,64
5	4,78	5	6,07	5	7,37	5	8,66
6	4,81	6	6,10	6	7,39	6	8,69
7	4,83	7	6,12	7	7,42	7	8,72
8	4,86	8	6,15	8	7,45	8	8,74
9	4,88	9	6,18	9	7,47	9	8,77
1,0190	**4,91**	**1,0240**	**6,20**	**1,0290**	**7,50**	**1,0340**	**8,79**
1	4,94	1	6,23	1	7,52	1	8,82
2	4,96	2	6,25	2	7,55	2	8,85
3	4,99	3	6,28	3	7,58	3	8,87
4	5,01	4	6,31	4	7,60	4	8,90
5	5,04	5	6,33	5	7,63	5	8,92
6	5,06	6	6,36	6	7,65	6	8,95
7	5,09	7	6,38	7	7,68	7	8,97
8	5,11	8	6,41	8	7,70	8	9,00
9	5,14	9	6,44	9	7,73	9	9,03
1,0200	**5,17**	**1,0250**	**6,46**	**1,0300**	**7,76**	**1,0350**	**9,05**
1	5,19	1	6,49	1	7,78	1	9,08
2	5,22	2	6,51	2	7,81	2	9,10
3	5,25	3	6,54	3	7,83	3	9,13
4	5,27	4	6,56	4	7,86	4	9,16
5	5,30	5	6,59	5	7,89	5	9,18
6	5,32	6	6,62	6	7,91	6	9,21
7	5,35	7	6,64	7	7,94	7	9,23
8	5,38	8	6,67	8	7,97	8	9,26
9	5,40	9	6,70	9	7,99	9	9,29
1,0210	**5,43**	**1,0260**	**6,72**	**1,0310**	**8,02**	**1,0360**	**9,31**

22*

Extrakttafel.

x	E	x	E	x	E	x	E
1,0360	**9,31**	**1,0410**	**10,61**	**1,0460**	**11,91**	**1,0510**	**13,21**
1	9,34	1	10,63	1	11,94	1	13,23
2	9,36	2	10,66	2	11,96	2	13,26
3	9,39	3	10,69	3	11,99	3	13,29
4	9,42	4	10,71	4	12,01	4	13,31
5	9,44	5	10,74	5	12,04	5	13,34
6	9,47	6	10,76	6	12,06	6	13,36
7	9,49	7	10,79	7	12,09	7	13,39
8	9,52	8	10,82	8	12,12	8	13,42
9	9,55	9	10,84	9	12,14	9	13,44
1,0370	**9,57**	**1,0420**	**10,87**	**1,0470**	**12,17**	**1,0520**	**13,47**
1	9,60	1	10,90	1	12,19	1	13,49
2	9,62	2	10,92	2	12,22	2	13,52
3	9,65	3	10,95	3	12,25	3	13,55
4	9,68	4	10,97	4	12,27	4	13,57
5	9,70	5	11,00	5	12,30	5	13,60
6	9,73	6	11,03	6	12,32	6	13,62
7	9,75	7	11,05	7	12,35	7	13,65
8	9,78	8	11,08	8	12,38	8	13,68
9	9,80	9	11,10	9	12,40	9	13,70
1,0380	**9,83**	**1,0430**	**11,13**	**1,0480**	**12,43**	**1,0530**	**13,73**
1	9,86	1	11,15	1	12,45	1	13,75
2	9,88	2	11,18	2	12,48	2	13,78
3	9,91	3	11,21	3	12,51	3	13,80
4	9,93	4	11,23	4	12,53	4	13,83
5	9,96	5	11,26	5	12,56	5	13,86
6	9,99	6	11,28	6	12,58	6	13,89
7	10,01	7	11,31	7	12,61	7	13,01
8	10,04	8	11,34	8	12,64	8	13,94
9	10,06	9	11,36	9	12,66	9	13,96
1,0390	**10,09**	**1,0440**	**11,39**	**1,0490**	**12,69**	**1,0540**	**13,99**
1	10,11	1	11,42	1	12,71	1	14,01
2	10,14	2	11,44	2	12,74	2	14,04
3	10,17	3	11,47	3	12,77	3	14,07
4	10,19	4	11,49	4	12,79	4	14,09
5	10,22	5	11,52	5	12,82	5	14,12
6	10,25	6	11,55	6	12,84	6	14,14
7	10,27	7	11,57	7	12,87	7	14,17
8	10,30	8	11,60	8	12,90	8	14,20
9	10,32	9	11,62	9	12,92	9	14,22
1,0400	**10,35**	**1,0450**	**11,65**	**1,0500**	**12,95**	**1,0550**	**14,25**
1	10,37	1	11,68	1	12,97	1	14,28
2	10,40	2	11,70	2	13,00	2	14,30
3	10,43	3	11,73	3	13,03	3	14,33
4	10,45	4	11,75	4	13,05	4	14,35
5	10,48	5	11,78	5	13,08	5	14,38
6	10,51	6	11,81	6	13,10	6	14,41
7	10,53	7	11,83	7	13,13	7	14,43
8	10,56	8	11,86	8	13,15	8	14,46
9	10,58	9	11,88	9	13,18	9	14,48
1,0410	**10,61**	**1,0460**	**11,91**	**1,0510**	**13,21**	**1,0560**	**14,51**

Extrakttafel.

x	E	x	E	x	E	x	E
1,0560	**14,51**	**1,0610**	**15,81**	**1,0660**	**17,12**	**1,0710**	**18,43**
1	14,54	1	15,84	1	17,14	1	18,45
2	14,56	2	15,87	2	17,17	2	18,48
3	14,59	3	15,89	3	17,20	3	18,50
4	14,61	4	15,92	4	17,22	4	18,53
5	14,64	5	15,94	5	17,25	5	18,56
6	14,67	6	15,97	6	17,27	6	18,58
7	14,69	7	16,00	7	17,30	7	18,61
8	14,72	8	16,02	8	17,33	8	18,63
9	14,74	9	16,04	9	17,35	9	18,66
1,0570	**14,77**	**1,0620**	**16,07**	**1,0670**	**17,38**	**1,0720**	**18,69**
1	14,80	1	16,10	1	17,41	1	18,71
2	14,82	2	16,13	2	17,43	2	18,74
3	14,85	3	16,15	3	17,46	3	18,76
4	14,87	4	16,18	4	17,48	4	18,79
5	14,90	5	16,21	5	17,51	5	18,82
6	14,93	6	16,23	6	17,54	6	18,84
7	14,95	7	16,26	7	17,56	7	18,87
8	14,98	8	16,28	8	17,59	8	18,90
9	15,00	9	16,31	9	17,62	9	18,92
1,0580	**15,03**	**1,0630**	**16,33**	**1,0680**	**17,64**	**1,0730**	**18,95**
1	15,06	1	16,36	1	17,67	1	18,97
2	15,08	2	16,39	2	17,69	2	19,00
3	15,11	3	16,41	3	17,72	3	19,03
4	15,14	4	16,44	4	17,75	4	19,05
5	15,16	5	16,47	5	17,77	5	19,08
6	15,19	6	16,49	6	17,80	6	19,10
7	15,22	7	16,52	7	17,83	7	19,13
8	15,24	8	16,54	8	17,85	8	19,16
9	15,27	9	16,57	9	17,88	9	19,18
1,0590	**15,29**	**1,0640**	**16,60**	**1,0690**	**17,90**	**1,0740**	**19,21**
1	15,32	1	16,62	1	17,93	1	19,23
2	15,35	2	16,65	2	17,95	2	19,26
3	15,37	3	16,68	3	17,98	3	19,29
4	15,40	4	16,70	4	18,01	4	19,31
5	15,42	5	16,73	5	18,03	5	19,34
6	15,45	6	16,75	6	18,06	6	19,37
7	15,48	7	16,78	7	18,08	7	19,39
8	15,50	8	16,80	8	18,11	8	19,42
9	15,53	9	16,83	9	18,14	9	19,44
1,0600	**15,55**	**1,0650**	**16,86**	**1,0700**	**18,16**	**1,0750**	**19,47**
1	15,58	1	16,88	1	18,19	1	19,50
2	15,61	2	16,91	2	18,22	2	19,52
3	15,63	3	16,94	3	18,24	3	19,55
4	15,66	4	16,96	4	18,27	4	19,58
5	15,68	5	16,99	5	18,30	5	19,60
6	15,71	6	17,01	6	18,32	6	19,63
7	15,74	7	17,04	7	18,35	7	19,65
8	15,76	8	17,07	8	18,37	8	19,68
9	15,79	9	17,09	9	18,40	9	19,71
1,0610	**15,81**	**1,0660**	**17,12**	**1,0710**	**18,43**	**1,0760**	**19,73**

Extrakttafel.

x	E	x	E	x	E	x	E
1,0760	**19,73**	**1,0810**	**21,04**	**1,0860**	**22,36**	**1,0910**	**23,67**
1	19,76	1	21,07	1	22,38	1	23,70
2	19,79	2	21,10	2	22,41	2	23,72
3	19,81	3	21,12	3	22,43	3	23,75
4	19,84	4	21,15	4	22,46	4	23,77
5	19,86	5	21,17	5	22,49	5	23,80
6	19,89	6	21,20	6	22,51	6	23,83
7	19,92	7	21,23	7	22,54	7	23,85
8	19,94	8	21,25	8	22,57	8	23,88
9	19,97	9	21,28	9	22,59	9	23,91
1,0770	**20,00**	**1,0820**	**21,31**	**1,0870**	**22,62**	**1,0920**	**23,93**
1	20,02	1	21,33	1	22,65	1	23,96
2	20,05	2	21,36	2	22,67	2	23,99
3	20,07	3	21,38	3	22,70	3	24,01
4	20,10	4	21,41	4	22,72	4	24,04
5	20,12	5	21,44	5	22,75	5	24,07
6	20,15	6	21,46	6	22,78	6	24,09
7	20,18	7	21,49	7	22,80	7	24,12
8	20,20	8	21,52	8	22,83	8	24,14
9	20,23	9	21,54	9	22,86	9	24,17
1,0780	**20,26**	**1,0830**	**21,57**	**1,0880**	**22,88**	**1,0930**	**24,20**
1	20,28	1	21,59	1	22,91	1	24,22
2	20,31	2	21,62	2	22,93	2	24,25
3	20,34	3	21,65	3	22,96	3	24,27
4	20,36	4	21,67	4	22,99	4	24,30
5	20,39	5	21,70	5	23,01	5	24,33
6	20,41	6	21,73	6	23,04	6	24,35
7	20,44	7	21,75	7	23,07	7	24,38
8	20,47	8	21,78	8	23,09	8	24,41
9	20,49	9	21,80	9	23,12	9	24,43
1,0790	**20,52**	**1,0840**	**21,83**	**1,0890**	**23,14**	**1,0940**	**24,46**
1	20,55	1	21,86	1	23,17	1	24,49
2	20,57	2	21,88	2	23,20	2	24,51
3	20,60	3	21,91	3	23,22	3	24,54
4	20,62	4	21,94	4	23,25	4	24,57
5	20,65	5	21,96	5	23,28	5	24,59
6	20,68	6	21,99	6	23,30	6	24,62
7	20,70	7	22,02	7	23,33	7	24,64
8	20,73	8	22,04	8	23,35	8	24,67
9	20,75	9	22,07	9	23,38	9	24,70
1,0800	**20,78**	**1,0850**	**22,09**	**1,0900**	**23,41**	**1,0950**	**24,72**
1	20,81	1	22,12	1	23,43	1	24,75
2	20,83	2	22,15	2	23,46	2	24,78
3	20,86	3	22,17	3	23,49	3	24,80
4	20,89	4	22,20	4	23,51	4	24,82
5	20,91	5	22,22	5	23,54	5	24,85
6	20,94	6	22,25	6	23,57	6	24,88
7	20,96	7	22,28	7	23,59	7	24,91
8	20,99	8	22,30	8	23,62	8	24,93
9	21,02	9	22,33	9	23,65	9	24,96
1,0810	**21,04**	**1,0860**	**22,36**	**1,0910**	**23,67**	**1,0960**	**24,99**

Extrakttafel. 343

x	E	x	E	x	E	x	E
1,0960	**24,99**	**1,1010**	**26,30**	**1,1060**	**27,62**	**1,1110**	**28,94**
1	25,01	1	26,33	1	27,65	1	28,96
2	25,04	2	26,35	2	27,67	2	28,99
3	25,07	3	26,38	3	27,70	3	29,02
4	25,09	4	26,41	4	27,72	4	29,04
5	25,12	5	26,43	5	27,75	5	29,07
6	25,14	6	26,46	6	27,78	6	29,09
7	25,17	7	26,49	7	27,80	7	29,12
8	25,20	8	26,51	8	27,83	8	29,15
9	25,22	9	26,54	9	27,86	9	29,17
1,0970	**25,25**	**1,1020**	**26,56**	**1,1070**	**27,88**	**1,1120**	**29,20**
1	25,28	1	26,59	1	27,91	1	29,23
2	25,30	2	26,62	2	27,93	2	29,25
3	25,33	3	26,64	3	27,96	3	29,28
4	25,36	4	26,67	4	27,99	4	29,31
5	25,38	5	26,70	5	28,01	5	29,33
6	25,41	6	26,72	6	28,04	6	29,36
7	25,43	7	26,75	7	28,07	7	29,39
8	25,46	8	26,78	8	28,09	8	29,41
9	25,49	9	26,80	9	28,12	9	29,44
1,0980	**25,51**	**1,1030**	**26,83**	**1,1080**	**28,15**	**1,1130**	**29,47**
1	25,54	1	26,85	1	28,17	1	29,49
2	25,56	2	26,88	2	28,20	2	29,52
3	25,59	3	26,91	3	28,22	3	29,54
4	25,62	4	26,93	4	28,25	4	29,57
5	25,64	5	26,96	5	28,28	5	29,60
6	25,67	6	26,99	6	28,30	6	29,62
7	25,70	7	27,01	7	28,33	7	29,65
8	25,72	8	27,04	8	28,36	8	29,68
9	25,75	9	27,07	9	28,38	9	29,70
1,0990	**25,78**	**1,1040**	**27,09**	**1,1090**	**28,41**	**1,1140**	**29,73**
1	25,80	1	27,12	1	28,43	1	29,76
2	25,83	2	27,15	2	28,46	2	29,78
3	25,85	3	27,17	3	28,49	3	29,81
4	25,88	4	27,20	4	28,51	4	29,83
5	25,91	5	27,22	5	28,54	5	29,86
6	25,93	6	27,25	6	28,57	6	29,89
7	25,96	7	27,27	7	28,59	7	29,91
8	25,99	8	27,30	8	28,62	8	29,94
9	26,01	9	27,33	9	28,65	9	29,96
1,1000	**26,04**	**1,1050**	**27,35**	**1,1100**	**28,67**	**1,1150**	**29,99**
1	26,06	1	27,38	1	28,70		
2	26,09	2	27,41	2	28,73		
3	26,12	3	27,43	3	28,75		
4	26,14	4	27,46	4	28,78		
5	26,17	5	27,49	5	28,81		
6	26,20	6	27,51	6	28,83		
7	26,22	7	27,54	7	28,86		
8	26,25	8	27,57	8	28,88		
9	26,27	9	27,59	9	28,91		
1,1010	**26,30**	**1,1060**	**27,62**	**1,1110**	**28,94**		

Tafel III.
Ermittelung des Zuckergehaltes.
Nach E. Wein.
Tabellen zur Zuckerbestimmung. Stuttgart 1888.

Kupfer g	Zucker g	Kupfer g	Zucker g	Kupfer g	Zucker g
0,010[1]	0,0061	0,050	0,0259	0,090[2]	0,0469
1	0,0066	1	0,0264	1	0,0474
2	0,0071	2	0,0269	2	0,0479
3	0,0076	3	0,0274	3	0,0484
4	0,0081	4	0,0279	4	0,0489
5	0,0086	5	0,0284	5	0,0495
6	0,0090	6	0,0288	6	0,0500
7	0,0095	7	0,0293	7	0,0505
8	0,0100	8	0,0298	8	0,0511
9	0,0105	9	0,0303	9	0,0516
0,020	0,0110	0,060	0,0308	0,100	0,0521
1	0,0115	1	0,0313	1	0,0527
2	0,0120	2	0,0318	2	0,0532
3	0,0125	3	0,0323	3	0,0537
4	0,0130	4	0,0328	4	0,0543
5	0,0135	5	0,0333	5	0,0548
6	0,0140	6	0,0338	6	0,0553
7	0,0145	7	0,0343	7	0,0559
8	0,0150	8	0,0348	8	0,0565
9	0,0155	9	0,0353	9	0,0569
0,030	0,0160	0,070	0,0358	0,110	0,0575
1	0,0165	1	0,0363	1	0,0580
2	0,0170	2	0,0368	2	0,0585
3	0,0175	3	0,0373	3	0,0591
4	0,0180	4	0,0378	4	0,0596
5	0,0185	5	0,0383	5	0,0601
6	0,0189	6	0,0388	6	0,0607
7	0,0194	7	0,0393	7	0,0612
8	0,0199	8	0,0398	8	0,0617
9	0,0204	9	0,0403	9	0,0623
0,040	0,0209	0,080	0,0408	0,120	0,0628
1	0,0214	1	0,0413	1	0,0633
2	0,0219	2	0,0418	2	0,0639
3	0,0224	3	0,0423	3	0,0644
4	0,0229	4	0,0428	4	0,0649
5	0,0234	5	0,0434	5	0,0655
6	0,0239	6	0,0439	6	0,0660
7	0,0244	7	0,0444	7	0,0665
8	0,0249	8	0,0449	8	0,0671
9	0,0254	9	0,0454	9	0,0676
0,050	0,0259	0,090	0,0469	0,130	0,0681

[1] E. Wein, Tabelle I, S. 2.
[2] E. Wein, Tabelle IV, S. 14.

Tafel zur Zuckerbestimmung. 345

Kupfer g	Zucker g	Kupfer g	Zucker g	Kupfer g	Zucker g
0,130	**0,0681**	**0,180**	**0,0952**	**0,230**	**0,1232**
1	0,0687	1	0,0957	1	0,1238
2	0,0692	2	0,0962	2	0,1243
3	0,0697	3	0,0968	3	0,1249
4	0,0703	4	0,0973	4	0,1255
5	0,0708	5	0,0978	5	0,1260
6	0,0713	6	0,0984	6	0,1266
7	0,0719	7	0,0990	7	0,1272
8	0,0724	8	0,0995	8	0,1278
9	0,0729	9	0,1001	9	0,1283
0,140	**0,0735**	**0,190**	**0,1006**	**0,240**	**0,1289**
1	0,0740	1	0,1012	1	0,1295
2	0,0745	2	0,1017	2	0,1300
3	0,0751	3	0,1023	3	0,1306
4	0,0756	4	0,1029	4	0,1312
5	0,0761	5	0,1034	5	0,1318
6	0,0767	6	0,1040	6	0,1323
7	0,0772	7	0,1046	7	0,1329
8	0,0778	8	0,1051	8	0,1335
9	0,0783	9	0,1057	9	0,1341
0,150	**0,0789**	**0,200**	**0,1063**	**0,250**	**0,1346**
1	0,0794	1	0,1068	1	0,1352
2	0,0800	2	0,1074	2	0,1358
3	0,0805	3	0,1079	3	0,1363
4	0,0810	4	0,1085	4	0,1369
5	0,0816	5	0,1091	5	0,1375
6	0,0821	6	0,1096	6	0,1381
7	0,0827	7	0,1102	7	0,1386
8	0,0832	8	0,1108	8	0,1392
9	0,0838	9	0,1113	9	0,1398
0,160	**0,0843**	**0,210**	**0,1119**	**0,260**	**0,1404**
1	0,0848	1	0,1125	1	0,1409
2	0,0854	2	0,1130	2	0,1415
3	0,0859	3	0,1136	3	0,1421
4	0,0865	4	0,1142	4	0,1427
5	0,0870	5	0,1147	5	0,1432
6	0,0876	6	0,1153	6	0,1438
7	0,0881	7	0,1158	7	0,1444
8	0,0886	8	0,1164	8	0,1449
9	0,0892	9	0,1170	9	0,1455
0,170	**0,0897**	**0,220**	**0,1175**	**0,270**	**0,1461**
1	0,0903	1	0,1181	1	0,1467
2	0,0908	2	0,1187	2	0,1472
3	0,0914	3	0,1192	3	0,1478
4	0,0919	4	0,1198	4	0,1484
5	0,0924	5	0,1204	5	0,1490
6	0,0930	6	0,1209	6	0,1495
7	0,0935	7	0,1215	7	0,1501
8	0,0941	8	0,1221	8	0,1507
9	0,0946	9	0,1226	9	0,1513
0,180	**0,0952**	**0,230**	**0,1232**	**0,280**	**0,1519**

Tafel zur Zuckerbestimmung.

Kupfer g	Zucker g	Kupfer g	Zucker g	Kupfer g	Zucker g
0,280	**0,1519**	**0,330**	**0,1816**	**0,380**	**0,2124**
1	0,1525	1	0,1822	1	0,2130
2	0,1531	2	0,1828	2	0,2136
3	0,1537	3	0,1835	3	0,2143
4	0,1543	4	0,1841	4	0,2149
5	0,1549	5	0,1847	5	0,2155
6	0,1555	6	0,1854	6	0,2161
7	0,1561	7	0,1860	7	0,2168
8	0,1567	8	0,1866	8	0,2174
9	0,1572	9	0,1872	9	0,2180
0,290	**0,1578**	**0,340**	**0,1878**	**0,390**	**0,2187**
1	0,1584	1	0,1884	1	0,2193
2	0,1590	2	0,1890	2	0,2199
3	0,1596	3	0,1896	3	0,2205
4	0,1602	4	0,1902	4	0,2212
5	0,1608	5	0,1908	5	0,2218
6	0,1614	6	0,1914	6	0,2224
7	0,1620	7	0,1920	7	0,2231
8	0,1626	8	0,1926	8	0,2237
9	0,1632	9	0,1932	9	0,2243
0,300	**0,1638**	**0,350**	**0,1938**	**0,400**	**0,2249**
1	0,1644	1	0,1944	1	0,2257
2	0,1650	2	0,1950	2	0,2264
3	0,1656	3	0,1956	3	0,2271
4	0,1662	4	0,1962	4	0,2278
5	0,1668	5	0,1968	5	0,2286
6	0,1673	6	0,1974	6	0,2293
7	0,1679	7	0,1980	7	0,2300
8	0,1685	8	0,1986	8	0,2307
9	0,1691	9	0,1992	9	0,2314
0,310	**0,1697**	**0,360**	**0,1998**	**0,410**	**0,2321**
1	0,1703	1	0,2004	1	0,2328
2	0,1709	2	0,2011	2	0,2335
3	0,1715	3	0,2017	3	0,2343
4	0,1721	4	0,2023	4	0,2350
5	0,1727	5	0,2030	5	0,2357
6	0,1733	6	0,2036	6	0,2364
7	0,1739	7	0,2042	7	0,2371
8	0,1745	8	0,2048	8	0,2378
9	0,1751	9	0,2055	9	0,2385
0,320	**0,1756**	**0,370**	**0,2061**	**0,420**	**0,2392**
1	0,1762	1	0,2067	1	0,2399
2	0,1768	2	0,2073	2	0,2406
3	0,1774	3	0,2080	3	0,2413
4	0,1780	4	0,2086	4	0,2420
5	0,1786	5	0,2092	5	0,2427
6	0,1792	6	0,2099	6	0,2434
7	0,1798	7	0,2105	7	0,2441
8	0,1804	8	0,2111	8	0,2449
9	0,1810	9	0,2117	9	0,2456
0,330	**0,1816**	**0,380**	**0,2124**	**0,430**	**0,2463**

Sach-Register.

Abrastol, Nachweis 225.
— Beurtheilung 301.
Acetaldehyd, Nachweis 214.
— Beurtheilung 300.
Aepfelsäure, Bestimmung 182.
— Beurtheilung 287.
Alaun, Beurtheilung 257.
Aldehyd, Nachweis 214.
— Beurtheilung 300.
Aldehydschweflige Säure, Bestimmung 133.
— Beurtheilung 294.
Alkalien, Bestimmung 243.
— Beurtheilung 303.
Alkohol, Bestimmung 52.
— Beurtheilung 268.
— unreiner, Beurtheilung des Zusatzes zum Weine 264.
Alkohole, höhere (Fuselöl), Bestimmung 213.
— — Beurtheilung 299.
Alkoholisiren des Mostes und Weines 26.
Alkoholtafel nach K. Windisch 333.
Aluminiumsalze, Bestimmung 248.
— Beurtheilung 257.
Ameisensäure, Bestimmung 205.
— Beurtheilung 298.
Ameisensäureester, Bestimmung 206.
— Beurtheilung 298.
Arabisches Gummi, Nachweis 144.
— Beurtheilung 290.
Arsen, Bestimmung 250.
— Beurtheilung 305.
Asaprol, Nachweis 225.
— Beurtheilung 301.
Aufbewahren von Wein zum Zwecke der chemischen Untersuchung, Vorschriften 45.

Ausführung des Weingesetzes, Bekanntmachung des Reichskanzlers vom 29. April 1892 325.

Baryum, Nachweis und Bestimmung 153.
— Beurtheilung 258.
Bekanntmachung des Reichskanzlers, betreffend die Ausführung des Weingesetzes, vom 29. April 1892 325.
Bernsteinsäure, Bestimmung 191.
— Beurtheilung 287.
Beurtheilung des Weines, Allgemeines 252.
Bezeichnen des Weines zum Zwecke der chemischen Untersuchung, Vorschriften 45.
Bitterwerden des Weines 37.
Böckser des Weines 38.
Borsäure, Nachweis 235.
— Bestimmung 236.
— Beurtheilung 258.
Bouquetstoffe, Bestandtheile der natürlichen 42.
— Beurtheilung der natürlichen 298.
— Zusatz künstlicher zum Weine 29.
— Beurtheilung des Zusatzes künstlicher zum Weine 289.
Braunwerden des Weisswweines 38
Brechen des Weines 36.
Buttersäure, Bestimmung 208.
— Beurtheilung 298.
Buttersäureester, Bestimmung 211
— Beurtheilung 298.

Chaptalisiren des Weines 26.
Chlor, Bestimmung 148.
— Beurtheilung 296.

Citronensäure, Bestimmung 195.
— Beurtheilung 287.

Dessertweine. Herstellung 32.
Dextrin, Nachweis 144.
— Beurtheilung 290.
Dextrose, Bestimmung in Mosten und Süssweinen 216.
— Beurtheilung in Süssweinen 314.
Dulcin, Zusatz zum Weine 29.
— Nachweis 224.
— Beurtheilung 282.

Einsenden von Wein zum Zwecke der chemischen Untersuchung, Vorschriften 45.
Eisenoxyd, Bestimmung 247.
— Beurtheilung 304.
Entgypsen des Weines 22.
Entnehmen von Wein zum Zwecke der chemischen Untersuchung, Vorschriften 45.
Entsäuern des Weines durch Erkalten 26.
— mit kohlensaurem Kali 27.
— mit kohlensaurem Kalk 27.
— mit neutralem weinsteinsaurem Kali 27.
Essigsäure, Bestimmung 208.
— Beurtheilung 298.
Essigsäureester, Bestimmung 211.
— Beurtheilung 298.
Essigstich des Weines 35.
Ester, Bestimmung der gesammten 197.
— flüchtige, Bestimmung 200.
— — Beurtheilung 298.
— nichtflüchtige, Bestimmung 203.
Extrakt, Bestimmung 56.
— Beurtheilung 274.
— Erhöhung durch künstliche Zusätze 28.
— zuckerfreier in konzentrirten Süssweinen, Beurtheilung 306.
Extrakttafel 338.

Farbstoffe, fremde, Zusatz zum Weine 28.
— — Nachweis in Rothweinen 120. 155.
— — Nachweis in Weissweinen 162.
— — Beurtheilung 262. 267. 293.
Fehler des Weines 37.
Fettsäureester, höhere, Bestimmung 211.

Fettsäureester, höhere, Beurtheilung 298.
Fettsäuren, höhere, Bestimmung 207.
— — Beurtheilung 298.
Flüchtige Ester, Bestimmung 200.
— — Beurtheilung 298.
Flüchtige Säuren, Bestimmung 70.
— — Beurtheilung 291.
— — in Süssweinen 315.
Freie Säuren (Gesammtsäure), Bestimmung 68.
— — Beurtheilung 283.
Fuchsigwerden des Weissweines 38.
Fuselöl (höhere Alkohole), Bestimmung 213.
— Beurtheilung 298.

Gallisiren des Mostes und Weines 25.
Gallisirter Wein, Beurtheilung 271.
— Erkennung 277.
Gerbstoff, Bestimmung 147. 165.
— Beurtheilung 296.
— Schätzung 147.
Geruchstoffe des Weines, Bestandtheile 42.
— — Beurtheilung 298.
Gesammte schweflige Säure, Bestimmung 133.
— Beurtheilung 294.
Gesammtester, Bestimmung 197.
Gesammtsäure, Bestimmung 68.
— Beurtheilung 283.
— in Süssweinen 315.
Gesammtweinsteinsäure, Bestimmung 120.
Gesetz, betreffend den Verkehr mit Nahrungsmitteln, Genussmitteln und Gebrauchsgegenständen, vom 14. Mai 1879 326.
Gesetz, betreffend den Verkehr mit Wein, weinhaltigen und weinähnlichen Getränken, vom 20. April 1892 321.
— Ausführungsbestimmung dazu 325.
Glycerin, Bestimmung 73.
— Beurtheilung 259.
— Literatur über die Bestimmungsverfahren 80.
— in Süssweinen 313.
— Zusatz zum Weine 28.
Grundsätze, nach welchen bei den Erhebungen über die Beschaffenheit deutscher Weine zu verfahren ist 318.

Gummi, arabisches, Nachweis 144.
— — Beurtheilung 290.
Gypsen des Mostes 19.

Hauptgährung des Mostes und der Rothweinmaische 5.
Hefenpresswein, Darstellung 31.
Hefenwein, Beurtheilung 282.
— Erkennung 282.
— Herstellung 31.
Heidelbeerfarbstoff, Nachweis in Rothwein 161. 305.
— Beurtheilung 293.
Höhere Alkohole (Fuselöl), Bestimmung 213.
— — Beurtheilung 298.
Höhere Fettsäureester, Bestimmung 211.
— — Beurtheilung 298.
Höhere Fettsäuren, Bestimmung 207.
— — Beurtheilung 298.
Honig, Zusatz zum Weine 101. 120.

Inosit, Nachweis 223.
— Beurtheilung 301.
Invertzucker, Bestimmung 83.
Jungwein, Nachgährung 8.

Kahmigwerden des Weines 35.
Kali, Bestimmung 243.
— Beurtheilung 303.
Kalk, Bestimmung 241.
— Beurtheilung 303.
Karamel, Nachweis in Weissweinen 162.
Kermesbeerfarbstoff, Beurtheilung 262.
— Nachweis in Rothweinen 159.
Kieselsäure, Bestimmung 246.
— Beurtheilung 304.
Kochsalz, Bestimmung 148.
— Beurtheilung 296.
Konservirungsmittel, Beurtheilung 301.
— Zusatz zum Weine 29.
Krankheiten des Weines 35.
Kupfer, Bestimmung 154. 180.
— Beurtheilung 298.

Lävulose, Bestimmung in Mosten und Süssweinen 216.
— Beurtheilung in Süssweinen 314.
Lagern des Weines 9.
Langwerden des Weines 36.

Magnesia, Bestimmung 242.
— Beurtheilung 263.
Mangan, Bestimmung 249.
— Beurtheilung 304.
Mannit, Bestimmung 222.
— Beurtheilung 300.
— Nachweis 222.
Milchsäure, Bestimmung 215.
— Beurtheilung 300.
Milchsäurestich des Weines 36.
Mineralbestandtheile, Bestimmung 63.
— Beurtheilung 276.
Most, Alkoholisiren 26.
— Bereitung 1.
— Bestimmung von Dextrose und Lävulose 216.
— Hauptgährung 5.
— Zuckern 23.
— Zusatz von Zuckerlösung 25.
— Zusammensetzung, qualitativ 2.
— — quantitativ 4.

Nachgährung des Jungweines 8.
Nahrungsmittelgesetz vom 14. Mai 1879 326.
β-naphtholsulfosaures Calcium (Abrastol), Nachweis 225.
— Beurtheilung 301.
Natron, Bestimmung 243.
— Beurtheilung 303.
Nichtflüchtige Ester, Bestimmung 203.
Nichtflüchtige Säuren, Bestimmung 72.

Obstwein, Erkennung eines Zusatzes zum Weine 288.
Optisches Verhalten der Weine 101.

Pflanzenfarbstoffe, Beurtheilung 262. 293.
— Nachweis in Rothweinen 159.
Phosphatiren des Weines 21.
Phosphorsäure, Bestimmung 149.
— Beurtheilung 297.
— in konzentrirten Süssweinen, Beurtheilung 306.
Phytolaccafarbstoff, Beurtheilung 262.
— Nachweis in Rothweinen 159.
Polarisation des Weines 98.
— Nachweis des unreinen Stärkezuckers durch Polarisation 100.
Polarisationsapparate, Beschreibung 105.

Rahmwerden des Weissweines 38.

Reifen des Weines 9.
Riechstoffe des Weines, Bestandtheile 42.
 Beurtheilung 298.
Rohrzucker, Bestimmung 84.
— Beurtheilung 277.
— Beurtheilung in Süssweinen 316.
Rosinenwein, Beurtheilung und Erkennung 282.
— Darstellung 31.
Rothwein, Beurtheilung eines Zusatzes fremder Farbstoffe 262. 267. 293.
— Beurtheilung eines Zusatzes von Kermesbeerfarbstoff 262.
— Beurtheilung eines Zusatzes von Pflanzenfarbstoffen 293.
— Beurtheilung eines Zusatzes von Theerfarbstoffen 267.
— Nachweis fremder Farbstoffe 120. 155. 305.
— Nachweis von Heidelbeerfarbstoff 161. 305.
— Nachweis von Kermesbeerfarbstoff 159.
— Nachweis von Pflanzenfarbstoffen 159. 305.
— Nachweis von Theerfarbstoffen 120. 155.
Rothweinmaische, Hauptgährung 5.

Saccharin, Bestimmung 138.
— Beurtheilung 282.
— Nachweis 140.
— Zusatz zum Weine 29.
Salicylsäure, Bestimmung 143.
— Beurtheilung 263.
Salpetersäure, Bestimmung 173.
— Beurtheilung 279.
— Nachweis 152.
Säuren, flüchtige, Bestimmung 70.
— — Beurtheilung 291.
— — in Süssweinen 315.
Säuren, freie (Gesammtsäure), Bestimmung 68.
— — Beurtheilung 283.
— — in Süssweinen 315.
Säuren, nichtflüchtige, Bestimmung 72.
Säuren und säurehaltige Körper, Beurtheilung eines Zusatzes zum Weine 283.
Scheelisiren des Weines 28.
Schönen des Weines 10.
Schwarzwerden des Weissweines 37.

Schwefeln des Weines 16.
Schwefelsäure, Bestimmung 66. 133.
— Beurtheilung 267.
Schwefelwasserstoff, Bestimmung 240.
— Beurtheilung 303.
— Nachweis 239.
— im Weine 38.
Schweflige Säure, Bestimmung 133.
— Beurtheilung 294.
— im Weine 16.
Schwermetalle, Bestimmung 250.
— Beurtheilung 305.
Spezifisches Gewicht, Bestimmung 48.
— Beurtheilung 291.
Sprit, unreiner, Beurtheilung eines Zusatzes zum Weine 264.
Stärkezucker, unreiner, Beurtheilung 265.
— — Nachweis 100.
Stickstoff, Bestimmung 226.
— Beurtheilung 302.
Strontium, Bestimmung und Nachweis 153.
— Beurtheilung 258.
Süssstoffe, künstliche, Zusatz zum Weine 29.
Süssweine, Bestimmung der Dextrose und Lävulose 216.
— Beurtheilung 305.
— Herstellung 32.

Tafel zur Ermittelung des Alkoholgehaltes 333.
— zur Ermittelung des Extraktgehaltes 338.
— zur Ermittelung des Zuckergehaltes 344.
Theerfarbstoffe, Beurtheilung 267.
— Nachweis in Rothweinen 120. 155.
— Nachweis in Weissweinen 164.
Thonerde, Bestimmung 248.
— Beurtheilung 257.
Tresterweine, Erkennung und Beurtheilung 280.
— Herstellung 30.

Umschlagen des Weines 36.
Unreiner Sprit, Beurtheilung eines Zusatzes 264.
Unreiner Stärkezucker, Beurtheilung 265.
— Nachweis 100.

Vorschriften für das Entnehmen, Bezeichnen, Aufbewahren und Einsenden von Wein zum Zwecke der chemischen Untersuchung 45.

Weichwerden des Weines 36.
Wein, Alkoholisiren 26.
— Bestandtheile 39.
— Bitterwerden 37.
— Böckser 38.
— Beurtheilung, Allgemeines 252.
— Brechen 36.
— Chaptalisiren 26.
— Entgypsen 22.
— Entsäuern 26.
— Essigstich 35.
— Fehler 37.
— Gallisiren 25.
— — Beurtheilung 271.
— — Erkennung 277.
— Gypsen 19.
— Kahmigwerden 35.
— Krankheiten 35.
— Lagern 9.
— Milchsäurestich und Zickendwerden 36.
— Nachgährung 8.
— Phosphatiren 21.
— Reifen 9.
— Schönen 10.
— Schwarzwerden 37.
— Schwefeln 16.
— Umschlagen 36.
— Vorschriften für das Entnehmen, Bezeichnen, Aufbewahren und Einsenden zum Zwecke der chemischen Untersuchung 45.
— Zähe-, Weich- oder Langwerden 36.
— Zuckern 23.
— — Beurtheilung 271.

Wein, Zuckern, Nachweis 280.
— Zusatz von Alkohol 26.
— Zusatz von Bouquetstoffen 29.
— Zusätze zur Erhöhung des Extraktgehaltes 28.
— Zusatz von Farbstoffen 28.
— Zusatz von Konservirungsmitteln 29.
— Zusatz von künstlichen Süssstoffen 29.
— Zusatz von Zucker und Zuckerlösung 23. 25.
Weingesetz vom 20. April 1892 321.
— Ausführungsbestimmung vom 29. April 1892 325.
Weinstatistik, Einrichtung der amtlichen 318.
Weinstein, Bestimmung 122.
— Beurtheilung 285.
Weinsteinsäure, an alkalische Erden gebundene, Bestimmung 123.
— gesammte, Bestimmung 120.
— freie, Bestimmung 121.
— — Beurtheilung 284.
Weisswein, Braunwerden 38.
— Nachweis fremder Farbstoffe 162.
— Karamel, Nachweis 162.
— Theerfarbstoffe, Nachweis 164.
— — Beurtheilung 267.

Zähewerden des Weines 36.
Zickendwerden des Weines 36.
Zucker, Bestimmung 82.
Zuckerlösung, Zusatz zum Moste und Weine 25.
Zuckern des Mostes und Weines 23.
— Beurtheilung 271.
— Nachweis 280.
Zuckertafel 344.

MIX
Papier aus verantwortungsvollen Quellen
Paper from responsible sources
FSC® C105338

If you have any concerns about our products,
you can contact us on
ProductSafety@springernature.com

In case Publisher is established outside the EU,
the EU authorized representative is:
**Springer Nature Customer Service Center GmbH
Europaplatz 3, 69115 Heidelberg, Germany**

Printed by Libri Plureos GmbH
in Hamburg, Germany